"十三五"国家重点出版物出版规划项目
高等教育网络空间安全规划教材

计算机网络教程

第4版

彭 澎 编著

机械工业出版社

本书在第3版的基础上，对计算机网络知识进行重新归纳、整理、修改和完善。全书共9章内容，包括计算机网络基础、数据通信技术、计算机网络系统结构、计算机网络硬件、局域网技术、通信网络基础、因特网技术、网络安全与管理，以及移动互联网与物联网。与第3版相比，本版更注重内容的正确性、连贯性和逻辑性，对计算机网络所涉及的概念都有详细介绍。此外，本版相对于前一版，增加了许多前沿的网络技术以及网络实际应用的内容。

本书可作为计算机及相关专业的本科生和研究生的教学用书，也可作为工程技术人员的参考用书。

本书配有电子教案，需要的教师可登录 www.cmpedu.com 免费注册，审核通过后下载，或联系编辑索取（QQ：2966938356，电话：010-88379739）。

图书在版编目（CIP）数据

计算机网络教程/彭澎编著. —4版. —北京：机械工业出版社，2017.8
高等教育网络空间安全规划教材
ISBN 978-7-111-57714-0

Ⅰ.①计… Ⅱ.①彭… Ⅲ.①计算机网络-高等学校-教材 Ⅳ.①TP393

中国版本图书馆CIP数据核字（2017）第197890号

机械工业出版社（北京市百万庄大街22号 邮政编码100037）
策划编辑：和庆娣 责任编辑：和庆娣
责任校对：和庆娣 责任印制：李 昂
北京宝昌彩色印刷有限公司印刷
2017年8月第4版第1次印刷
184mm×260mm · 19.25印张 · 468千字
0001—3000册
标准书号：ISBN 978-7-111-57714-0
定价：49.90元

凡购本书，如有缺页、倒页、脱页，由本社发行部调换

电话服务
服务咨询热线：010-88379833
读者购书热线：010-88379649
封面无防伪标均为盗版

网络服务
机 工 官 网：www.cmpbook.com
机 工 官 博：weibo.com/cmp1952
教育服务网：www.cmpedu.com
金 书 网：www.golden-book.com

高等教育网络空间安全规划教材
编委会成员名单

前　言

近年来，计算机网络技术的应用与发展对科学、技术、经济、产业及人类的生活都产生了深远的影响。"计算机网络"已成为计算机科学技术专业及相关专业的重要课程之一。

本书是在《计算机网络教程　第3版》（荣获北京市精品教材）的基础上，对计算机网络知识进行重新归纳、整理、修改和完善。与第3版相比，本版教材删除了部分过时知识，增加了一些前沿的网络技术知识。

本书深入浅出地阐述了计算机网络技术的基本原理和当前常用的先进网络技术，以及网络的实际应用技能。全书体系结构合理、概念清晰，原理讲述清楚，既强调基本原理和技术，又突出实际应用。

全书共分9章，主要内容包括：计算机网络基础、数据通信技术、计算机网络系统结构、计算机网络硬件、局域网技术、通信网络基础、因特网技术、网络安全与管理，以及移动互联网与物联网。

第1章介绍计算机网络的产生与发展、计算机网络的概念，计算机网络的基本组成与基本结构等方面的内容。

第2章介绍数据通信技术的有关概念和原理，包括数据传输的基本形式、数据编码与信号调制技术、数据传输方式、数据交换技术，以及差错控制和检测方法等。

第3章介绍网络体系结构知识，其内容包含网络体系结构的基本概念、OSI参考模型，以及OSI参考模型各层的功能及用途等。

第4章介绍计算机网络硬件系统的基本结构和计算机网络中常见的一些重要的硬件设备。

第5章系统介绍局域网的有关知识，包括局域网的基础知识、典型局域网的结构和技术标准，以及局域网的应用技术等。

第6章介绍通信网的基础知识以及几种典型的通信网络，包括电话拨号网、X.25网、ISDN网、帧中继网、ATM网、B-ISDN网以及宽带接入技术等。

第7章介绍因特网的基础及应用知识，包括因特网概述、TCP/IP等因特网常用协议、因特网基本服务以及因特网应用技术等。

第8章介绍网络安全与管理的知识，包括网络安全怪兽、网络安全保障体系与安全基本模型、保密技术、认证技术、防火墙技术、网络管理概述、网络安全管理标准与管理功能以及简单网络管理协议SNMP等。

第9章介绍移动互联网和物联网方面的知识，包括无线移动互联网系统、常用无线通信技术、异构网络互联、物联网体系结构等。

本书不仅适合计算机及相关专业本科生和研究生使用，也适合部分大专学生使用。此外，本书还可作为相关专业自考考生的参考用书。

在本书的编写过程中，得到了清华大学侯炳辉教授、中国人民大学陈禹教授、首都经济贸易大学盛定宇教授等有关专家学者以及其他同行的大力支持和帮助。在此，谨对各位专家学者和同仁表示衷心的感谢。

编　者

目　录

第1章　计算机网络基础

通信技术的发展极大地推动了计算机网络技术的发展。可以说，现代社会中的人类已经离不开以通信技术和计算机技术为核心的计算机网络，计算机网络技术改变了人类的生活方式、工作方式和管理方式。计算机网络技术掌握和应用的程度与水平是一个国家全球竞争力水平的体现。本章将介绍计算机网络最基本的知识。

本章内容主要包括：计算机与通信技术之间的关系、计算机网络的产生与发展、计算机网络的概念、计算机网络与其他相关系统之间的区别和联系、网络系统资源与资源共享、计算机网络的分类、计算机网络的基本组成与基本结构等。这些内容是计算机网络最基本的知识，介绍这些内容的目的是帮助学习者对计算机网络有基本的认识和理解。

1.1　计算机网络的产生与发展

通信技术是实现计算机之间信息传输的技术方式，是支持计算机网络的重要技术。所以在介绍计算机网络技术及其相关知识之前，有必要对通信技术及其发展过程，以及计算机网络的形成和发展进行简要介绍。

1.1.1　计算机与通信技术

人类进行通信的历史非常悠久，自有了人类，就产生了“通信”。人类对通信质量和水平的要求是没有限度的，现代通信技术只不过是古老通信方式进一步发展的结果。人类通信的发展大体上可以划分为3个阶段。

1. 利用视觉听觉识别信息阶段

视觉听觉阶段是在人类利用电、磁，以及金属媒体实现通信之前的通信阶段，是人类通信历史上经历时间最长的阶段。在这个阶段中，人类传递信息主要是依靠人力、畜力等方式进行的，信息识别都是依靠人的视觉与听觉完成的。人类从远古时期通过简单的语言、壁画等方式交换信息，到通过或利用复杂完整的语言系统、文字、图形符号、钟鼓、烟火、竹简、纸书等方式和手段传递信息，典型的实例如烽火狼烟、飞鸽传信、驿马邮递等。

2. 利用电磁波及金属媒体传输信号阶段

随着社会的发展，人们对信息传递和交换的要求越来越高。伴随着电磁理论的发展，人类开始一系列技术革新。

1844年，美国人莫尔斯（S. B. Morse）发明了莫尔斯电码，并在电报机上传递了第一条电报，大大缩小了通信时空的差距。1876年，贝尔发明了电话，首次使相距数百米的两个人可以直接清晰地进行对话。

1888年，德国物理学家海因里斯·赫兹（H. R. Hertz）用实验证明了麦克斯韦的电磁理论，发现电磁波的存在。赫兹的发现是近代科学技术史上的一个重要里程碑，促使无线电的诞生和电子技术的发展，为电磁波进行信息传输奠定了基础。

3. 计算机与通信技术融合的现代通信阶段

随着 1946 年世界上第一台电子计算机的问世，一场计算机与通信技术相结合、更高水平的通信革命开始了。现代通信是计算机与通信技术融合的通信。

首先，电子计算机本身就是通信技术发展的产物，没有通信技术就没有电子计算机的发明。当电子计算机产生后，作为信息处理的实体设备电子计算机与通信技术结合是一种必然的结果。最早成功与计算机结合的通信系统是电话系统。在电话系统中，交换也就是转接（转接是系统中完成通话双方连接的一种操作）是必不可少的，最初用于转接的交换机称为“人工交换机”，连接操作是由话务员来完成的。之后又出现了“步进制交换机”“纵横制交换机”等机电制的自动交换机。不论是人工方式，还是机电制的自动交换转接都存在问题。人工转接效率低、差错率高，还需要大量人员，且人员劳动强度大等；机电制的自动交换转接方式，由于是靠物理接触的方式传递信号，设备容易磨损，转接效率也不尽人意等。

计算机与电话系统的结合是从交换开始的。计算机产生以后，人们将交换的各项功能编成程序，并存放在计算机的存储器中，利用计算机来实现自动转接交换工作。这种用存储程序方式构成控制系统的交换机称为存储程序控制交换机，简称程控交换机。程控交换机最突出的优点：改变系统的操作时，无须改动交换设备，只要改变程序的指令就可以了，这使交换系统具有很大的灵活性，便于开发新的通信业务，为用户提供多种服务项目。世界上第一台程控交换机是 1965 年由美国贝尔电话公司制造的。

在现代通信中，计算机与通信系统的结合越来越密切，计算机与通信设备之间的差异越来越模糊。通信系统中的数据处理设备（计算机）和数据通信设备（交换传输设备）之间不再有本质上的区别；以计算机为主导的数据通信和与电话系统主导的话音通信，包括视频通信之间不存在本质上的区别。计算机网络与通信网络之间的区别也日趋模糊。

1.1.2 计算机网络的形成与发展

计算机网络的发展是一个从简单到复杂、从单机到多机、由终端与计算机之间的通信，演变到计算机与计算机之间的直接通信的过程，它经历了远程联机系统阶段、计算机互连系统阶段、标准化网络系统阶段、网络互联系统阶段 4 个阶段。

1. 远程联机系统阶段

（1）什么是远程联机系统

第一个阶段的计算机网络为远程联机系统阶段，是面向终端的计算机通信系统。这个阶段的计算机网络实质上是联机多用户系统。

远程联机系统在数据传输方面是利用公用电话网系统来传输计算机或计算机数字终端信号，从而实现计算机技术与通信技术的结合，为计算机网络系统的研究和开发奠定基础，所以称远程联机系统为第一阶段的计算机网络系统。

（2）远程联机系统与传统联机多用户系统之间的区别

第一阶段的计算机网络系统与传统的联机多用户系统有着本质的区别。

- 传统的联机多用户系统，数据传输使用的是专门用于数字数据传输的通信媒体，而远程联机系统数据传输则利用公用电话网系统。

- 远程联机系统在数据传输上突破传统联机多用户系统只能将数据传输在有限的几十米或几百米这样的地理范围。

• 为了实现远距离的数据传输，远程联机系统需要数据信号转换设备，需要复杂的数据转发、交换设备。而传统的联机多用户系统则不需要数据信号转换设备，数据传输和交换简单。

远程联机系统与传统的联机多用户系统之间的对比如图 1-1 所示。

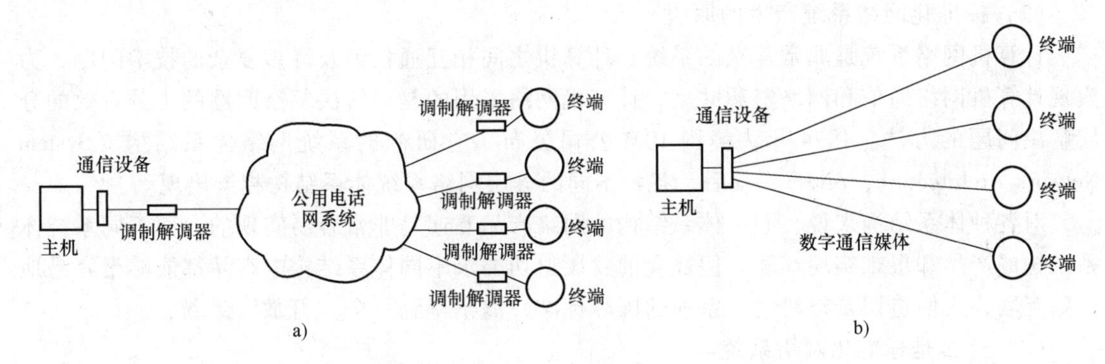

图 1-1 远程联机系统与传统的联机多用户系统之间的对比

a）远程联机系统 b）传统的联机多用户系统

2. 计算机互连系统阶段

（1）计算机互联网络的产生

20 世纪 60 年代中期，英国国家物理实验室 NPL 的戴维斯（Davies）提出了分组（Packer）的概念，1969 年以分组交换为基础的美国的分组交换网 ARPA 网研制成功并投入运行，使计算机网络的通信方式由终端与计算机之间的通信发展到计算机与计算机之间的直接通信。从此，计算机网络的发展就进入了一个崭新时代，这就是计算机互连系统阶段的计算机网络系统。第二阶段的计算机网络是现代计算机网络的基础。

（2）计算机互联网络与远程联机系统之间的区别

计算机互联网络与远程联机系统之间的最本质的区别就是资源共享方式和内容的不同。这是由于远程联机系统中只有一个计算机处理中心，各终端只能通过通信线路共享主计算机的硬件和软件资源。而计算机互联网络系统，具有多个计算机处理中心，连接起来的多个计算机在网络和通信软件的支持下，能够相互交换数据、传送软件，从而实现了系统中连接的计算机之间的资源共享。

以多计算机为中心的网络的逻辑结构如图 1-2 所示。

图 1-2 中相连起来的计算机之间，根据需要能够实现它们之间的资源共享。例如：计算机 A 处理数据时需要使用的软件在计算机 B 中有，则计算机 A 在处理数据时首先利用系统资源共享的特点，将所需要的在计算机 B 中的软件传到计算机 A 中，然后处理数据，从而实现了计算机 A 共享了计算机 B 的软件

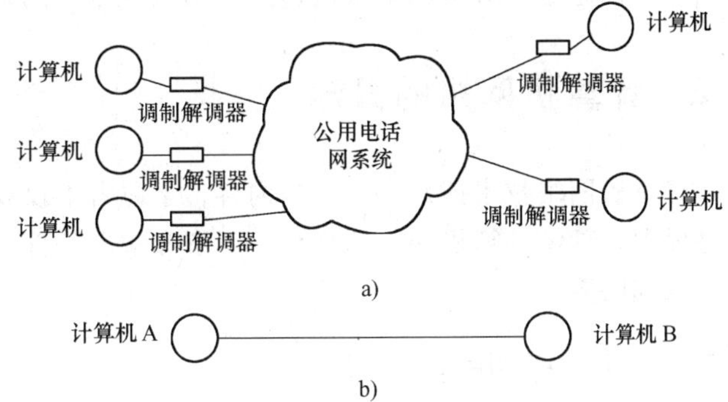

图 1-2 以多计算机为中心的网络逻辑结构

a）计算机之间通过公用电话网系统连接 b）计算机之间直接连接

资源。同样，计算机 A 还可以将软件和待处理的数据传给其他计算机，“借用”其他计算机的硬件进行工作，当其他的计算机替计算机 A 处理完数据后，再将处理结果传给计算机 A，这就实现了计算机 A 共享其他计算机的硬件资源。

3. 标准化网络系统阶段

（1）标准化网络系统产生的原因

计算机网络系统是非常复杂的系统，计算机之间相互通信涉及许多复杂的技术问题，为实现计算机网络通信和网络资源共享，计算机网络采用的是对解决复杂问题的十分有效的分层解决问题的方法。1974 年，美国 IBM 公司公布了它研制的系统网络体系结构（System Network Architecture，SNA）。其后，各种不同的分层网络系统体系结构相继出现。

对各种体系结构来说，同一体系结构的网络产品互连是非常容易实现的，而不同系统体系结构的产品却很难实现互联。但社会的发展迫切要求不同体系结构的产品都能够很容易地得到互联，人们迫切希望建立一系列的国际标准，渴望得到一个“开放”系统。

（2）什么是标准化网络系统

国际标准化组织（International Standards Organization，ISO）于 1977 年成立了专门的机构来研究计算机网络的标准化问题，并在 1984 年正式颁布“开放系统互连基本参考模型”（Open System Interconnection Basic Reference Model）的国际标准 OSI。按“开放系统互连基本参考模型”标准建立起来的计算机网络系统就是第三代计算机网络。

4. 网络互联系统阶段

进入 20 世纪 90 年代，在计算机技术、通信技术以及建立在互连计算机网络技术基础上的计算机网络技术得到了迅猛发展的同时，计算机网络用户对计算机网络应用的需求也在不断提高，迫使计算机网络系统有所突破，从而使计算机网络进入了一个崭新的阶段。通过高速通信线路、高速交换设备和高速接入等设备，将多个独立计算机网络连接起来而构建的系统，即计算机网络互联系统的产生标志着计算机网络系统进入了第四阶段。网络互联系统的基本模型如图 1-3 所示。

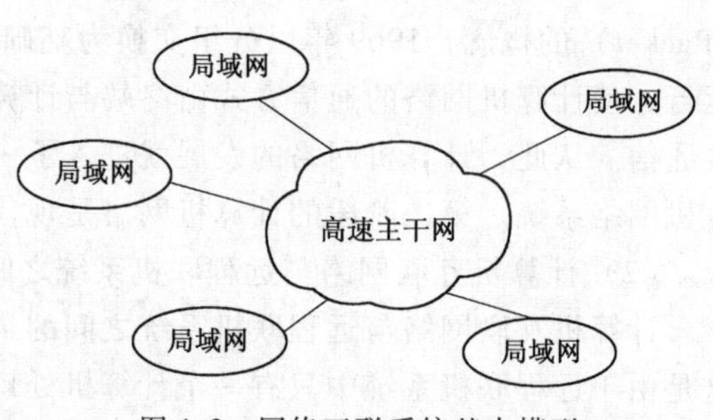

图 1-3 网络互联系统基本模型

1.2 计算机网络的概念

计算机网络技术涉及多方面的内容，学习者不仅要了解计算机网络的发展过程，更重要的是要深入理解计算机网络的概念，了解和掌握计算机网络系统与其他各种计算机系统之间的区别和联系。

1.2.1 计算机网络的定义

1. 什么是计算机网络

现实生活中有很多网络，如交通网、商业网、通信网等，虽然各种不同的网络有大有小，功能、目标各异，但在宏观上来说，都具有很多相同的特征。以人们所熟知的公共交通网为例，公共交通网主要由公路（包括桥梁、涵洞等）、公交车、交叉路口、停车场、公交车站等几大部分组成。停车场是车辆驻留、维护、休整的基地。当公交车需要运行时，则从车场调出，在公路上运行。公路和桥梁、涵洞等是实现公交车之间产生联系的纽带，属系统中的基础设施；交叉路口是公共交通网中多条公路连接、汇集的点。

如果用公共交通网络来形象地比喻计算机网络，即计算机网络中的计算机相当于公交车停车场；计算机网络中需要传输的信息数据相当于公交网络系统中的公交车；对公交网进行管理的规章、制度等相当于计算机网络中的各种软件；公路、桥梁、涵洞等就是计算机网络系统中的通信线路。计算机网络中通信线路相互连接的汇集点就是公交网络中公路之间的汇集、交叉点。

公共交通网络是将地理位置不同的各公交车场，利用公路、桥梁、涵洞等将之联系起来，通过各种管理方式和手段实现共同享用公路资源、车场资源、管理资源等资源的系统。计算机网络则是将地理位置不同的各计算机系统通过通信设备和线路连接起来，并利用网络软件实现网络中各种资源共享的系统，计算机网络中的资源包括计算机硬件、软件、数据等。通过分析可以看出计算机网络概念中包括以下 3 方面的内容。

- 计算机网络是由两台或两台以上的计算机连接起来构成的系统。
- 两台或两台以上的计算机连接，相互通信，交换信息、数据必须有通信信道。
- 计算机之间要通信和交换信息彼此之间需要有共同遵守的规则，否则计算机之间无法通信。

如图 1-4 所示的是一个通过传输媒体将两台微型计算机连接起来组成的一个简单的计算机网络系统。

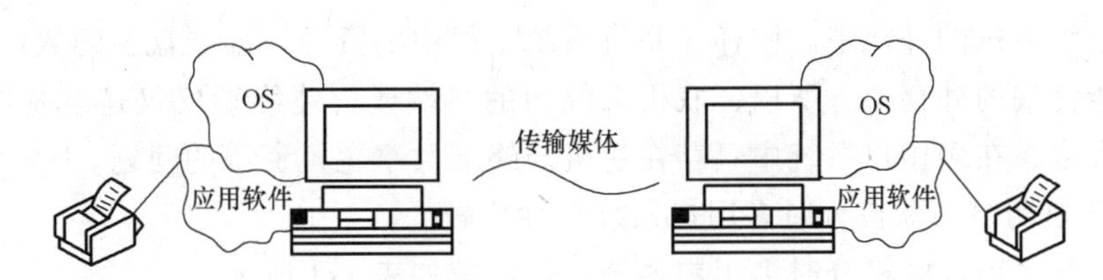

图 1-4　通过传输媒体直接连接构成的简单的计算机网络系统

图 1-4 中，互连起来的计算机，各自所拥有的属于自己的打印机、磁盘驱动器及操作系统、应用软件独立工作，通过通信媒体及其通信设备、网络软件等能够实现这些计算机相互之间的资源共享。在系统中，互连的计算机之间互相发送信息、交换程序和数据；可以互相“借用”对方的设备，如 CPU、打印机、硬盘存储器等。

总之，计算机网络是突破地理范围限制集合的大量计算机设备群体，它是由网络操作系统和用以组成计算机网络的多台计算机，以及各种通信设备构成的。在计算机网络系统中，每台计算机都是独立的，任何一台计算机都不干预其他计算机的工作，任何两台计算机之间没有主从关系。计算机网络中计算机之间的通信，遵守共同的协议而进行（协议是计算机与计算机进行通信时，通信双方共同遵守的一组规则），从而实现用户对网络系统中各互连计算机设备群体的共享资源。

2. 计算机网络与计算机通信系统

计算机网络与计算机通信系统是完全不同的两个概念，它们所构成的是两种系统。计算机网络所构成的系统是能够实现系统中资源共享的系统。而计算机通信系统是一种计算机介入的通信系统。比如电话程控交换机系统，这些系统都是介入了计算机而实现的各终端用户之间的通信，它们构成的仅仅是通信系统，计算机仅仅是系统中的通信控制设备。

3. 计算机网络系统与联机多用户系统之间的关系

（1）联机多用户系统

从本质上讲，在联机多用户系统中，不论主机上连接多少个计算机终端或计算机，主机与其连接的输入/输出终端或计算机之间都是支配与被支配的关系。

传统的联机多用户系统，都是由一台中央处理机、多个联机终端以及一个多用户操作系统组成的，系统中的终端不具备独立的数据处理能力。以分时系统为例，系统中的用户终端是靠系统中主计算机把一部分主存分给终端用户，终端用户通过使用主计算机 CPU 为每个用户划分的时间片来执行其应用程序。

随着计算机科学的发展以及微型计算机的诞生，一些具有独立数据处理能力的计算机作为联机系统的输入/输出终端被连接在系统中，这种作为联机系统输入/输出终端设备的计算机，在系统中通常被称作智能终端。

智能终端中的资源不能被联机系统主机共享，同样主机的资源也不能被智能终端共享。这是因为：在连接有智能终端的多用户系统中，智能终端本身是独立的计算机，可以直接启动支持自身 CPU 的操作系统进行独立工作。这时，即使智能终端是连接在多用户系统主机上的，但此时它与多用户系统也没有丝毫关系，而是以一台独立的计算机身份进行工作的。

对联机系统的用户来说，虽然使用智能终端具有更大的灵活性，也就是说用户可以脱离联机系统主机独立操作和使用智能终端。但智能终端中的资源，如硬盘中的数据、软件无法传入到联机系统主机的外存中。同样，联机系统主机中的资源，如硬盘中的数据、软件也无法传入到智能终端的外存中。所以，联机系统中的终端或智能终端仅仅是系统中的输入/输出设备。换言之，在多用户系统中只存在主机与终端共享主机资源的问题。

（2）计算机网络与联机分时多用户系统特性比较

计算机网络系统与联机分时多用户系统特征比较如表 1-1 所示。

表 1-1　计算机网络系统与联机分时多用户系统特征比较

	计算机网络系统	联机分时多用户系统
共享性	网络用户能够共享网络中全部资源	各终端用户共享主机资源
并行性	网络中的各计算机具有独立数据处理能力，各计算机的运行不受网络中其他计算机的干扰	各终端用户只是在一段时间内的并行，同一时刻不可能存在两个或两个以上的用户都在运行的情况

4. 计算机网络系统与分布式计算机系统之间的关系

分布式计算机系统与计算机网络系统，在计算机硬件连接、系统拓扑结构和通信控制等方面基本都是一样的，两者都具有通信和资源共享的功能。

（1）分布式计算机系统

分布式计算机系统是指分布的多个处理器或计算机在分布式系统软件的支持下分工协同地完成某一任务，其目的是为了充分发挥系统的整体特性。

（2）计算机网络系统

计算机网络系统是在网络操作系统支持下，实现互联的计算机之间的资源共享，计算机网络系统中的各计算机通常是各自独立进行工作的。

（3）网络分布式计算机系统

网络分布式计算机系统通常是指在传统的计算机局域网络平台上构建的分布式计算机系统。

在传统的计算机局域网络平台上构建网络分布式计算机系统需要在每一台联网计算机上扩充一个全局的分布式网络操作系统外壳，其主要功能包括以下几个方面。

1）提供网络用户使用分布式计算机系统的接口，接收网络用户提交给分布式计算机系统的任务。

2）通过网络通信掌握全网各计算机 CPU 的忙闲情况及其他资源占用情况。

3）把用户任务划分为可并行的子任务，根据各计算机 CPU 的忙闲情况调度分配给网络中可用的计算机进行并行处理。

4）协调各计算机的运行结果，进行必要处理后返回给用户。

1.2.2 计算机网络的主要功能

建立计算机网络系统的目的就是要解决异地计算机之间的通信，实现分布处理和资源共享，以提高信息处理能力，所以计算机网络的主要功能也体现在以下 4 个方面。

1. 数据通信与服务

计算机是数据处理、信息服务的实体。用户之间的即时信息通信，除电话语音系统外，还需要有即时的文件通信，不仅如此，人们还需要能够实现在即时文件通信的同时对文件内容进行修改，不仅能够修改和浏览本地计算机信息，还能够浏览和修改异地计算机中的信息。人们还希望在离线或关机的情形下，也能够接收到异地传递来的文件信息等。为了实现上述功能，满足人们对通信各方面的需求，计算机网络提供有传真、电子邮件、电子数据交换（EDI）、电子公告牌（BBS）、远程登录和浏览等数据通信服务功能。

2. 提高信息处理能力

单个计算机的功能是有限的，对于很多复杂的、大的数据处理任务来说，单个计算机很难独立完成，并且完成时间会很漫长。另外，一旦遇到本地计算机无法处理的问题时，有可能导致巨大的损失。所以，通过算法将大型的综合性问题交给不同的计算机同时进行处理。用户可以根据需要合理选择网络资源，就近快速地进行处理，避免损失。

提高处理能力的另一个方面体现在提高计算机故障自恢复方面。计算机在进行数据信息处理过程中，发生故障是不可避免的事。计算机网络中，如果将互相连接的各计算机相互成为后备机，当某台计算机出现故障后，通过网络将任务即时提交给网络中的后备计算机来完成，这样可以避免在单机情况下，一台计算机发生故障引起整个系统瘫痪的现象，从而提高了系统的信息处理能力。在计算机技术中，这是可靠性问题。另外，当遇到网络中的某台计算机负担过重时，通过网络可以将部分任务交给较空闲的计算机来完成，均衡负载。在计算机技术中，这是可用性问题。

3. 资源共享

将计算机互连成网络的最主要目的就是要实现网络资源共享，资源共享是计算机网络的本质特征。所谓资源共享是指系统中各计算机用户能够享用网内其他各计算机系统的资源。

网络中的资源主要包括硬件资源、软件资源、数据资源和通信信道资源 4 类。

（1）硬件资源共享

硬件资源共享是网络用户对网络系统中的各种硬件资源的共享，如主计算机、外存储设备、输入/输出设备等。以共享主机为例，其共享方式如图 1-5 所示。

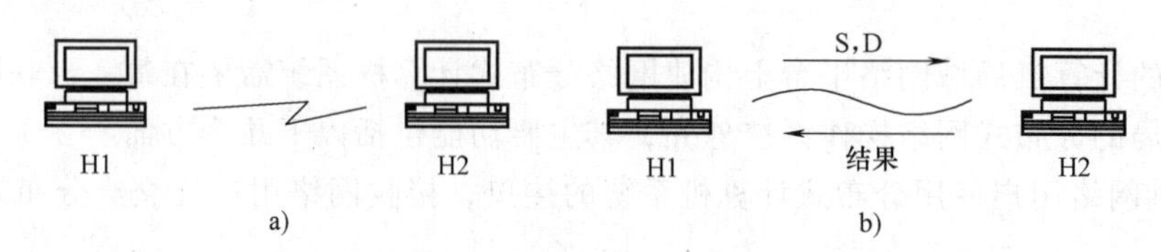

图 1-5　H1 共享 H2 硬件资源

图 1-5 中，计算机 H1 将软件 S 和数据 D 都交给计算机 H2，使用 H2 主机“帮助” H1 处理。这是计算机 H1 共享计算机 H2 主机。

（2）软件资源共享

软件共享是网络用户对网络系统中的各种软件资源的共享，如主计算机中的各种应用软件、工具软件、系统开发用的支撑软件、语言处理程序等。如图 1-6 所示是一个由两个计算机 H1 和 H2 组成的简单的网络系统，如果计算机 H1 中缺少处理机内数据 D 所需要的软件 S，计算机 H2 中有软件 S，则在 H1 处理数据 D 时，计算机 H1 需要使用网络系统的共享功能，从计算机 H2 中“借”来软件 S 以处理数据 D。这是计算机 H1 共享计算机 H2 的软件。

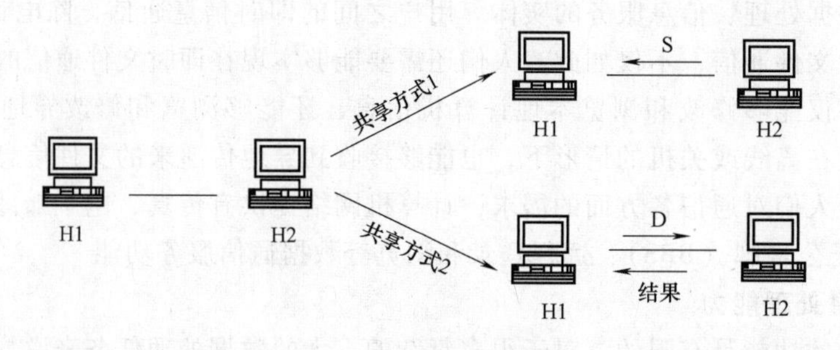

图 1-6　H1 共享 H2 软件资源

（3）数据资源共享

数据共享是网络用户对网络系统中的各种数据资源的共享。如图 1-7 所示是一个由两个计算机 H1 和 H2 组成的简单的网络系统，如果计算机 H1 处理数据 D′时，还需要有数据 D 支持，支持处理数据 D′所需的数据 D 只有计算机 H2 中有。则在 H1 处理数据 D′时，计算机 H1 需要使用网络系统的共享功能，从计算机 H2 中“借”来数据 D，处理数据 D′。这是计算机 H1 共享计算机 H2 的数据。

事实上，不论是数据共享、软件共享，还是硬件共享，共享都不是独立的。数据共享中包含软件共享和硬件共享；软件共享中包含数据共享和硬件共享；硬件共享中包含数据共享和软件共享。

（4）通信信道资源共享

通信信道可以理解为电信号的传输媒体。通信信道的共享是计算机网络系统中最重要的共享资源之一。通信信道的共享方式主要包括：固定分配信道、随机分配信道和排队分配信

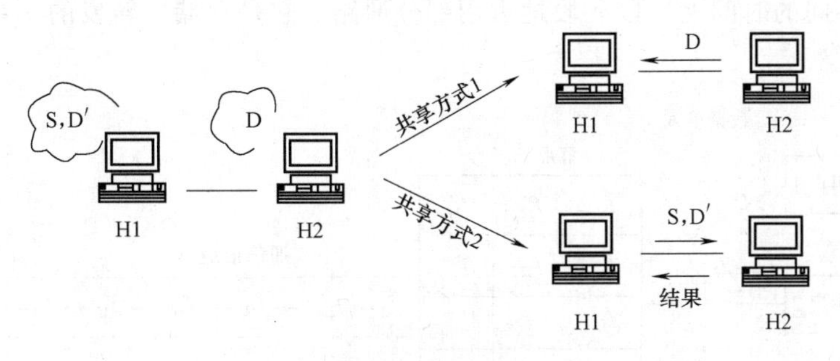

图 1-7　H1 共享 H2 数据资源

道 3 种共享方式。

1）固定分配信道共享方式。在一个物理通信信道上划分出多个逻辑上存在的子信道就是固定分配信道共享。划分逻辑信道的方式主要有两种。第一种是将物理信道看作一条公路，在建设公路时总是把公路建设得相对宽一些，然后再在公路上画上各种标志线，从而在这一条公路上划分出多条逻辑上存在的路，使得在这同一条公路上同时可以有若干辆车在不同的“路上”行驶。另一种方法是将物理通信信道看作一条高速公路，在入口处有多条公路与其相接，多条公路上的车辆经高速公路入口都行驶在一条高速路上，为此高速公路要按一定规则分别接收各路驶来的车辆，从而在高速公路上形成一种时间上的逻辑子信道。在第一种信道资源共享的系统中，系统将各个子信道固定分配给每一对用户，每对用户独占系统分配给它们的通信信道资源，它们随时都可以进行通信，从而实现了多对用户对一条通信信道的共享。而第二种方式的信道资源共享系统是多个用户分别占用一个完整信道的不同信道时间。固定分配信道共享方式示意如图 1-8 所示。

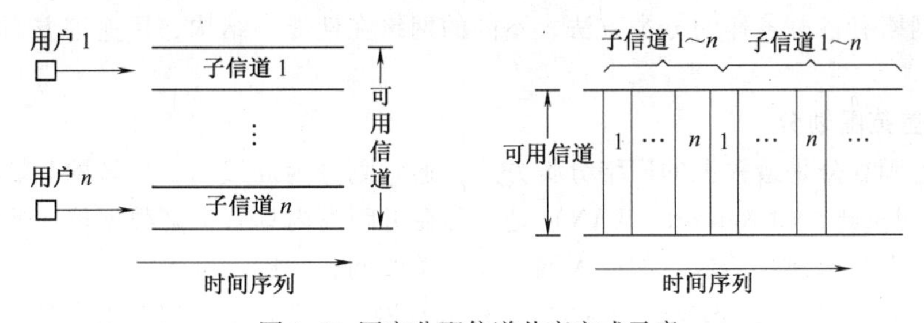

图 1-8　固定分配信道共享方式示意

2）随机分配信道共享方式。同固定分配信道共享方式所采用的方法一样，随机分配信道共享方式也是把一个物理上的通信信道划分出多个逻辑上的子信道。但对信道的分配，系统不是将各个子信道固定分配给每一对用户，每对用户不能独占系统分配给它们的通信信道资源，它们进行通信必须先向系统提出申请，在只有存在空闲子信道时，申请信道的用户才有可能得到某一空闲子信道的使用权进行通信，通信结束后，要释放其所占用信道的使用权，使其他用户使用，从而实现多对用户对一条通信信道的共享。

3）排队分配信道共享方式。排队分配信道共享方式是将用户发出的数据划分为一定长度的数据单元，然后将这些数据单元送到传输节点的排队缓冲区队列中，系统按先来先服务的原则进行通信服务。在排队分配信道共享中，进行通信的一对用户并不需要在通信的过程中完整地占用连接这对用户的从信源到信宿的通路，用户数据是一段一段地在通信链路上传输，用户是在不同的时间上一段一段地占用部分通路。它是存储、转发的一系列过程，如图1-9所示。

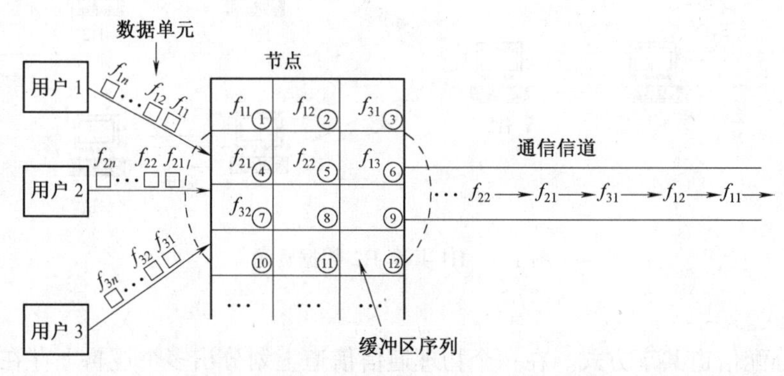

图 1-9 排队方式分配信道共享方式示意

总之，计算机网络是建立人与人之间以及这一群人与另一群人之间沟通联系的现代化通信与计算机环境，通过其所提供的功能，信息得到充分利用和实现系统资源的尽量共享，促进了人与人之间的交流以及知识的迅速更新。

1.2.3 计算机网络的分类

计算机网络系统是非常复杂的系统，技术含量高，综合性强，但由于各种不同的计算机网络系统所采用的技术不同，而反映出的特点也不同。从不同的角度划分网络系统，观察网络系统，有利于全面地了解网络系统的特性。本节将从不同的角度出发，对网络进行系统的分类，目的是帮助学习者对网络有一个比较系统、全面的认识和了解。

计算机网络有各种各样的分类方法，不同的网络在性能、结构、用途等方面的特点是有区别的。

1. 按覆盖范围划分

按覆盖范围划分是最常见的网络分类方式，通常划分为局域网、广域网和城域网。

局域网（Local Area Network，LAN）是一种在近距离内具有很高数据传输速率的物理网络，覆盖范围在几米到几千米。如以太网、令牌总线网、令牌环网等。

广域网（Wide Area Network，WAN）又称远程网，通常是指作用范围为几十到几千千米的网络。

城域网（Metroplitan Area Network，MAN）通常是指作用范围在WAN与LAN之间，其运行方式与LAN相似，但距离可以到5~50km的网络。

2. 按通信媒体划分

按通信媒体划分，计算机网络可以划分为有线网、无线网、移动网、混合网络。

有线网是指网络系统中计算机之间是采用如同轴电缆、双绞线、光纤等物理媒体连接的，并利用这些物理媒体传输数据，实现计算机之间数据交换的系统。现有的网络绝大多数是有线网络。

无线网是指网络系统中计算机之间是采用如微波、红外线等媒体连接的，并利用它们传输数据，实现计算机之间数据交换的系统。随着无线通信技术的发展，无线网络的数量越来越多，应用也越来越广泛。

移动网是指利用无线通信技术，实现计算机与无线移动终端连接所构成的网络系统。

混合网络是计算机网络发展和应用的趋势，是将有线、无线、移动相融合在一起所构成的网络。

3. 按数据交换方式划分

按数据交换方式划分，计算机网络可以划分为直接交换网、存储转发交换网、混合交换网等。

直接交换网又称电路交换网。直接交换网在进行数据通信交换时，首先申请通信的物理通路，物理通路建立后通信双方开始通信传输数据。在传输数据的整个时间内通信双方始终独占所占用的信道。

存储转发交换网在进行数据通信交换时，先将数据在交换装置控制下存入缓冲器中暂存，并对存储的数据进行一些必要的处理，当指定的输出线空闲时再将数据发送出去。存储转发交换网又包括报文交换和分组交换两种交换方式的网络。

混合交换网中所采用的数据交换方式是将存储转发交换和电路交换两种方式混合起来，综合各自优点来进行数据交换的网络系统，如 ATM、帧中继交换网。

除此之外，还有采用全光交换技术的网络、采用软交换技术的网络以及采用 MPLS 交换技术的网络等。

4. 按使用范围划分

按使用范围划分，计算机网络可以划分为公用网、专用网。

公用网是为公众提供各种信息服务的网络系统，如因特网，只要符合网络拥有者的要求就能使用的网络。公用网是国家电信网的主体，在我国通常是电信部门主管经营和建设的，许多国家是由政府和私营企业建设的；专用网为一个或几个部门所拥有，它只为拥有者提供服务，这种网络不向拥有者以外的人提供服务。专用网通常由组织和部门根据实际需要自己投资建立。

公用网和专用网是相对的。公用网中通常包含有专用网，专用网也具有公用性特征。例如，因特网是公用网，但因特网中含有无数个专用网。

5. 按配置划分

在局域网中，互连的计算机根据它们的作用和地位可划分为服务器和工作站两类。服务器是指在系统中提供服务的计算机，工作站是指接收服务器提供的服务的计算机。按配置划分就是根据系统中服务器和工作站的组合方式划分网络。

同类网又称对等网。如果在网络系统中，每台计算机既是服务器，又是工作站，那这个网络系统就是同类网。在同类网中，每台计算机都可以共享其他任何计算机的资源。它要求每个用户必须掌握足够的计算机知识和对网络工作方式的深入了解，还要花费很多时间和精力用来搞清楚不同工作站用户之间的关系。所以，这类网络系统的规模只能局限在小系统范围内实现。

单服务器网是客户/服务器结构的网络。如果在网络系统中，只有一台计算机作为整个网的服务器，其他计算机全部是工作站，那么这个网络系统就是单服务器网。在单服务器网中，每个工作站都可以通过服务器享用全网的资源，每个工作站在网络系统中的地位是一样的，而服务器在网中也可以作为一台工作站使用。单服务器网是一种最简单、最常用的网。

混合网也是客户/服务器结构的网络。如果在网络系统中的服务器不止一个，同时又不是每个工作站都可以当作服务器来使用，那么，这个网就是混合网。混合网与单服务器网的差别在于网中不仅仅只有一个服务器；混合网与同类网的差别在于每个工作站不能既是服务器又是工作站。

由于混合网中服务器不止一个，因此，系统避免了在单服务器网上工作的各工作站完全依赖于一个服务器，当服务器发生故障后全网处于瘫痪的现象。所以，对于一些大型的、信息处理工作繁忙的、重要的网络系统，在设计时要注意这个问题，应采用混合网设计，这一点是非常重要的。

6. 按信息容量划分

按信息容量划分，计算机网络可以划分为基带网络、窄带网络和宽带网络。

基带网络是指系统中所传输的数据信号是基带数据信号的网络系统，其中基带信号是信源发出的原始编码信号。由于基带信号占有整个信道带宽，所以同时只能传输一路信息。大多数局域网是基带网。

窄带网络通常是指带宽小于或等于 64 kbit/s，在业务上仅提供单一的话音业务为主的网络。因特网中，采用传统的带宽为 64 kbit/s 的电话网络进行数据信号传输的系统就是窄带网。

宽带网络是同时能够传输多路信息，每路信息使用不同的频率范围，通过多路复用多个信道来实现不同的多路信号在同一个物理信道传输的，带宽不小于 2 Mbit/s 的系统。

7. 按通信传输方式划分

按通信传输方式划分可将计算机网络划分为点对点传输方式网和广播传输方式网。

点对点传输方式网是以点对点的连接方式，把各个计算机连接起来，数据信号通过通信媒体直接传至目的节点，是点到点传输过程。这种传输方式的网络主要用于广域网。

广播式传输方式网是用一个共同的传播媒体把各个计算机连接起来，信源发出的数据信号被传至系统中所有节点中，所有节点在接收到数据信号后，对数据信号进行分析以确定接收或是拒绝接收。如电视信号传输、无线电广播都属于广播数据信号传输。计算机网络系统属于广播数据信号传输方式的主要有在 LAN 上，以同轴电缆连接起来的总线型网，星形网和树形网；在 WAN 上以微波、卫星方式传播的网络。

8. 按拓扑结构划分

根据计算机网络中各计算机之间连接方式的不同而归纳出的计算机网络的拓扑结构来划分计算机网络的类型，是一种非常重要的对计算机网络进行分类的方法。拓扑结构的有关知识将在后面的章节中介绍。

9. 计算机网络其他一些分类方法

除上述各种划分方法外，还有一些其他划分方法，例如按通信速率划分、按连接特性划分、按媒体访问控制方法划分等。

按通信速率划分可把网络划分成低速网、中速网和高速网 3 种。其中，低速网通常是借助调制解调器利用电话网来实现的；中速网主要是传统的数字式公用数据网；高速网主要用于互联网的主干网中。

按连接特性划分，计算机网络可以划分为计算机与计算机连接构成的计算机网络和计算机网络与计算机网络互联构成的互联网，即因特网。

按媒体访问控制方法划分，可以将网络划分为总线网和环网。

1.3 计算机网络系统的基本组成与结构

计算机网络是计算机与通信技术结合构成的一种集数据信息处理和通信为一体的系统，是一种复杂的具有多种结构和特征的系统。本节将从不同的角度简单介绍网络系统的组成及其结构。

1.3.1 计算机网络系统的基本组成

1. 计算机网络系统的基本组成模块

计算机网络系统同计算机系统一样都是由硬件和软件两大部分组成的。但由于计算机网络是由独立的计算机系统和独立的通信系统两种不同功能的系统组成，所以对计算机网络的基本组成不能仅仅简单地从硬件和软件两个方面来划分和理解。

从系统的角度出发，计算机网络的组成部分可以划分为计算机系统、数据通信系统、网络软件 3 大部分。

计算机系统是网络的基本模块，是直接面向用户的终端实体，为网络内的其他计算机提供诸如数据、软件资源，以及协调用户资源，实现分布数据处理等，用户通过计算机系统终端享用所需的服务。

数据通信系统是连接网络基本模块的桥梁。网络系统中各计算机之间的联系都是通过数据通信系统实现的。数据通信系统在网络系统中为实现信息数据交换提供各种连接技术和信息交换技术等。

网络软件是所有用以实现网络功能的软件，如用于计算机系统与通信系统连接的接入软件；用于信号转换的软件；用于管理网络上计算机，并实现计算机在网络环境下操作的网络操作系统、浏览器等软件；用于路径选择和交换的软件；用于保证网络安全的软件；为用户提供各种服务的网络应用软件等，在网络中实现通信、数据处理、管理的各类软件。网络软件是网络的组织者和管理者，也是网络功能的实现者。

2. 通信子网与资源子网

从逻辑上划分，计算机网络包括两大部分，即通信部分和资源部分。如果抛开资源部分，通信部分所构成的是一个实现通信的网络系统，资源部分（主要由计算机组成）构成的也是一个网络系统。而这两个网络系统对计算机网络整体而言都是子系统，即它们是计算机网络系统的子网，所以，从这个角度把计算机网络划分成通信子网和资源子网两部分。

通信子网和资源子网的划分反映了网络系统的物理结构，这种划分有效地描述了网络系统实现资源共享的方法。如图 1-10 所示的是一个由通信子网和资源子网组成的网络系统。

由通信子网和资源子网组成的计算机网络系统中，系统以通信子网为中心。通信子网处于系统的内层，是由系统中的各种通信设备及只用作信息交换的计算机构成。通信子网的主要任务是负责全网的信息传递。主机和终端都处于系统的外围，它们构成了系统的资源子网。资源子网的任务是负责信息处理，向网络提供可用的资源。用户通过资源子网不仅共享通信子网的资源，而且还可以共享用户资源子网的硬件和软件资源。

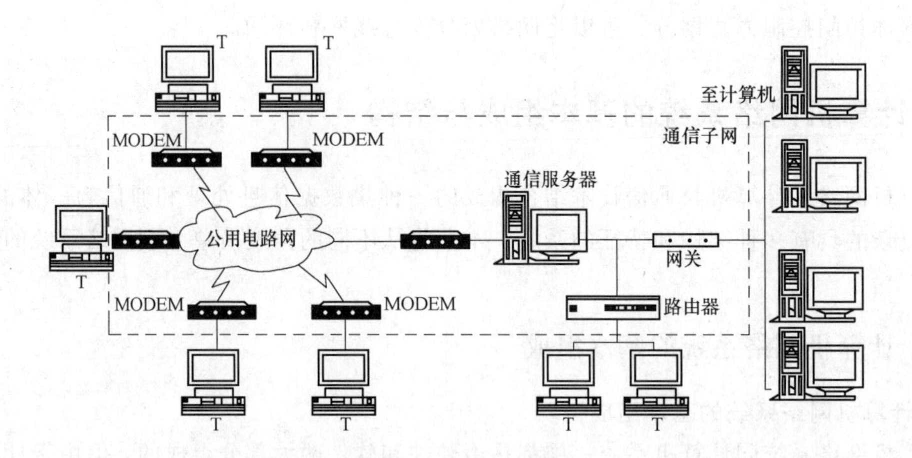

图 1-10　由通信子网和资源子网组成的一个网络系统

1.3.2　计算机网络系统的基本结构

任何一个网络系统都是由具有一定功能的设备，即节点以及连接这些节点的数据传输链路构成的。这些节点和链路的组合就构成了网络系统的一般结构。

1. 节点

网络节点就是网络单元，是网络系统中的各种数据处理设备、数据通信控制设备和数据终端设备的统称。网络节点分转节点和访问节点两类。

- 转节点是支持网络连接性能的节点，它通过通信线路来转接和传递信息，如集中器、集线器、路由器、交换器和交换机等。
- 访问节点是信息交换的源节点和目标节点，起信源和信宿的作用，如终端、主计算机等。

2. 链路与通路

链路是两个节点间的连线。链路分物理链路和逻辑链路两种，前者是指实际存在的通信连线，后者是指在逻辑上起作用的连线。链路有容量，它是用来表示每个链路在单位时间内可能接纳的最大信息量。

从发出信息的节点（发信点，即信源）到接收信息的节点（收信点，即信宿）的一串节点和链路即构成通路。

3. 网络系统的基本结构模型

网络系统的基本结构模型是采用图的表示方法描述网络系统的一般结构的，它表示成节点和链路构成的集合。即：

$$网络=\{节点,链路\}$$

或记为

$$N=\{V,L\}$$

其中，V 表示节点的集合，L 表示链路的集合。记为

$$V=\{V_1,V_2,V_3,\cdots,V_n\}$$

$$L=\{L_1,L_2,L_3,\cdots,L_n\}$$

一个具有 N 个节点的网络系统，其最多具有的链路个数为

$$L=N(N-1)/2$$

网络系统的基本结构模型如图 1-11 所示。

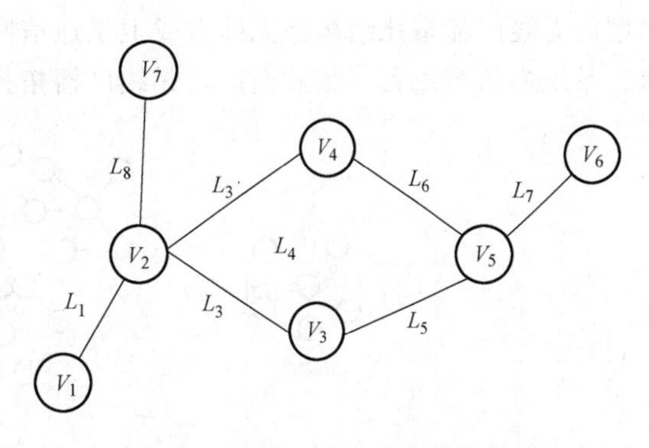

图 1-11　网络系统的基本结构模型

1.3.3　计算机网络系统的拓扑结构

计算机网络系统是由多台独立的计算机通过通信线路连接起来的。然而通信线路是如何把多个计算机连接起来的？能否把连接方式抽象出一种可描述的结构？如果能抽象出可描述的结构，其网络结构是否一样？如果不一样，它们各自的特点又是什么？对这些问题的研究是十分必要的。

1. 拓扑的概念

计算机科学家通过采用从图论演变而来的“拓扑”（Topology）方法，抛开网络中的具体设备，把像工作站、服务器等网络单元抽象为“点”，把网络中的电缆等通信媒体抽象为“线”，这样从拓扑学的观点看，计算机和网络系统就是一个由点和线组成的几何图形系统。这种采用拓扑学方法抽象出的网络结构称为计算机网络系统的拓扑结构。各种不同计算机网络系统的拓扑结构是不同的，拓扑结构对整个网络系统的设计、功能、可靠性、费用等方面有着重要的影响。

由于计算机局域网络和广域网在地理范围、所采用的技术、连接的方式等方面不同，所以，局域网和广域网的拓扑结构是有区别的。

2. 广域网的拓扑结构

由于广域网的作用范围非常广，广域网的通信和连接主要依靠公用通信设施，所以广域网的拓扑结构主要包括如下几种。

（1）单星拓扑结构

单星拓扑结构是一种集中式结构。在这种结构中，网络中的信息必须通过中心处理设备（中心转节点），拓扑结构呈星形状。系统中心转节点的可靠性基本上决定了整个网络的可靠性。在单星拓扑结构网络系统中，通常在靠近用户终端较集中的某处设置集中器或多路复用器，利用集中器或多路复用器集中接收和发送多路数据，具有集中器和多路复用器的单星网络系统结构如图 1-12a 所示。

（2）多星拓扑结构

多星拓扑结构是系统中存在多个中心交换节点，各中心转节点根据需要互相连接，其基本结构如图 1-12b 所示。

（3）分布式与全互连拓扑结构

分布式拓扑结构是一种无规则的连接结构。在这种结构中，系统内的任何一个节点都至少与其他两个节点相连。分布式拓扑结构如图 1-12c 所示。

全互连拓扑结构与分布式拓扑结构类似，只不过在网中的任何一个节点都直接与其他所有节点相连。全互连拓扑结构如图 1-12d 所示。

（4）无线广播拓扑结构

无线广播拓扑结构是系统利用空气作为传输媒体来传输信源发出的信号形成的广播域。

典型的无线广播拓扑结构是无线电或卫星通信网结构。系统中所有通信处理机都共享通信信道，系统通信容量大，覆盖面广。无线广播拓扑结构如图 1-12e 所示。

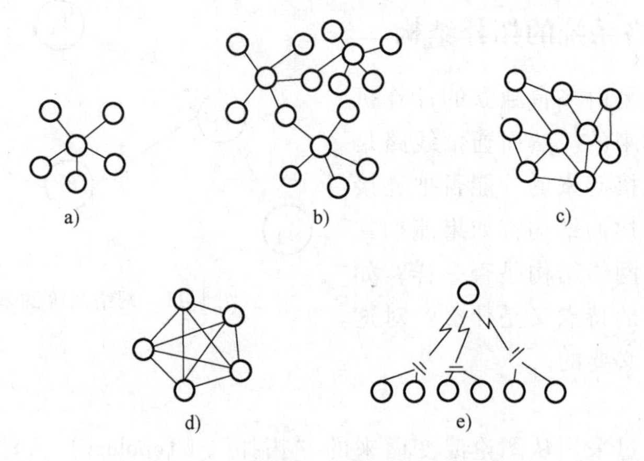

图 1-12　常见的广域网拓扑结构

a）单星拓扑结构　b）多星拓扑结构　c）分布式拓扑结构　d）全互连拓扑结构　e）无线广播拓扑结构

3. 局域网的拓扑结构

局域网通常是分布在一个有限地理范围内的网络系统，一般所涉及的地理范围只有几千米。局域网专用性非常强，具有比较稳定和规范的拓扑结构。常见的局域网拓扑结构有星形、树形、总线型和环形拓扑结构。

（1）星形拓扑结构

星形拓扑结构中，系统中各工作站以星形方式连接起来，系统中的每一个节点设备都以中心节点为中心，通过连接线与中心节点相连，如果一个工作站需要传输数据，它首先必须通过中心节点（见图 1-13a）。由于在这种结构的系统中，中心节点是控制中心，任意两个节点间的通信最多只需两步，所以，通信传输速度快，并且网络构形简单、建网容易，便于控制和管理。但这种网络系统的可靠性低，网络共享能力差，并且一旦中心节点出现故障则导致全网瘫痪。

（2）树形拓扑结构

树形拓扑结构是天然的分级结构，又称为分级的集中式网络（见图 1-13b）。其特点是网络成本低，结构比较简单。在网络中，任意两个节点之间不产生回路，每个链路都支持双向传输，并且网络中节点扩充方便、灵活，寻查链路路径比较方便。但在这种结构系统中，除叶节点及其相连的链路外，任何一个工作站或链路产生故障会影响整个网络系统的正常运行。

（3）总线型拓扑结构

总线型拓扑结构是将各个节点设备和一根总线相连。系统中所有的节点工作站都是通过总线进行信息传输的（见图 1-13c）。作为总线的通信连线可以是同轴电缆、双绞线，也可以是扁平电缆。在总线型拓扑结构系统中，作为数据通信必经的总线的负载能量是有限度的，这是由通信媒体本身的物理性能决定的。所以，总线型拓扑结构系统中工作站节点的个数是有限制的，如果工作站节点的个数超出总线负载能量，就需要延长总线的长度，并加入相当数量的附加转接部件，使总线负载达到容量要求。

总线型拓扑结构简单、灵活，可扩充性能好。所以，进行节点设备的插入与拆卸非常方便。另外，总线型拓扑结构网络可靠性高、网络节点间响应速度快、共享资源能力强、设备投入量少、成本低、安装使用方便，当某个工作站节点出现故障时，对整个网络系统影响小。因此，总线型拓扑结构网络是最普遍使用的一种网络。但是由于所有的工作站通信均通过一条共用的总线，所以实时性较差。

（4）环形拓扑结构

环形拓扑结构是通过一条首尾相连的通信链路将系统中各节点连接起来形成的一个闭合环形结构（见图 1-13d）。环形拓扑结构构成的系统，结构比较简单，系统中各工作站地位相等。系统中通信设备和线路比较节省。信息按固定方向单向流动，两个工作站节点之间仅有一条通路，系统中无信道选择问题；网络中各工作站都是独立的，如果某个工作站节点出现故障，此工作站节点就会自动旁路，不影响全网的工作。但这种结构，由于环路是封闭的，所以不便于扩充，系统响应延时长，且信息传输效率相对较低。

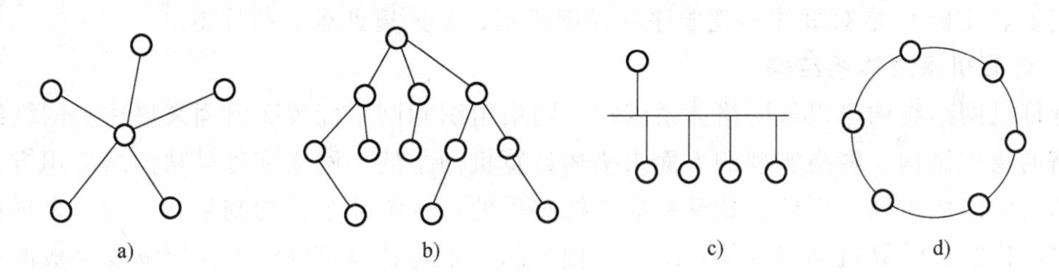

图 1-13　常见局域网拓扑结构

a）星形拓扑结构　b）树形拓扑结构　c）总线型拓扑结构　d）环形拓扑结构

1.3.4　协议与网络体系结构

协议和体系结构是计算机网络技术中不可缺少的重要内容，要掌握计算机网络的基本原理就必须要对协议和体系结构的概念和相关知识有比较深入的了解。

1. 通信协议

简单地说，协议是一组规则的集合，是进行交互的双方必须遵守的约定。人们日常生活和工作中随时都存在协议。商品买卖成交是完成协议；应聘成功是完成协议；运动员、裁判员、比赛规则、比赛时间及场地的确定，看似简单、平常的一件事，但它们之间实际上存在着复杂的协议关系。对计算机网络来说，计算机之间、通信系统之间、计算机与通信系统之间会存有巨大的差异，如果相互之间能够进行通信，实现数据信号的传输和识别，各方之间就需要按照或遵守一种或几种各方都认可并遵守的规则。这些通信各方都认可并遵守的规则就是网络通信协议，简称协议。

网络通信协议即为在网络系统中，为了保证数据通信双方能正确而自动地进行通信，针对通信过程的各种问题所制定的一整套约定。通信协议类似于人类的语言，有一套语义和语法规则。通信协议中的语义和语法规则用来规定有关功能部件在通信过程中的操作。

协议只确定计算机各种规定的外部特点，不对内部的具体实现做任何规定，这同人们日常生活中的一些规定是一样的，规定只说明做什么，对怎样做一般不做描述。计算机网络软、硬件厂商在生产网络产品时，是按照协议规定的规则生产产品，使生产出的产品符合协议规定的标准，但生产厂商选择什么电子元器件、使用何种语言是不受约束的。

2. 通信协议的特点

（1）层次性

这是由于网络系统体系结构是有层次的。通信协议分为多个层次，在每个层次内又可以分成若干子层次，协议各层次有高低之分。

（2）可靠性和有效性

如果通信协议不可靠就会造成通信混乱和中断，只有通信协议有效，才能实现系统内的各种资源共享。

3. 网络协议的基本组成要素

网络协议主要由语法、语义和同步 3 个要素组成。

语法是数据与控制信息的结构或格式，如数据格式、编码、信号电平等；语义是用于协调和进行差错处理的控制信息，如需要发生何种控制信息、完成何种动作、做出何种应答等；同步（定时）是对事件实现顺序的详细说明，如速度匹配、排序等。

4. 计算机网络体系结构

计算机网络结构可以从网络体系结构、网络组织和网络配置 3 方面来描述。网络组织是从网络的物理结构、网络实现的方面来描述计算机网络的；网络配置是从网络应用方面来描述计算机网络的布局、硬件、软件和通信线路等的；网络体系结构则是从功能上来描述计算机网络结构的。计算机网络的体系结构是抽象的，是对计算机网络通信所需要完成的功能的精确定义。而对于体系结构中所确定的功能如何实现，则是网络产品制造者遵循体系结构研究和实现的问题。

计算机网络系统中要实现计算机之间的信息传递需要完成一系列的功能。例如接入、信号转换、信息识别、交换、路径选择等，系统中要完成上述这些功能是一个过程，也就是说有完成的先后顺序。这就如人们做饭、写文章、制作服装等一样，完成一件事情或工作有多个步骤，每个步骤的任务，要完成的和需要解决的问题是不一样的。每个步骤要解决和完成的工作既与其前、后有关联，又相对独立。每一个步骤的任务是建立在其前一步工作完成的基础上进行实现的，每一个步骤完成后将工作移交给后续步骤完成，后续步骤的工作是建立在与其相连的前序工作完成的基础上的。在计算机网络系统中，把计算机通信过程中需要完成的一项项任务（即功能），进行严格的前后顺序划分。这种划分，用中文来描述应该称为步骤或阶段。在计算机网络中，该步骤为层次，将体系结构定义成“层”。

计算机网络系统的体系结构类似于计算机系统的多层体系结构，它是以高度结构化的方式设计的。所谓结构化是指将一个复杂的系统设计问题分解成一个个容易处理的子问题，然后加以解决。这些子问题相对独立，相互联系。所谓层次结构是指将一个复杂的系统设计问题划分成层次分明的一组组容易处理的子问题，各层执行自己所承担的任务。层与层之间有接口，它们为层与层之间提供了组合的通道。层次结构设计是结构化设计中最常用、最主要的设计方法之一。

网络体系结构是分层结构，它是网络各层及其协议的集合。其实质是将大量的、各类型的协议合理地组织起来，并按功能的先后顺序进行逻辑分割。网络分层体系结构示意如图 1-14 所示。

在网络分层结构中，N 层是 N-1 层的用户，同时是 N+1 层的服务提供者。对 N+1 层来说，N+1层的用户直接使用的是N+1层提供的服务，而事实上N+1层的用户是通过N+1层提供的服务享用到了N层内所有层的服务。

5. 分层结构的优点

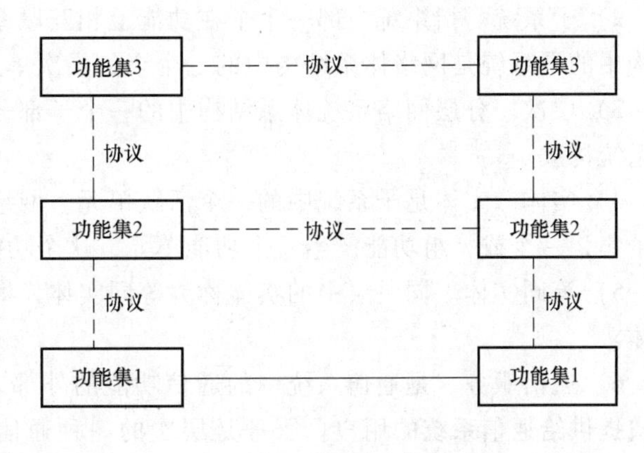

图1-14 网络分层体系结构示意

1）独立性强。独立性是指对分层的具有相对独立功能的每一层，它不必知道下一层是如何实现的，只要知道下层通过层间接口提供的服务是什么，本层向上一层提供的服务是什么就可以。

2）功能简单。系统经分层后，整个复杂的系统被分解成若干个范围小的、功能简单的部分，使每一层功能简单。

3）适应性强。当任何一层发生变化，只要层间接口不发生变化，那么这种变化就不影响其他任何一层。这就意味着可以对分层结构中的任何一层的内部进行修改，甚至可以取消某层。

4）易于实现和维护。分层结构使得实现和调试一个大的、复杂的网络系统变得简单和容易。

5）结构可分割。结构可分割是指被分层的各层的功能均可采用最佳的技术手段来实现。

6）易于交流和有利于标准化。

6. 网络分层结构模型

如图1-15所示为描述网络分层结构模型，反映结构层次、协议、接口之间的关系。

图1-15所示模型中只存在一层（即物理媒体传输层）是物理通信，其余各层之间的通信（用虚线描述）都是虚拟通信，或称逻辑通信；等同实体即对等层实体之间的通信都是遵守同层协议进行的；层间通信即相邻层实体之间进行的通信是遵循层间协议规则进行的。

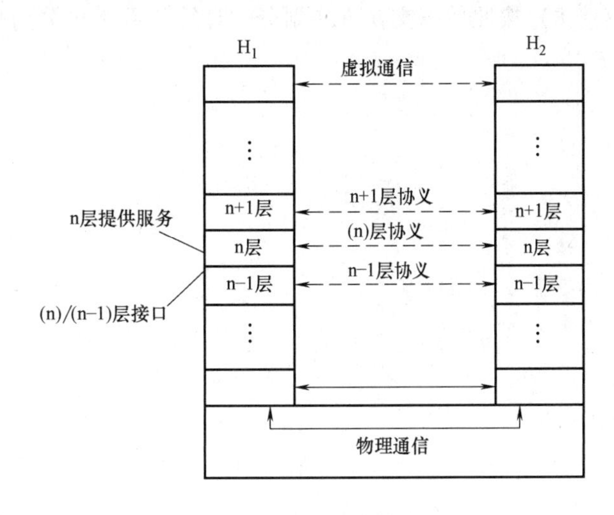

图1-15 网络分层结构模型

网络体系分层结构涉及如下一些概念。

1）系统。指由一台或多台计算机、软件系统、终端、外部设备、通信设备和操作人员、管理人员组成的网络系统，是一个具有处理数据和传输数据的集合体。

2）子系统。指系统内部一个个在功能上相互联系，又相对独立的逻辑部分。网络体系结构中的子系统是网络体系结构中的一个个的层次单元。

3）层次。分层网络系统体系结构中的一个子部分就是一个层次，由网络系统中对应的子系统构成。

4）实体。实体是子系统中的一个活跃单元。网络分层结构中，每一层包含一个通信功能子集，一个或一组功能产生一个功能单元，这个功能单元就构成了实体。

5）等同实体。同一层中的实体称为等同实体，即位于不同系统的同一层内相互交互的实体。

6）通信服务。是通信系统中的通信功能的外部表现，通信功能的控制操作以“服务”形式提供给通信系统的用户。服务是层次的一种通信能力，对N层而言，N层通信服务是在N层子系统之上看到的N层通信功能操作的结果。

7）物理通信。指通信双方存在某种媒体，通过某种通信手段实现双方信息交换。

8）虚拟通信。也称逻辑通信，这种通信不同于物理通信，通信双方没有直接联系，通信是通过与进行虚拟通信实体相关的实体提供的服务，并按一定规则（即协议）进行的。

1.4 习题

1）计算机网络发展历经了哪几个阶段？每个阶段的特点是什么？

2）什么是计算机通信系统？它与计算机网络的区别是什么？

3）简述资源共享的分类以及各类别的特点。

4）网络分布式计算机系统有哪些功能？

5）简述计算机网络系统与分布式计算机系统之间的关系。

6）为什么要对计算机网络进行分类？通常有哪几种划分方法？

7）在计算机网络中，按覆盖范围划分为哪几种？

8）按照数据交换方式划分，计算机网络可分为哪几种？

第2章　数据通信技术

通信技术是计算机网络的核心技术，没有通信技术的支撑就没有计算机网络系统。所以，要了解和掌握计算机网络技术就必须了解和掌握数据通信技术，本章将从最基本的概念入手，系统地对数据通信的主要概念和原理进行介绍。

2.1　基础知识

为了更好地理解和掌握数据通信技术的有关原理，在学习数据通信的有关原理之前，读者应该首先对数据通信中一些常用的、最简单和基本的概念及知识有所了解。

2.1.1　信号、信息与数据

1. 数据

数据（Data）是记录下来的可以被鉴别的符号，是把事物的某些特征（属性）规范化后的表现形式。数据具有稳定性和表达性，即各数据符号所表达的事物物理特性是固定不变的，数据符号需要以某种媒体作为载体。

2. 信息

信息（Information）是数据的一种形式，是对数据的认识和解释。信息是通过对数据加工和处理产生的。

数据和信息是有区别的。数据是独立的，是尚未组织起来的事实的集合；信息则是按照一定要求以一定格式组织起来的数据，凡经过加工处理或换算成人们想要得到的数据，即可称为信息。数据与信息的关系如图2-1所示。

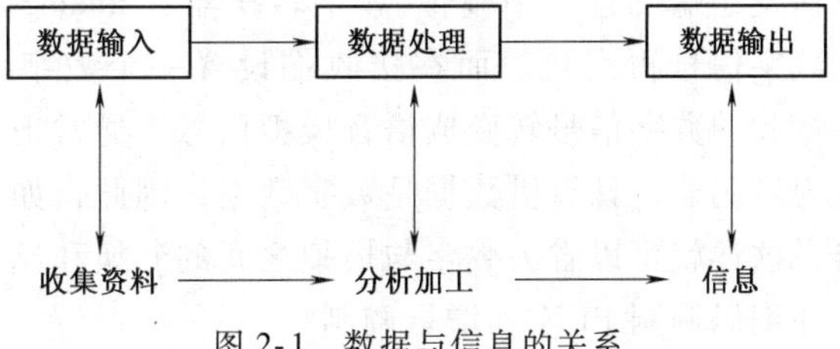

图2-1　数据与信息的关系

3. 信号

信号是数据的物理表示形式。在数据通信系统中，传输媒体以适当形式传输的数据都是信号。例如，在通信系统中，数据就是以电信号的形式从一点传到另一点的。

2.1.2　数字数据与模拟数据

表达数据的方式和承载数据的媒体是紧密相关的，不同的媒体能够表达数据的方式是有限的。当数据采用电信号方式表达时，由于受电物理特性所限，数据只能表示成离散编码和连续载波两种形式，这就是所谓的数字数据和模拟数据，如图2-2所示。

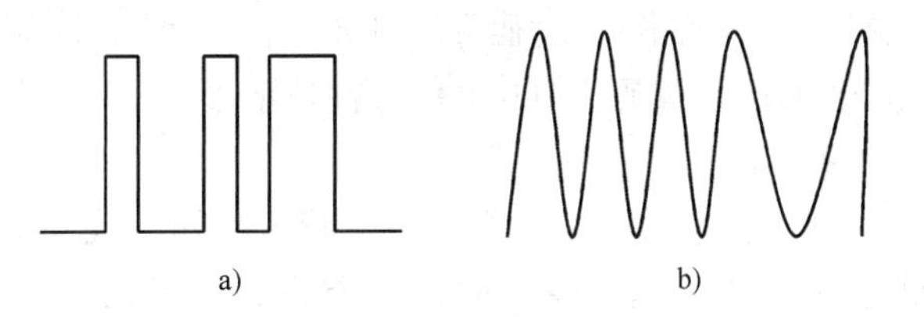

图2-2　数字数据和模拟数据
a）数字数据　b）模拟数据

1. 数字数据

数字数据是指数字信号用有限个不连续的物理状态来代表的数据。最简单的离散数字是二进制数字 0 和 1，它分别由信号的两个物理状态（如低电平和高电平）来表示。由这些离散数字按不同的规则组成的离散数字序列就形成了数字数据，其离散数字的序列便是数字数据的代码。例如，用高电平 2.4 V 代表数字 1，用低电平 0.4 V 代表数字 0。数字数据具有精确以及受扰动可以恢复的特性。数字数据最常用的是十进制数，但物理实现最容易且已经采用的是二进制形式。传输中，数字信号在受到一定限度内的干扰后是可以恢复的。例如对于用高电平 2.4 V 代表数字 1，用低电平 0.4 V 代表数字 0 来说，因干扰电压分别变成 2.5 V 和 0.5 V，接收信号的一端依然可以判定接收的数字数据是 1 和 0。

2. 模拟数据

模拟数据是指数据信号是一个用连续变化的物理量来表示的数据。例如：盒式录音机是以连续变化的磁场强度将人的声音保存在磁带上的，磁带上所保存的数据是模拟数据，普通的模拟电视的视频信号是用连续变化的物理量来表示的，数据也是模拟的。模拟数据的物理信号容易实现，但是不精确且容易受干扰。传输过程中，当出现模拟信号受到干扰而出现失真现象时，必须采用有效的差错控制技术。

3. 模拟数据数字化

数字传输（Digital Transmission）在信息传输过程中是用有限个离散值的信号来表达信息。要利用数字信号传输像电话语音那样的模拟数据，首先需要将它数字化（Digitize），一般在发送端设置一个模拟-数字转换器（Analog-to-Digital Converter），将语音模拟信号变换成数字信号再发送。而在接收端设置一个数字-模拟转换器（Digital-to-Analog Converter），将接收的数字信号转变成语音模拟信号。通常把模-数转换器称为编码器，而把数-模转换器称为解码器。计算机数据是数字数据，因此，如果采用数字传输方式，就不再需要调制解调器，这样就可以省去数字与模拟之间的变换和反变换。将模拟信号数字化的方法有两种，即脉冲编码调制 PCM 和增量调制。

2.1.3 数据通信的主要指标

数据通信的目的就是可靠和有效地完成交换、传递信息任务，因此，可靠性和有效性是衡量和评价其质量的主要方面。

1. 数据的代码和编码

在通信系统通信和计算机数据处理中，数据用“代码（Code）”表示。代码是利用数字的一种组合来表示某一种基本数据的单元。用代码表示的基本数据单元称为“码字”，形成代码的过程称作“编码”。例如：由 7 位二进制数组成的 ASCII 码，字母“A”编码为“1000001”，编码“1000001”就是字母“A”的代码。

2. 码元

在通信系统中，数据以代码形式传输，代码由码元组成。通常，一个数据单元的代码是由有限个数字组合表示的，一个码元（或码位）可以表示一个或多个数字。在电通信中，码元不仅可以用矩形脉冲表示，也可以用波形来表示。不同特征的信号波形可以代表不同的码元或码元组合，即用一种波形来表示一个码元或几个码元的组合。

如图 2-3 所示的是用连续的模拟信号来表示一个码元或几个码元的组合。图 2-3 中包括两种波形，一个波形代表一个码元，共有 3 个码元。由于一种波形只能表示一个数字，所以如图 2-3 所示的信号能够表示两个数字，这两种波形在此分别表示“0”和“1”。

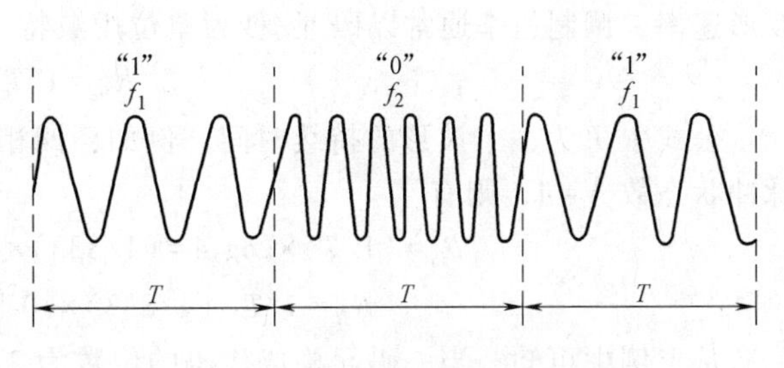

图 2-3 调制信号与码元

如图 2-4 所示的是用脉冲矩形信号来表示一个码元或几个码元的组合。图 2-4 中，不论是两状态矩形脉冲信号，还是四状态矩形脉冲信号，一个脉冲就代表一个码元，其中：一个两状态矩形脉冲信号能够表示两个数值，即“0”和“1”；一个四状态矩形脉冲信号能够表示 4 个数值，即“00”“01”“10”和“11”。

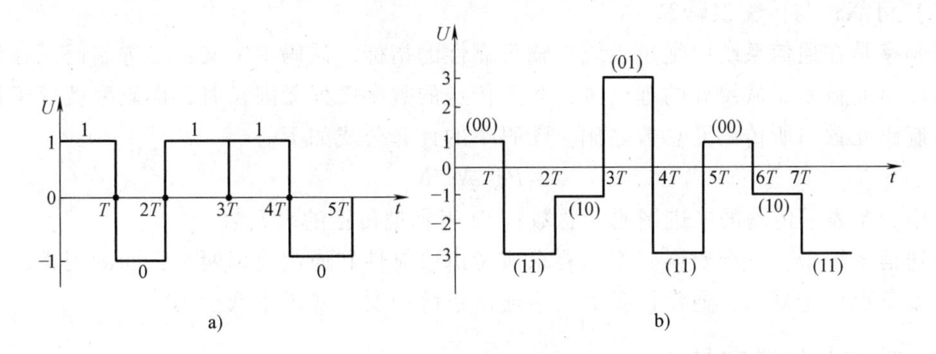

图 2-4 脉冲信号与码元

3. 有效性与数据传输速率

数据通信的有效性是指在给定信道内所能传送信息量的大小，有效性值越高，系统的性能就越好。在数据通信系统中，有效性指标是用数据传输速率或调制速率表示的。

（1）数据传输速率

对数字系统来说，系统中传输的是离散的数字信号，数据传输速率的单位是每秒所传码元数或每秒所传数据位数。数据位是一个度量信息量大小的单位，信息量的大小，即数据位的多少，与码元的状态个数有关，也就是说，数据位的多少是由码元状态个数决定的。例如：对二进制数来说，一个两状态码元（脉冲）所包含的信息量为一位；一个四状态码元所包含的信息量为两位。一个八状态码元所包含的信息量为三位。码元与信息量的关系如下。

$$\mathrm{bit} = \log_2 N$$

即：

$$\mathrm{b} = \log_2 N$$

其中，N 为码元状态个数。

如果，T 为每码元的脉冲时间，数据传输速率如下。

$$R_b = (1/T)\log_2 N$$

虽然，数据通信系统中的数据信号一般都是二进制码元，但为了提高通信系统通信的有效性，实际中常采用码元 $N>2$ 二进制的传输方法传输，以提高在相同带宽情况下的数据传输速率。

（2）调制速率

调制速率又称传码率或波形速率，是指信号码元的传输速率，即线路上单位时间传送的波形速率。调制速率通常以码元/秒为单位用波特（Baud）表示，其计算公式如下。

$$R_B = 1/T$$

公式中 T 为一个波形的持续时间。例如：四相调制解调器的单位脉冲为 $T=833\times10^{-6}$s，脉冲状态数 $N=4$，则有

$$R_b = (1/T)\times\mathrm{Log}_2 4 = (1/833)\times10^{-6}\times2 = 2400(\mathrm{bit/s})$$

$$R_B = 1/T = (1/833)\times10^{-6} = 1200(\mathrm{Baud})$$

从上例中可知，当一码元构成代码的位数为 2，即 N 等于 4 时，传输速率就等于每秒发送码元数的两倍，也就是说传输速率等于每秒发送的单位脉冲个数的两倍。所以，为了提高数据传输速率通常采用增加单位脉冲所能表示的有效值状态的方法。

总之，传输中的波形持续时间与其所代表的码元组合时间的长度是一一对应的，波形持续时间越短，单位时间内传输的波形数就越多，或者说传输的数据越多，数据传输速率就越高。

（3）可靠性与传输误码率

误码率是在通信系统中衡量系统传输可靠性的指标，误码率定义：二进制码元在传输系统中被传错的概率。从统计的理论讲，当所传送的数字序列无限长时，误码率就等于被传错的二进制码元数与所传码元总数之比。误码率的计算公式如下。

$$Pe = Ne/N$$

其中，N 表示传输的二进制码元总数；Ne 表示被传错的码元数。

在通信系统中，系统对误码率的要求应考虑可靠性和通信效率两个方面的因素，误码率越低，设备也就越复杂。通常计算机网络通信系统中要求误码率低于 10^{-6}。

2.1.4 带宽与信道容量

1. 通信信道

在通信系统中，各种信号都要通过通信信道才能从一端点传至另一端点，通信信道是通信双方以传输媒体为基础的信号传递的通道。从抽象的角度看，信道是指电信号在通过传输媒体时所占有的、指定的一段频带，它在准许信号通过的同时，对信号传输加以限制。信道中的设备包括传输媒体和有关设备。

在数据传输过程中，信道中的信号不可避免地会受到干扰，所以，通信信道对信号传输质量产生直接影响。此外，信号本身的质量、信号发送和接收装置的性能也是影响信号传输质量的因素。通信信道有各种不同的分类，如表 2-1 所示。

表 2-1　通信信道分类

分类方式	类　别	信道名称
传输方式	有线	电话线、同轴电缆、双绞线、光纤、海底电缆、多芯电缆
	无线	微波、红外线
多路复用	频分	只适于模拟数据
	时分	模拟数据、数字数据均可
数据类别	模拟	电话线
	数字	同轴电缆、双绞线

2. 信号的时域

本质上，不论模拟信号还是数字信号，所有信号都是以波的形式表示和传播的。信号可

以表示为振幅与时间的函数 $s(t)$，并可以用二维坐标表示，如图 2-5 表示。这种用时间函数表示和研究信号的方法为时域方法。

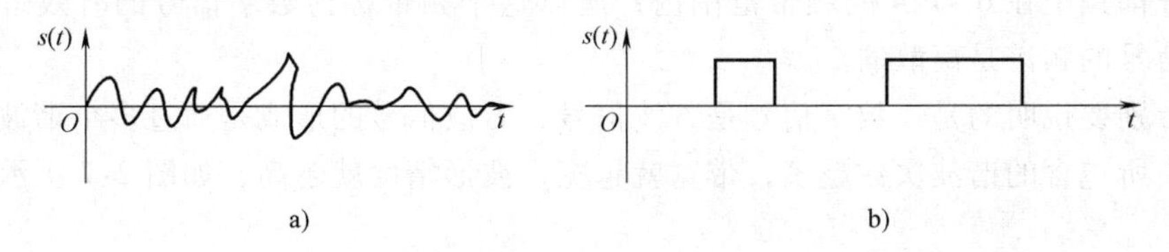

图 2-5　连续信号和数字信号

a）连续信号　b）数字信号

用电信号表示数据，数据只能被表示成连续波形信号或离散矩形信号，这是从时域的角度对信号进行分析的。根据函数 $s(t)$，可以将模拟信号和数字信号定义：

- 模拟信号是在 $s(t)$ 定义域 t 内各点的导数都存在，没有间断点的信号。
- 数字信号是各离散点的导数不存在的、阶跃的信号。

3. 傅里叶级数与周期信号的频谱

模拟信号和数字信号都是由各种频率的正玄或余玄组成的周期信号，其对应的时间函数都可以展开成正玄级数或余玄级数，这就是傅里叶级数。

$$f(t)=A_0/2+A_1cos(\omega_1 t-\theta_n)+A_2cos(\omega_2 t-\theta_n)\cdots+\cdots+A_ncos(\omega_n t-\theta_n)$$

由上述展开式可知，公式中各次谐波的频率依次为基波频率的 2，3，…，n 倍。

其中：$A_0/2$ 是周期信号中的常数项；

A_1 是周期信号中基波幅值，A_2，A_3，…，A_n 是各次谐波的幅值；

ω_1 是周期信号中基波频率，ω_2，ω_3，…，ω_n 是各次谐波的频率；

θ_1 是周期信号中基波的相位，θ_2，θ_3，…，θ_n 是各次谐波的相位。

这种用各种正玄频率或余玄频率成分分析信号的方法为频域方法，其中的正玄频率或余玄频率成分称为信号的频谱。

4. 带宽

任何实际的模拟信道所能传输的信号频率都有一定的范围，称为信道频带的宽度，即带宽。带宽等于信号频谱中最高频率与最低频率的差。例如，对一个从 0 到某个截止频率 f_c 的信号，通过信道时振幅不会衰减或衰减很小，而超过截止频率 f_c 的信号通过时振幅会大大衰减，则此信道的带宽为 f_c。信道的带宽是由传输媒体和有关的附加设备与电路的频率特性综合决定的。如图 2-6 所示描述了模拟信号和数字信号的频谱。

图 2-6 中，信号 $s(f)$ 的带宽为 $4f_1$；$s(f)$ 为频域函数；$s(f)$ 轴表示对应频率的幅

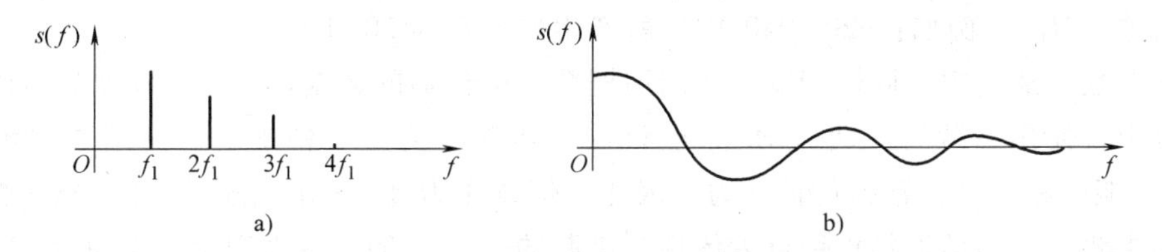

图 2-6　模拟信号和数字信号的频谱

a）模拟信号的频谱　b）数字信号的频谱

值；f 轴表示频率值。

图 2-6 中表明，数字信号的频谱是连续的，并且数字脉冲的带宽非常大。但由于信号的能量大部分都集中在 0~$T/4$ 的频带范围内，所以这个频带称为数字信号的有效带宽，即带宽。模拟信号的频谱是离散的。

这里特别要说明的是，数字信号是方波信号，方波信号的形成是通过多个谐波叠加组成的，信号中所包含的谐波次数越多，带宽就越宽，波形精度就越高，如图 2-7 所示。

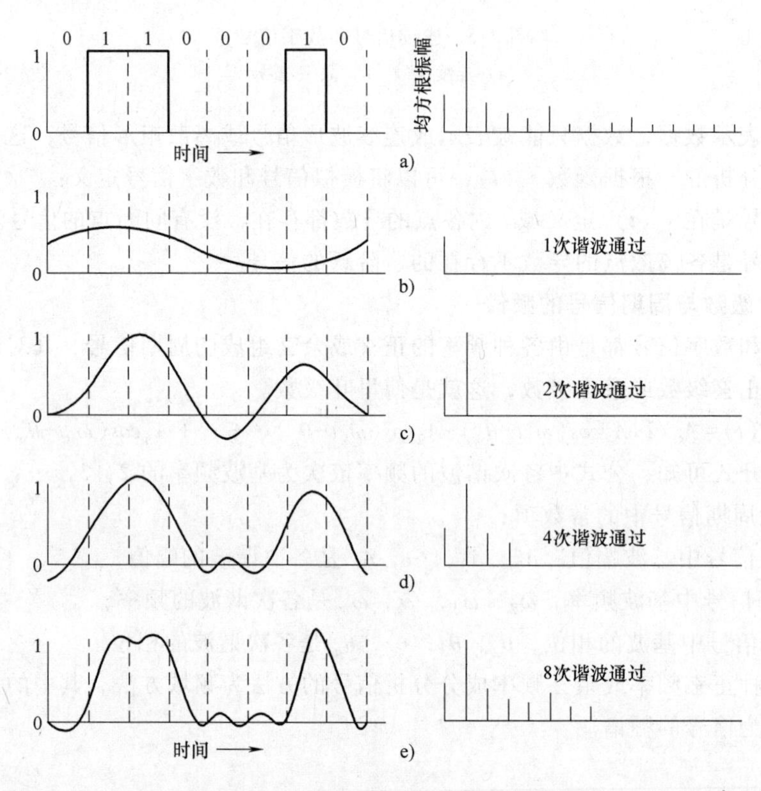

图 2-7 信道带宽与数字信号失真的关系

5. 带宽与信道容量

带宽如同一条公路，公路上可以并排行驶的车辆越多，公路的流量就越大。数据传输速率如同在同样宽度的公路上，车速越高，公路的流量就越大。所以，要反映出公路实际传输车辆的能力，就需要以公路所通过车辆的数量来衡量。

从技术的角度看，带宽是通信信道的宽度，即为传输信道的最高频率与最低频率之差，单位为赫兹（Hz）。例如：920~940 MHz 所产生的带宽为 20 MHz。

由于在数字通信中，同样带宽，相同周期数所能传输的数据量是不一样的。所以，数据通信系统中，使用每秒的周期数 Hz 来衡量数据传输能力是不精确的，而用数据传输速率（bit/s）却能够精确度量数据传输能力。因此，带宽作为计算机网络通信的一个重要性能指标，目前主要是采用信道每秒钟可以传送二进制的“位”的多少来表示，单位为“位/秒”，简记为 bit/s。实际上常用千位/秒、兆位/秒、千兆位/秒表示，它们分别简记为 kbit/s、Mbit/s、Gbit/s。

奈奎斯特（Nyquist）给出了无噪声情况下码元速率的极限值与信道带宽的关系：

$$B = 2 \cdot H(\text{Baud})$$

公式中，H 是信道的带宽，也称频率范围，即信道能传输的上、下限频率的差值，单位为 Hz。由此可推出表征信道数据传输能力的奈奎斯特公式：

$$C = 2 \cdot H \cdot \log_2 N(\text{bit/s})$$

公式中，N 表示数据的码元可能取的离散状态个数，C 表示信道最大的数据传输速率。

由上述两式可见，对于特定的信道，其码元速率不可能超过信道带宽的两倍，但若能提高每个码元可能取的离散值的个数，则数据传输速率便可成倍提高。例如：普通电话线路的带宽约为 3 kHz，其码元速率的极限值为 6 kBaud。如果每个码元可能取的离散值的个数为 16（即 $N=16$），则最大数据传输速率可达 $C=2\times3\text{k}\times\log_2 16=24$ kbit/s。

实际的信道总要受到各种噪声的干扰，香农（Shannon）在进一步研究了受随机噪声干扰的信道情况后，给出了计算信道容量的香农公式：

$$C = H \cdot \log_2(1+S/N)(\text{bit/s})$$

其中，S 表示信号功率，N 为噪声功率，S/N 则为信噪比。由于实际使用的信道的信噪比都要足够大，故常表示成 $10\log_{10}(S/N)$，以分贝（dB）为单位来计量。例如：信噪比为 30 dB，带宽为 3 kHz 的信道的最大数据传输速率：

$$C=3\text{k}\times\log_2(1+10^{30/10})=3\text{k}\times\log_2(1+1000)=30(\text{kbit/s})。$$

由此可见，只要提高信道的信噪比，便可提高信道的最大数据传输速率。这里要强调一点，上面所介绍的各种网络的带宽仅仅是理论上的带宽，而不是实际上实现的带宽。以千兆以太网为例，千兆以太网理论上的最大信号传输速率是 1024 Mbit/s，但其实际的总带宽还不足 800 Mbit/s。

2.2 通信系统与数据通信系统

通信与数据通信是相互有联系，但又是不同的两个概念。同样通信系统与数据通信系统也是有区别的。掌握和理解通信与数据通信之间的异同，及其所构成的系统之间的关系非常重要。

2.2.1 通信系统

1. 通信与系统

通信是把信息从一个地方传送到另一个地方的过程，用任何方法，通过任何媒体将信息从一个地方传送到另一个地方均可称为通信。

用来实现通信过程的系统称为通信系统。任何一个通信系统都具备信源、传输媒体和信宿 3 个基本要素。其中，信源是数据产生和出现的发源地；传输媒体是数据传输过程中承载信息的媒体；信宿是接收数据的目的地。为了把信息从一个地方传到另一个地方，通信系统需要将信源产生的数据信号转换成能够在传输媒体中传输的信号，这就需要利用信号变换设备进行变换，信号经传输媒体传输后，还需要利信号复原设备将信号复原，最后是信宿接收数据，从而完成数据的传输和交换。另外，在传输媒体中存在着各种产生差错的噪声。通信系统基本模型如图 2-8 所示。

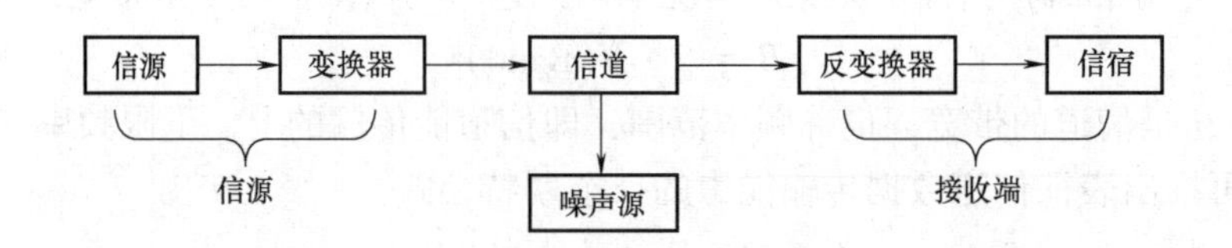

图 2-8　通信系统基本模型

图中：

- 系统中信源的作用是把各种可能的信息转换成原始电信号。
- 信号变换设备的作用是把原始电信号转换成适合信道传输的信号，因为信源发出的原始电信号通常需要进行信号转换才能适合信道传输。
- 信号复原设备的作用是将接收到的传输媒体传输来的信号变换成原始的电信号，然后传送给信宿。
- 信宿的作用是将接收到的信号转换成各种信息。
- 在数据信号传输过程中，出现各种噪声是不可避免的，噪声的出现就会导致差错的产生。

如图 2-9 所示描述了利用电话系统实现计算机之间通信的基本模型。

图 2-9　通过模拟信道进行通信的基本模型

2. 通信系统的主要任务

一个通信系统通常需要完成一系列的关键任务，这些任务主要包括如下内容。

- 传输利用率。作为通信系统，要有一定的技术手段来保证传输设施被有效利用和使用，尽量扩展其容量。
- 接口。通信系统中含有多种通信控制、通信处理和传输设备，不同设备之间的连接是通过接口实现的，通信系统必须解决好接口问题。
- 同步。通信系统中，设备之间与数据信号之间的关系是发送与接收的关系，这就存在发送者与接收者之间的同步问题。为了通信的完整性和可靠性，必须解决好同步问题。
- 交换管理。通信系统中，数据信号从信源发出，经过多个节点，最后传输到信宿。系统必须具有协调和管理好数据在任意两个节点之间的交换管理问题。
- 差错管理。通信过程中会产生各种差错，系统必须具有控制差错产生、检测差错和差错恢复能力，以保证正确性。
- 寻址和路由。通信系统最根本的任务是将信源发出的数据信号正确传输到信宿节点，这就需要解决好寻址和路由选择问题。寻址和路由选择是确定数据信号如何从信源到达信宿的方法和过程。
- 系统恢复。在通信过程中，由于某些原因会导致系统中断，当系统出现中断时，就需要对系统进行恢复。

- 格式转换。通信是信源、信宿以及中间交换节点之间的对话，对话就需要对话双方具有相互都可识别的、一致的格式。
- 安全。保证正确、完整和无泄漏地传输数据是系统必须解决好的重要问题。
- 管理。管理是通信系统不可缺少的任务。例如进行系统培植、监控、故障处理、计费、日常管理等。

2.2.2 数据通信与数据通信系统

1. 数据通信的概念

数据通信是随着计算机网络技术的发展在通信领域中产生的一个分支。简单地说，数据通信就是数字计算机或其他数字终端之间的通信，是计算机与计算机或计算机与其他数据终端之间存储、处理、传输和交换信息的一种通信技术。也就是说，如果通信系统的信源发出的是数字形式的信号，系统中传输的基本单位是数据信号，则称这种通信为数据通信，实现这种通信的系统是数据通信系统。

以计算机系统为主体构成的计算机网络通信系统就是数据通信系统。因为在计算机网络通信系统中，信源发出的是数字形式的信号，信息的传输不是以信息为单位，传输的基本单位是数据信号，系统传输过程中，信源和信宿共同遵守一种规则，系统只按规则进行传输，系统传输的目的不是要了解所传送信息的内容，而是要正确无误地把表达信息的符号也就是数据以信号的方式传送到信宿中，让信宿接收。

总之，数据通信是依照通信协议，利用数据传输技术，通过模拟或数字信道，在两个功能单元之间传递数据信息。

2. 数据通信的特点

数据通信是实现计算机和计算机之间以及人和计算机之间的通信。计算机之间的通信过程需要定义出严格的通信协议或标准。

数据通信对数据传输的可靠性要求很高。由于数据通信通常是以二进制形式的 0、1 序列表示的，如果产生 0、1 序列位数和值的错误，接收端接收到的是错误信号，信宿就不能将接收到的信号转换成正确有效的用户信息。通常情况下语音和电视系统的误码率仅要求 10^{-2}，而数据通信要求误码率小于 10^{-8}。

数据通信中，信息量具有突发性，并且不同业务通信持续时间差异性也较大。例如：人机对话平均信息长度大致为 600~6000 bit，平均时延小于 1s；数据库修改平均信息长度大致为 600 bit，平均时延几秒到几分钟；一般文件传输长度大致为 10^{-4}~10^{-6} bit，平均时延几十秒到几分钟。

数据通信的“用户”所采用的计算机和终端等设备多种多样，它们在通信速率、编码格式、同步方式和通信规程等方面都有很大的差别。

数据通信的数据传输速率要求高，要求接续和传输响应快。数据通信中，数据信号的传输速率依照所使用的信道不同而不同。如在一条数字电话信道以 64 kbit/s 的速率传输数据，每分钟可以传 480 000 个字符，即使是用一条以 2400 bit/s 速率的模拟电话信道传输，每分钟也可传输 18 000 个字符，这个速率对于使用模拟信号的传统电话通信来说是根本不可能实现的。

3. 数据通信系统的基本模型

首先考察一下通过模拟电话系统的语音通信。大家都知道打电话的过程，呼叫的一方拿起话筒拨号，被呼叫的一方听到电话机振铃后拿起话筒，然后双方再开始交谈。在交谈的过程中，语音以模拟声波的形式发出信息，声波经过电话机转换成模拟的电信号，这个电信号通过电话线进行传输，到达通话的另一方的电话机后，再转化成声波的形式从听筒里发出。听话的一方所听到的声波不是说话的一方所发出的声波的准确复制，而是变了调的声音，这是由于信号在传输过程中会受到干扰而发生畸变，只是这种畸变一般不会改变语言的可懂性，再加上人有识别模糊信息的智能，所以这种变形的声波也能听懂。

下面来看一看两台计算机之间传输文件的过程，如图 2-10 所示两台远程计算机通过电话线传输文件。首先，计算机 A 通过调制解调器和电话线与计算机 B 建立连接；然后利用通信软件，计算机 A 将存在磁盘上的文本文件 FILE. TXT 通过建立的连接传到计算机 B 的磁盘里。这样接收到的文件和发送的文件是完全一致的。

图 2-10　计算机间的数据通信

上述文件传输过程看似简单，其实它包含了非常复杂的通信技术。假设在计算机 A 中的文件 FILE. TXT 包含一条问候信息 "Hello! Happy new year to you!"，这一问候信息其实由一些 ASCII 码字符组成，而每个 ASCII 码字符又是 8 位二进制数的序列，所以计算机 A 中的文件 FILE. TXT 由一个二进制数的序列组成。在发送文件时，这个二进制数的序列从磁盘调入计算机的内存，然后通过计算机与调制解调器之间的通信电缆，二进制数的序列送到调制解调器时成为一个二值（具有高低两个电压）的电信号序列。为了防止传输错误，调制解调器往往在这个二值的电信号序列中添加一些错误校验信息，然后转换成适合于在电话线中传输的模拟信号，以便有效而可靠地传输。在这个模拟信号的传输过程中，由于信号的能量会有所衰减和受到其他干扰，所以在接收端，计算机 B 的调制解调器收到的信号往往与计算机 A 的调制解调器发出的信号不同。计算机 B 的调制解调器将接收到的信号转换回二值的电信号序列，并根据校验信息试图发现或纠正传输中的错误。正确的二值电信号序列送到计算机 B 的存储器里，然后又转储到磁盘中。计算机 B 的用户打开接收到的文件就可以看到接收到的信息，这条信息通常是发送的原始信息的准确复制。

从上面的介绍可以看出，计算机间的通信和普通电话机间的通信有着显著的区别。一是计算机通信系统中发送和接收的是数字信号，而电话通信中发送和接收的是模拟信号；二是计算机间的通信增加了信号变换的设备，例如调制解调器，通过它可以在模拟信号上传递数字数据，并且可以发现或纠正传输中的错误；三是在计算机间的通信中，接收到的数据和发送的数据通常是完全一致的，而在电话通信中，接收的却是变了样的原始信号的仿制品。将上面的计算机间传输文件的系统抽象化，就成为如图 2-11 所示的数据通信系统的基本模型。

图中：

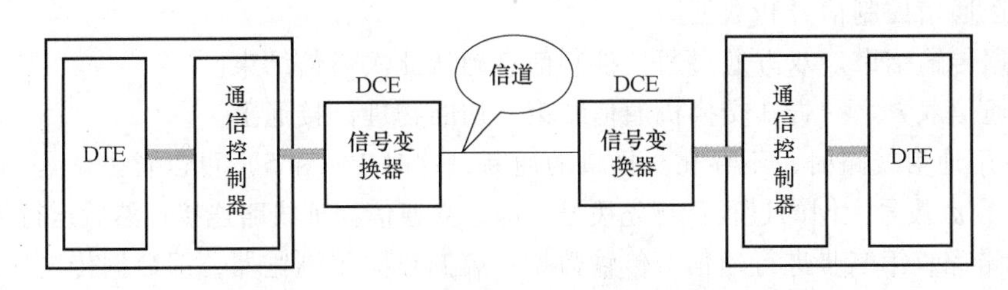

图 2-11　数据通信系统的基本模型

DTE 是由各种类型的计算机或终端加上通信/传输设备组成，一个 DTE 通常既是信源又是信宿。DTE 是数据通信系统的输入输出设备，其主要功能是完成数据的输入/输出、数据处理、数据存储，以及通信控制等。

DCE 位于数据电路的端点，是数据信号的变换设备，其作用是在电信传输网络能提供的信道特性和质量的基础上实现正确的数据传输，并实现收、发之间的同步。在数据通信系统中，当利用模拟信道进行数字通信时，进行数据信号转换的设备（数字-模拟、模拟-数字）调制解调器（Modulator Demodulator，Modem）就是 DCE。当利用数字信道传输数字数据时，虽然不需要 Modem，但需要设置相应的接口设备使 DTE 与信道相连，其作用主要包括：实现信号码型及电平的转换，线路特性的均衡，收发时钟的形成，接续的建立、保持与断开，以及维护和测试等，这种接口设备也是 DCE。

通信信道是数据信号传输的通路，主要有专用线路和交换网络两种。如果传输信道通过交换网建立，每次通信前需要通过呼叫过程建立连接，通信结束后再断开连接。如果传输信道采用专线连接，每次通信无须呼叫建立与拆除过程。

在数据通信系统中，DTE 发出和接收的都是数据，连接通信双方 DTE 的电路是用来传输 DTE 发出的数据的，所以，把 DTE 之间的通路称为数据电路。其中：电路是通电导体构成的通电路径，包括接收给定的输入并将其转换为期望输出的电子器件或设备。为此，图 2-11 所示模型中，DCE 和通信媒体（或信道）共同构成数据电路。

为了进行有效的通信，当数据电路建立之后，必须按一定的规程对传输过程做出一些规定性的工作，规程的执行是由传输和通信控制器完成的。加了通信/传输控制器的数据电路称为数据链路（Data Link，DL）。通常，只有在数据链路建立起来后通信的双方才能进行真正有效的数据传输。

4. 数据通信过程

数据从发送端出发到数据被接收端接收的整个过程称为通信过程。通信过程中每次通信包含传输数据和通信控制两方面内容。其中：通信控制主要执行各种辅助操作，并不交换数据，但这种辅助操作对交换数据是必不可少的。

数据通信通常划分为 5 个基本阶段，每个阶段包括一组操作，这样的一组操作称为通信功能。数据通信的 5 个基本阶段对应 5 个主要的通信功能。

1）建立通信线路，用户将要通信的对方地址信息告诉交换机，交换机查询该地址终端，若对方同意通信，则由交换机建立双方通信的物理通道。

2）建立数据传输链路，通信双方建立同步联系，使双方设备处于正确收发状态，通信双方相互核对地址。

3）传送通信控制信号和数据。

4）数据传输结束。双方通过通信控制信息确认此次通信结束。

5）由通信双方之一告知交换机通信结束，切断物理链接通道。

采用专用通信线路时，不存在交换机的通断，这时 1）和 5）可以省去。

例如，家庭拨号上网的过程：首先拨号，即建立通信物理线路连接；然后运行浏览器，建立数据传输链路；第三步进行通信，传输数据；第四步关闭浏览器，即数据传输，通信结束；最后一步是断开物理连接。对于通过局域网上网的用户，则无须第一和第五阶段的操作。

2.2.3 数据电路基本连接方式

电路、传输信道和传输线路是 3 个不同的概念。传输线路是指用于传输数据信号所使用的具体物理线路；传输信道是传输线路中的传递信号的通道。传输线路与传输信道的关系就如同一条公路与在公路上所划分出的车道的关系，公路本身就相当于传输线路，车道就相当于传输信道。在数据通信系统中，每一条电路构成一个传输信道，占用传输线路的全部或部分资源。

在数据通信系统中，两地的数据站（数据站是由 DTE 和 DCE 组成）之间是通过传输信道连接起来的，其实质是在两个数据站之间建立起一条数据电路。数据电路的连接有多种方式，归纳起来主要有以下几种。

1. 点对点连接

点对点连接包括主计算机与用户终端直接连接和主计算机与主计算机直接连接两种方式。在连接过程中可以采用专用线路直接连接，也可以利用交换网建立连接。点对点连接逻辑结构如图 2-12 所示。

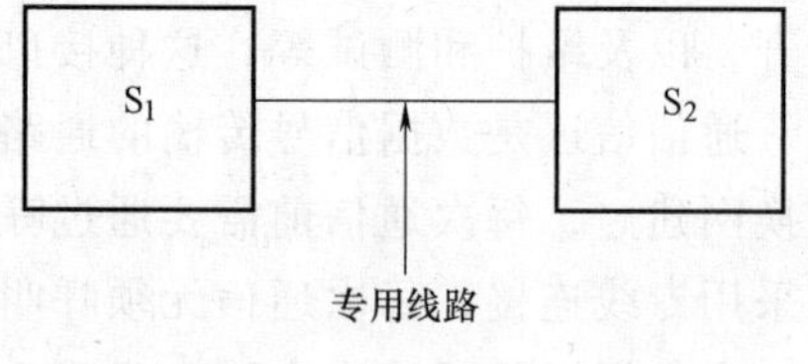

图 2-12　点对点连接逻辑结构

2. 点对多点线路连接

点对多点连接是一条线路连接两个以上的端点进行连接的方式，点对多点连接包括专线连接、交换网和集中连接 3 种方式。点对多点连接逻辑结构如图 2-13 所示。

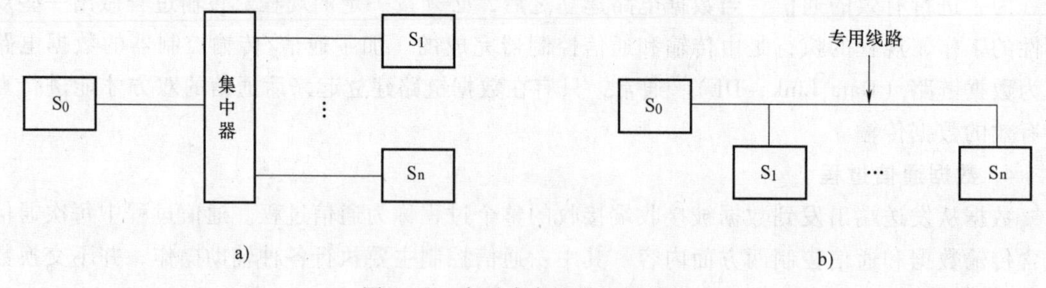

图 2-13　点对多点连接逻辑结构

3. 多点对多点复用连接

多点对多点复用连接包括专线连接和交换网连接两种方式。多点对多点连接逻辑结构如图 2-14 所示。

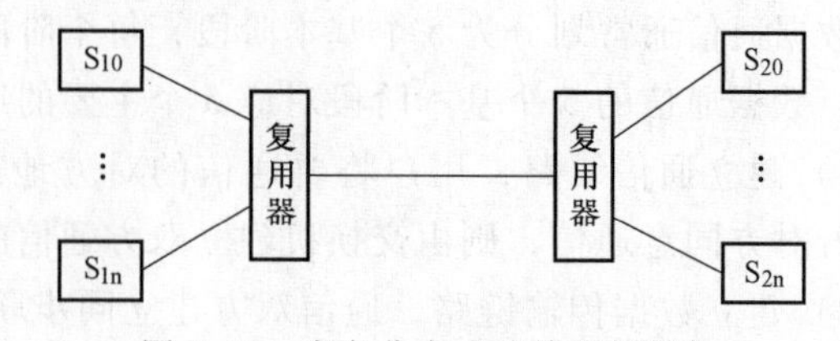

图 2-14　多点分支式连接逻辑结构

2.2.4 数字通信系统与模拟通信系统

如果在数据通信系统中，处于 DCE 之间的信号是模拟信号，则这个通信系统称为模拟通信系统。如果在是数据通信系统中，处于 DCE 之间的信号为数字信号，则这个通信系统称为数字通信系统。总之，作为一个通信系统，是数字通信系统还是模拟通信系统是由信道中数据信号的类型决定的，而与系统信源发出的信号类型无关。

这里要强调一个问题，即由于模拟信号的数字化，对于模拟通信系统来说可以进行数字通信。

2.3 数据传输的基本形式

数据传输的目的是利用各种数据传输技术完成通信过程。数据传输主要有基带传输、频带传输和宽带传输 3 种技术。

2.3.1 模拟传输与数字传输

从技术角度上讲，传输过程可分为模拟的传输过程和数字化的传输过程两类，这两类相互之间有本质的不同。

1. 模拟传输

模拟传输是一种发送信号（话音、视频、数据）的方式，是用一定频率范围的电磁信号来表示模拟信号的传输。其中，发送的信号与初始信号相类似。例如：如果用户通过麦克风说话并在示波器上查看话音，另外同样的话通过电话线路发送，同时将信号接入示波器，这两个信号看上去基本上是一致的。

模拟传输通常采用频分复用技术，传输过程中，所传信号会受到干扰，信号能量出现损失而产生变形和衰减。这是由于：

- 发送的基带信号中有很多其他的频率，其中一部分落在传输媒体的频率范围外。
- 在信道传输频率范围内的信号，各成分也会有时延和衰减等现象。
- 在电话线中存在各种干扰信号。

通常解决上述问题的方法是将信号进行调制解调，将信号集中到传输信道允许的传输频率中，使用模拟信号在线路上传输；采用纠错技术纠错；在传输中每隔一定的距离就安置一个放大器，通过放大器来放大信号的强度。使用放大器存在的问题：放大信号强度的同时，也放大了畸变信号。传输距离越远，所需要的放大器个数越多，从而信号失真就越大。

2. 数字传输

模拟传输不考虑其传输的内容，而数字传输关心的是信号内容，即 0 或 1。不论是数字信号，还是模拟信号，只要代表了 0 和 1 变化模式的数据，就可以采用数字传输。在数字传输中也存在信号变形和衰减问题，但其解决的方法与模拟传输解决的方法不同。数字传输解决信号变形和衰减采用的方法是每隔一定的距离放一个转发器。转发器将完全消除了衰减和畸形的信号转发出去，从而解决了失真累加的问题。

正是上述优点，使得数字传输在逐步取代模拟传输。但由于许多传输媒体不适合直接传输数字信号，所以就出现了如下传输方法：在数据通信中，首先通过调制解调器将数字信号转换成模拟信号，然后通过通信信道传输，但在传输过程中采用的却是数字传输技术。

3. 模拟信号的数字化传输

模拟信号不但可以用载波调制后传输，而且可以将其数字化后用数字通信方式传输，这就是模拟信号的数字化传输。模拟信号的数字化传输带来的优点：当数字信号经过多个中继的多次转换，进行远距离传输后不会使信噪比恶化，信号质量有保障。而模拟信号经过多次中继后会使信噪比恶化，降低传输信号的质量。另外，模拟信号数字化后可以很方便地进行时分或码分多路传输，从而可有效地提高信道的利用率。因此，模拟信号的数字传输技术已广泛应用于现代通信的各个领域，从有线的程控交换机到无线的 GSM 手机，从卫星数字电视广播到长途光纤通信，到处都有数字化的模拟信号存在。

2.3.2 基带传输与频带传输

1. 基带传输

基带是指调制前原始电信号所占用的频带，是原始电信号所固有的基本频带。基带信号是指未经载波调制的信号，其中，未经载波调制的数字信号叫作数字基带信号，未经载波调制的模拟信号叫作模拟基带信号。如果在通信信道中直接传送的是基带信号，则传输称为基带传输，进行基带传输的系统称为基带传输系统。

基带传输，特别是基带模拟传输，要求信道有较宽的带宽，传输线路的电容对传输信号的波形影响很大，传输距离受到很大限制，一般不超过 2.5 km，当超过此距离时，就需要设置一个转发器进行整形和增量，才能够实现长距离传输。

基带传输通常根据传输信号的频带范围选择专用的传输线路（媒体）进行，一般的电话线路很难满足基带传输的要求。

计算机网络系统是以计算机为主体的数据通信系统，信源是计算机或数字终端，由信源发出而产生的基带信号是数字信号，选用合适的专用通信媒体能够直接传输这些信号。所以，计算机网络系统能够进行基带传输，其基带传输是一种数字传输。

2. 频带传输

频带传输是一种模拟传输，但频带传输与传统的模拟传输有一定的区别。传统模拟传输指的是模拟信号波形，波形中的频率、电压与时间的函数关系比较复杂，如声音波形。而频带传输的波形比较单一，其作用就是用不同幅度或不同频率表示 0、1 电平。所以，频带传输中频率分量和电压幅度为有限个数。这里强调的是，频带传输所采用的技术可以是数字传输技术。计算机网络系统的远程通信通常都为频带传输。

频带传输与基带传输不同，基带传输中，基带信号占有信道的全部带宽，而频带传输中的模拟信号通常由某一频率或某几个频率组成，它占用一个固有频带，即整个频道的一部分，这是频带传输称谓来源。

传统的电话系统是用一定频率范围的电磁信号表示模拟信号进行模拟传输，虽然声波的频率在 20~20 kHz，然而声波的能量主要集中在 300~3400 Hz，所以电话传输的标准就定为 300~3400 Hz。基带信号不适合使用 300~3000 Hz 的频带电路传输。为了使用频带电路来传输基带信号，就需要对基带信号进行变换，即把基带数字信号经调制变换，变换成能在频带电路上传输的模拟信号，经频带传输后到接收端，还需要将信号复原。这是频带传输的基本过程。

另外，需要说明一个问题：由于模拟基带信号通常都是不适合信道传输的，为了实现传输的有效性，同时为了多路复用传输，就需要调制，即把模拟基带信号（频带很宽的数据编码）变换成适合信道传输的模拟信号，以实现通信。所以，对基带传输来说，通常也都是指基带数字传输。

2.3.3 宽带传输

1. 宽带传输的概念

宽带是指比音频带宽更宽的频带，它包括大部分电磁波频谱。对局域网来说，宽带专门用于指使用模拟信号传输的同轴电缆，通常还进一步指可以在传输媒体上进行频分多路复用（FDM）方式的传输技术。

利用宽带进行的传输称为宽带传输，这样的系统称为宽带传输系统。数字信号的频带很宽，不能在宽带网中直接传输，必须将其转化成模拟信号才能在宽带网中传输。宽带网中的多条信道，通常传输的是模拟信号，采用的是频带传输技术，所以，宽带传输系统属于模拟信号传输系统。

2. 宽带传输的特点

宽带传输的特点主要包括如下几个方面。

宽带信道能够划分成多个逻辑信道或频率段，进行多路复用传输，使信道容量大大增加，并对数据业务、TV 或无线电信号用单独的信道支持。

宽带传输能够在同一信道上进行数字信息或模拟信息服务，宽带传输系统可以容纳全部广播信号，并可进行高速数据传输。

宽带比基带传输更大的距离，这是因为运载数字数据的模拟信号能够在噪声和衰减损坏数据之前传输一段更长的距离。

宽带传输所传输的信号只能沿一个方向传输。这是因为构造在两个方向上传输同一个频率信号的放大器是不可能的。所以，在宽带传输中，实现双向传输需要两条数据通路。

局域网中，传输方式分基带传输和宽带传输。它们的区别在于：基带传输的信号主要是数字信号，宽带传输的是模拟信号；基带传输的数据传输速率为 0~10 Mbit/s，其典型的数据传输速率为 1~2.5 Mbit/s，宽带传输的数据传输速率范围为 0~400 Mbit/s，通常使用的传输速率是 5~10 Mbit/s。

2.4 数据编码与信号调制技术

数据编码是实现数据通信的最基本的一项重要工作，内容主要包括数字数据的数字信号编码、数字数据的模拟信号编码，以及模拟数据的数字信号编码等。

2.4.1 数字数据的数字信号编码

数字数据的数字信号编码就是将二进制数字数据用两个电平来表示，形成矩形脉冲电信号。由矩形脉冲电信号组成的数字数据包括单极、双极性全宽码脉冲，单极、双极性归零码脉冲。

1. 全宽单极码脉冲

全宽单极码脉冲是以无电压（无电流）表示0，用恒定的正电压表示1，两种信号波形是在一码元全部时间内发出或不发出电流，如图2-15所示。

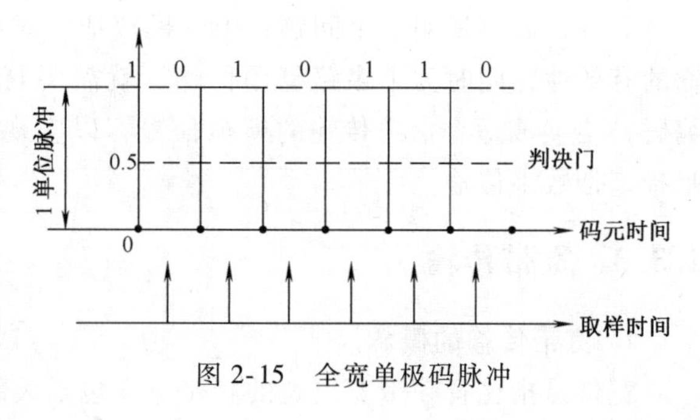

图2-15 全宽单极码脉冲

图中所示，取样时间在每一码元时间的中间，判决门限为半幅度电平。当接收信号的值为0~0.5就判为“0”码，当接收信号的值为0.5~1，就判为“1”码。

2. 全宽双极码脉冲

全宽双极码脉冲是以恒定的负电压表示0，用恒定的正电压表示1，两种信号波形也是在一码元全部时间内发出或不发出电流，如图2-16所示。

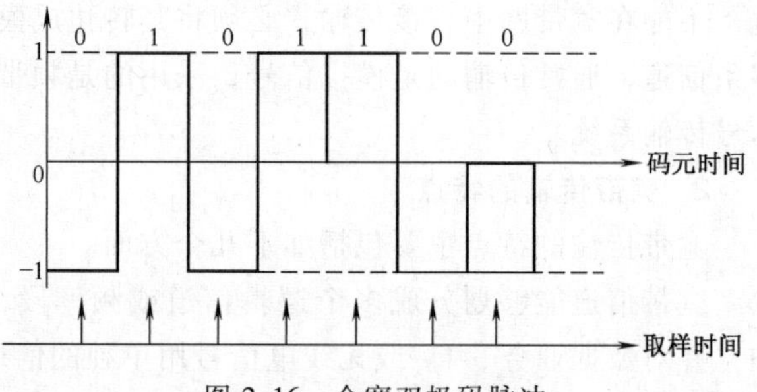

图2-16 全宽双极码脉冲

图中所示，取样时间在每一码元时间的中间，判决门限为零电平，当接收信号的值为0~−1就判为“0”码，当接收信号的值为0~1就判为“1”码。

3. 归零码脉冲

全宽码的信号波形是在一码元全部时间内发出或不发出电流，每一位码占全部码元宽度，如果重复发送连续同值码，相邻码元的信号波形没有变换，即电流的状态不发生变换，从而造成码元之间没有间隙，不易区分识别。

归零码就是一码元的信号波形不占码元的全部时间，即在一码元时间内发出电流的时间短于一码元的时间宽度，发出的是窄脉冲。所以，不论码元需要发出电流还是不需要发出电流，码元波形都“归零”，因此，这种信号编码称为归零码，如图2-17所示。

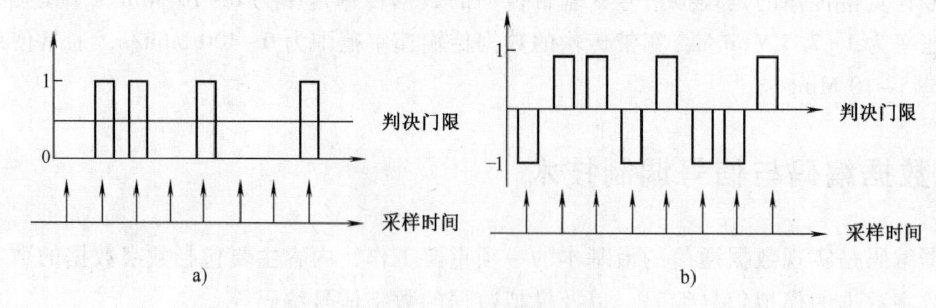

图2-17 归零码脉冲

a）单极归零码脉冲 b）双极归零码脉冲

4. 曼彻斯特码

曼彻斯特码的特点是把一码元一分为二，如果在前半个码元时间里，电压为高电平，在一码元的时间中间发生电压跳变，使后半个码元时间的电压为零电平，此时接收信号的值就判为“1”；反之，接收信号的值就判为“0”，如图2-18所示。

5. 差分曼彻斯特码

差分曼彻斯特码的特点是其取值由每位开始的边界是否存在跳变而定，一位的开始边界有跳变代表“0”，没有跳变代表“1”，如图 2-19 所示。

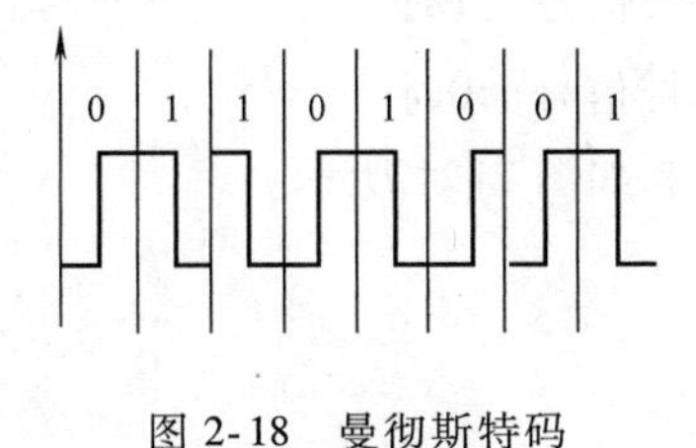

图 2-18　曼彻斯特码

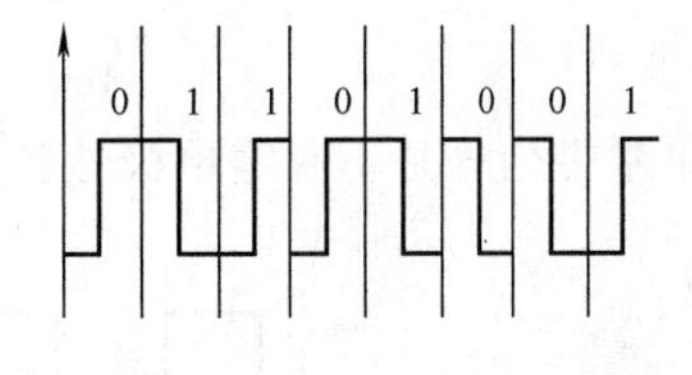

图 2-19　差分曼彻斯特码

2.4.2　数字数据的模拟信号编码

计算机网络的远程通信通常采用频带传输。频带传输的基础是载波，它是频率恒定的连续模拟信号。因此，在数据通信系统中，要采用频带技术传输数据就必须利用调制技术，把由计算机或由计算机外部设备发出的基带脉冲信号调制成适合远距离线路传输的模拟信号。

任何载波信号有 3 个特征：振幅（*A*）、频率（*f*）和相位（*P*）。相应地，把数字信号转换成模拟信号就有 3 种基本的调制技术：振幅调制（Amplitude Modulation）、频率调制（Frequency Modulation）和相位调制（Phase Modulation）。下面分别介绍这 3 种调制技术。

1. 振幅调制

振幅调制又称振幅键控（ASK），也就是用数字的基带信号控制正弦载波信号的振幅。当传输的基带信号为 1 时，振幅调制信号的振幅保持某个电平不变，即有载波信号发射；当传输的基带信号为 0 时，振幅调制信号的振幅为零，即没有载波信号发射。不难看出，振幅调制实际上相当于用一个受数字的基带信号控制的开关来开启和关闭正弦载波信号。如果载波信号为 $A\cos(\omega t+\theta)$，则振幅调制信号可以表示：

$$S(t)=\begin{cases}A\cos(\omega t+\theta) & \text{当基带信号为1时}\\ 0 & \text{当基带信号为0时}\end{cases}$$

如果基带信号是不归零单极性脉冲序列，则振幅调制如图 2-20 所示。

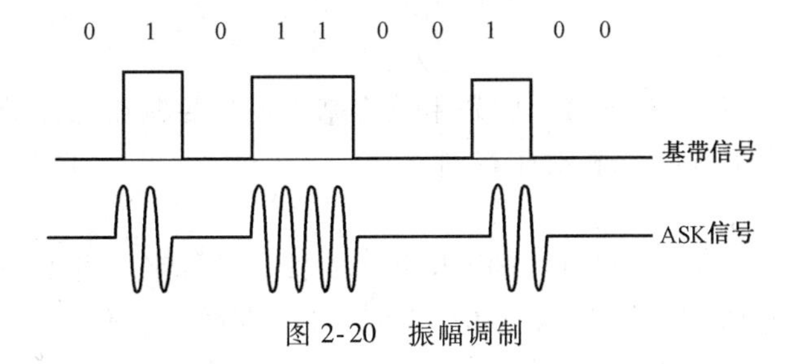

图 2-20　振幅调制

在移幅键控法 ASK 方式下，用载波的两种不同幅度来表示二进制值的两种状态。例如，用幅度恒定的载波的存在表示“1”，而用载波不存在来表示“0”。ASK 方式容易受增益变化的影响，是一种效率相当低的调制技术。在电话线路上，通常只能达到 1200 bit/s 的速率。

2. 频率调制

频率调制也叫频率键控（FSK），它是用数字基带信号控制正弦载波信号的频率 f。当传输的基带信号为 1 时，频率调制信号的角频率为 $2\pi f_1$；当传输的基带信号为 0 时，频率调制信号的角频率为 $2\pi f_2$。如果载波信号为 $A\cos(2\pi ft+\theta)$，则频率调制信号可以表示：

$$S(t)=\begin{cases}A\cos(2\pi f_1 t+\theta) & \text{当基带信号为1时}\\ A\cos(2\pi f_2 t+\theta) & \text{当基带信号为0时}\end{cases}$$

如果基带信号是不归零单极性脉冲序列，则频率调制如图 2-21 所示。

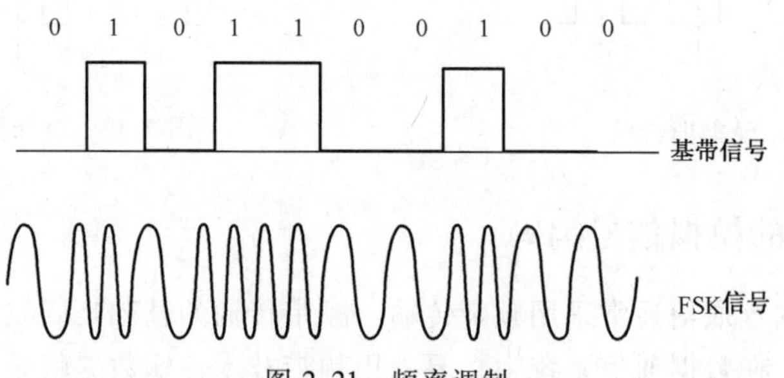

图 2-21 频率调制

频率调制的抗干扰性比幅度调制稍强，在话音线路上的典型数据速率为 1200 bit/s。

在移频键控法 FSK 方式下，用载波频率附近的两种不同频率表示二进制的“0”和“1”。在电话线路上使用 FSK 可以实现全双工操作。为了达到这个目的，可以将电话频带分为300~1700 Hz 和 1700~3000 Hz 两个子频带，其中一个用于发送，另一个用于接收。在一个方向上，调制解调器可以用 1070 Hz 和 1270 Hz 两种频率表示“0”和“1”；对于另一个方向，则可以用 2025 Hz 和 2225 Hz 两种频率表示“0”和“1”，如图 2-22 所示。由于两套频率相互之间不存在重叠，因此几乎没有什么干扰。

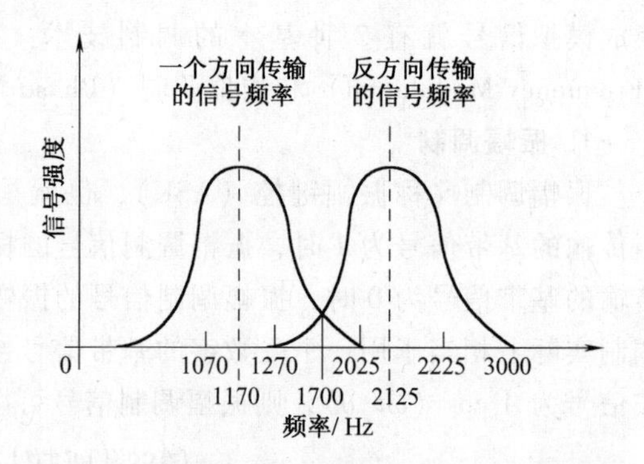

图 2-22 音频信道上 FSK 进行全双工信号传输

3. 相位调制

相位调制也叫相位键控（PSK），它是用数字基带信号控制正弦载波信号的相位。相位调制又可以分为绝对相移调制和相对相移调制。

（1）绝对相移调制

所谓绝对相移，就是利用正弦载波的不同相位直接表示数字。当传输的基带信号为 1 时，绝对相移调制信号和载波信号的相位差为 0；当传输的基带信号为 0 时，绝对相移调制信号和载波信号的相位差为 π。如果载波信号为 $A\cos(2\pi ft+\theta)$，则绝对相移调制信号可以表示：

$$S(t)=\begin{cases}A\cos(2\pi ft+\theta) & \text{当基带信号为1时}\\ A\cos(2\pi ft+\theta+\pi) & \text{当基带信号为0时}\end{cases}$$

如果基带信号是不归零单极性脉冲序列，则绝对相移调制如图 2-23 所示。

（2）相对相移调制

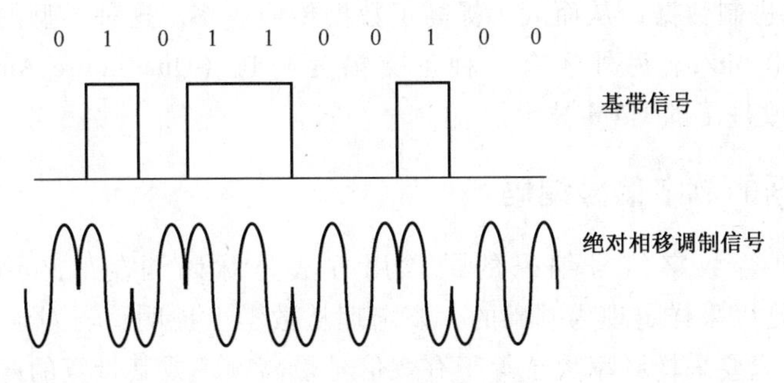

图 2-23　绝对相移调制

相对相移调制是利用前后码元信号相位的相对变化来传送数字信息的。当传输的基带信号为 1 时，后一个码元信号和前一个码元信号的相位差为 π；当传输的基带信号为 0 时，后一个码元信号和前一个码元信号的相位差为 0。如果载波信号为 $A\cos(2\pi ft+\theta)$，则相对相移调制信号可以表示：

$$S(t)=\begin{cases}A\cos(2\pi ft+45) & \text{当基带信号为11时}\\ A\cos(2\pi ft+135) & \text{当基带信号为01时}\\ A\cos(2\pi ft+225) & \text{当基带信号为10时}\\ A\cos(2\pi ft+315) & \text{当基带信号为00时}\end{cases}$$

如果基带信号是不归零单极性脉冲序列，则相对相移调制如图 2-24 所示。

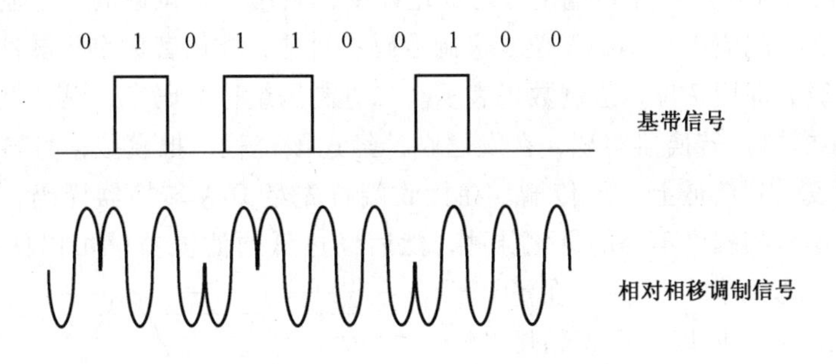

图 2-24　相对相移调制

实际应用中，PSK 也可以使用多于二相的相移，例如四相、八相，甚至更多相。这样，便可使一个码元取 4 种、8 种或更多种离散状态，由此使数据传输速率增加到原来的 2 倍、3 倍或更多。将信号频率分别移相 4 种不同角度的移相键控法称为 2DPSK，利用这种技术，用户可以对传输速率起到加倍的作用，例如信号速率为 600Baud 的调制解调器，则 2DPSK 的有效数据速率可为 1200 bit/s；将一个信号分别移相 8 种不同角度的移相键控法称为 3DPSK，这种技术若使用在 1600Baud 的调制解调器上，便可以获得 4800 bit/s 的数据传输率。

采用多相 PSK 可以有效提高数据传输速率，但受实际电话传输网的限制，相移数已达到上限，再要提高数据传输速率，只能另寻他法。PSK 和 ASK 技术的结合可以解决这个问题，这种方式称相位幅度调制（Pulse Amplitude Modulation，PAM）。例如采用 12 种相位，其中的 4 种相位每个信号取两种幅度，这样就得到 16 种不同的相位幅度离散状态，可使一个码元表示 4 位二进制数据，从而大大提高了数据传输速率。这种类型的调制解调器有效数据传输率可达 9600 bit/s。另外还有一种正交幅度调制（Quadrature Amplitude Modulation，QAM），它是一种改进了的 PAM 技术。

2.4.3 模拟数据的数字信号编码

对模拟数据进行数字信号编码的最常用方法是脉码调制（Pulse Code Modulation，PCM）。脉码调制是以采样定理为基础的，该定理从数学上证明：若对连续变化的模拟信号进行周期性采样，只要采样频率大于等于有效信号最高频率或其带宽的两倍，则采样值便可包含原始信号的全部信息，利用低通滤波器可以从这些采样中重新构造出原始信号。设原始信号的最高频率为 F_{max}，采样频率为 F_s，则采样定理可以下式表示：

$$F_s(=1/T_s) \geqslant 2F_{max} \text{或} F_s \geqslant 2B_s$$

式中 T_s 为采样周期，$B_s(=F_{max}-F_{min})$ 为原始信号的带宽。

脉冲调制是一个模拟信号转换为二进制数码脉冲序列的过程。下面就简单地介绍一下 PCM 编码过程。

1）采样。每隔一定的时间对连续模拟信号采样，采样得到的信号就成为一组“离散”的脉冲信号序列。

2）量化。这是一个分级过程，把采样所得到的脉冲信号按量级比较，并且“取整”，这样脉冲序列就成为数字信号了。

3）编码。用以表示采样序列量化后的量化幅度，它用一定位数的二进制码表示。如果有 N 个量化级，那么，就应当有 $\mathrm{Log}_2 N$ 位二进制数码。目前，在语音数字化脉冲调制系统中，通常分为 128 个量级，即用 7 位二进制数码表示。二进制码组称为码字，其位数称为字长。此过程由 A-D（数字-模拟）转换器实现，在发送端，经过该过程，把模拟信号转换成二进制数码脉冲序列，然后发送到信道上进行传输。在接收端首先经 D-A 转换器译码，将二进制数码转换成代表原模拟信号的幅度不等的量化脉冲，然后经过低通滤波器就可以使幅度不同的量化脉冲恢复成原来的模拟信号。由于在量化中会产生量化误差，所以，根据精度要求，适当增加字长，以把波形按幅度划分为 8 个量化级为例，编码过程如图 2-25 所示。

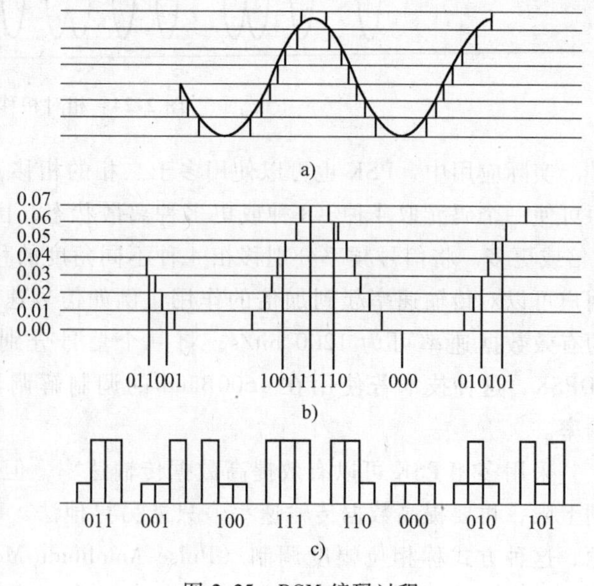

图 2-25 PCM 编码过程

对于调制出的脉冲编码来说，根据其原始信号的频宽，可以估算出脉码调制的数码脉冲速度。如果语音数据是限于 4000 Hz 以下的频率，那么 8000 次/s 的采样可以满足完整表示语音信号的特征。使用 7 位二进制表示每次采样的话，就允许有 128 个量化级，这就意味着仅仅是语音信号就需要有 8000 次/s 采样×每次采样 7 位 = 56000 bit/s（即 56 kbit/s）的数据传输速率。

模拟数据经过 PCM 编码转换成数字信号后，可以和计算机中的数字数据统一采用数字传输方式进行传输。对采用数字传输方式进行传输的数字电话、数字传真、数字电视等数字通信系统来说，其具有抗干扰性强和保密性好的优点。但数字通信也存在一些问题，例如：模拟信号变成数字信号后占有较宽的频带、数字设备和联网技术较复杂、与现有的模拟通信设备之间也不免存在一些矛盾等。

2.5 数据传输方式

2.5.1 并行传输与串行传输

1. 并行数据传输

并行数据传输是在传输中有多个数据位同时在设备之间进行的传输。一个编了码的字符通常是由若干位二进制数表示，如用 ASCII 码编码的符号是由 8 位二进制数表示的，则并行传输 ASCII 编码符号就需要 8 个传输信道，使表示一个符号的所有数据位能同时沿着各自的信道并排传输。传输 ASCII 码的并行传输过程如图 2-26 所示。

计算机与计算机、计算机与各种外部设备之间的通信方式可以选择并行传输，计算机内部的通信通常都是并行传输。并行传输线也叫总线。并行传输使两个进行通信的设备直接相连，这种连接方法的费用非常高，在进行通信的设备相距比较近的情况下是可以的，但如果进行通信的设备相距比较远或它们相距很远，则通信双方都无法容忍这种高费用，所以，并行传输适于近距离传输。

2. 串行数据传输

串行数据传输是在传输中只有 1 个数据位在设备之间进行的传输。对任何一个由若干位二进制数表示的字符，串行传输都是用一个传输信道，按位有序地对字符进行传输。传输 ASCII 码的串行传输过程如图 2-27 所示。

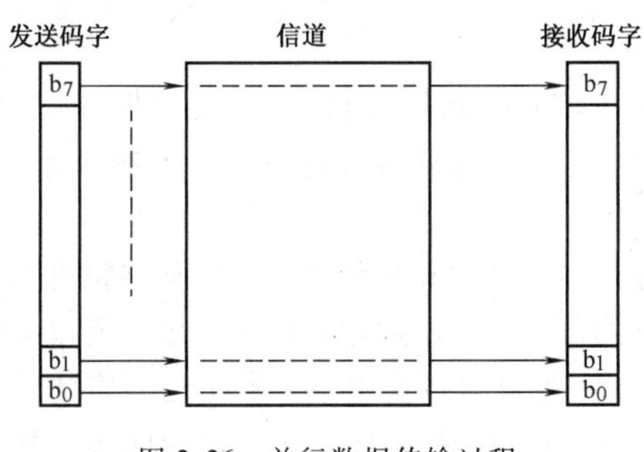

图 2-26 并行数据传输过程

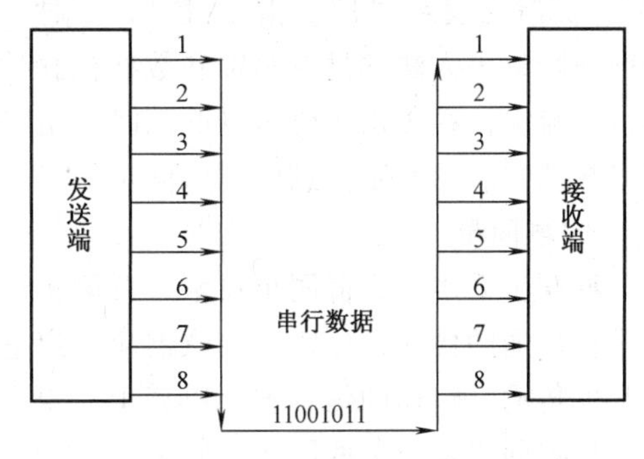

图 2-27 串行数据传输过程

串行传输的速度比并行传输的速度要慢得多，但费用低。计算机网络中各节点间的传输均采用串行传输方式。

2.5.2 同步传输

数据从发送端到接收端必须保持双方步调一致，这就是同步。数据通信不仅需要同步，对数据接收端来说，数据还必须是可识别的。数据传输同步的方法有位同步和群同步两种。

1. 位同步

位同步传输中，字符之间有一个固定的时间间隔，这个时间间隔由数字时钟确定，因此，各字符没有起始位和停止位。位同步传输包括外同步和自同步两种。

（1）外同步法

在发送数据之前，向接收端发送一串同步的时钟脉冲，接收端把收到的同步信号进行频率锁定，然后按照同步频率接收数据信息，如图 2-28 所示。

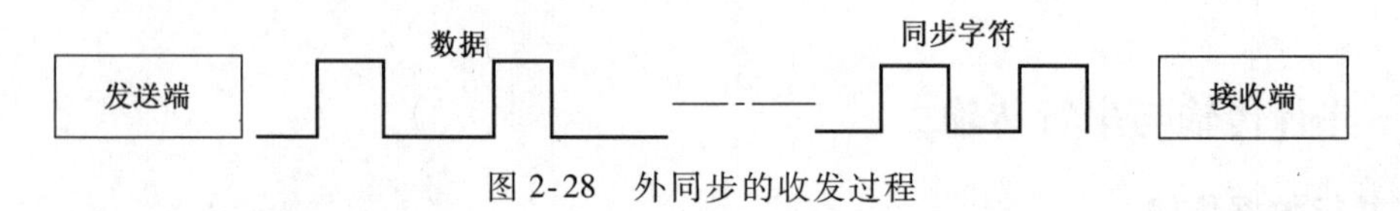

图 2-28　外同步的收发过程

（2）自同步法

这种方法是从数据信息波形本身提取同步信号。对于数字信号，如前面讲到的曼彻斯特码，包括差分曼彻斯特码，这两种编码方法都是将时钟和时间包含在信号数据流中，在传输信息的同时，也将时钟同步信号一起传输到对方，所以将这种传输称之为自同步传输。曼彻斯特编码通常用于局域网传输。在曼彻斯特编码方式中，每一位的中间有一跳变，位中间的跳变既作为时钟信号，又作为数据信号；从高到低的跳变表示“1”，从低到高的跳变表示“0”。另外，差分曼彻斯特编码，其编码每位中间的跳变仅提供时钟定时，而用每位开始时有无跳变表示“0”或“1”，有跳变表示“0”，无跳变表示“1”。由此可见，两种曼彻斯特编码方法都是将时钟和数据包含在信号流中，在传输代码信息的同时，也将时钟同步信号一起传输到对方。对于模拟信号，可以从调制后的调制信息中提取同步信息。自同步信号的发送和接收过程如图 2-29 所示。

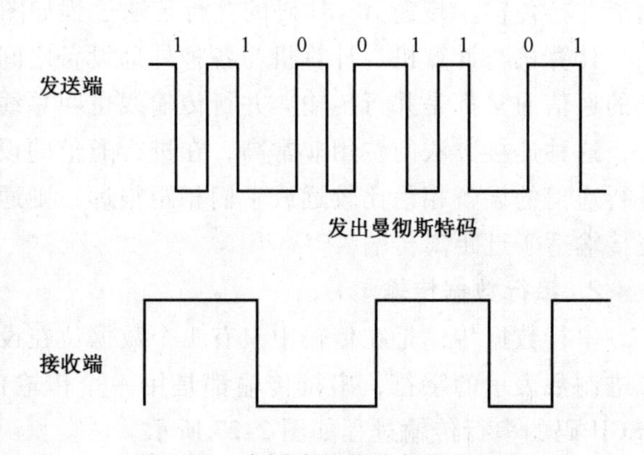

图 2-29　自同步的接收与发送过程

2. 群同步

群同步采用的是群同步技术，群同步传输又称异步通信或异步传输，是一种字符可以随机进行传递的传输，传输中接收器应知道它所收到的每一比特的起始时间和长度，所以又称为起停传输。传输的信息被分成若干“群”，也就是一组数据传输中，位数不是固定的。异步是在位同步基础上的同步，它要求发送端与接收端必须保持一个“群”内的同步。具体来说，这种方式传输一个字符为 8 位或 5 位。每个字符前面放一个起始位，后面跟一个停止码，如图 2-30 所示。起始位的编码值为 0，长度为 1 比特时间，停止位的值为 1，其最小长度为 1～2 bit 时间。当没有数据发送时，发送器就发出连续的停止码。这样接收器根据从 1 至 0 的跳变来识别新字符的开始。为了能识别出字符的各个比特，接收器必须对每个比特长度有准确的了解。这种传输要求每个字符增加 2～3 bit，由于每个字符是独立的，并可以以不同速率发送，因此叫异步传输。

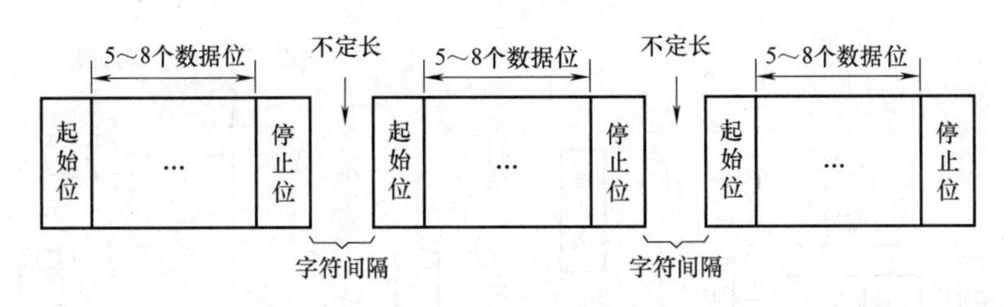

图 2-30　异步数据传输

2.5.3　单工、半双工和全双工通信

数据在通信线路上传输是有方向的，根据数据在某一时间信息传输的方向和特点，数据传输方式可分为以下 3 种。

1. 单工通信

单工通信是传送的信息始终是一个方向的通信，如图 2-31 所示。

单工通信中，为了保证传送信息的正确性，需要进行差错控制。采用的具体方法：在接收端确定信息正确或错误后，通过反向信道传送出监测信号，因此，单工通信的线路一般是二线制。也就是说，单工通信存在两个信道，即传输信息用的主信道和监测信息用的监测信道。比如在两个房间之间建立一个简单的单工通信系统，如图 2-32 所示。

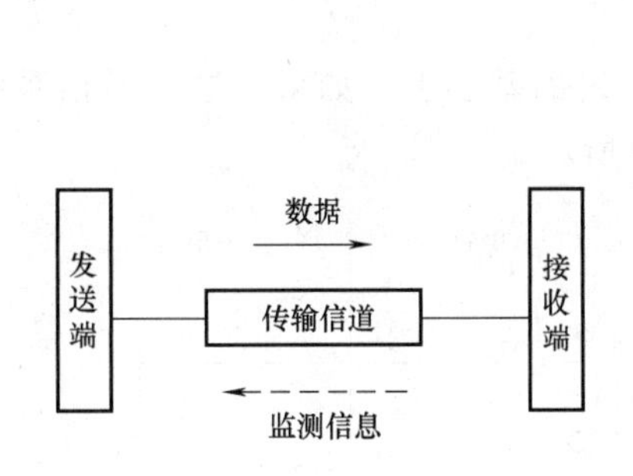

图 2-31　单工通信

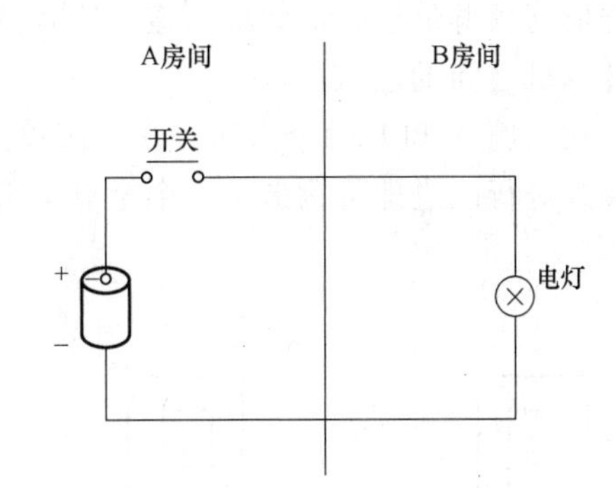

图 2-32　简单的单工通信系统

在这个通信系统中如果对电灯“亮”与“灭”的含义进行了规定，则 A 房间就可以与 B 房间进行通信。但是，由于受通信装备的限制，B 房间不能同 A 房间进行通信。

2. 半双工通信

半双工通信是通信信道的每一端可以是发送端，也可以是接收端，信息可由这一端传输到那一端，也可以由那一端传输到这一端。但在同一时刻里，信息只能有一个传输方向，如图 2-33 所示。

在半双工通信方式中，信息流是轮流使用发送和接收装置的，传输监测信号可有两种方式。一种方式是在应答时转换传输信道，另一种方式是把主信道和监测信道分开设立，另设一个信道，供监测信号使用。计算机与终端之间的通信就是半双工通信。

在上例 A 和 B 两个房间建立的简单的单工通信系统的基础上，如果对单工通信系统的装置进行改进即可构造出一个半双工系统，如图 2-34 所示。

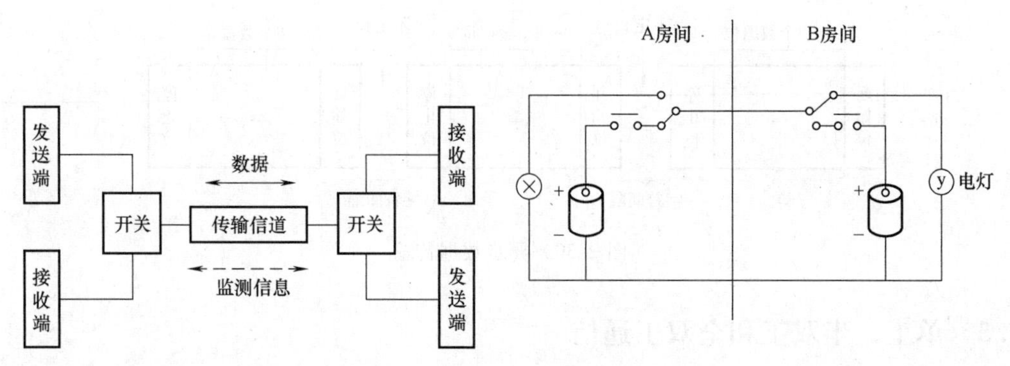

图 2-33 半双工通信　　　　图 2-34 简单的半双工通信系统

在这个系统中，A 房间与 B 房间、B 房间与 A 房间都可以进行通信。但双方进行通信不能同时进行。

3. 全双工通信

全双工通信是在同一时刻可以进行这样的传输，即：一个信道传输信息向一个方向，而另一个信道传输信息向反方向，如图 2-35 所示。

全双工通信系统的线路结构包括两个进行信息传输的信道和两个进行监测的信道，这样通信线路两端的发送、接收装置就能够同时发送和接收信息。若采用频分信道时，传输信道可分成高频群信道和低频群信道，这时就可以使用二线制，这种全双工通信方式适合计算机与计算机之间的通信。

在上例 A 和 B 两个房间建立的简单的半双工通信系统的基础上，如果对这个通信系统的装置进行改进即可构造出一个全双工系统，如图 2-36 所示。

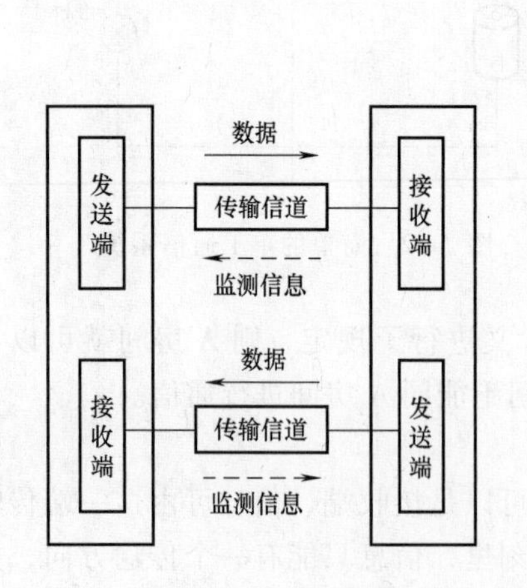

图 2-35 全双工通信

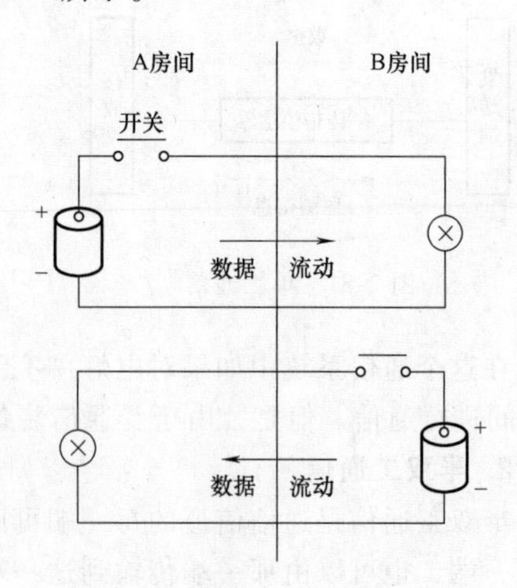

图 2-36 简单的全双工通信系统

在这个系统中，A 房间与 B 房间、B 房间与 A 房间都可以进行通信，而且双方可以同时进行通信。

2.5.4 多路复用传输

多路复用技术是实现信道共享的技术，主要包括频分多路复用技术和时分多路复用技术两种。其中，时分多路复用技术中又包括同步时分多路复用和异步时分多路复用两种。

1. 频分多路复用（FDM）

频分多路复用是将可用的传输频率范围分为多个较细的频带，每个细分的频带作为一个独立的信道分别分配给用户形成数据传输子通路。频分复用的特点：每个用户终端的数据通过专门分配给它的子通路传输，在用户没有数据传输时，别的用户也不能使用。频分多路复用适合于模拟信号的频分传输，主要用于电话和电缆电视（CATV）系统，在数据通信系统中应和调制解调技术结合使用。值得注意的是，各频带之间有频带保护，以防止信号重叠，否则，信号就要失真。频分多路复用原理如图 2-37 所示。

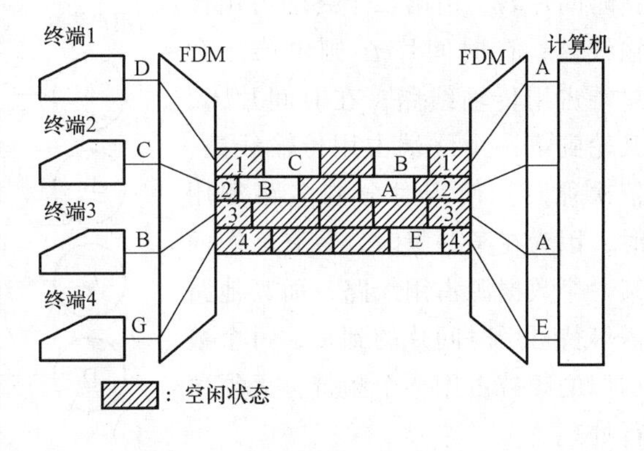

图 2-37　频分多路复用原理示意

下面将给出一个具体的频分多路复用传输实例，如图 2-38 所示。

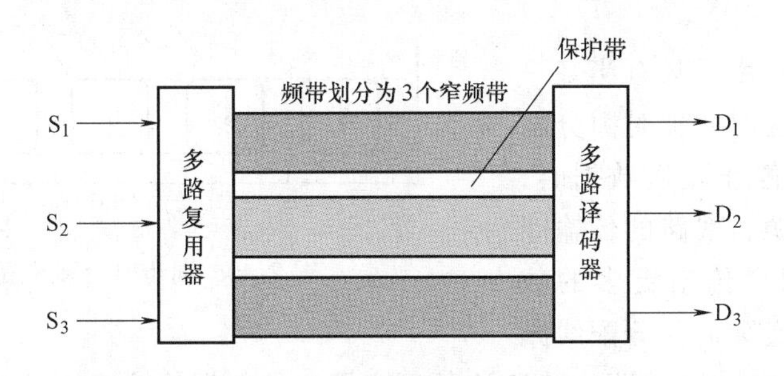

图 2-38　频分多路复用实例

如图 2-38 所示，数据源 S_1、S_2 和 S_3 具有相同的带宽 W，线路上的频带是每个数据源的带宽的 3 倍，即 3W，其中 0～W 为数据源 S_1 所占用，W～2W 为数据源 S_2 所占用，2W～3W 为数据源 S_3 所占用。在接收端的分离设备利用已调信号的正交特性，又将各路信号从不同的频段中分离出来。

2. 同步时分多路复用（STDM）

同步时分多路复用是固定分配信道，在通信信道上形成一种时间上的逻辑子信道的通信媒体共享方式。同步时分复用的特点：对信道进行固定的时隙分配，也就是将一帧中的各时隙以固定的方式分配给各路数字信号。在 STDM 方式中，时隙是预先分配给各终端的，而且是固定的。不论终端是否有数据要发送，都要占用一个时隙，而实际上不是所有终端在每个时隙都有数据输出，所以，时隙的利用率较低。同步时分复用有下列关系：

$$复用器输出线路容量 = \sum 复用器输入线路容量$$

所以，与复用器相连接的低速终端数目及速率受复用传输速率的限制。

同步时分多路复用器的原理如图 2-39 所示。

下面将给出一个具体的同步时分多路复用传输实例，图 2-40 所示。假设有 3 个终端共用一条通信线路，将时间分割成段，称为时间片。在时间片 t_1，第一个终端占用传输线路；

在时间片 t_2，由第二个终端占用传输线路；在时间片 t_3 则由第三个终端占用传输线路；在时间片 t_4，又轮到第一个终端占用传输线路，依次循环。使用时分制多路复用时，因为在某一瞬时，只有其中的某一个数据源占用线路，而其他路需等待可用时间片的到来，每个数据源的频带占用整个频带，无须再行处理。

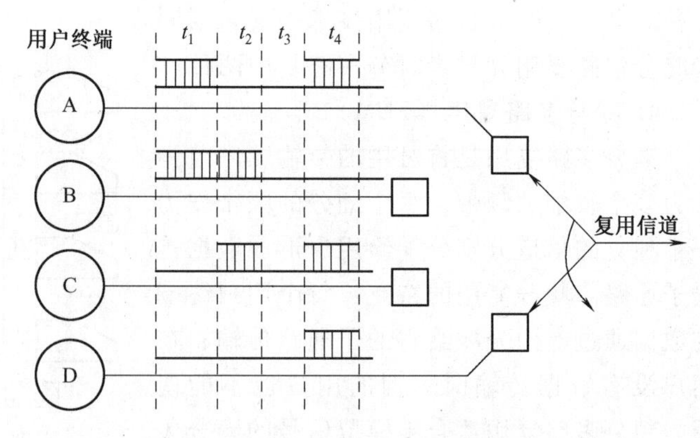

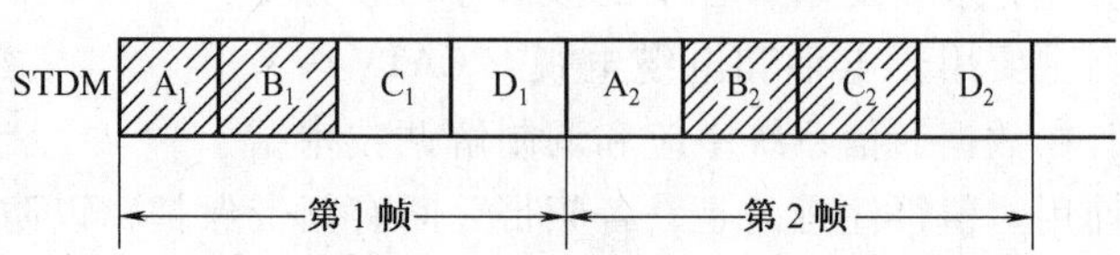

图 2-39　同步时分多路复用器的原理示意图

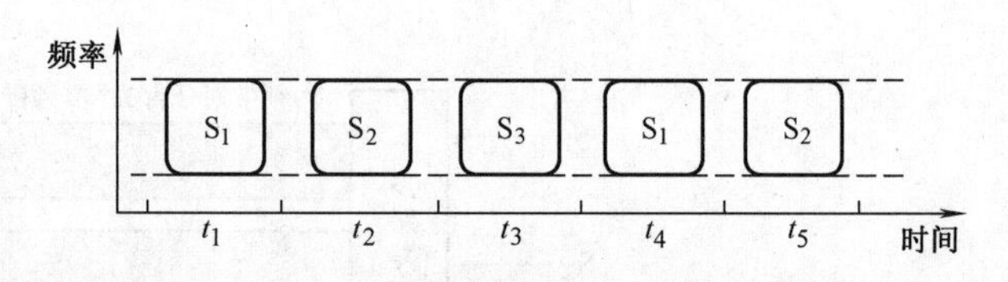

图 2-40　同步时分多路复用实例

3. 异步时分多路复用（ATDM）

异步时分多路复用也称统计时分复用或智能时分多路复用（ITDM），它克服了 STDM 浪费时隙的缺点，能动态地按需分配时隙，避免出现空闲时隙。

异步时分多路复用是只有当某一路用户有数据要发送时才把时隙分配给它。当用户暂时停止发送数据时，不给它分配线路资源，线路的传输能力可用于为其他用户传输更多的数据。这种根据用户实际需要分配线路资源的方法也称为统计时分复用。ATDM 的每个用户的数据传输速率可以高于平均速率，最高可达到线路总的传输能力。例如，线路传输速率为 9600 bit/s，4 个用户的平均速率为 2400 bit/s，当用预分配复用方式时，每个用户的最高传输速率为 2400 bit/s，而在统计时分复用方式下，每个用户的最高速率可以达到 9600 bit/s。在 ATDM 中，由于数据不是以固定的顺序出现，所以接收端不知道应该将哪一个时隙内的数据送到哪一个用户。为了解决这个问题，ATDM 在发送数据中加入了用户识别标记，以便使接收端的复用器按标记分送数据。ATDM 也具有如下关系：

$$复用器输出线路容量 = \sum 复用器输入线路容量$$

即：总时间 T 划分的时间片数 n 应等于复用器输入端的低速线路数，以保证当每个用户都有数据发送时仍能及时发出。

异步时分多路复用原理如图 2-41 所示。

4. 多路复用技术的应用

多路复用技术在局域网和远程通信网中都有广泛的应用。

在宽带局域网中，可以把 TDM 和 FDM 结合起来，将整个信道频分成几个子信道，每条子信道再使用时分制多路复用技术。

在远程数字通信线路提供点对点同步通信，一般为政府部门和大型企业所使用。通常采用 T-1、T-2 和 T-3 三种线路，利用脉码调制 PCM 和时分多路复用 TDM 技术的 T1 载波，使 24 路采样声音信号复用一个通道，其帧结构如图 2-42 所示。

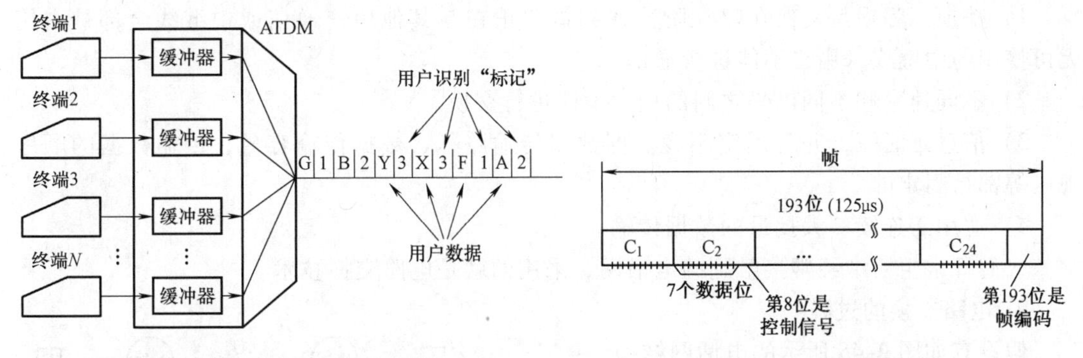

图 2-41　异步时分多路复用原理示意图　　　　图 2-42　T1 载波帧结构

24 路信道各自轮流将编码后的 8 位数字信号组成帧，其中 7 位是编码的数据，第 8 位是控制信号。每帧除了 24×8 位 = 192 位之外，另加一位帧同步位。这样，一帧中就包含有 193 位，每一帧用 125 μs 时间传送，因此 T1 系统的数据传输速率为 1.544 Mbit/s。

E1 载波（欧洲标准）是 CCITT 建议的一种 2.048 Mbit/s 速率的 PCM 载波标准。它的每一帧开始处有 8 位作同步用，中间有 8 位用作信令，再组织 30 路 8 位数据，全帧含 256 位，每一帧也用 125 μs 传送，可计算出其数据传输速率为 256bit/125 μs = 2.048 Mbit/s。

2.6　数据交换技术

交换是网络实现数据传输的一种手段。在网络中，数据从信源到信宿实现通信的过程中，要么是在两个直接相连的两个设备中直接进行数据通信，如图 2-43 所示；要么就是通过一个或若干个中间节点来把数据从信源节点传送到目的节点，如图 2-44 所示。

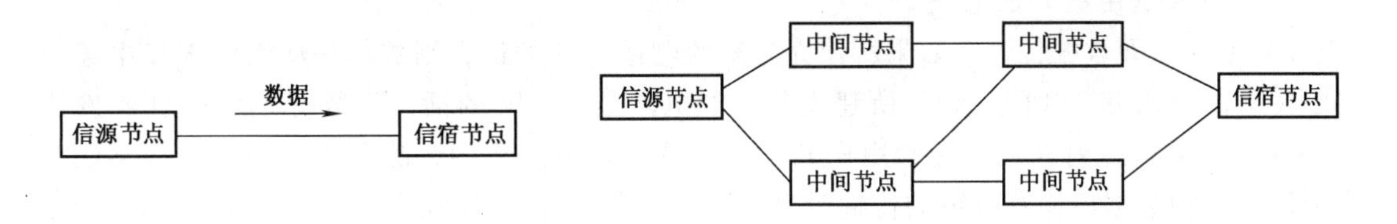

图 2-43　两个节点直接相连　　　　图 2-44　信源与信宿通过中间节点的连接

要说明的一点就是，如图 2-43 所示的数据交换方式在实际工作中往往是不现实的。

在数据进行通信实现交换过程中，数据从信源节点到信宿节点所经过的中间结点并不关心数据的内容，只是通过它们把数据从一个节点传送到下一个节点，直至把数据送到信宿节点为止。

实现数据交换的 3 种技术是电路（或称线路）交换、报文交换和分组交换。

2.6.1　电路交换

1. 电路交换的概念和特点

电路交换是一种直接交换方式，是多个输入线和多个输出线之间直接形成传输信息的物理链路。电路交换分 4 个阶段：静止阶段、呼叫控制阶段、数据传送阶段和清除阶段。电路交换有如下 4 个特点。

1）呼损。呼损是交换在建立阶段遇到被叫正在与其他用户通信或中继线全部被占用，无可使用的中继线，用户不能进行通信。

2）不同速率和不同电码之间的用户不能进行交换。

3）信息延时短，并且固定不变。即数据传输路径、数据传输容量、传输数据的顺序、规格等都是固定的。

4）适用于连续、大批量的数据传输。

人们日常生活中经常接触到的电话网，采用的就是电路交换技术。

2. 电路交换的过程

假设有如图 2-45 所示的电话网结构。

对于图 2-45 所描述的电话网，如用户 A 要求与用户 B 通话，电话网完成 A 与 B 的通话（即数据传输）要经历如下几个过程。

1）电路建立。这个过程是用户 A 拨号，经 M 局、N 局的转接，当用户 B 电话铃响后，电路以示接通，电路建立工作完成。

建立用户 A 与用户 B 电路的过程中会遇到如下情况。

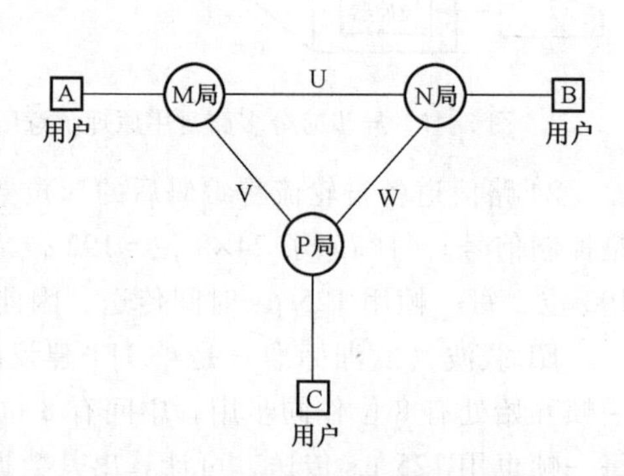

图 2-45　电话网结构举例

- 用户 A、B 空闲，电话局 M、N 无故障，线路 U 通信容量没有饱和，用户 A 与用户 B 电话电路建立成功，所建立的电路为 U。
- 用户 A、B 空闲，电话局 M、N 无故障，线路 U 通信容量饱和，但线路 V、W 通信容量没有饱和，用户 A 与用户 B 电话电路建立成功，所建立的电路为 V、W。
- 除上述两种情况下，其他任意一种情况都使得用户 A 呼叫用户 B 失败，不能建立起用户 A 到用户 B 的电路。

2）通话，即数据传输。如果所建立起来的电路是 U 的话，则数据是从用户 A 发出经 M 局、N 局传送到用户 B 的；如果所建立起来的电路是 V、W 的话，则数据是从用户 A 发出经 M 局、P 局再转到 N 局传送到用户 B 的。在数据传输过程中，除非出现意外的线路或节点故障，这种数据传输有最短的传输延迟，并且不存在阻塞问题。

3）拆除电路。用户 A 与用户 B 通话完毕释放电路 U 或 V、W，被拆除的电路信道可供其他用户使用。

2.6.2　报文交换方式

1. 报文交换的概念

报文是传输的基本单位之一，主要包括报文的正文信息、指明发和收节点地址以及各种控制信息。如果以报文为基本单位进行传输，传输过程中所进行的交换就是报文交换。由于报文一般都比较长，所以，报文交换要求网路上每个节点（包括转接中心）都要有较大的存储容量，以备暂存整个报文。报文传输要等目的线路有空闲时转发，所以，延时性强。

2. 报文交换与电路交换的比较

由于在报文交换方式中，许多报文可以分时共享一条通信通道，所以，对同等通信容量来说，报文交换方式效率较高。

报文交换方式不同于电路交换方式，在传输数据时无须同时使用发送器和接收器。当数据接收器不能接收时，网络具有暂时存储这个报文的功能。为此，在通信报文量很大时，报文交换方式的网络系统仍然可以接收报文，报文交换网络系统还可以把一个报文发送到多个目的节点。

报文交换方式的网络系统可以做到不同数据传输速率的节点连接，进行数据格式转换，建立报文传输优先权等。

2.6.3 报文分组交换

1. 报文分组交换的概念

报文分组交换方式是把长的报文分成若干个较短的报文组，报文分组是传输和交换单位。它与报文交换方式不同的是，交换要包括分组编号，各组报文可按不同的路径进行传输，当各组报文都到达目的节点后，目的节点按报文分组编号重组报文。

2. 报文分组交换的特点

1）数据传输灵活，对中继节点存储容量的要求相对较少，由于报文分组后，一个长报文分成若干个短报文组，各报文组可选择不同的路径进行传输，到中继节点后的报文组不必等待未到达的报文组可继续向下一个节点转发。

2）转发延时性降低。

3）转发错差少，对差错容易进行恢复处理。

4）便于控制转发。在信息传输中，允许被打断。

但由于在目的节点要对报文进行重新组装，因此增加了目的节点对报文加工处理的时间，增加了复杂性。

报文交换和报文分组交换两种方式都属于存储转发交换方式，它们共同的特点：无呼损，不同速率、不同电码的用户之间能够进行交换，信息延时长、变化大。

3. 数据报与虚电路

分组交换方式提供两种服务，分别为数据报业务服务和虚电路业务服务，其具体介绍见3.4.2节内容。

2.6.4 ATM 交换与帧中继交换

1. ATM 交换

异步传输模式（Asychronous Transfer Mode，ATM）是一种面向连接的高速交换和多路复用技术。由 ATM 技术构成的网络系统是一种综合了分组交换和电路交换的优点而形成的网络。

（1）ATM 的概念和基本传输原理

在 ATM 中，传输的各种信息流可以不依赖共用时钟，信号能够独立传送。CCITT 在 1.113 建议中给 ATM 定义如下：ATM 是一种转换模式，在这一模式中信息被组织成信元，而包含一段信息的信元并不需要周期性地出现。从这个意义上说，这种转换模式是异步的。定义中所提到的信元（Cell）实际上就是分组。将 ATM 中的信息数据单元称为信元的目的就是要与 X.25 中的分组区分开。

ATM 中的信元具有固定长度，一个信元单位的长度是 53 字节，其中，信头 5 字节，有效载荷点 48 字节。信头中包含记载信元去向的逻辑地址、信元维持信息、优先度及信头的纠错码等控制信息；有效载荷是信元的信息段，它包括来自各种不同的业务的用户信息。在传输中，ATM 将信息透明地在网络中进行传输，不论是什么业务的信息都一律切割成统一格式的信元，也就是说信元的格式与业务类型无关。

ATM 技术中的多路复用采用的是排队分配信道的方法（排队分配信道技术在第一章信道共享部分中已经介绍过），排队分配信道方式也常称为统计复用（Statistic Multiplex）或异步时分复用（Asynchronous Time Division Multiplex，ATDM）方式。

（2）ATM 特点

1）ATM 网络不执行任何数据链路层的功能，它将差错控制与流量控制工作都交给 ATM 端站去做而不是交换机，从而进一步简化网络功能。

2）ATM 能够为任何类型的业务提供满意的服务，不管业务速度高低、突发性大小或实时性与质量要求如何都是如此。

3）ATM 具有很大的灵活性，能使网络资源得到最大限度的利用。这是由于 ATM 能够按业务实际情况的需要分配占用资源，并且对特定的业务，ATM 还能够做到传输速率随信息到达的速率变化。

4）ATM 采用面向连接器的工作方式，进一步提高数据处理速度，降低延迟，并使网络的处理工作变得十分简单。

5）由于 ATM 中的变换节点（即节点）不参与信息段的差错检验，不做差错控制和流量控制工作，所以其交换节点的工作比 X.25 分组交换网中的节点的工作要简单的多。

6）由于 ATM 对任何特性的业务都采用同样的模式进行处理，所以实现了完全的业务综合。

7）ATM 所提供的广阔带宽能支持多项不同应用网络，它是实现综合数字服务网络技术的唯一途径。

2. 帧中继交换

帧中继（Frame Relay，FR）是一种快速分组交换技术，它以分组交换技术为基础，是对 X.25 分组交换协议进行的简化和改进。帧中继适用于处理突发性信息和可变长度帧的信息，特别适用于局域网的互联。

（1）帧中继的概念

帧中继是一种分组交换协议，该协议采用统计复用技术，用简化的方法在 OSI 第二层上传送和交换数据单元。由于在 OSI 第二层数据链路层的数据单元一般称作帧，故称此技术为帧中继。

帧中继仅仅完成 OSI 物理层和数据链路层核心层的功能，将分组节点间的重发、流量控制、差错恢复等处理过程进行了简化，将网内的处理移到了网外由智能终端去完成，因此，帧中继极大地简化了节点之间的协议。

帧中继采用虚电路技术，当网络需要带宽时，网络就能得到其所需要的带宽，而不必事先预订带宽，带宽被需要之前，网络保持带宽处于不被使用状态。所以，帧中继能充分利用网络资源。所有帧中继系统都具有吞吐量大、实时性强和适于处理突发性业务的特点。

（2）帧中继的结构及传输原理

帧中继把用户数据流分成许多分组，分组通过公用通信网络传输，当分组到达目的地后再重新被装配起来。帧中继的分组由帧定界开始、帧中继帧头（数据链路层功能）、用户数据、帧校验序列和帧定界结束 5 部分组成，其结构如图 2-46 所示。

帧定界开始表示一个分组的开始，由 8 位序列构成；帧中继帧头（数据链路层功能）

帧定界开始	帧中继帧头	用户数据	帧校验序列	帧定界结束

图 2-46　帧中继分组的帧结构

部分包含寻址信息和相当少的流量控制管理信息，流量控制管理信息用于探测在目的节点是否有足够大的缓冲区接收到达的分组；用户数据部分的长度一般要求为 4000 字节之内；帧校验序列部分用来确定在传输过程中分组是否被损坏或丢失、中断等。

帧中继中的数据被转化为一种包含目的地址的可变长度的帧，数据在 OSI 的第二层上以简化的方式进行传输。在数据传输过程中，帧不需要确认就能直接通过每个交换机，如果网络中检查出错误帧，就直接将其丢弃。

帧中继业务可以减少网络中间节点的系统存储和处理过程。一个分组网络在传送数据时，采用的是确认方式，因此在每个中间节点都必须有确认操作（见图 2-47）。而帧中继网络，采用的是非确认方式，帧从发端经过一系列中间节点一直送到终点后，再由终点返回响应帧（见图 2-48），从而极大地简化了中间节点协议。

图 2-47 中，箭头 1 所示帧的响应帧用箭头 2 表示，以此类推，每经过一个节点都需要证实过程，最后使用箭头 7 所示的帧，其响应帧用箭头 8 表示。而在图 2-48 中，响应帧是在数据帧已经到达终点后才出现。

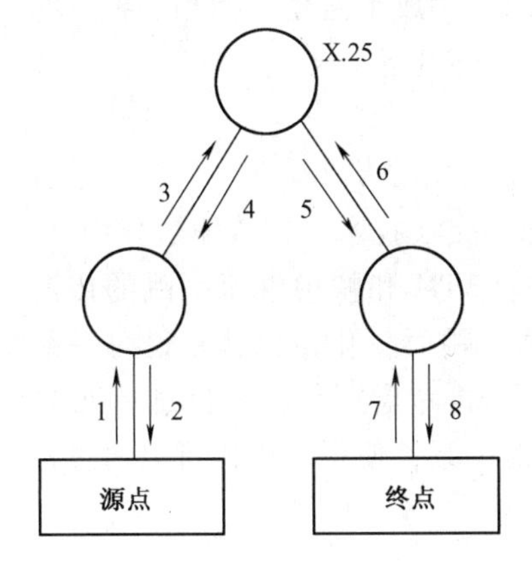

图 2-47　分组网络数据传输过程

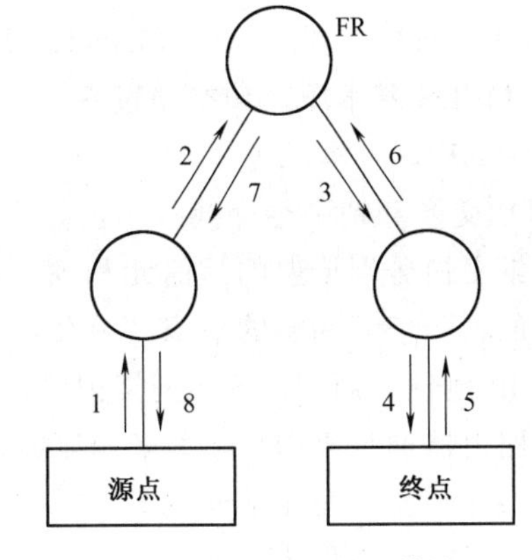

图 2-48　帧中继网络数据传输过程

（3）帧中继交换的基本功能

1）在系统上为任意通信结构提供有效的连接，在数据链路层上实现链路的多路复用和转接。

2）提供高速的数据传输。

3）按需分配信道，动态提供带宽。从而提高线路利用率，帧中继交换不仅能满足系统的快速响应，还能适应突发信息的传输。

4）为到来的帧选择路由，以到达正确的输出端口。

5）能够处理多规程通信，但不提供规程转换和安全管理。

6）核查帧的校验序列区域，以确定帧是否包含一个误码，如果包含，丢弃这个帧。

7）核查并确定交换机的输入缓冲区是否满了，如果满了，则丢弃到来的帧，直到拥塞清除。

（4）帧中继交换的特点

1）高效性：帧中继使用统计复用技术（即带宽按需分配）向用户提供共享的网络资源，每一条线路和网络端口都可由多个终端按信息流量共享，这种技术大大提高了网络资源的利用率，并适于具有大量突发性业务的用户使用。

2）经济性：帧中继技术可以有效地利用网络资源，从网络运营者的角度出发，可以经济地将网络共享资源分配给用户使用。同样的带宽，若固定地分配给用户，可以收取高额费用，但开通的用户较少；若采用帧中继方式，让多个用户共享这些带宽，虽然对每个用户的收费比不上专线的收费，但可发展的用户远远多于专线方式。

3）可靠性：虽然帧中继无纠错和流量控制，网络采取出错就放弃的简单工作方式，但由于帧中继的开发是基于传输媒介是相对可靠和无误码的，终端用户的应用程序能够探测和恢复分组的误码。所以，即使有少量错误也可得到恢复，因此，帧中继具有高可靠性。

4）灵活性：由于帧中继的协议十分简单，利用现有数据网上的硬件设备稍加修改，同时进行软件升级就可实现其协议，而且操作简便，所以，实现起来灵活简便。

2.6.5 MPLS 交换

1. 什么是 MPLS 交换

多协议标签交换（Multi-Protocol Label Switching，MPLS）起源于 IPv4（Internet Protocol version 4），是由因特网工程任务组（Internet Engineering Task Force，IETF）提出的，MPLS 的最初解决方案是由 Cisco 公司在 1996 年完成的。MPLS 集成了路径选择和交换，是一种在 IP 高速骨干网络上利用标记（Label）进行数据转发的交换标准。

2. MPLS 基本原理和交换过程

（1）MPLS 基本原理

ATM 交换和帧中继交换技术虽然采用的也都是标签交换技术，在传输过程中 ATM 交换和帧中继交换分别传递的是信元和帧。在整个网络中，ATM 和帧中继每一跳的传递方式都是相同的，而信元和帧的头部“标签”值需要随着每一跳而变化，也就是说每一跳都要考虑目的 IP 地址。而 MPLS 在网络内传递信息过程中，不再考虑所传输的信息单元的目的 IP 地址。路由器通过 MPLS 标签来创建标签到标签的映射关系，使得路由器可以通过标签进行数据交换和转发，而无须通过 IP 进行交换转发。

（2）MPLS 交换过程

MPLS 采用简化的技术来完成第三层和第二层的转换，是一种将标签交换转发和网络层路由技术集于一身的路由与交换技术，标记交换是由标记交换路由器完成的。具体来说，当分组进入网络时，系统将为其分配固定长度的短的标记，并将标记与分组封装在一起，在数据信号转发过程中，封装于 MPLS 数据包中的 IP 数据包都包含有一个标记，交换路由器仅读取该 MPLS 数据包的包头标记进行路径选择和交换，无须再去读取每个 IP 数据包中的 IP 地址位等信息，因此数据包的交换转发速度大大加快。

3. MPLS 交换的特点

（1）灵活性和扩展性增强

MPLS 使用统一的标准网络框架，保证了 MPLS 网络路由具有灵活性，增强了网络的扩展性。

（2）IP 资源利用率提高

由于 MPLS 在网内使用标签交换，交换转发能使用重复的 IP 地址，使 IP 资源利用率得到提高。

(3) 转发效率提高

在网络内传递信息过程中，MPLS 抛弃复杂的跳转变化，传递信息过程中不再考虑所传输的信息单元的目的 IP 地址，使转发效率得到提高。

(4) 提高网络速度

MPLS 使用标签交换，缩短每一跳过程中地址搜索的时间，减少数据在网络传输中的持续时间，提高数据传输速度。

(5) 业务综合能力强

MPLS 能制订特别的控制策略，其强大的灵活性和扩展性满足不同用户的特别需求，有利于实现增值业务。

(7) 服务质量得到进一步保障

MPLS 是一种面向连接的传输技术，其将网络的数据传输和路由计算分离，能够提供有效保证 QoS。

2.6.6 软交换

1. 软交换的提出

不论电话网，还是数据网都存在一个先天缺陷，即：无法通过简单改造而成为一个能够实现在同一个网络上同时提供语音、数据以及多媒体业务的全业务网。

在通信网领域，电话网的历史应该是最为悠久的，从人工交换到程控交换。虽然在程控交换系统中，其中的交换和呼叫业务控制功能均主要是通过程序软件来实现。但其采用的资源独占的电路交换方式，以及为通信的双方提供的对等的双向固定带宽通道不适于承载突发数据量大、上下行数据流量差异大的数据业务。

基于协议的数据网，要求用户终端将用户数据信息均封装在 IP 包中，IP 数据包转发所采用的是资源共享的包交换方式，根据业务量需要动态地占用上下行传输通道，因此 IP 网实际上仅是一个数据传送网，其本身并不提供任何高层业务控制功能。如果在 IP 网上开放语音业务，必须额外增加电话业务的控制设备。

随着人们对宽带及业务要求的增长，需要一种针对与传统电话业务和新型多媒体业务相关的网络和业务问题的解决方案，而于 IP 网中传送的 IP 数据包能够承载任何用户数据信息，为实现语音、数据、多媒体流等多种信息在一个承载网中传送及实现全业务网创造了条件。为了使网络的发展更加趋于合理、开放，能够为用户提供更加灵活、多样和个性化的服务实现全业务网，软交换便应运而生。

2. 什么是软交换

软交换是一种针对与传统电话业务和新型多媒体业务相关的网络和业务问题的解决方案，其目标：在媒体设备和媒体网关的配合下，将传统的交换分为呼叫控制与媒体处理两部分，二者之间采用标准协议，且通过计算机软件编程的方式来实现对各种媒体流进行协议转换，以期在分组网络（IP/ATM）的架构下，实现 IP 网、ATM 网、PSTN 等网络的互联，提供和电路交换机具有相同功能，便于业务增值和提供灵活、便捷的服务。

从技术的角度讲，软交换是一个分布式的软件系统，是一种提供呼叫控制功能的软件实体，它采用标准协议，可以在基于各种不同技术、协议和网络之间，使一种或多种组件能够配套使用，实现不同厂商设备之间无缝交互操作。软交换位于网络控制层，为应用层之间的接口提供各种数据库访问、三方应用平台，功能服务等接口，较好地实现基于分组网利用程控网软件提供呼叫控制功能和媒体处理相分离，实现对所有电话功能及新型会话式多媒体业务的支持。

国际 Softswitch 论坛 ISC 给出的软交换定义：Softswitch 是基于分组网利用程控软件提供呼叫控制功能和媒体处理相分离的设备和系统。

软交换系统设备主要包括：用于完成呼叫处理控制功能、接入协议适配功能、业务接口提供功能、互联互通功能、应用支持系统功能等功能的软交换控制设备，它是系统络中的核心控制设备；用于完成新业务生成和提供功能的业务平台，主要包括 SCP 和应用服务器；各种网关，如信令网关、媒体网关、中继网关、接入网关、多媒体网关、无线网关等；IP 终端及其他支撑设备，如 AAA 服务器、大容量分布式数据库、策略服务器（Policy Server）等。

3. 软交换基本功能和特点

（1）软交换基本功能

软交换基本功能主要包括媒体网关接入功能，呼叫控制功能，业务提供功能，互连互通功能，以及计费、认证与授权、地址解析和网络管理等功能。

（2）软交换基本特点

软交换基本特点主要包括：独立于协议和设备的呼叫，可以支持众多的协议，便于对多种接入设备进行控制，充分发挥通信网络的作用；开放的业务生成接口以提供新的综合网络业务；能够按照一定的策略对网络进行实时、智能、集中式的调整和干预，以保证整个系统的稳定性和可靠性；通过同步通信控制，可支持账单、网络管理和其他运行支持系统。

4. 软交换所使用的主要协议

软交换体系涉及的协议非常多，下面仅对几个主要协议进行简单介绍。

（1）H.248/MEGACO 协议

H.248/MEGACO 这两个协议均为媒体网关控制协议。H.248 是由 ITU 提出的，MEGACO 是由 IEFT 提出的，两个协议的内容基本相同，且都应用在媒体网关与交换设备之间，用以完成呼叫的建立和释放。

（2）MGCP

MGCP 是协议媒体网关控制协议，由 IEFT 提出。MGCP 是简单网关控制协议（SGCP）和 IP 设备控制协议（IPDC）相结合的产物。在软交换系统中，MGCP 应用在媒体网关和 MGCP 终端与软交换设备之间，用以控制媒体网关和 MGCP 终端上的媒体/控制流的连接、建立和释放。目前软交换系统设备大都支持该协议。

（3）SIP

SIP 是会话初始协议，由 IETF 提出，用于 IP 网上进行多媒体通信的应用层控制。SIP 主要应用于软交换与 SIP 终端之间，也可将 SIP 应用在软交换与应用服务器之间，实现会话的连接、建立和释放，并支持单播、组播和可移动性。如果 SIP 与 SDP（会话描述协议）配合使用，可以动态调整和修改会话，如通话带宽、所传输的媒体类型及编解码格式等属性，实现增值业务。

（4）SCTP

SCTP 是流控制传输协议，由 IETF 提出。SCTP 可以在 IP 网上提供可靠的数据传输，以及在无连接的网络上传送 PSTN 信令信息。SCTP 可以在确认方式下，无差错、无重复地传送用户数据，并根据通路的最大传输单元的限制，进行用户数据的分段；在多个流上保证用户消息顺序递交，并复制到 SCTP 的数据块中。SCTP 的偶连机制可以保证网络级的部分故障实现自处理。SCTP 还具有避免拥塞和避免遭受泛波及匿名攻击的特点。

2.6.7 光交换

1. 什么是光交换

在现代信息社会，信息容量和信息交换速度对承担信息传输和交换的通信网络的要求越来越高。由于传统的电子交换网络的极限速度只能接近 10 Gbit/s ，要使交换网的速度更高，就必须使用光交换网络，实现光交换。另外，在采用光传输电子交换的系统中，必须使用光-电和电-光接口，采用光交换技术可以节省掉这些价格昂贵的设备。

光交换是利用光纤进行网络数据、信号传输的网络交换传输技术，在通信系统进行数据、信号交换过程中，无须进行光-电转换即可将输入信号交换到不同的输出端。

目前，光交换技术还在不断的发展中，光交换单元还不能完全摆脱电信号的控制，也就是说，目前的光交换主要采用的是电控光交换技术。全光交换，即光控光交换是发展的目标。

2. 光交换主要设备

（1）开关

光交换开关设备与人们日常生活中使用的电开关类似，其作用是对输入的光信号进行识别和控制，除此之外还可对输出光信号进行放大。光开关设备包括半导体光开关、耦合波导开关、龟衬底平面光波导开关等。

（2）波长转换设备

在交换系统中，波长转换设备的作用是将一种波长的光信号，转换成另一种波长的光信号。转换有两种基本方式。一种转换的过程：输入光波信号→电信号→输出光波信号；另一种缓缓过程：输入广播信号→调制设备调制转换→输出光波信号。

（3）光存储设备

为了对实现光信号处理，光信号的保存十分重要。只有能够保证光信号有稳定的状态，才能在系统中进行有效的光信号转换处理。

（4）光调制设备

光调制设备又称空间光调制器，用于实现在空间无干涉地控制光的路径的光交换。利用这种设备构成的光交换网，将可以满足全息光交换所需的特性。光波的全部信息被记录和再现就是全息光。

3. 光交换主要技术

光交换技术除空分交换技术、时分交换技术、波分/频分交换技术、码分交换技术、分组交换技术外，还涉及密集波分复用技术、光分插复用技术、光交叉连接技术、自由空分光交换技术、光标记分组交换技术、光时隙路由技术等技术。目前光网络中的交换技术主要有光路交换（Optical Circuit Switching，OCS）、光分组交换（Optical Packet Switching，OPS）、光突发交换（Optical Burst Switching，OBS）3 种，其中光分组交换技术和光突发交换技术是光交换中的最有开发价值的热点技术，也是全光网络的核心技术。

（1）光路交换技术

光路交换是目前研究得最多最成熟的光交换技术。采用光路交换的网络需要为每一个连接请求建立从源端到目的地端的光路，即每一个链路上均需要分配一个专用波长。光路交换包括 3 个阶段。第一阶段：建立链路。建立链路实际上就是申请带宽，它需要经过请求与应答确认。第二阶段：链路保持。链路始终被通信双方占用，不允许其他通信方共享该链路。第三阶段：链路拆除。任意一方首先发出断开信号，另一方收到断开信号后进行确认，资源被释放。

（2）光分组交换技术

光分组交换技术与传统的分组交换在原理上是相同的，都是以分组作为数据传输和交换的基本单元。但传统分组交换中的数据信号是电信号，光分组交换中的数据信号是光波信号。光分组交换有同步的、用时隙的、分组长度是固定的，以及异步的、不用时隙的、分组长度是可变的两种主要形式。目前几乎集中于固定长度的光分组交换。

同步的、用时隙的、分组长度是固定的分组交换基本上是采用单向预约机制的非面向连接的交换方式。光分组交换以光分组作为最小的交换单元，数据包由固定长度的光分组头、净荷和保护时间 3 部分组成。这种交换方式中，建立路由、分配资源不是在进行数据传输前进行，而是在交换系统的输入接口完成光分组读取和同步功能，同时用光纤分束器将一小部分光功率分出送入控制单元，用于完成如光分组头识别、恢复和净荷定位等功能。分组净荷紧跟分组头在相同光路中传输，网络节点需要缓存净荷，用以等待带分组目的地的分组头的处理，以确定路由。在交换过程中，光交换矩阵为经过同步的光分组选择路由，并解决输出端口问题。最后输出接口通过输出同步和再生模块，完成光分组头的重写和光分组再生。

光分组交换比光路交换的资源利用率高、适应突发数据的能力强。但受制于光缓存器技术，交换节点精确同步问题的解决。不过，全光的分组交换仍然是光交换的发展方向。

（3）光突发交换技术

光突发交换技术是一种由电路交换到分组交换技术的过渡技术。光突发交换技术融合了光路交换和光分组交换两者的优势。

光突发交换中的“突发”是指那些由较小的具有相同出口边缘节点地址和相同 QoS 要求的数据分组组成的超长数据分组。突发是光突发交换网中的基本交换单元，它由控制分组和突发数据（即净载荷）两部分组成。

光突发交换同光分组交换一样也采用单向资源预留机制，交换都是以分组作为交换的最基本单元。只是在光突发交换中，分组称作突发。突发交换的核心设计思想也是其最重要的特点：突发数据和控制分组在物理信道上是分离的，突发数据和控制分组独立传送，在时间上它们之间也是分离的，每个控制分组对应于一个突发数据。

与光分组交换相比，光突发交换对光开关和光缓存的要求低，能够很好地支持突发性的分组业务。与光路交换相比，光突发交换极大地提高了资源分配的灵活性和利用率。

2.7 差错控制与差错检测方法

在数据通信过程中，由于发送设备、接收设备以及传输介质自身的原因，此外还有外部环境的影响，会使所传输的数据产生错误。为了将数据通信中产生的错误降到最低，尽可能地保障数据传输的正确与通畅，数据通信过程必须进行差错控制与差错检测的研究与处理。

2.7.1 差错与差错控制

1. 差错

所谓差错就是在数据通信中，接收端接收到的数据与发送端实际发出的数据出现不一致的现象。差错包括数据传输过程中位丢失；发出的位值为“0”，而接收到的位值为“1”，或发出的位值为“1”，而接收到的位置为“0”，即发出的位值与接收到的位值不一致。

2. 热噪声

热噪声是影响数据在通信媒体中正常传输的各种因素。数据通信中的热噪声主要包括：信号在物理信道上的线路本身电气特性随机产生的信号幅度、频率、相位的畸形和衰减；电气信号在线路上产生反射造成的回音效应；相邻线路之间的串线干扰；大气中的闪电、电源开关的跳火、自然界磁场的变化，以及电源的波动等外界因素。

热噪声有两大类：随机热噪声和冲击热噪声。随机热噪声是通信信道上固有的、持续存在的热噪声。这种热噪声具有不固定性，所以称为随机热噪声。冲击热噪声是由外界某种原因突发产生的热噪声。

3. 差错的产生

数据传输中所产生的差错主要是由热噪声引起的。由于热噪声会造成传输中的数据信号失真，产生差错，所以在传输中要尽量减少热噪声。

4. 差错控制

差错控制就是指在数据通信过程中，发现、检测差错，对差错进行纠正，从而把差错限制在数据传输所允许的尽可能小的范围内的技术和方法。

在数据传输中，没有差错控制的传输通常是不可靠的。

5. 差错控制编码

差错控制的核心是差错控制编码。差错控制编码的基本思想是通过对信息序列某种变换，使原来彼此独立、没有相关性的信息码元序列，经过变换产生某种相关性，接收端据此来检查和纠正传输序列中的差错。不同的变换方法构成不同的差错控制编码。

差错控制编码分检错码和纠错码两种。检错码是能够自动发现错误的编码；纠错码是既能发现错误，又能自动纠正错误的编码。

2.7.2 差错控制方法

差错控制方法主要有自动请求重发、向前纠错和反馈检验 3 种方法。

1. 向前纠错

向前纠错（Forward Error Correct，FEC）是利用编码方法，在接收数据端不仅能对接收的数据进行检测，而且当检测出差错后能自动纠正差错。FEC 的特点：接收端能够准确地确定错码的位置，应用 FEC 不需要反向信道，不存在重发延时问题，所以实时性强，但纠错设备比检错设备复杂。向前纠错系统组成如图 2-49 所示。

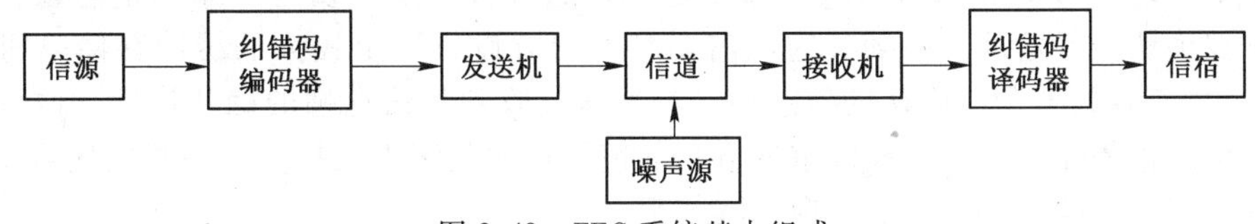

图 2-49　FEC 系统基本组成

2. 反馈检验法

反馈检验法是接收端将收到的信息码原封不动地发回发送端，与原发送端中原发信息码相比较，如果发现错误，发送端进行重发。反馈检验的特点：方法、原理和设备都比较简单，但需要系统提供双向信道，因为每一个信息码都至少传输两次，所以传输效率低。

3. 自动请求重发

自动请求重发（Automatic Repeat Request System，ARQ）又称检错重发。它是利用编码的方法在数据接收端检测差错，当检测出差错后，设法通知发送数据端重新发送数据，直到无差错为止。ARQ 的特点：只能检测出错码是在哪些接收码之中，但确定不出错码的准确位置，应用 ARQ 需要系统具备双向信道。自动请求重发系统组成如图 2-50 所示。

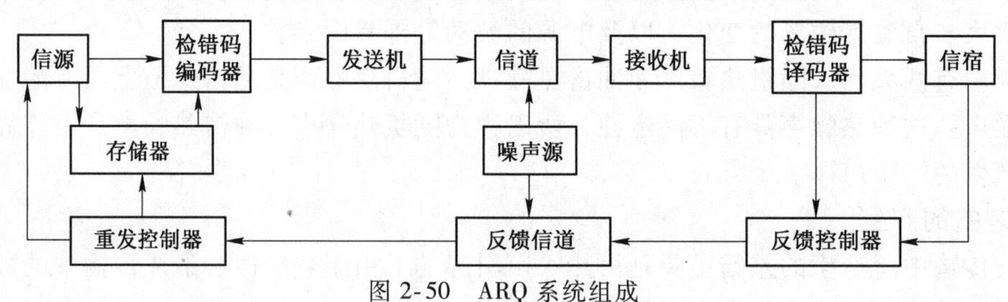

图 2-50　ARQ 系统组成

ARQ 法仅需返回少量控制认息，便可有效确认所发数据帧是否被正确接收。最基本的 ARQ 法实现方案是空闲重发请求（Idle RQ）和连续重发请求（Continuous RQ）。

（1）空闲重发请求

空闲重发请求（Idle RQ）方案也称停等（Stop and Wait）法，该方案规定发送方每发送一帧后就要停下来等待接收方的确认返回，仅当接收方确认正确接收后再继续发送下一帧。空闲重发请求方案的实现过程如下。

1）发送方每次仅将当前信息帧作为待确认帧保留在缓冲存储器中。

2）当发送方开始发送信息帧时，随即启动计时器。

3）当接收方收到无差错的信息帧时，即向发送方返回一个确认帧。

4）当接收方检侧到一个含有差错的信息帧时，便舍弃该帧。

5）若发送方在规定时间内收到确认帧，即将计时器清零，继而开始下一帧的发送。

6）若发送方在规定时间内未收到确认帧（即计时器超时），则应重发存于缓冲器中的待确认信息帧。

从以上过程可以看出，空闲重发方案的收、发送方仅需要设置一个帧的缓冲存储空间，便可有效地实现数据重发并确保接收方接收的数据不会重复。空闲重发方案最主要的优点就是所需的缓存空间最小，因此在链路端使用简单终端的环境中广泛采用。

（2）连续重发请求

连续重发请求（Continuous RQ）方案是指发送方可以连续发送一系列信息帧，即不用等前一帧被确认便可发送下一帧。这就需要在发送方设置一个较大的缓冲存储空间（称作重发表），用以存放若干待确认的信息帧。当发送方收到某信息帧的确认帧后，便可从重发表中将该信息帧删除。所以，连续重发方案的链路传输效率大大提高，但相应地需要更大的缓冲存储空间。连续重发方案的实现过程如下。

1）发送方连续发送信息帧而不必等待确认帧的返回。

2）发送方在重发表中保存所发送的每个帧的备份。

3）重发表按先进先出（FIFO）队列规则操作。

4）接收方对每一个正确收到的信息帧返回一个确认帧。

5）每一个确认帧包含一个唯一的序号，随相应的确认帧返回。

6）接收方保存有一个接收次序表，它包含最后正确收到的信息帧的序号。

7）当发送方收到相应信息帧的确认帧后，从重发表中删除该信息帧的备份。

8）当发送方检测出失序的确认帧（即第 n 号信息帧和第 $n+2$ 号信息帧的确信帧已返回，而 $n+1$ 号的确认帧未返回）后，便重发未被确认的信息帧。

上面的连续重发过程是假定在不发生传输差错的情况下描述的。如果差错出现，如何进一步处理还可以有两种策略，即 Go-back-N 和选择重发（Selective Repeat）。

Go-back-N 的基本原理，当接收方检测出失序的信息帧后，要求发送方重发最后一个正确接收的信息帧之后的所有未被确认的帧；或者当发送方发送了 n 个帧后，若发现该 n 帧的前一帧的计时器超过后仍未返回其确认信息，则该帧被判定为出错或丢失，此时发送方就不得不重新发送该出错帧及其后的 n 帧。这就是 Go-back-N（退回 N）法名称的由来。因为，对接收方来说，由于这一帧出错，就不能以正确的序号向它的高层递交数据，对其后发送来的 n 帧也可能都不能接收而丢弃。Go-back-N 法操作过程如图 2-51 所示。图中假定发送完 8 号帧后，发现 2 号帧的确认返回在计时器超时后还未收到，则发送方只能退回从 2 号帧开始重发。

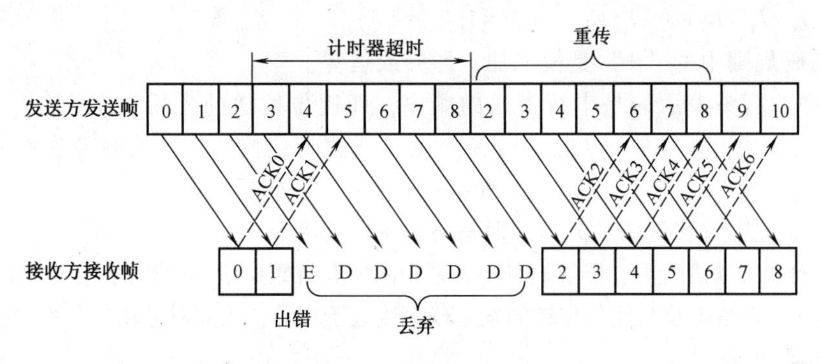

图 2-51　Go-back-N 法

Go-back-N 可能将已正确传送到目的方的帧再重传一遍，这显然是一种浪费。另一种效率更高的策略是当接收方发现某帧出错后，其后续送来的正确的帧虽然不能立即递交给接收方的高层，但接收方仍可收下来，存放在一个缓冲区中，同时要求发送方重新传送出错的那一帧。一旦收到重新来的帧后，就可与原已存于缓冲区中的其余帧一并按正确的顺序递交高层。这种方法称为选择重发，其工作过程如图 2-52 所示。显然，选择重发减少了浪费，但要求接收方有足够大的缓冲区空间。

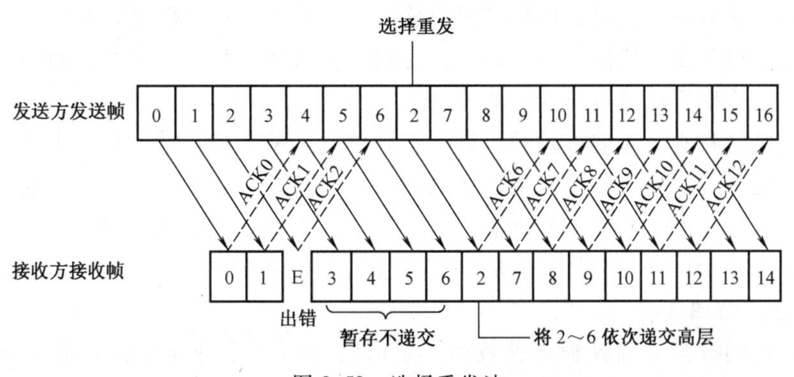

图 2-52　选择重发法

2.7.3 奇偶校验码

奇偶校验码是一种检错码，它是通过增加冗余位使得码字中“1”的个数恒为奇数或偶数的编码方法。奇偶校验码分垂直奇偶校验、水平奇偶校验和水平垂直奇偶校验等几种编码方式。

1. 垂直奇偶校验

垂直奇偶校验又称纵向奇偶校验。垂直奇偶校验是将整个信息块分为定长为 p 位的若干段（比如说 q 段），每段后面按“1”的个数为奇数或偶数的规律加上一位，如图 2-53 所示。

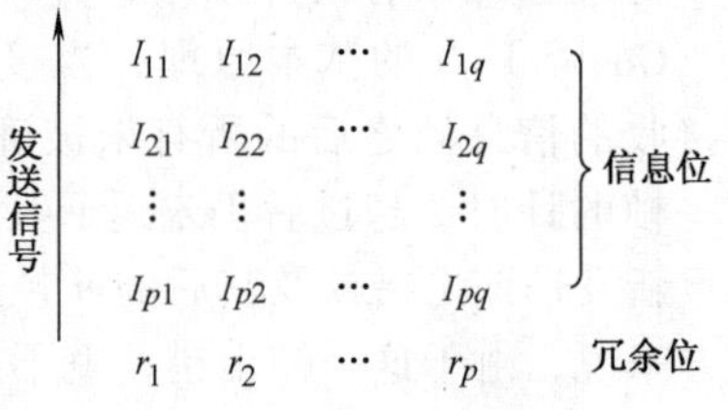

pq 位信息（I_{11}，I_{21}，…，I_{p1}，I_{p2}，…，I_{pq}）中，每 p 位构成一段，即图中的一列；有 q 段，即 q 列；每段加上一位校验冗余位，即图中的 r_i（$i=1$，2，…，q）。垂直奇偶校验的编码规则为：

发送信号 ↑	I_{11}	I_{12}	…	I_{1q}	信息位
	I_{21}	I_{22}	…	I_{2q}	
	⋮	⋮		⋮	
	I_{p1}	I_{p2}	…	I_{pq}	
	r_1	r_2	…	r_p	冗余位

图 2-53 垂直奇偶校验

偶校验：$r_i=I_{1i}+I_{2i}+\cdots+I_{pi}\quad(i=1,2,\cdots,q)$

奇校验：$r_i=I_{1i}+I_{2i}+\cdots+I_{pi}+1\quad(i=1,2,\cdots,q)$

注意：编码规则中的“+”是模二加，即异或运算。

图 2-55 中的箭头表示的是串行发送的顺序，即逐位发送的先后次序为：I_{11}，I_{21}，…，I_{p1}，r_1，I_{12}，…，I_{p2}，r_2，…，I_{1q}，…，I_{pq}，r_q。垂直奇偶校验方法的编码效率为：

$$R=p/(p+1)$$

例如，在 8 位字符代码中，$p=8$，则编码效率便为 8/9。

垂直奇偶校验方法的特点：能够检测出每列中的所有奇数位错，但检测不出偶数位的错。对于突发错误来说，奇数位错与偶数位错的发生概率接近于相等，因而对差错的漏检率接近于 1/2。

2. 水平奇偶校验

水平奇偶校验又称为横向奇偶校验，它是对各个信息段的相应位横向进行编码，产生一个奇偶校验冗余位，如图 2-56 所示。

采用水平奇偶校验方法可以降低对突发错误的漏检率。水平奇偶校验的编码规则如下。

偶校验：　$r_i=I_{i1}+I_{i2}+\cdots+I_{iq}\quad i=1,2,\cdots,p$

奇校验：　$r_i=I_{i1}+I_{i2}+\cdots+I_{iq}+1\quad i=1,2,\cdots,p$

水平奇偶校验的编码效率为 $R=q/(q+1)$。

水平奇偶校验是按如图 2-54 所示的发送顺序发送，突发长度 $\leqslant p$ 的突发错误是分布在不同的行中的，并且每行一位，所以其可以检出突发长度 $\leqslant p$ 的所有突发错误。由于水平奇偶校验不但可以检测出各段同一位上的奇数位错，而且还能检测出突发长度 $\leqslant p$ 的所有突发错误，所以其漏检率要比垂直奇偶校验方法低。

垂直奇偶校验和水平奇偶校验都可以采用硬件方法或软件方法实现。垂直奇偶校验可以边发送边产生冗余位，在接收端也可边接收边进行校验，然后去掉校验位。水平奇偶校验则必须在等待要发送的信息块全部到齐后，才能计算冗余位，也就是一定要使用数据缓冲器，因此，水平奇偶校验比垂直奇偶校验的编码和检测实现起来复杂。

3. 水平垂直奇偶校验

水平垂直奇偶校验又称纵横奇偶校验，是同时进行水平奇偶校验和垂直奇偶校验的校验，如图 2-55 所示。

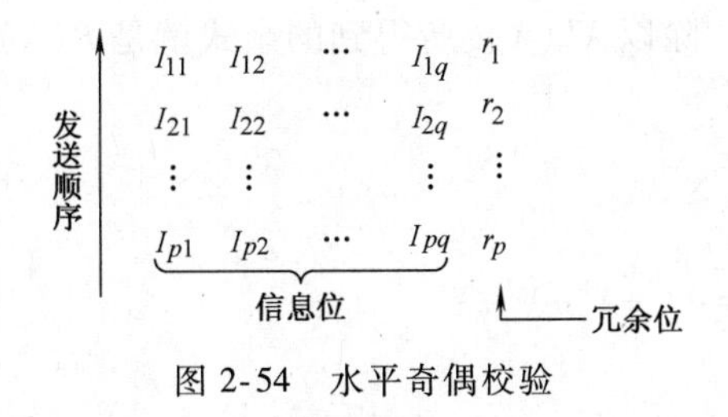

图 2-54　水平奇偶校验

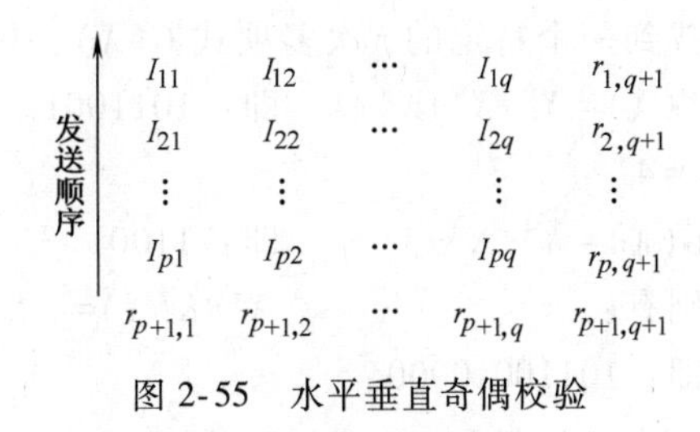

图 2-55　水平垂直奇偶校验

如果水平垂直都采用偶校验，则校验规则如下。

$$r_{i,q+1}=I_{i1}+I_{i2}+\cdots+I_{iq} \quad (i=1,2,\cdots,p)$$

$$r_{p+1,j}=I_{1j}+I_{2j}+\cdots+I_{pj} \quad (j=1,2,\cdots,q)$$

$$r_{p+1,q+1}=r_{p+1,1}+r_{p+1,2}+\cdots+r_{p+1,q}$$

$$=r_{1,q+1}+r_{2,q+1}+\cdots+r_{p,q+1}$$

水平垂直奇偶校验的编码效率：

$$R=pq/[(p+1)(q+1)]$$

水平垂直奇偶校验的特点是能够检测出所有 3 位或 3 位以下的错误、奇数位错、突发长度$\leqslant p+1$ 的突发错，以及很大一部分偶数位错。测量表明，水平垂直奇偶校验可使误码率降至原误码率的百分之一到万分之一。另外，水平垂直奇偶校验还可用来纠正部分差错。例如当数据块中仅存在 1 位错时，其能够精确地确定错码位置。

2.7.4　循环冗余码

由于奇偶校验码作为一种检错码虽然简单，但是漏检率太高。所以在计算机网络和数据通信中得到最广泛应用的是循环冗余检验码（Cyclic Redundancy Code，CRC）又称多项式码，它是一种循环冗余检验码，是在发送端产生一个循环冗余检验码，将这两个校验码进行比较，若一致说明正确，若不一致说明传输有错。

循环冗余检验的基本原理如下。

假设：信息位为 K 位，其多项式为（$K-1$）次多项式，记为 $K(X)$；

冗余位为 R 位，其多项式为（$R-1$）次多项式，记为 $R(X)$。

如果设信息位为 1011001，冗余位为 1010，则：

$$k=7$$

$$r=4$$

对应的 $k-1$ 次和 $r-1$ 次多项式：

$$K(X)=X^6+X^4+X^3+1$$

$$R(X)=X^3+X$$

发送信息码字为 $n=k+r$ 位，对应的 $n-1$ 次多项式：

$$T(X)=X^r\times K(X)+R(X)$$

即发送信息码字：

$$T(X)=X^4\times K(X)+R(X)=X^{10}+X^8+X^7+X^4+X^3+X$$

$$=10110011010$$

由信息位产生冗余位的编码过程，就是已知 $K(X)$ 求 $R(X)$ 的过程。在 CRC 码中可以通过找到一个特定的 r 次多项式 $G(X)$，用 $G(X)$ 除以 $Xk(X)$ 所得到的余式就是 $R(X)$。现设：$K(X)=X^6+X^4+X^3+1$　即：1011001。

$r=4$

$G(X)=X^4+X^3+1$　　即：11001。

则有：　　　　　　$X^r \times K(X)=X^4 \times K(X)=X^{10}+X^8+X^7+X^4$

即：10110010000

由 $G(X)$ 除以 $X^r \times K(X)$ 有：

```
                1101010
         11001 )10110010000
                11 001
                -----------
                  11110
                  11 001
                  -----------
                    11110
                    11 001
                    -----------
                      11100
                      11 001
                      -----------
                        1010
```

经短除后得到的最后余数 1010 就是冗余位 $R(X)$，记为 X^3+X。

上述除法运算所用到的减法和后面将用到的加法都是异或运算。例如：

10110011+11010010=01100001

10110011−11010010=01100001

设除法所得结果（即商式）为 $Q(X)$，则有：

$$X^r K(X)=G(X)\times Q(X)+R(X) \tag{2-1}$$

由于在信道上发送的码字多项式为 $T(X)=X^r \times K(X)+R(X)$，若传输无差错，则接收方收到的码字也对应此多项式：

$$T(X)=X^r \times K(X)+R(X) \tag{2-2}$$

将式（2-2）代入式（2-1）有：

$$T(X)=G(X)\times Q(X)+R(X)+R(X) \tag{2-3}$$

由于加法采用的是半加运算，即异或运算，所以：

$$R(X)+R(X)=0$$

所以式（2-3）运算结果：

$$T(X)=G(X)\times Q(X)$$

也就是说 $T(X)$ 能被 $G(X)$ 整除。

因此，当余式为零时则认为传输无差错，否则为传输有差错。

2.7.5　海明码

海明码是由 R. Hamming 在 1950 年首次提出的一种可以纠正一位差错的编码。

在简单奇偶校验码中，对 $k(=n-1)$ 位信息 $a_{n-1}a_{n-2}\cdots a_1$ 来说，如果加上一位偶校验位 a_0，则构成一个 n 位的码字 $a_{n-1}a_{n-2}\cdots a_1 a_0$，在接收端校验时需要计算校正因子 S 的值，计算公式（又称监督式）如下。

$$S=a_{n-1}+a_{n-2}+\cdots+a_1+a_0$$

当求得的结果 $S=0$ 时，表示无错；$S=1$ 时，表示有差错。在奇偶校验情况下，只有一个监督关系式和一个校正因子，其取值只有 0 或 1 两种情况，分别代表无错和有错两种结果，不能指出差错所在的位置。如果需要区分更多的情况，就要增加监督关系式和校正因子，也就是增加冗余位。例如，要区分 4 种不同的情况，就需要有两位偶校验位 a_0 和 a_1，产生两个校正因子 S_1 和 S_0，S_1S_0 取值有 00、01、10 或 11 共 4 种可能的组合，若 00 用于表示无错，另外 3 种 01、10 及 11 用来指出不同情况的差错，就可以区分出错位的位置。

设信息位为 k 位，增加 r 位冗余位，构成一个 $n=k+r$ 位的码字。若希望用 r 个监督关系式产生的 r 个校正因子来区分无错和在码字中的 n 个不同位置的一位错，则要求满足以下关系式：

$$2^r \geqslant n+1 \quad 或 \quad 2^r \geqslant k+r+1$$

如果 $k=4$，要满足上述不等式，必须 $r\geqslant3$。假设取 $r=3$，则 $n=k+r=7$，即在 4 位信息位 $a_6a_5a_4a_3$ 后面加上 3 位冗余位 $a_2a_1a_0$，构成 7 位码字 $a_6a_5a_4a_3a_2a_1a_0$，其中 a_2、a_1 和 a_0 分别由 4 位信息位中某几位半加得到。在校验时，a_2、a_1 和 a_0 就分别和这些位半加构成 3 个不同的监督关系式。在无错时，这 3 个关系式的值 S_2、S_1 和 S_0 全为“0”。若 a_2 错，则 $S_2=1$，而 $S_1=S_0=0$；若 a_1 错，则 $S_1=1$，而 $S_2=S_0=0$；若 a_0 错，则 $S_0=1$，而 $S_2=S_1=0$。S_2、S_1 和 S_0 这 3 个校正因子的其他 4 种编码值可用来区分 a_3、a_4、a_5、a_6 中的一位错，其对应关系如表 2-2 所示。

表 2-2　$S_2S_1S_0$ 值与错码位置的对应关系

$S_2S_1S_0$	000	001	010	100	011	101	110	111
错码位置	无错	a_0	a_1	a_2	a_3	a_4	a_5	a_6

由表可见，a_2、a_4、a_5 或 a_6 的一位错都使 $S_2=1$，由此可以得到监督关系式

$$S_2=a_2+a_4+a_5+a_6$$

同理可得：

$$S_1=a_1+a_3+a_5+a_6 \tag{2-4}$$

$$S_0=a_0+a_3+a_4+a_6$$

在发送端编码时，信息位 a_6、a_5、a_4 和 a_3 的值取决于输入信号，它们在具体的应用中有确定的值。冗余位 a_2、a_1 和 a_0 的值应根据信息位的取值按监督关系式来确定，使式（2-4）中的 S_2、S_1 和 S_0 取值为零，即

$$a_2+a_4+a_5+a_6=0$$

$$a_1+a_3+a_5+a_6=0$$

$$a_0+a_3+a_4+a_6=0$$

由此可求得

$$a_2=a_4+a_5+a_6$$

$$a_1=a_3+a_5+a_6 \tag{2-5}$$

$$a_0=a_3+a_4+a_6$$

已知信息位后，按式（2-5）即可算出各冗余位。本例算出的各种信息位冗余位如表 2-3所示。

表 2-3 由信息位算得的海明码冗余位

信息位 $a_6a_5a_4a_3$	冗余位 $a_2a_1a_0$	信息位 $a_6a_5a_4a_3$	冗余位 $a_2a_1a_0$
0000	000	1000	111
0001	011	1001	100
0010	101	1010	010
0011	110	1011	001
0100	110	1100	001
0101	101	1101	010
0110	011	1110	100
0111	000	1111	111

接收端收到每个码字后，根据监督关系式算出 S_2、S_1 和 S_0，若全为“0”，则表示无差错；若不全为“0”，在一位错的情况下，可查表 2-2 来判定错的位置，从而纠正。例如，码字 0010101 传输中发生一位错，接收端收到的码字为 0011101，将其代入监督关系式算得 $S_2=0$、$S_1=1$ 和 $S_0=1$。查表 2-2 得 $S_2S_1S_0=011$，对应于 a_3 错，因而可将 0011101 纠正为 0010101。

本例海明码的编码效率为 4/7。若 $k=7$，按 $2^r \geqslant k+r+1$ 可算得 r 至少为 4，此时编码效率为 7/11。总之，信息位位数越多时编码效率就越高。注意，对应关系不是唯一的。

2.8 习题

1）什么是数据通信？它主要包括哪几方面的特点？

2）通信系统需要安全的主要任务有哪些？

3）数据通信过程包括哪几个阶段？各阶段的特点是什么？

4）模拟通信和数字通信系统各自的特点是什么？

5）基带传输与宽带传输的主要区别是什么？

6）简述数字信号编码和模拟信号编号的类型。

7）多路复用传输技术有哪几种？它们各自是如何传输的？

8）什么是电路交换技术？电路交换技术的特点是什么？

9）报文分组交换的特点是什么？

10）什么是 ATM？ATM 具有哪些特点？

11）什么是帧中继？帧中继具有哪些特点？

12）简述差错控制的几种方法。

第3章　计算机网络系统结构

OSI是ISO在网络通信方面所定义的开放系统互连模型，OSI这个开放的模型，是各网络设备厂商开发网络产品所遵照的共同标准和实现产品彼此兼容的基础。为此，了解和掌握OSI的相关知识是非常重要的，本章将对OSI模型的具体技术、功能等进行系统的介绍。

3.1　ISO/OSI模型概述

ISO/OSI体系结构是计算机网络系统中非常重要的结构模型，它将网络通信中需要解决的问题细化，进行详细的分解，并进行细致的划分，什么时候作，解决什么问题，如何解决，都制定出了标准和规范，为各网络软、硬件研发企业以及机构生产网络软、硬件产品提供了标准。本章将系统地对ISO/OSI体系结构进行介绍。

3.1.1　ISO/OSI模型

任何计算机网络系统都是由一系列用户终端、计算机、具有通信处理和数据交换功能的节点、数据传输链路等组成。完成计算机与计算机或用户终端的通信都要具备一些基本的功能，这是任何一个计算机网络系统所具有的共性。如：保证存在一条有效的传输路径；进行数据链路控制、误码检测、数据重发，以保证实现数据无误码的传输；实现有效的寻址和路径选择，保证数据准确无误地到达目的地；进行同步控制，保证通信双方传输速率的匹配；对报文进行有效的分组和组合，适应缓冲容量，保证数据传输质量；进行网络用户对话管理和实现不同编码、不同控制方式的协议转换，保证各终端用户进行数据识别等。

根据这一特点，ISO推出了开放系统互联模型，简称OSI七层结构的参考模型（所谓开放是指系统按OSI标准建立的系统，能与其他也按OSI标准建立的系统相互连接）。OSI开放系统模型包括物理层、数据链路层、网络层、传输层、会话层、表示层、应用层，如图3-1所示。

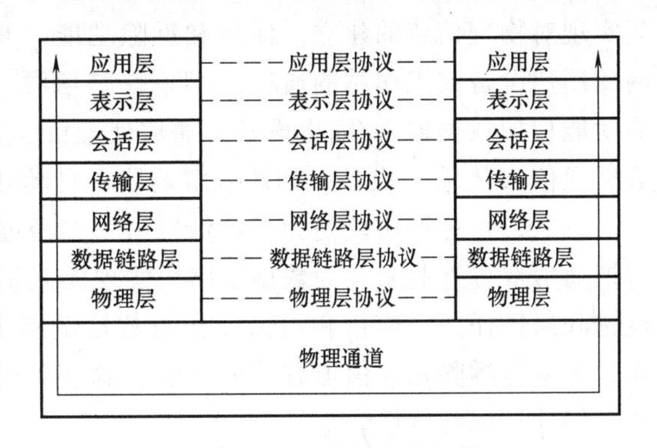

图3-1　OSI开放系统参考模型

OSI参考模型定义了不同计算机互联标准的框架结构，并得到国际上的承认。OSI参考模型通过分层把复杂的通信过程分成了多个独立的、比较容易解决的子问题。在OSI模型中，下一层为上一层提供服务，而各层内部的工作与相邻层是无关的。

3.1.2　ISO/OSI模型划分的基本原则

ISO/OSI模型划分的基本原则：

- 划分层次要根据理论上需要的不同等级划分。
- 层次的划分要便于标准化。
- 各层内的功能要尽可能具有相对独立性。
- 相类似的功能应尽可能放在同一层内。
- 各层的划分要便于层与层之间的衔接。
- 各界面的交互要尽量少。
- 根据需要，在同一层内可以再形成若干个子层次。
- 扩充某一层次的功能或协议，不能影响整体模型的主体结构。

3.2 物理层

物理层是 OSI 分层结构体系中最重要最基础的一层。它是建立在通信媒体基础上的，实现设备之间的物理接口。物理层不是指连接计算机的具体的物理设备或具体的传输媒体，而是指在物理媒体之上的为上一层（数据链路层）提供一个传输原始比特流的物理连接。在网络体系结构中物理层是非常重要的一个层次。

3.2.1 物理层的概念

ISO/OSI 模型的物理层定义：在物理信道实体之间合理地通过中间系统，为位传输所需的物理连接的激活，保持和去活提供机械的、电气的、功能特性和规程特性的手段。激活就是建立，当发送端要发送一位时，在接收端要做好接收该位的准备，准备好接收该位所需的必要资源，如缓冲区。去活就是释放，当发送端发送完比特流后，接收端要释放为接收位流而准备和占用的资源。

CCITT 对物理层作如下定义：利用物理的、电气的、功能和规程特性在 DTE 和 DCE 之间实现对物理信道的建立、保持和拆除功能。其中 DTE 指的是数据终端设备，是对所有联网的用户设备或工作站的通称。DTE 既是信源，又是信宿，它具有根据协议控制数据通信的功能，如数据输入/输出设备、通信处理机、计算机等。DCE 指的是数据电路端接设备或数据通信（传输）设备，如调制解调器、自动呼叫应答机等。

总之，物理层协议是为了把信号由一方经过物理媒体传到另一方。物理层所关心的是如何把通信双方连起来，为数据链路层实现无差错的数据传输创造环境。物理层不负责传输的检错和纠错任务，检错和纠错工作由数据链路层完成。物理层协议规定了为此目的进行建立、维持与拆除物理信道有关的特性。这些特性分别是物理特性（机械特性）、电气特性、功能特性和规程特性。

3.2.2 物理层需要解决的问题和功能

1. 物理层要解决的主要问题

物理层要解决一系列问题，主要包括以下几点。

（1）实现位操作

在物理层实体间的信号传输是按位逐个进行的，也就是一位一位地传输。在系统中信号状态只有两种，就是“0”和“1”，系统要通过有效的手段实现信号的发出、传送和接收，并保证发送方发出信号的正确性，保证发送与接收的一致性。

（2）数据信号的传输

数据是以信号位的方式在实体之间进行传输的，采用何种方式传输，传输速率是多少，传输持续时间是多少，如何解决传输中信号失真，这些问题处理的好坏可直接在系统性能上反映出来。

（3）接口设计

数据信号在实体之间进行传输，发、收双方要有接口，接口标准要一致。要实现信号传输，必须解决好接口问题，如接口有多少个引脚，每个引脚的规格、功能和作用等。

（4）信号传输规程

在信号传输过程中，要有一个良好的传输规程，对传输的整个过程和事件发生的顺序进行合理的安排和处理。

2. 物理层的功能

物理层的基本功能：实现实体之间的按位传输。保证按位传输的正确性，并向数据链路层提供一个透明的位流传输和在数据终端设备、数据通信和交换设备等设备之间完成对数据链路的建立、保持和拆除操作。

物理层协议的主要功能是为了在 DTE-DCE 或 DCE-DCE 之间把数据信号由一方经过传输媒体传到另一方。数据信号可以在模拟信道上传输，也可以在数字信道上传输。对模拟信道 DCE 设备就是调制解调器，对数字信道 DCE 设备是数据服务单元（Data Service Unit，DSU）和信道服务单元（Channel Service Unit，CSU）。物理层接口标准和设备连接如图 3-2 所示。

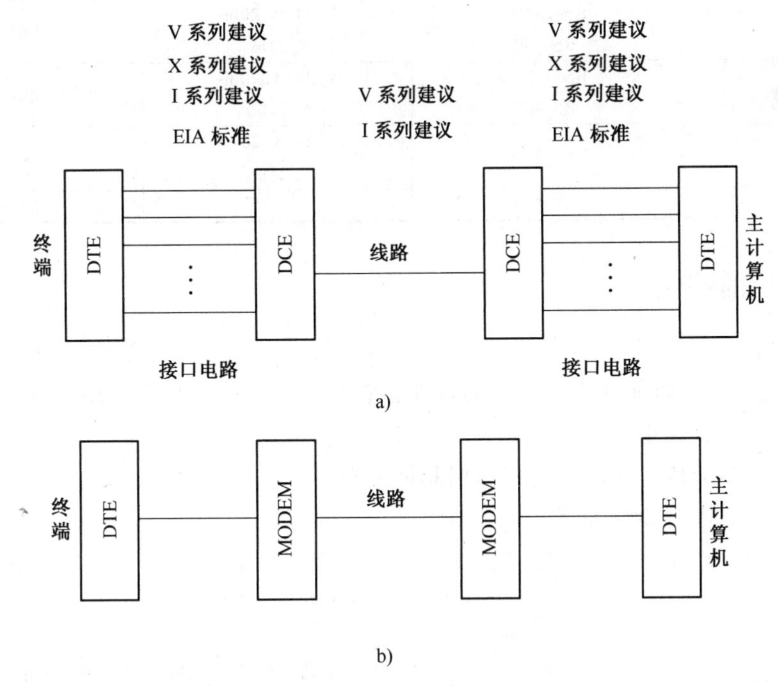

图 3-2　物理层接口标准和设备连接

a）物理层接口标准　b）连接模拟信道的 DCE 设备

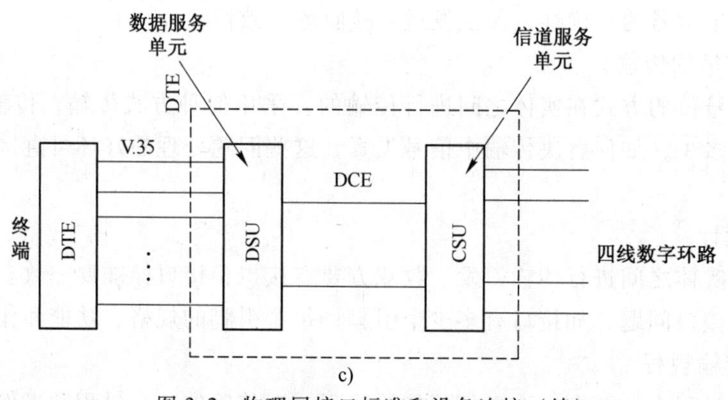

图 3-2　物理层接口标准和设备连接（续）

c）连接数字信道的 DCE 设备

3.2.3　物理层的标准

物理层是分层体系结构的最低层，是所有高层协议的基础，为了使不同生产厂商生产的设备能够互相连接起来，就必须统一物理层的操作，为物理层制订标准。ISO、CCITT、IEEE、EIA 等均为物理层制订了相应的标准和建议。表 3-1 给出了部分 DTE/DCE 接口标准的兼容情况。

表 3-1　部分 DTE/DCE 接口标准的兼容情况

特　性	EIA	CCITT	ISO
电气特性	RS-232-C	V. 28	ISO 2110
功能特性	RS-232-C RS-449	V. 24, X. 20bis X. 21bis	ISO 1177
规程特性	RS-232-C RS-449	V. 24, X. 20bis X. 21bis	ISO 1177
机械特性	RS-232-C	V. 24, X. 20bis X. 21bis	ISO 2110
	RS-449		ISO 4902

3.2.4　物理层的特性

1. 机械特性

机械特性是指实体间硬件连接接口的特性，它主要考虑如下几个方面内容。

1）接口的形状、大小。

2）接口引脚的个数、功能、规格，引脚的分布。

3）相应通信媒体的参数和特性。

表 3-2 列出了 ISO 标准中有关机械特性的一些标准，如图 3-3 所示是连接器示意图。

表 3-2　ISO 标准化的部分机械接口

标　准　号	引　脚　数	应 用 环 境
ISO 2110	25	公共数据网接口，自动呼叫设备，电极/电传网接口
ISO 2593	34	ITU-T 的宽带调制解调器
ISO 4902	37+9	语音/宽带调制解调器
ISO 4903	15	X. 20、X. 21 和 X. 22 建议中的公用数据网接口

2. 电气特性

电气特性主要处理如下问题。

1）信号产生。信号状态“0”和“1”的产生方式，包括用幅度调制（AM）、频率调制（FM）、相位调制（PHM）、脉冲调制（PUM）等技术。

2）传输速率。对系统中数据传输速度进行测量计算。传输速率的测量计算主要采用数据传输速率和调制速率两种方法。传输速率决定了传输距离。

3）信号传输。信号传输常用频移键控和相位键控两种技术，在信号传输过程中，常常出现信号失真，使发出和接收的信号不一致，因此，必须对线路距离和失真进行优化。

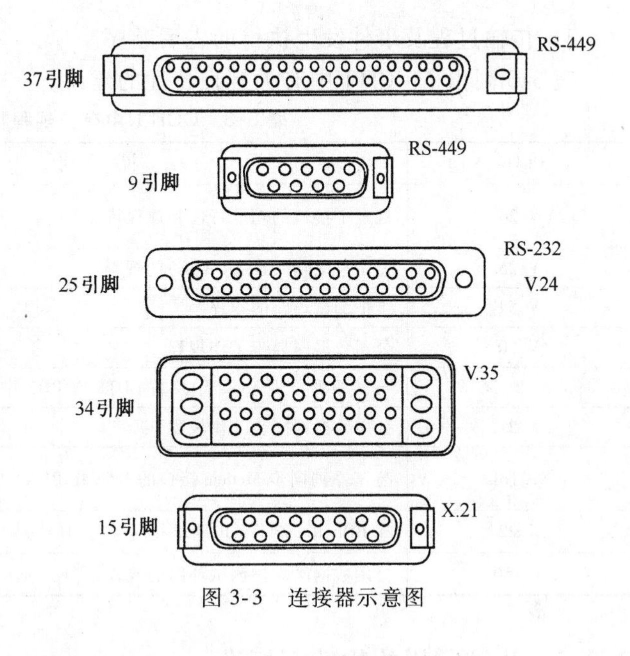

图 3-3 连接器示意图

4）编码。即字符和报文组装。编码的种类很多，而最重要的编码当属 ASCII 码，ASCII 码中，包括 7 位有效数据位编码和一位校验位码，共 8 位。

一个字符是由 1 字节即 8 位构成的，而一个报文或者说一段由多个字符组成的文件是由一连串的位构成的。在信号传输过程中，系统需要能够从比特流内区分和提取出字符和报文，要做到这一点就要对字符进行控制。所以，字符需要有一定的模式，同时，对传输也要加以控制。

为了解决上述问题，电气特性规定了线路连接方式、适用元器件、传输速率、信号电平、电缆长度和阻抗等。

3. 功能特性

功能特性主要反映接口电路的功能，即物理接口各条信号线的用途。功能特性的标准主要由 CCITT 规定。

功能特性标准主要包括接口线功能规定方法和接口线功能分类两方面的内容。

（1）接口线功能规定方法

接口线功能规定方法包括每条接口线有一个功能和每条接口线有多个功能两种规定。

（2）接口线功能分类

接口线功能一般分 4 类：数据、控制、定时和接地。

接口线命名的方法有 3 种：用阿拉伯数字命名、用英文字母组合命名和用英文缩写命名。例如，地线在 EIA RS-232-C 中用“AB”表示，在 CCITT V. 24 中用“102”表示。

4. 规程特性

规程特性反映了利用接口进行传输位流的全过程及事件发生的可能顺序，它涉及到信号传输方式。规程特性主要包括如下几方面内容。

1）接口：接口与传输过程及传输过程中各事件执行的顺序有紧密的联系。

2）传输方式：可选择的传输方式有单工、单双工、全双工。

3）传输过程及事件发生执行的先后顺序。

表 3-3 列出了 CCITT 中有关规程特性的建议。

表 3-3 CCITT 中有关规程特性的建议

CCITT	说明	等效规格
V. 24	规定了接口的功能特性和规程特征	EIA RS-232-C EIA RS-449
V. 25	使用自动呼叫设备(ACE)的规程	EIA RS-366-A
V. 54	维护测试环路的规程	EIA RS-449
V. 20	公司数据网异步工作规程	
X. 20bis	与 V 系列异步 Modem 接口的 DTE 在 PDN 中进行异步工作的规程	EIA RS-232-C
X. 21	公用数据网同步工作规程	
X. 21bis	与 V 系列同步 Modem 接口的 DTE 在 PDN 中进行同步工作的规程	EIA RS-232-C EIA RS-449
X. 22	在 PDN 中,若干条电路进行时分复用的同步工作规程	
X. 150	公用数据网维护测试环路的规程	

3.2.5 几种常用的物理层标准

1. EIA RS 232-C 接口标准

EIA RS 232-C 是美国电子工业协会 EIA 制订的物理层标准，简称 RS 232-C。RS 232-C 是 DTE 与 DCE 之间的接口标准，是目前各国厂家广泛使用的国际标准。这里 RS 表示 EIA 的一种“推荐标准”，232 是编号，C 是版本，即 RS 232 修改的次数，C 为第三次。与 RS 232-C对应的国际标准是 CCITT 的 V. 24。

RS 232-C 可以直接用在计算机或终端与调制解调器之间的连接，即 DTE 与 DCE 的连接，也可以用在计算机与计算机（或终端）之间的直接连接，即 DTE 与 DTE 的连接，如图 3-4 所示。

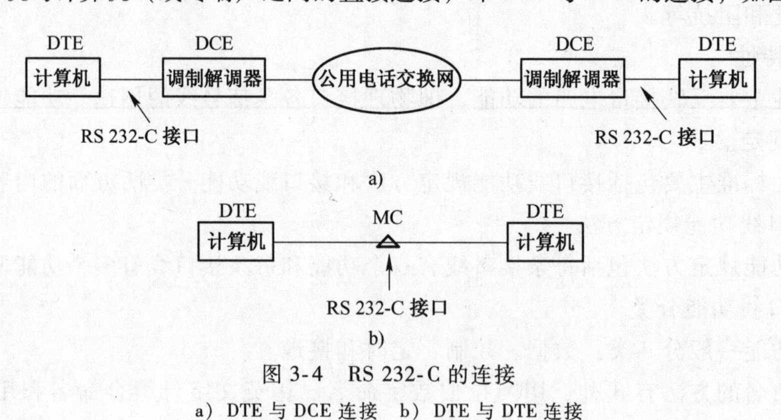

图 3-4 RS 232-C 的连接

a）DTE 与 DCE 连接 b）DTE 与 DTE 连接

使用 RS 232-C 时，RS 232-C 中的 25 根接线不需要全部连接。通常仅使用其中主要的 3~5根就可以了。

由于在 RS 232-C 接口中，发送信号针与接收信号针是不可以改变的，所以，在 DTE-DTE 直接接口时就需要用两个接口过渡，实现发送与接收的连接。

用 RS 232-C 标准接口在 DTE 与 DCE 之间连接时，RS 232-C 标准接口只控制 DTE 与

DCE 之间的通信，与连接在两个 DCE 之间的通信网络没有直接的关系。

（1）RS 232-C 的机械特性

RS 232-C 的引脚采用针连接器，具有 25 个针，各针的排列及针间距离，即插头两个螺钉中心距离为 47.04±0.13mm。

（2）RS 232-C 的功能特性

在 RS 232-C 的 25 个引脚中定义了 21 个交换电路，具有如下功能。

1）地线：保护地线与信号地线。

2）数据：发送数据与接收数据。

3）控制电路：请求，允许发送，数据设备准备，数据终端准备，数据设备接至地线，接收线路信号检测，信号质量检测，数据信号速率选择。

4）定时：传输信号与接收信号元器件定时。

5）次级信道：次级信道发送和接收数据，次级信道清除发送和接收线路信号检测。

RS 232-C 接口的各种信号及其所对应的引脚号如图 3-5 所示。

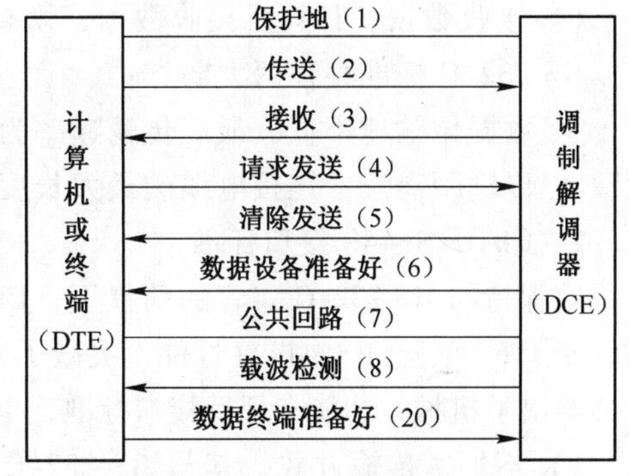

图 3-5　RS 232-C 接口的各种信号及其所对应的引脚号

（3）RS 232-C 的电器特性

RS 232-C 的电器特性符合 CCITT 的 V.28 建议，规定用 1 表示低于-3V 电压，用 0 表示高于+4V 电压。数据传输距离限制在 15 m 以内，数据传输速率限制在 20 kbit/s 以下。

（4）RS 232-C 的规程特性

以远程终端通过调制解调器与计算机之间实现半双工通信为例，RS 232-C 的规程特性如图 3-6 所示。

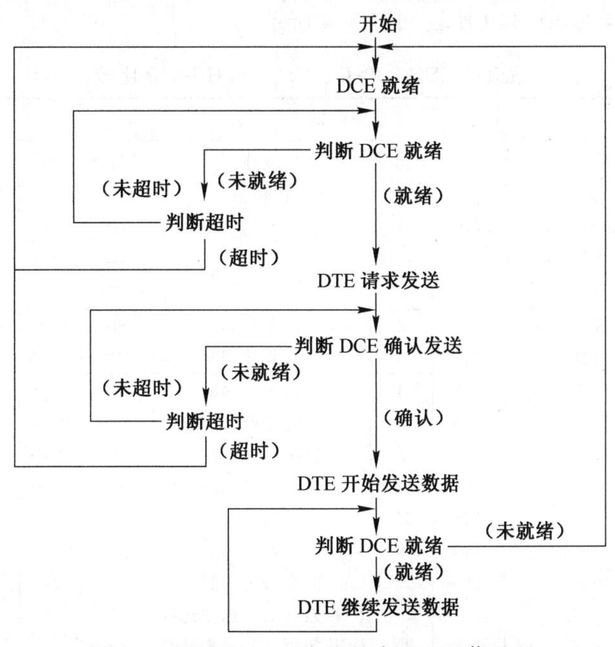

图 3-6　用 RS 232-C 实现的半双工通信过程

1）接通线路。终端通知 Modem 要求接通线路，功能针发生高电平信号。

2）Modem 响应。回答 Modem 是否准备好，如果功能针用高电平回答，表示已准备好。

3）请求发送。终端使接口请求发送针处于通状态，表示准备发送数据。

4）允许发送。计算机接收到发送请求，通过接口功能针响应，允许或不允许发送。允许发送，同时就表示已准备好。

5）发送数据。对方 Modem 接收到载波后，向 CPU 发出信号，完成检测，为接收数据载波和接收数据准备。

6）接收数据。计算机接收数据，恢复原状。

RS 232-C 标准存在两大弱点：

- 数据传输速率低，最高传输速率为 20 kbit/s。
- 传输距离短，连接电缆的最大长度不超过 15 m。

2. EIA RS-449 接口标准

在保持与 RS 232-C 兼容的前提下，EIA 于 1977 年制订出了新的标准 RS-449（RS 232-C 制订于 1969 年）。RS-449 在性能上突破了 RS 232-C 数据传输距离和数据传输速率的限制，该标准给出了机械、功能和规程接口标准，电器接口使用不平衡传输方式和平衡传输方式两种。

1）不平衡传输方式。其与 RS 232-C 类似，各电路共享一根公共地线，这个标准称为 RS 423-A。

2）平衡传输方式。各条主要电路都有两条线，没有公共地线，这个标准称为 RS 422-A。

新的接口标准大大提高了接口性能。

RS 423-A 数据传输率在传输距离为 10 m 时可达 100 kbit/s；在传输距离为 100 m 时，数据传输速率为 10 kbit/s。

RS 422-A 数据传输速率在传输距离 10 m 时可达 10 Mbit/s；而在传输距离 1000 m 时，数据传输速率仍然可达 100 kbit/s。

RS 232-C、V. 24 和 RS 449 比较如表 3-4 所示。

表 3-4　RS 232-C、V. 24 和 RS-449 比较

RS 232-C			V. 24			RS-449		
编码	引脚号	电路	信号码	引脚号	线路	信号码	引脚号	线路
AA	1	保护地	101	1	保护地	—	1	
AB	7	信号地	102	7	信号地	SG	19	信号地
						SC	37	公共发送
						RC	20	公共接收
BA	2	发送数据	103	2	发送数据	SD	4,22	发送数据
BB	3	接收数据	104	3	接收数据	RD	6,24	接收数据
CA	4	请求发送	105	4	请求发送	RS	7,25	请求发送
CB	5	清除发送	106	5	发送就绪	CS	9,27	清除发送
CC	6	数据设备准备好	107	6	数据装置就绪	DM	11,29	数据传送方式
CD	20	数据终端准备好	108	20	数据终端就绪	TR	12,30	终端就绪
CE	22	振铃指示	125	22	呼叫指示	IC	15	外来呼叫
CF	8	线路检测	109	8	载波收到	RR	13,31	接收器就绪
CG	21	信号质量	110	21	信号质量检测	SQ	33	信号质量检测
CH	23	DTE 速率	111	23	DTE 数据信号速率选择	SR	16	信号速率选择
CI	18	DCE 速率	112	18	DCE 数据信号速率选择	SI	2	信号指示

（续）

RS 232-C			V. 24			RS-449		
编码	引脚号	电路	信号码	引脚号	线路	信号码	引脚号	线路
						IS	28	终端忙
			136		新信号	NS	34	新信号
			126	11	速率选择	SF	16	速率选择
DA	24	DTE 定时	113	24	DTE 定时	TT	17,35	终端定时
DB	15	DCE 定时	114	15	DCE 定时	ST	5,23	发送定时
DD	17	计数器定时	115	17	接收定时	RT	8,26	接收定时
SBA	14	传送的数据	118	14	第二信道发送数据	SSD	3	第二信道发送数据
SBB	16	接收的数据	119	16	第二信道接收数据	SRD	4	第二信道接收数据
SCA	19	请求发送	120	19	第二信道请求发送	SRS	7	第二信道请求发送
SCB	13	清除发送	121	13	第二信道就绪	SCS	8	第二信道清除发送
SCF	12	线路检测	122	12	第二信道载波收到	SRR	2	第二信道载波收到
						LL	10	本地回绕
						RL	14	远程回绕
						TM	18	测试模式
						SS	32	备用选择
						SB	36	备用指示

3. CCITT 的 DTE-DCE 接口标准

CCITT 对 DTE-DCE 的接口标准有通过电话网进行数据传输的 V 系列和通过公用数据网进行数据传输的 X 系列两大类建议。

同 RS 232-C 和 RS-449 一样，V 系列建议是为了解决在模拟信道上传输数据而制订的物理接口，V 系列是一种比较复杂的接口，包括数据传输的信号线和一系列数据传输控制线。典型的 V 系列建议是 V. 24 建议。

X 系列建议是专为数据通信制订的，它符合 ISO/OSI 标准，是一种比较简单的接口标准。这类接口中的信号线比较少，它适用于公共数据网的室内电路端接设备和数据终端设备之间的接口。在 CCITT 中的 X 系列建议中，电气特性由 X. 26、X. 27 建议规定，功能特性由 X. 24 建议规定，规程特性由 X. 20、X. 21、X. 20bis 等多个建议规定。

4. X. 21

X. 21 是 CCITT 于 1976 年通过的数字信道接口标准，规定了用户计算机 DTE 在建立和释放一个呼叫时应当和 DCE 交换的信息。

X. 21 采用 ISO 4903 标准，具有 15 引脚，但接口线只有 8 条。接口在 DCE 侧满足 X. 27 建议，在 DTE 侧满足 X. 27 或 X. 26 建议，对 48 kbit/s，可采用 X. 27 建议。在功能上，X. 21 是 X. 24 的子集，如表 3-5 所示。

X. 21 属于复杂接口，在两个 DTE 之间通信过程包括空闲、建立数据链路、数据传输和拆除数据链路 4 个阶段，其过程可用表 3-6 进行简单描述。

表 3-5 X.24 与 X.21 功能定义表

电路符号	电路名称	类型	X.24 接口电路		X.21 接口电路	
			来自 DCE	到 DCE	来自 DCE	到 DCE
G	信号地线或公共回线		√	√	√	√
Ca	DTE 公共回线	控制		√		√
T	发送线	数据/控制		√		√
R	接收线	数据/控制	√		√	
C	控制线	控制		√		√
I	指示线	控制	√		√	
S	信号码元定时	定时	√		√	
B	字节定时	定时	√		√	
F	帧开始识别	定时	√			
X	DTE 信号码元定时	定时		√		
Cb	DCE 公共回线	控制	√			

表 3-6 DTE 和 DCE 接口信号线的动作

阶段	步骤	C	I	相当于打电话的事件	DTE 在 T 线发送	DCE 在 R 线发送
空闲	0	断开	断开	线路处于空闲状态	T=1	R=1
建链	1	接通	断开	主 DTE 摘机	T=0	
	2	接通	断开	本地 DCE 发出拨号音		R="+++…+"
	3	接通	断开	主叫 DTE 拨号	T=被叫地址	
	4	接通	断开	被叫电话铃响		R=呼叫进行信号
	5	接通	接通	被叫电话摘机		R=1
数传	6	接通	接通	双方交谈	T=数据	T=数据
				双方交谈	T=数据	T=数据
拆链	7	断开	接通	主叫 DTE 说再见	T=0	
	8	断开	断开	本地 DCE 说再见		R=0
	9	断开	断开	本地 DCE 挂机		R=1
	10	断开	断开	主叫 DTE 挂机	T=1	

3.3 数据链路层

物理层是通过通信介质实现实体之间链路的建立、维护和拆除，形成物理连接。物理层只是接收和发送一串位信息，不考虑信息的意义和信息的结构，不能解决真正的数据传输与控制，如异常情况处理、差错控制与恢复、信息格式、协调通信等。为了进行真正有效的、可靠的数据传输，就需要对传输操作进行严格的控制和管理，这就是数据链路传输控制规程的任务，也就是数据链路层协议的任务。数据链路层协议是建立在物理层基础上的，通过一些数据链路层协议，在不太可靠的物理链路上实现可靠的数据传输。

3.3.1 数据链路层概述

1. 链路与数据链路

链路是数据传输中任何两个相邻节点间的点到点的物理线路段，链路间没有任何其他节点存在，网络中的链路是一个最基本的通信单元。对计算机之间的通信来说，从一方到另一方的数据通信通常是由许多的链路串接而成的，这就是通路。

数据链路是一个数据管道，在这个管道上面可以进行数据通信，因此，数据链路除了必须具有物理线路外，还必须有一些必要的规程用以控制数据的传输。把用来实现控制数据传输规程的硬件和软件加到链路上，就构成了数据链路。

2. 帧与报文

帧与报文都是信息传送的基本单位。对用户而言，数据传输的内容是报文，它是由一定位数的二进制代码按一定规则编制而成的数据信息。在实际通信时，用户要传输的报文可能信息量非常大，也可能信息量很小，它的大小是不固定的。但在网络中，数据传输是必须按系统通信规程进行，也就是说，系统中传输的基本单元的大小、规格是有限制的。报文要按系统通信规程规定的帧格式传输，就需要进行格式转换，这种变换后的用于传输的数据单位就称作“帧”。所以，帧是发送方与接收方之间通过链路传送的一个完整的消息组的信息单位。在通信中，一个报文需要几帧进行传输取决于帧的大小和报文的大小。

报文信息分正文信息（正文报文或信息报文）和起监控作用的信息（即监控报文、控制报文）。

帧信息包括帧起始标志、帧结束标志、接收站标识、控制段、帧校验序列及数据信息等内容。帧的数据信息中包含全部报文信息。

报文格式与帧格式如图 3-7 所示。

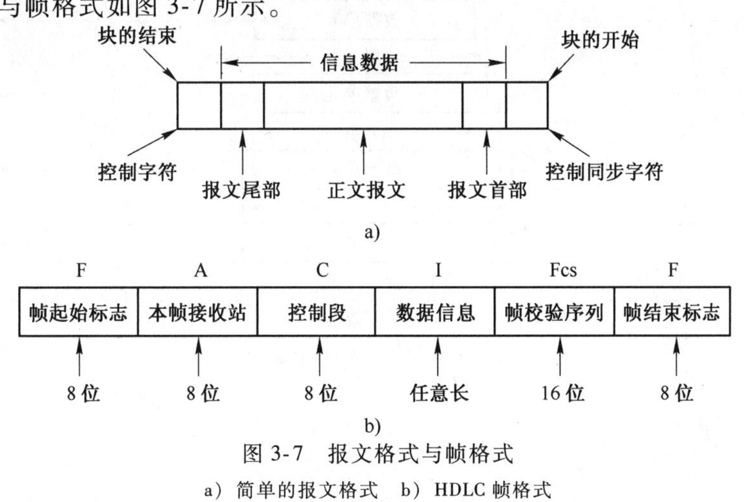

图 3-7 报文格式与帧格式

a）简单的报文格式 b）HDLC 帧格式

数据通信中报文与帧之间的转换关系如图 3-8 所示。

当报文到达网络层后，如果传输方式为分组方式，则报文被分组，被分组的报文中不仅含有正文信息（即数据），还包括控制信息（即报文头和报文尾），在报文到达数据链路层后形成帧，帧的信息段中包含着报文正文信息和控制信息。因此，通信双方才可能实现报文-帧与帧-报文的转换。

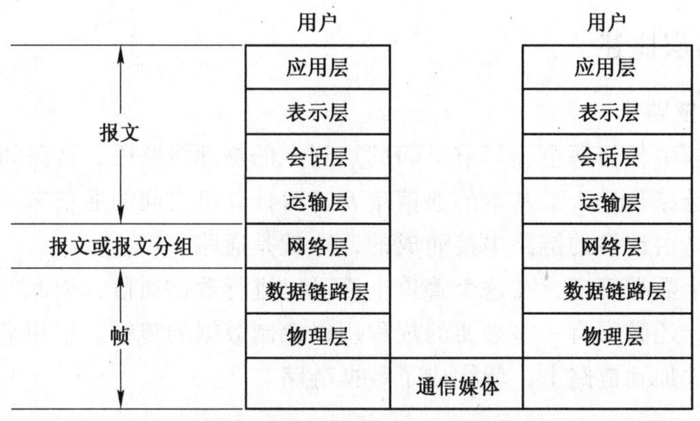

图 3-8 数据通信中报文与帧的转换

事实上，帧与报文的本质都是信息数据单元。数据信息在通信系统中的流动和演变过程是从用户应用进程数据转换到信息数据单元的。把不同层次的数据单元分别命名为报文和帧是为了更有效、更直观、宏观地对信息数据单元在各层的传输进行分析，如图 3-9 所示。

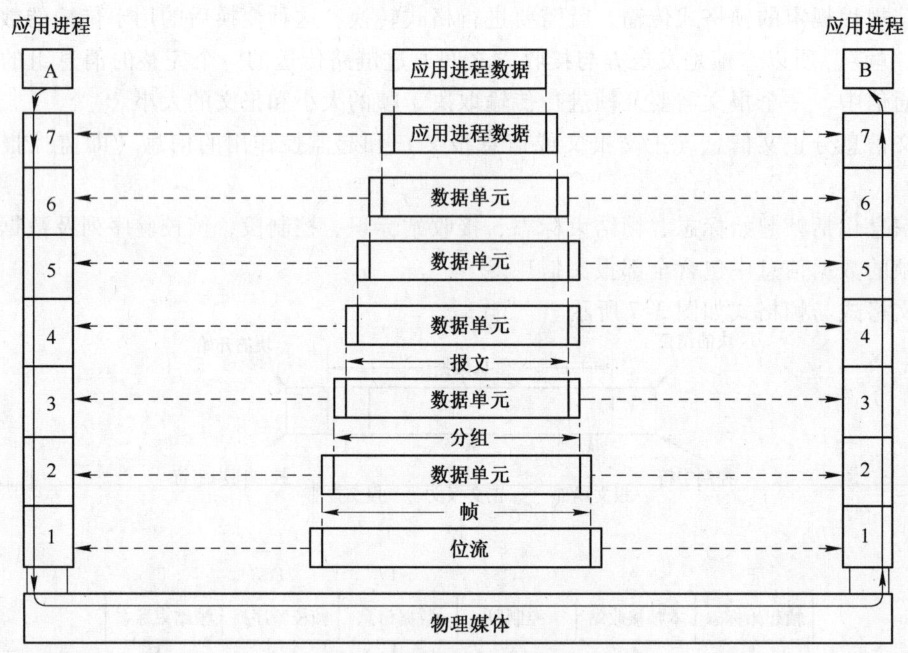

图 3-9 不同层次中的数据单元

3. 信息数据单元

信息数据单元是信息传递的基本单位，共分 3 类。

在通信过程中，应用进程数据向下传一层，就相应增加一个（一层）头和一个（一层）尾，每向上传一层也相应减一个（一层）头和尾。n 层的应用进程数据通常具有n-1层头和尾，具有头和尾的应用进程数据称作信息数据单元，如图 3-10 所示。

(1) 协议数据单元

协议数据单元（Protocol Data Unit，PDU）是在不同站点的各层对等实体之间，实现该层协议所交换的信息单位。在网络通信中，通信控制分解成逐层通信和逐点通信，每层等同

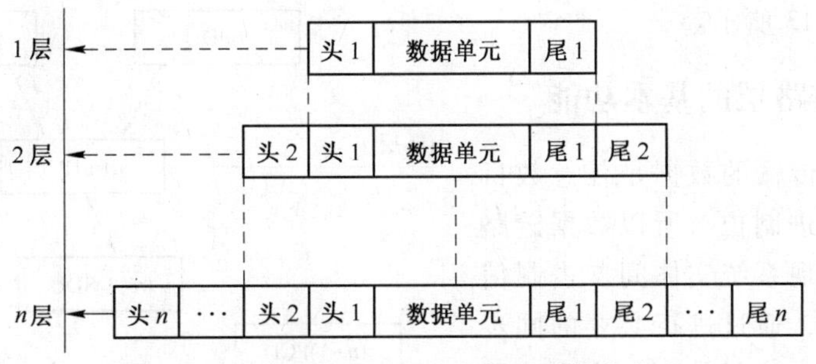

图 3-10　信息数据单元在层间的结构变化

实体之间通信都遵守该层定义的通信协议，每一个通信协议规定了一个数据块格式的集合，这就是协议数据单元。

协议数据单元由用户数据和协议控制信息两部分组成。第 N 层的协议数据单元用（n）PDU 表示；其用户数据和协议控制信息分别用（n）UD（User Data）和（n）PCI（Protocol Control Information）表示。如果 PCI 位于 UD 前面，则称 PCI 为头部 H（Head）；如果将 PCI 分成两部分，则把两部分分别称为头部和尾部 TR（Trailer），协议数据单元的逻辑结构如图 3-11 所示。

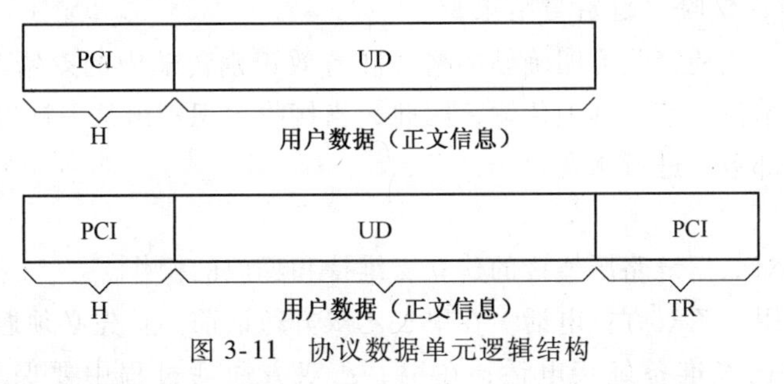

图 3-11　协议数据单元逻辑结构

为了将（n）PDU 传送到对等层实体，（n）PDU 必须通过（$n-1$）层服务访问点，将整个（n）PDU 交给（$n-1$）层实体。为此，($n-1$)层实体就把整个（n）PDU 作为（$n-1$）层用户数据。在（$n-1$）层，当加上了（$n-1$）PCI 后就组成了（$n-1$）PDU，其逻辑结构如图 3-12 所示。

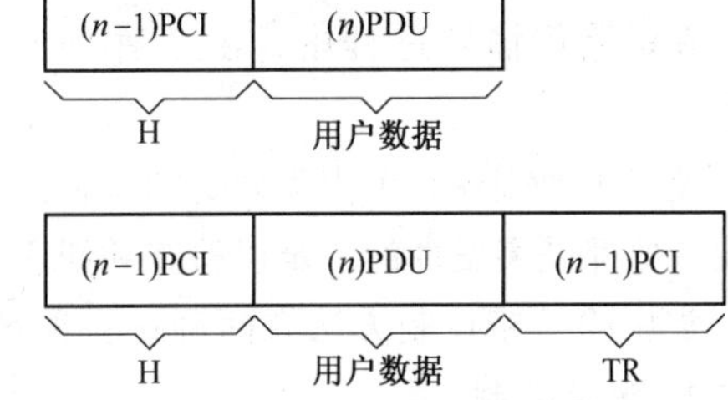

图 3-12　层间协议数据单元之间的逻辑关系

（2）接口数据单元与服务数据单元

(n)PDU 是通过层间接口传到下一层的。对（n）PDU 而言，在它向（$n-1$）层传送产生($n-1$)PDU 过程中，首先是（n)PDU 与接口控制信息（n)ICI（Interface Control Information）组成接口数据单元（n)IDU（Interface Data Unit）。（n)ICI 用以控制、协调（n)层实体和（$n-1$）层实体的操作，（$n-1$）层实体对（n)IDU 中的（n)ICI 进行解释并执行相应的操作，从（n)IDU 中提取（n)PDU 后形成（$n-1$）层服务数据单元（$n-1$)SDU（Service Data Unit）。($n-1$)SDU 是发送给对方（$n-1$）实体的数据信息单位。为了将（$n-1$）SDU 传给另一个等同实体，（$n-1$）层实体必须根据其通信协议和内部控制状态产生（$n-1$)PCI，并组合成（$n-1$)PDU。协议数据单元 PDU、接口数据单元 IDU 和服务数据单元 SDU 三种数据单元的关系如图 3-13 所示。

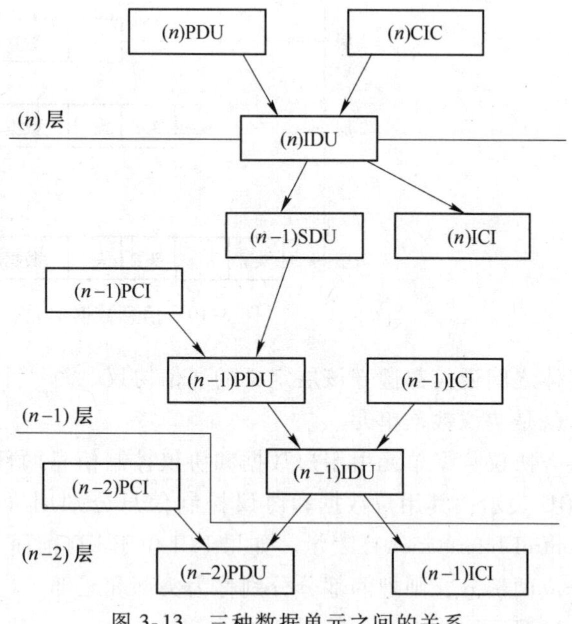

图 3-13　三种数据单元之间的关系

3.3.2　数据链路层的基本功能

由于系统中传输的数据是任意数目和任意模式的二进制位，所以数据链路层的功能就是实现系统实体间二进制信息块的正确传输，通过进行必要的同步控制、差错控制、流量控制，为网路层提供可靠、无错误的数据信息。

1. 帧同步

帧同步是指收方应当从收到的比特流中准确区分帧的起始与终止。在数据链路层，数据的传送单位是帧，其目的之一就是为使传输中发生差错后只将有错的有限数据进行重发。将比特流组合成包括数据、控制、校验、起始与结束码在内的组织结构，能使接收方明确帧的格式和有效识别传输中的差错。在数据链路层中，由于数据是以帧为单位一帧一帧地传输，因此，当接收方识别出某一帧出现错误时，只需重发此帧而不必将全部数据进行重发。

2. 链路管理

链路管理就是对数据链路层连接的建立、维持和释放的操作。

链路管理犹如甲、乙双方打电话。在甲、乙双方通话前，首先必须通过交换一些必要的信息，确认受话方已经准备好接电话；在甲、乙双方通话过程中要保持通话链路始终为“通”状态；当通话双方通话完毕后要释放链路，也就是释放连接。

3. 差错控制

在链路传输帧过程中，由于种种原因不可避免地会出现到达帧为错误帧或帧丢失的情况。

差错主要表现在节点失效、协议使用无效、传输干扰引起的差错以及信息丢失等。差错的出现一般都是突发性的，难以检查和纠正，所以，系统必须对差错进行及时的控制及恢复。

常用的差错控制方法有两种：一种是反馈检测，另一种是检错重发。

4. 流量控制

信息在网络中流动要经过一系列节点，这些节点通常分为：信源主计算机、信宿主计算机、信源节点、信宿节点和中间节点等。各种节点在通信信道中所处位置如图 3-14 所示。

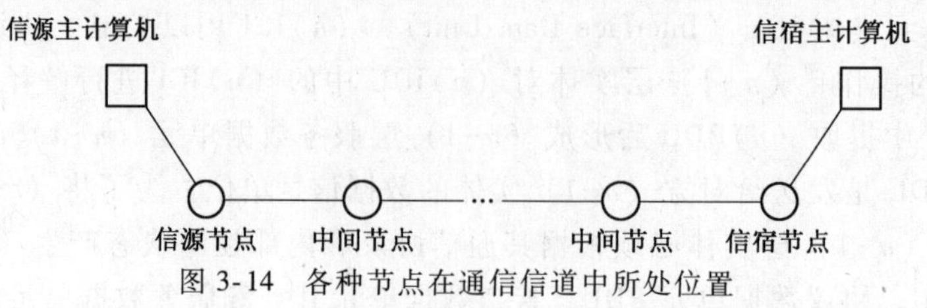

图 3-14　各种节点在通信信道中所处位置

从图 3-14 中可以看出，通信和流量控制可以分以下 4 个层次进行。

第一层：信源主计算机—目的主计算机层。这一层的通信和流量控制的目的是防止端系统用户缺少缓冲存储而出现阻塞或死锁。这一层的流量控制在 OSI 中是由传输层完成的。

第二层：信源/信宿主计算机—信源/信宿节点层。这一层的通信和流量控制的目的是控制进入通信子网的数据量。这一层的流量控制在 OSI 中是由传输层或网络层完成的。

第三层：信源节点—信宿节点层。这一层的通信和流量控制的目的是对整个通信子网进行流量控制，防止在通信子网上出现阻塞和死锁。这一层的通信和流量控制在 OSI 中由网络层完成。

第四层：节点—节点层。节点—节点是指相邻节点之间，这一层的通信和流量控制的目的是维持相邻节点间流量均衡，避免局部出现阻塞。这一层的通信和流量控制在 OSI 中由数据链路层完成。

总之，数据链路层流量控制的目的就是控制相邻两个节点之间数据链路上的流量。

5. 透明传输

在数据链路层中，对所传输的数据无论它们是由什么样的位组合起来的，在数据链路上都应该能够传输，这就是透明传输。为此，如果存在所传数据中的位组合正好与某种控制信息完全一样，应该有措施把它与控制信息区分开，对在同一帧中的信息也要做到将数据与帧中所包含的控制信息分开，以保证数据在数据链路层的传输是透明的。

6. 识别数据和控制信息

在多数情况下数据和控制信息处于同一帧中，并且它们由同一通信信道传输，因此，要有使接收方能识别它们的方法和措施。

7. 寻址

在多点连接进行数据传输时，要保证每一帧被送到正确的地方，接收方要能够知道谁是发送方，这就需要具有寻址功能。

3.3.3 帧同步

数据链路层是以帧为单位进行传输的。帧同步需要解决的问题：接收方必须能够明确识别出从物理层收到的位流中的帧的起始与终止。下面将介绍几种常用的帧同步方法。

1. 字节计数法

这种帧同步方法以一个特殊字符表征一帧的起始，并以一个专门字段来标明帧内的字节数。接收方可以通过对该特殊字符的识别从比特流中区分出帧的起始，并从专门字段中获知该帧中随后跟随的数据字节数，从而可确定出帧的终止位置。

面向字节计数的同步规程的典型实例是 DEC 公司的数字通信报文协议（Digital Data Communications Message Protocol，DDCMP）。DDCMP 采用的帧格式如下。

8	14	2	8	8	8	26	8~131064	16	
SOH	Count	Flag	Ack	Seg	Addr	CRC_1	Data	CRC_2	（位）

格式中控制字符 SOH 标志数据帧的起始。Count 共有 14 位，用以指示帧中数据段中数据的字节数，数据段最大长度为 $8\times(12^{14}-1)=131064$ 位，长度必须为字节（即 8 位）的整倍数，DDCMP 就是靠这个字节计数来确定帧的终止位置的。DDCMP 帧格式中的 Ack、Seg、

Addr 及 Flag 中的第 2 位，它们的功能分别类似于 HDLC 中的 N（R）、N（S）、Addr 字段和 P/F 位。一旦标题部分中的 Count 字段出错，将失去帧边界划分的依据，造成灾难性的后果，因此，CRC_1、CRC_2 分别对标题部分和数据部分进行双重校验。

采用字符计数方法来确定帧的终止边界不会引起数据及其他信息的混淆，任何数据均不可受限制地传输。但字节计数法中 Count 字段具有脆弱性，一旦其值产生差错将导至灾难性后果。

2. 位填充的首尾标志法

位填充的首尾标志法是以一组特定的位模式（如 01111110）来标志一帧的起始与终止，HDLC 规程采用的就是这种方法。例如，假设采用的特定模式为 01111110，则对信息位中的任何连续出现的 5 个“1”来说，发送方将自动在其后插入一个“0”，接收时进行逆操作，即当接收到连续 5 个“1”后，自动删去其后所跟的“0”，以此恢复原始信息。比特填充很容易由硬件来实现。

3. 违法编码法

违法编码法是借用一些违法编码序列来定界帧的起始与终止。当物理层采用特定的位编码方法时可以采用此方法。例如，当物理层采用曼彻斯特编码时，将数据位“1”编码成“高—低”电平对，将数据位“0”编码成“低—高”电平对，则“高—高”电平和“低—低”电平就是违法编码。违法编码法不需要任何填充技术，便能实现数据的透明性，但它只适用于采用冗余编码的特殊编码环境。

3.3.4 流量控制与滑动窗口机制

为了使接收方在接收前有足够的缓冲存储空间来接收每一个字符或帧，流量控制涉及链路上字符或帧的发送速率的控制，最常用的流量控制方案是 XON/XOFF 方案和窗口机制。

1. XON/XOFF 方案

XON/XOFF 方案是使用一对控制字符 XON 和 XOFF 来实现流量控制，其中 XON 和 XOFF 分别采用 ASCII 字符集中的控制字符 DCI 和 DC3。其实现流量控制的过程：当通信链路上的接收方发生过载时，便向发送方发送一个 XOFF 字符，发送方接收到 XOFF 字符后便暂停发送数据，待接收方恢复正常再发送数据。在一次数据传输过程中，XOFF、XON 的周期可重复多次。

与增加缓冲存储空间的解决方案相比，XON/XOFF 方案是一种主动、积极的流量控制方法。这是因为，虽然增加缓冲存储空间在某种程度上可以缓解收、发双方在传输速率上的差异，但这是一种被动、消极的方法。一方面系统不允许开设过大的缓冲空间；另一方面，系统在面对速率显著失配并且又传送大量数据的场合，仍会出现缓冲存储空间不够的现象。

2. 窗口机制

采用发送方不等待确认帧返回就连续发送若干帧的方案，虽然提高了信道的有效利用率，但是，所有发送出去而尚未确认的帧都可能出错或丢失而要求重发，因而这些帧都需要保留下来。为了保存尚未确认的帧，发送方要有较大的发送缓冲区，但是缓冲区容量总是有限的，如果接收方不能以发送方的发送速率处理接收到的帧，则还是有可能用完缓冲容量而产生过载。为此，可通过限制帧发送数目的方法来避免产生过载现象。具体方法：在发送方设置一个连续序号的重发表，列表对应发送方已发送但尚未确认的那些帧，这些帧的序号有一个最大值，这个最大值就是发送窗口的限度。所谓发送窗口是指示发送方已发送但尚未确认的帧序号队列的界，其上、下界分别称为发送窗口的上、下沿，上、下沿的间距称为窗尺寸。接收方也有接收窗口，它指示允许接收的帧的序号。当窗口设置为1，即发送方缓冲能力仅为一个帧时，则传输控制方案就为空闲 RQ 方案。

发送方每次发送一帧后，待确认帧的数目便增1，每收到一个确认信息后，待确认帧的数目便减1。当重发表长度计数值，即待确认帧的数目等于发送窗口尺寸时，便停止发送新的帧。

一般帧号只取有限位二进制数，到一定时间后就又反复循环。若帧号配3位二进制数，则帧号在0~7循环。如果发送窗口尺寸取值为2，则发送过程如图3-15所示。图中发送方阴影部分表示打开的发送窗口，接收方阴影部分则表示打开的接收窗口。当传送过程进行时，打开的窗口位置一直在滑动，所以也称为滑动窗口，或简称为滑窗。

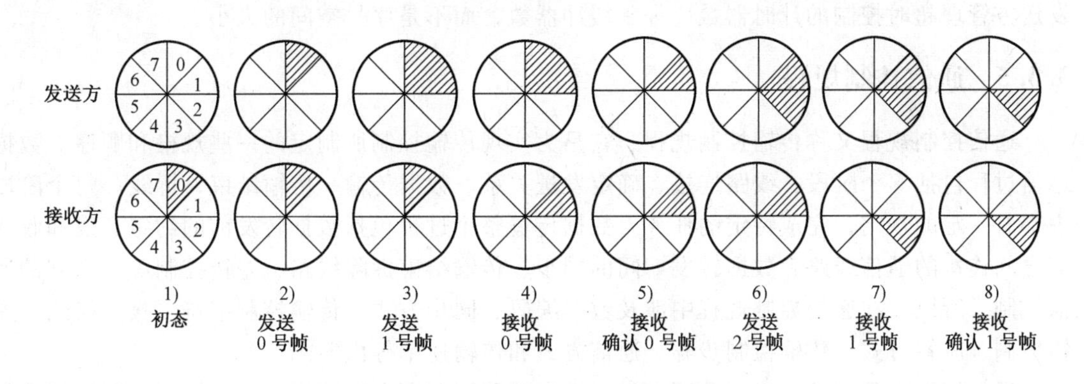

图3-15　滑动窗口状态变化过程

图3-15中的滑动窗口状态变化过程可叙述如下（假设发送窗口尺寸为2，接收窗口尺寸为1）。

1）初态，发送方没有帧发出，发送窗口前后沿相重合。接收方0号窗口打开，表示等待接收0号帧。

2）发送方已发送0号帧，此时发送方打开0号窗口，表示已发出0号帧但尚未收到确认返回信息。此时接收窗口状态同前，仍等待接收0号帧。

3）发送方在未收到0号帧的确认返回信息前，继续发送1号帧。此时，1号窗口打开，表示1号帧也属等待确认之列。至此，发送方打开的窗口数已达规定限度，在未收到新的确认返回帧之前，发送方将暂停发送新的数据帧。接收窗口此时状态仍未变。

4）接收方已收到0号帧，0号窗口关闭，1号窗口打开，表示准备接收1号帧。此时发送窗口状态不变。

5）发送方收到接收方发来的0号帧确认返回信息，关闭0号窗口，表示从重发表中删除0号帧。此时接收窗口状态仍不变。

6）发送方继续发送2号帧，2号窗口打开，表示2号帧也纳入待确认之列。至此，发送方打开的窗口数又已达规定限度，在未收到新的确认返回帧之前，发送方将暂停发送新的数据帧。此时接收窗口状态仍不变。

7）接收方已收到1号帧，1号窗口关闭，2号窗口打开，表示准备接收2号帧。此时发送窗口状态不变。

8）发送方收到接收方发来的1号帧收毕的确认信息，关闭1号窗口，表示从重发表中删除1号帧。此时接收窗口状态仍不变。

一般来说，凡是在一定范围内到达的帧，即使它们不按顺序，接收方也要接收下来。若把这个范围看成是接收窗口的话，则接收窗口的大小也应该是大于1的。而Go-back-N及选择重发3种协议，它们的差别仅在于各自窗口尺寸的大小不同而已。

- 空闲RQ：发送窗口=1，接收窗口=1。
- Go-back-N：发送窗口≥1，接收窗口=1。
- 选择重发：发送窗口≥1，接收窗口≥1。

若帧序号采用3位二进制编码，则最大序号为 $S_{max}=2^3-1=7$。对于有序接收方式，发送窗口最大尺寸选为 S_{max}；对于无序接收方式，发送窗口最大尺寸至多是序号范围的一半。发送方管理超时控制的计时器数应等于缓冲器数，而不是序号空间的大小。

3.3.5 通信控制规程

通信控制规程又称传输控制规程，它是为实现传输控制所制定的一些规格和顺序。数据通信过程包括5个阶段：线路连接、确定发送关系、数据传输、传输结束、拆线。每个阶段中都有一定的规定，完成特定的任务。数据传输整个过程包括数据转发前的约定、发和收两端之间连接的通信线路、数据转发期间的同步、传输结束拆除线路、差错控制等一系列的通信控制。所以，在通信控制规程中涉及数据编码、同步方式、传输控制字符、报文格式、差错控制、应答方式、传输控制步骤、通信方式和传输速率等内容。

通信控制规程归纳起来可分两大类：面向字符型和面向比特型。通信控制规程的标准是计算机网络软件编制的基础。

1. 面向字符型

面向字符的通信控制规程包括基本型和扩充基本型两类。在扩充基本型中又包括全双工、会话和代码透明3类。

（1）面向字符通信控制规程的特点

面向字符通信控制规程的特点主要包括如下几个方面。

1）以字符为传输信息的基本单位，规定：不允许用于传输控制的控制字符在用户信息中出现，以避免用户信息与控制信息混淆。

2）规程采用指定的编码，如五单位代码、七单位代码和信息交换用汉字代码等。

3）允许使用同步和异步传输方式。

4）差错控制采用反馈重发方式，差错控制编码通常采用水平垂直奇偶校验。

5）发送方式为应答确认方式。

6）多采用半双工通信方式，扩充基本型中有采用全双工通信方式的。

面向字符通信控制规程，特别是基本型，实现简单，但效率较低，透明性较差，可靠性也较差。

（2）传输控制字符

基本型通信控制规程中规定，传输内容不能同控制信息有同样的字符，这就限制了传输内容。基本型通信控制规程采用单向传输，如果需要改变传输方向，系统必须重新建立连接。为了弥补基本型通信控制规程中这两点不足，把其扩充为代码透明型通信控制规程，以允许传输信息内容中可有与控制字符相同的字符，而不致使系统传输出现混乱；通过建立会话型通信控制规程，使在传输需改变方向时不必重新建立连接；通过建立全双工型通信控制规程，实现双向同时传输。传输控制字符表如表3-7所示。

表3-7 控制字符一览表

类型	符号	名称	含义	适用报文类型
基本类	SOH	报头开始	信息电文报头开始，报头内含路由机目的地址	信息类电文
	STX	正文开始	信息电文正文开始，同时表示报头结束	信息类电文
	ETX	正文结束	一个信息电文正方结束时，用EYX结尾	信息类电文
	EOT	传输结束	通知对方传输结束以关闭信道	前向/反向监控
	ENQ	询问	用作询问远程站以给出应答	前向监控
	ACK	确认	由接收站发给发送站的肯定应答，表示接收无差错	后向监控
	NAK	否认	由接收站发给发送站的肯定应答，表示接收有差错，并要求重发	反向监控
	SYN	同步/空闲	该字符提出一个同步比特序列以保持收发方同步，有时也作为空闲信道连续发送字符	其他用途
	ETB	组终	当信息电文被分为若干个码组发送时，代表一个码组结束	信息类电文
	DLE	数据链转义	表明其后续字符为控制字符，其功能取决于后续字符	其他用途

(3) 报文格式

在通信线路上传输的信息有以下两类。

1) 信息报文。信息报文是发送方传输给接收方的正文信息，主要包括标题、正文（正文中包括：收发信地址、处理要求、报文组编号、优先级等）、码组校验字符等。

2) 监控报文。监控报文是对发收双方发收信息进行监控的报文，主要用于在链路上传送命令和响应。按监控报文传输方向与信息报文是否一致，分正向和反向两类报文。正向报文由主站发至从站，反向报文由从站发至主站。其中，主站是指具有和用于管理数据链路的站，其他各站为从站。

(4) 数据链路控制基本步骤

数据链路控制基本步骤如下。

1) 建立传输物理线路连接。

2) 建立数据传输链路。

3) 数据与信息传输。

4) 拆除数据链路。

5) 断开物理线路。

上述过程中，建立传输物理线路连接和断开物理线路这两个阶段只有在报文通过交换网情况使用，如果不经交换网而用专线方式，则无须这两个阶段。

2. 面向比特型

为了适应计算机网络通信技术的发展和应用发展的需要，20世纪60年代末出现了面向比特型通信控制规程。面向比特型通信控制规程具有良好的特性。在面向比特型通信控制规程中，报文的数据和控制信息完全独立，具有良好的透明性；差错检验一般采用纠错码方式，可靠性强；在链路上可进行信息连接和双向发送，传输效率高；信息传输都统一以帧为单位，控制简单。典型的面向比特的数据链路规程有以下几种。

1）ADCCP。ADCCP 的中文含义为"先进的数据通信控制规程"，是美国国家标准协会（ANSI）对 IBM 公司推出的面向比特规程（SDLC）改进形成的，是美国国家标准。

2）HDLC。HDLC 的中文含义为"高级数据链路通信控制规程"，是国际标准化组织（ISO）对 SDLC 改进形成的，将其作为国际标准 IOS 3309。

3）LAP。LAP 的中文含义为"链路接入规程"，其作为 X.25 协议中的一部分加以应用。LAP 是 ITU-T（国际电信联盟电信委员会）制订的标准。

3.3.6 HDLC 协议

高级数据链路控制规程（High-level Data Link Control，HDLC）是面向比特型的数据链路控制规程，具有透明传输、可靠性高、传输效率高和灵活性强等特点。

1. HDLC 站的类型

链路承载信息是从信源（信息起点）开始，到信宿（信息传播终点）结束的。在通信系统中，主计算机、前端处理机、集中器和各种通信控制设备不仅具有通信控制能力，还具有其他一些操作功能。根据在 HDLC 中这些能够进行通信的单元（即通信站）的功能，它们分为主站、从站和复合站 3 类。

（1）主站

在物理链路上用于控制目的的站称为主站。在通信过程中，主站在一定时间内具有选择从站和把信息发送到从站的权利，其主要功能是发送命令、接收响应、负责对数据链路的全面管理，包括发起传输、组织数据流、执行链路差错控制和差错恢复等职责。

（2）从站

在物理链路上用于接收信息的站就是从站。在通信过程中，在一定时间内，从站用来接收从主站发送来的信息，其主要功能是接收主站命令、发送响应、配合主站参与差错恢复等链路控制。

（3）复合站

同时具有主站和从站功能的站是复合站。

2. HDLC 链路结构

在通信过程中，根据站的类型和线路连接方式的不同，数据链路的结构分为不平衡型结构、对称型结构和平衡型结构 3 种。

不平衡型结构有一个主站和一个或多个从站连在一条线路上；对称型结构有两条独立的主站到从站的通路，它是连接两个独立的点到点的不平衡逻辑结构，在一条链路上复用；平衡型结构由两个复合站的点对点连接构成，两个复合站都具有数据传送和链路控制能力。3 种结构如图 3-16 所示。

3. HDLC 的操作模式

（1）正常响应方式（NRM）

这是一种不平衡型结构的操作方式。在这种操作模式中，从站只能为了响应主站的命令帧而进行传输，从站在确切地接收到来自主站的允许传输命令后，才可以开始响应传输。响

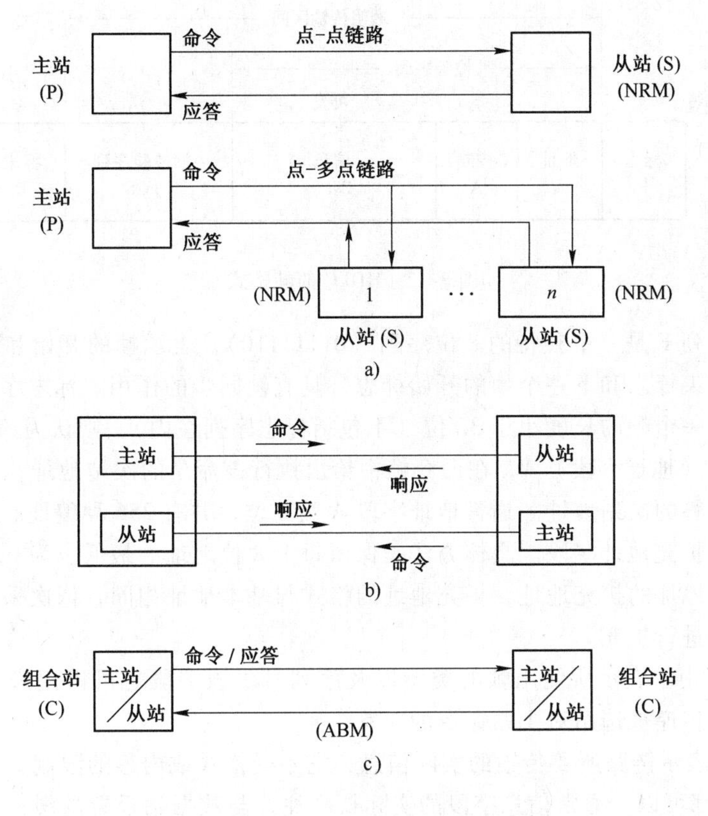

图 3-16 HDLC 通信站结构

a）不平衡结构 b）对称型结构 c）平衡结构

应信息可以由一个或多个帧组成，同时保持占线状态，并指出哪一个是最后一帧。从站在发出最后的响应帧之后，将停止发送，直到再次收到从主站发出的确切的允许传输的命令后，才能重新开始传输。在这种方式中，主站负责管理整个链路，负责对超时、重发及各类恢复操作的控制，并且有查询从站和查询从站向从站发送命令的权利。正常响应模式适用于不平衡型多点探询的链路结构。

（2）异步响应模式（ARM）

这是一种不平衡型结构的操作方式，这种操作模式与正常响应方式的不同之处在于：从站不必确切地接收到来自主站的允许传输的命令就可以开始传输。在传输帧中可包含有信息，或是仅以控制为目的而发送的帧，由从站来控制超时和重发。异步传输可以是一帧，也可以是多帧。异步响应模式适用于不平衡型和平衡型点对点探询的链路结构。

（3）异步平衡方式（ABM）

这是一种平衡型操作模式。异步平衡方式传输可以为一帧或多帧，传输是在复合站之间进行的，在传输过程中一个复合站不必接收到另一个复合站的允许就可以开始传输。异步平衡方式适用于通信双方都是组合站的平衡型链路结构。

4. HDLC 帧格式

HDLC 的帧格式如图 3-17 所示。

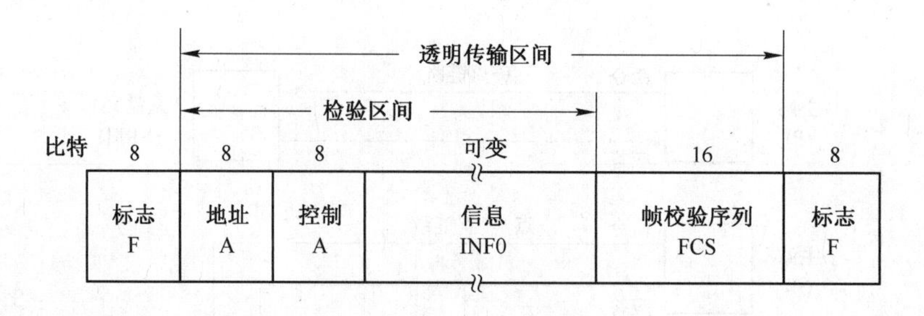

图 3-17　HDLC 的帧格式

图中标志序列 F 是一个独特的 8 位序列（01111110），表示帧的开始和结束。它也可兼作上一个帧的结束标志和下一个帧的开始标志，具有帧同步的作用。标志序列也可用作帧间填充字符。如果一个帧的长度小于 32 位（不包括标志序列在内），则认为该帧无效。

本帧接收站（地址字段）A，在命令帧中给出执行该命令的次站地址；在应答帧中，该字段给出作出应答的次站地址。通常地址字段 A 为 8 位，共有 256 种编址。为了适应特定的环境，允许采用扩充地址字段。具体方法：保留每个 8 位地址的最低位为 0 来表示后面跟着的 8 位是该基本地址的扩充地址，扩充地址的格式与基本地址相同，依次采用上述方法可以多次对地址字段进行扩充。

控制字段 C 用于表示所使用帧的类型以及序列号。该字段也可以用来去命令被选站执行某种操作，或传递被选站对主站命令的应答。

信息字段 I 表示链路所要传输的实际信息，它不受格式或内容的限制，任何合适的长度（包括 0 在内）都可以。通常信息字段的实际长度往往与数据站设置的缓冲区有关，最大长度是通信信道差错率的函数。

帧校验序列 FCS 可以使用 16 位或 32 位的帧校验序列，用于差错检测。

为了防止其他字段出现与 F 相同的比特序列格式，可采用“0”插入与“0”删除技术，如图 3-18 所示，以保证其他字段中不会出现与 F 相同的位序列。

输入序列： 0 1 1 1 1 1 1 1 0 0 1 0 1 0 0 1 1 1 1 1 1 1 0 1

发送序列： 0 1 1 1 1 1 0 1 1 0 0 1 0 1 0 0 1 1 1 1 1 0 1 0 1

⇩ **传输**

接收序列： 0 1 1 1 1 1 0 1 1 0 0 1 0 1 0 0 1 1 1 1 1 0 1 0 1

输出序列： 0 1 1 1 1 1 1 1 0 0 1 0 1 0 0 1 1 1 1 1 1 1 0 1

图 3-18　“0”插入与“0”删除技术

5. HDLC 帧类型

在 HDLC 中，帧分为信息帧（I 帧）、监控帧（S 帧）和无编号帧（U 帧）3 种不同类型，各类帧中控制字段的格式及位定义如表 3-8 所示。

表 3-8　HDLC 帧中控制字段的格式及位定义

控制字段位	1	2	3	4	5	6	7	8
I 格式	0		N(S)		P		N(R)	
S 格式	1	0	S1	S2	P/F		N(R)	
U 格式	1	1	M1	M2	P/F	M3	M4	M5

控制字段中的第1位或第1、第2位表示传送帧的类型。第5位是P/F位，即轮询/终止（Poll/Final）位。当P/F位用于命令帧（由主站发出）时，起轮询作用，即当该位为"1"时，要求被轮询的从站给出响应，所以此时P原位可称轮询位（或P位）；当P/F位用于响应帧（由从站发出）时，称为终止位（或F位），当其为"1"时，表示接收方确认的结束。为了进行连续传输，需要对帧进行编号，所以控制字段中还包括帧的编号。

1）信息帧：通常简称I帧，用于传输数据，具有完全的控制顺序。I帧以控制字段第1位为"0"来标志。信息帧控制字段中的N（S）用于存放发送帧序号，以使发送方不必等待确认而连续发送多帧。N（R）用于存放接收方下一个预期要接收的帧的序号，如N（R）=5，即表示接收方下一帧要接收5号帧，换言之，5号帧前的各帧接收方都已正确接收到。N（S）和N（R）均为3位二进制编码，可取值0~7。

2）监控帧：通常简称S帧，用于实现监控功能，包括接收准备好、接收未准备好、请求发送、选择发送等监控帧，主要完成回答、请求传输、请求暂停等功能。监控帧用于差错控制和流量控制，S帧以控制字段第1、2位为"10"来标志。S帧不带信息字段，帧长只有6字节即48位。S帧的控制字段的第3、4位为S帧类型编码，共有4种不同组合，分别表示如下。

"00"—— 接收就绪（RR），由主站或从站发送。主站可以使用RR型S帧来轮询从站，即希望从站传输编号为N（R）的I帧，若存在这样的帧，便进行传输；从站也可用RR型S帧来做响应，表示从站期望接收的下一帧的编号是N（R）。

"01"—— 拒绝（REJ），由主站或从站发送，用以要求发送方对从编号为N（R）开始的帧及其以后所有的帧进行重发，这也暗示N（R）以前的I帧已正确接收。

"10"—— 接收未就绪（RNR），表示编号小于N（R）的I帧已收到，但目前正处于忙状态，尚未准备好接收编号为N（R）的I帧，这可用来对链路流量进行控制。

"11"—— 选择拒绝（SREJ），它要求发送方发送编号为N（R）的单个I帧，并暗示其他编号的I帧已全部确认。

可以看出，接收就绪RR型S帧和接收未就绪RNR型S帧有两个主要功能：一是，这两种类型的S帧用来表示从站已准备好或未准备好接收信息；二是，确认编号小于N（R）的所有接收到的I帧。拒绝REJ型和选择拒绝SREJ型S帧用于向对方站指出发生了差错。REJ型对应Go-back-N策略，用以请求重发N（R）起始的所有帧，而N（R）以前的帧已被确认，当收到一个N（S）等于REJ型S帧的N（R）的I帧后，REJ. 状态即可清除。SI溯帧对应选择重发策略，当收到一个N（S）等于SREJ. 帧的N（R）的I帧时，SREJ状态即应消除。

3）无编号帧：简称U帧，用于提供附加的链路控制功能。该帧控制字段中不包含编号N（S）和N（R），即没有信息帧编号，因此可以表示各种无编号的命令和响应（一般情况下，各种命令和响应都是有编号的），以扩充主站和从站的链路控制功能。U帧用于提供对链路的建立、拆除以及多种控制功能，这些控制功能用5个M位（M1~M5，也称修正位）来定义，可以定义32种附加的命令或应答功能。

6. 信息交换过程控制

数据在物理链路上的通信是采用半双工或全双工操作方式进行的。在信息发送出来到信息接收的整个数据交换的过程中，主站、从站或复合站要对其所执行的操作进行一系列控制，主要包括回答与响应。各种控制是根据帧中各字段的位控制变化实现的。

信息交换过程的控制主要包括如下内容。

- 发送信息命令请求。
- 接收信息响应。
- 发送信息准备好。
- 发送信息。
- 信息发送结束。
- 信息接收完毕。

通过对上述各问题的讨论可知，为了实现数据链路层的功能，数据链路中需要解决信息模式、操作模式、传输出错恢复、流量控制、信息交换过程控制、通信控制规程等一系列问题。

3.3.7 BSC 协议

BSC 协议是 IBM 公司的二进制同步通信协议，它属于基本型协议，是典型的面向字符的同步协议。

BSC 协议把在数据链路层上传输的信息分为两类，即数据报文和监控报文。监控报文又分正向监控报文和反向监控报文。为了确定报文中信息的作用或控制功能是什么，BSC 协议对每种报文都设有至少一个传输控制字符。

由于数据传输的长度是有限度的，所以，如果数据报文很长，超出传输限定长度，则传输中就把它分解成多个数据块，以每一块为一个传输单位，分块传输，这就构成了报文分组。在传输中，每一个独立的数据传输单位都有报文头、报文尾等控制信息。

如果所发数据与控制字符相同，则在传输中在所发的这个数据前加上一个特殊的字符予以说明。

BSC 协议是一个半双工协议，它所需要的缓冲存储容量非常小。但它与特定字符编码集关系太紧密，不利于兼容。BSC 协议在面向终端的网络系统中应用非常广泛。

BSC 协议用 ASCII 或 EBCDIC 字集定义的传输控制字符来实现相应的功能。这些传输控制字符的标记、名称、码值和含义如表 3-9 所示。

表 3-9　传输控制字符的标记、名称、码值和含义

标记	名称	ASCII 码值	EBCDIC 值	含义
SOH	序始	01H	01H	报文的标题和报头开始
STX	文始	02H	02H	标题结束或报文文本的开始
ETX	文终	03H	03H	报文文本的结束
EOT	送毕	04H	37H	一个或多个文本块结束，同时拆除链路
ENQ	询问	05H	2DH	请求远程站给出响应
ACK	确认	06H	2EH	接收方发出的正确接收的响应
DLE	转义	10H	10H	修改紧跟其后的 N 个字符的意义
NAK	否认	15H	3DH	接收方发出的未正确接收的响应
SYN	同步	16H	32H	实现节点之间字符同步和无数据传输时同步
ETB	块终	17H	26H	报文分成多个数据块时一个数据块的结束

BSC 协议的数据块的 4 种格式如下。

1）不带报头的单块报文或分块传输中的最后一块报文：

SYN	SYN	STX	报文	ETX	BCC

2）带报头的单块报文：

SYN	SYN	SOH	报头	STX	报文	ETX	BCC

3）分块传输中的第一块报文：

SYN	SYN	SOH	报头	STX	报文	ETB	BCC

4）分块传输中的中间报文：

SYN	SYN	STX	报文	ETB	BCC

BSC 协义中所有发送的数据均跟在至少两个 SYN 字符之后，以使接收方能实现字符同步。报头字段用以说明数据报文段的包识别符（序号）及地址。所有数据块在块终限定符（ETX 或 ETB）之后还有块校验字符（Block Check Character，BCC），BCC 可以是奇偶校验或 16 位 CRC，校验范围从 STX 开始到 ETX 或 ETB 为止。

当发送的报文是二进制数据而不是字符串时，与传输控制字符相同的比特串将会引起传输混乱。若要允许在二进制数据中出现与传输控制字符相同的数据（即数据的透明性），可在各帧中的实际传输控制字符（SYN 除外）前加上 DLE 转义字符。在发送时，若文本中也出现与 DLE 字符相同的二进制位串，则可插入一个外加的 DLE 字符加以标记。在接收端需要进行同样的检测。若发现单个的 DLE 字符，则可知其后为传播控制字符；若发现连续两个 DLE 字符，则可知其后的 DLE 字符为数据，在进一步处理前将其中一个删除。

BSC 中正、反向监控报文的 4 种格式如下。

1）肯定确认和选择响应：

SYN	SYN	ACK

2）否定确认和选择响应：

SYN	SYN	NAK

3）轮询/选择请求：

SYN	SYN	P/S 前缀	站地址	ENQ

4）拆链：

SYN	SYN	EOT

监控报文一般由单个传输控制或由若干个其他字符引导的单个传输控制字符组成。引导字符统称为前缀，它包含识别（序号）、地址信息、状态信息以及其他所需的信息。ACK 和 NAK 监控报文的作用，首先是作为对先前所发数据块是否正确接收的响应，因而包含识别符（序号）；其次，用作对选择监控信息的响应，以 ACK 表示所选站能接收数据块，而 NAK 表示不能接收。ENQ 用作轮询和选择监控报文，在多站结构中，轮询或选择的站地址在 ENQ 字符前。EOT 监控报文用以标志报文交换的结束，并在两站点间拆除逻辑链路。

由于 BSC 协议与特定的字符编码集关系过于密切，故兼容性较差。为满足数据透明性而采用的字符填充法，实现起来也比较麻烦，且较依赖于所采用的字符编码集。另外，由于 BSC 是一个半双工协议，它的链路传输效率很低。不过，由于 BSC 协议需要的缓冲存储空间较小，因而在面向终端的网络系统中仍然被广泛使用。

3.4 网络层

网络层也称通信子网层，是通信子网的最高层，是高层与低层协议之间的界面层。网络层用于控制通信子网的操作，是通信子网与资源子网的接口。网络层关系到通信子网的运行控制，体现了网络应用环境中资源子网访问通信子网的方式。

3.4.1 网络层概述

数据链路层研究和解决的问题是两个相邻节点之间的通信问题，实现的任务是在两个相邻节点间透明的无差错的帧级信息的传送，但不能解决由多条链路组成的通路的数据传输问题。

网络层的主要功能就是实现整个网络系统内连接，为运输层提供整个网络范围内两个终端用户之间数据传输的通路。网络层所研究和解决的问题如下。

1）为上一层运输层提供服务。

2）路径选择。路径选择又称路由选择，它解决的问题是在具有许多节点的广域网里，通过哪一条或哪几条通路能将数据从信源主计算机传送到信宿主计算机中。

3）流量控制。数据链路层的流量控制是针对数据链路相邻节点进行的。网络层的流量控制是对整个通信子网内的流量进行控制，是对进入分组交换网的通信量进行控制。

4）连接的建立、保持和终止问题。

总之，网络层实现在通信子网内把报文分组从信源节点送到信宿节点。

3.4.2 数据报与虚电路服务

网络层所提供的服务有两个大类：面向连接的网络服务和无连接的网络服务。

所谓连接是两个对等实体为进行数据通信而进行的一种结合。

面向连接的网络服务是在数据交换之前，必须先建立连接，当数据交换结束后，终止这个连接。

无连接服务是两个实体之间的通信不需要先建立好一个连接，通信所需的资源无需事先预定保留，所需的资源是在数据传输时动态地进行分配的。

面向连接的服务是可靠的报文序列服务；无连接服务却不能防止报文的丢失、重发或失序，但无连接服务灵活、方便、迅速。

在网络层中，面向连接的网络服务与无连接的网络服务的具体实现是虚电路服务和数据报服务。

1. 数据报服务

数据报是在传输媒体上作为网络层单元发送的一个逻辑信息组。在分组交换中，每个报文分组称为一个数据报。数据报服务是指不需要在传输前先安排好数据传输路径，系统中的各数据报可以分别进行路径选择，不按分组顺序到达目的节点，各数据报是独立的，每个数据报都携带一个完整的地址。CCITT（国际电报电话咨询委员会）研究组把数据报定义为能包含在单个报文分组数据域中的报文，传送它到目标地址与其他已发送或将要发送的报文分组无关。

数据报的特点：格式简单，实现机构也简单；数据报能以最小延迟到达目的节点；各数据报从发节点发出的顺序与到达目的节点的顺序无关；各数据报独立。

假设有 A、B、C、D、E、F6 个网络节点的互联网，各节点上的主计算机分别为 H1、H2、H3、H4、H5、H6。现有 M、N 两个报文，把报文进行分组后所产生的各数据报分别为 M0、M1、M2、M3、M4、M5；N0、N1、N2、N3。报文 M、N 的传输如图 3-19 所示。

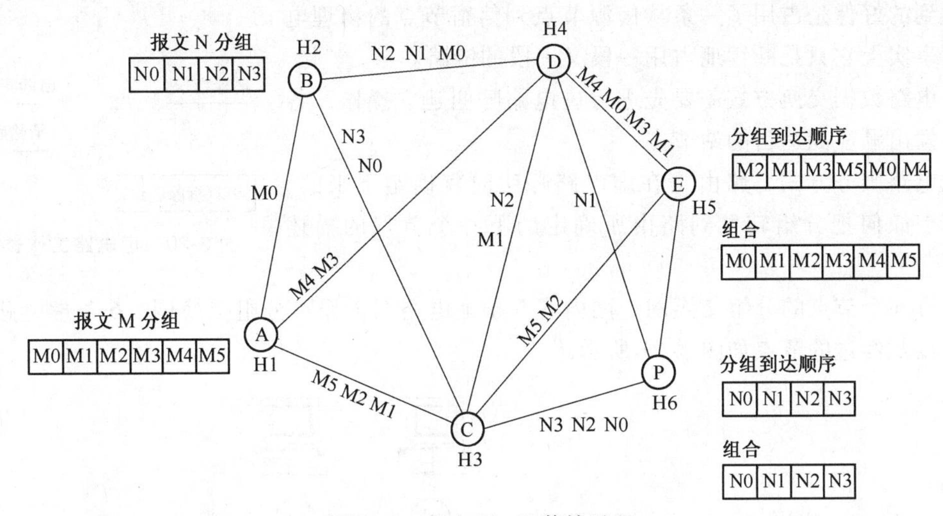

图 3-19　报文 M、N 传输过程

报文 M 从主机 H1 发出到主机 H5；报文 N 从主机 H2 发出到主机 H6。

由于每个发出的分组都携带完整的目的站节点的地址信息，因而每一个分组都可以独立选择路由。路由的选择取决于当时网络的状态和路由选择的策略。

数据报方式没有电路呼叫建立过程，各数据报不一定按发出顺序到达目的站节点。

数据报服务方式，虽然每个节点同样都有一张路由表，但它不是像虚电路服务方式那样按虚电路号查找下一个节点，它是根据每个分组所携带的信宿节点地址来决定路由，对分组进行转发的。

2. 虚电路服务

虚电路服务的引进是为了弥补报文分组交换方式的不足，减轻报文分组交换方式中目的节点对报文分组进行重组的负担。数据终端设备 DTE 与数据通信设备 DCE 之间的线路为一条物理链路。为了在这一条物理链路上进行多对用户之间的通信，而把物理链路划分为大量的逻辑信道，并编号命名，一对用户之间通信占用其中一条逻辑信道。所谓虚电路就是一对逻辑或物理端口之间的双向透明信息流控制电路，它是为传送某一报文设立或存在的。虚电路可以由各段包括不相同的实际电路经过若干中间节点的交换机或通信处理机连接起来的逻辑通路构成。它是一条物理链路在逻辑上复用为多条逻辑信道。

虚电路的工作过程如图 3-20 所示。

虚电路按其建立方式不同分为呼叫虚电路（VC）和永久虚电路（PVC）。

呼叫虚电路是通过呼叫建立虚电路。虚拟呼叫可分3个阶段：呼叫建立、用户机器在所建立的虚拟电路上交换数据和呼叫断开。

永久虚电路是在用户和网络管理双方商定后而建立的不管通信或不通信都永远存在的虚电路。永久虚电路只有数据传输交换阶段，没有呼叫建立和呼叫断开。

虚电路数据交换方式，采用的是存储转发的分组交换。用户感觉到的好像是占用了一条从信源节点到信宿节点的物理电路，而事实上它只是断续地占用一段又一段的链路。

虚电路数据交换方式需要先进行虚电路呼叫建立操作，各分组按发出顺序到达目的站节点。

虚电路服务方式，路由是在虚电路呼叫时就确定下来的，每个节点如何把分组转发到路由所确定的下一个节点的描述如下。

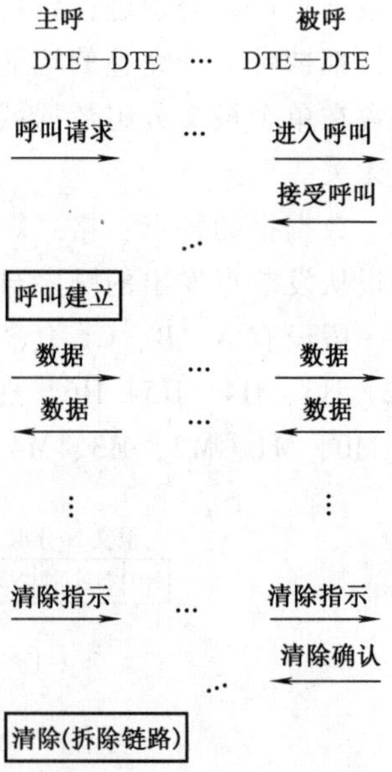

主呼　　　　　　被呼
DTE—DTE　…　DTE—DTE
呼叫请求 →　…　进入呼叫 →
接受呼叫 ←
…
呼叫建立
数据 →　…　数据 →
数据 ←　…　数据 ←
⋮　　　　⋮
清除指示 →　…　清除指示 →
清除确认 ←
…
清除(拆除链路)

图 3-20　虚电路工作过程

设有6个节点的分组交换网，网内有6条虚电路在工作。分组交换网，6条虚电路建立的顺序以及经过的节点如图3-21所示。

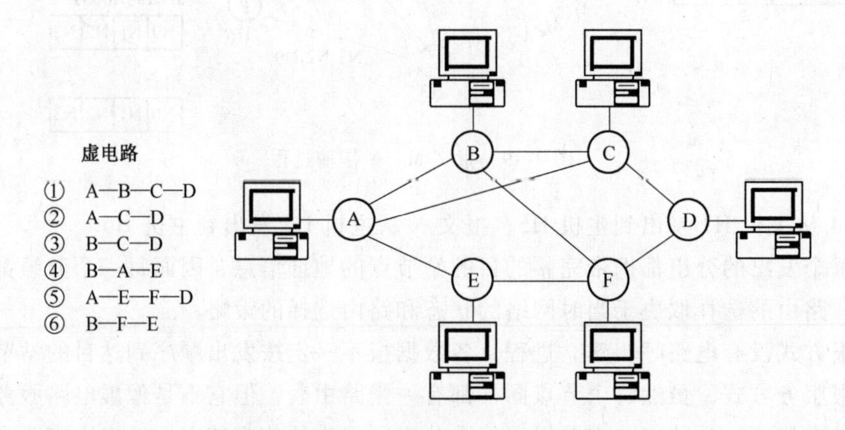

图 3-21　有6个节点的分组交换网结构

根据以上条件，在网络6个节点内分别建立一张路由表。传输从每条虚电路的头出发，顺着箭头方向走，虚电路建立过程如图3-22。

图中，

Srip：表示同一前趋节点虚电路经过本节点的顺序，即同一节点输入号。

Sns：表示同一后继节点虚电路经过本节点的顺序，即同一节点输出号。

Pors：表示前趋节点号或信源节点地址。

Porp：表示后继节点号或信宿节点地址。

虚电路服务方式，每个分组的额外开销非常小，但每个节点要有一定的存储空间提供给路由表。

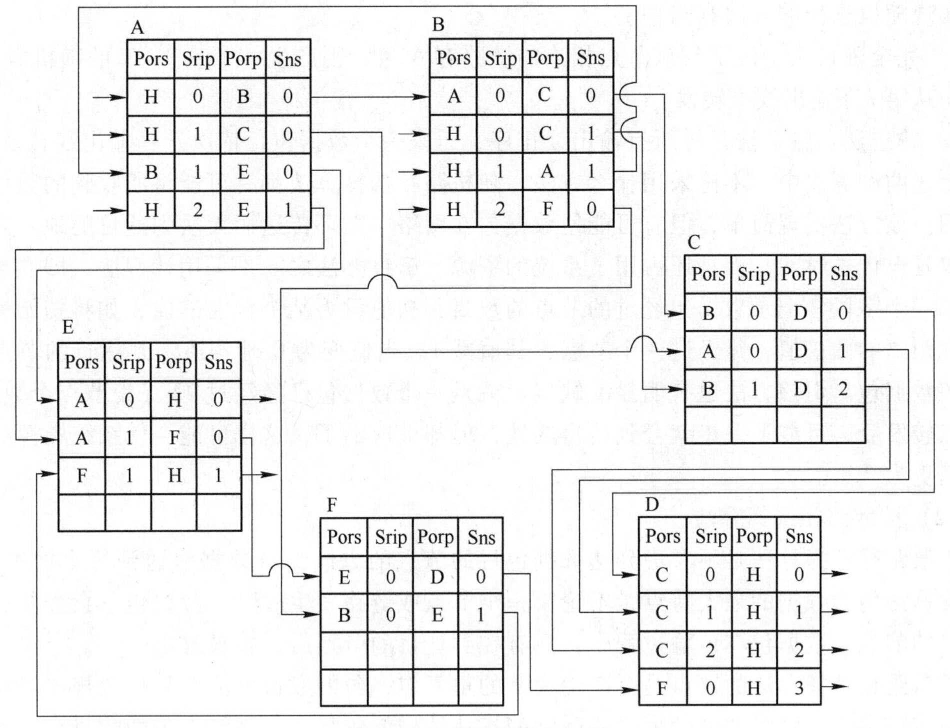

图 3-22 虚电路建立过程

3.4.3 路径选择

数据传输的路径选择就是根据一定的原则和算法，在传输路径上找出一条通向目的节点的最佳路径。路径的选择与网络的拓扑结构以及结构的规律有密切关系。路径选择是网络层中最重要的一项服务，其质量对网络质量起着决定性的作用。

1. 路径选择的基本原则

选择路径必须遵守如下原则。

- 数据传送所用时间要尽可能短。
- 数据传输中各节点负载要均衡，信息流量要均匀。
- 选用的路径选择算法要实用、简单和可实现。
- 算法适应性强。

数据传输的路径选择算法分静态（非自适应）和动态（自适应）两大类算法。静态算法是依据预先确定好的参数，如响应时间、网络流量等来确定传输路径。静态算法的参数在较长时间内不改变，各参数具有稳定性。动态算法是依据通信时网内当前的情况，对各种参数进行相应的修改，然后确定传输路径的算法。

2. 静态路径选择算法

静态路径选择算法主要包括随机路径选择算法、扩散路径选择算法、固定路径选择算法。这类算法的共同特点是实现简单，但性能较差、效率低。

（1）随机路径选择算法

随机路径选择算法是当数据包到达一个节点后，该节点随机选择一条输出线转发该数据包。实现随机选择的方法有两种。

1）完全随机法。假定与该节点相连的链路有 N 条，则产生一个从 1~N 的随机数 i，把数据包从第 i 条输出线上转发。

2）输选法。输选法是对所有输出线排序，每来一个数据包，依次选一输出线转发。

上述两种算法中，不论采用什么方法，随机路径选择算法都有可能将所收到的数据包原路返回。该方法实现简单，但有可能使数据包在网络中循环传送而无法到达目的地。其结果是不仅延误传送时间，而且还占用了系统的资源。解决办法之一是采用计程法，即在数据包中增加一个字段，记录数据包经过的节点的数目，初值设为某个较大的值，如将初始值设置成实际距离的两倍值，每经过一个节点，其值减 1。当值变为 0 时若还未到达目的节点，就取消该数据包。但该方法也有明显的缺点，就是一个数据包已经经过 $2N$（设节点个数为 N）个节点转发后，可能下一步就会到达目的地，但却被取消了，这样可能会使系统资源的浪费和延迟更为严重。

（2）扩散路径选择算法

扩散路径选择算法是不考虑到达数据包目的节点的方向而将数据包送到每个输出线上。使用此算法传输数据的最大特点是不论哪一个节点或链路发生故障，数据包总会经某一链路到达目的节点。数据包在传输过程中，只有在到达目的节点后，才被移出。

扩散路径选择算法的缺点是会产生大量的重复包，包的数目可能会呈指数规律增长。如果网络节点多，且网络的度较大时，网络的拓扑结构就较复杂，网络中包的数目会达到难以控制的程度。

由于上述原因，扩散路径选择算法规定：一个分组只能出入同一节点一次，以防分组在网内重复循环。下面通过一个简单的例子来说明扩散路径选择算法的传输过程，实例如图 3-23 所示。

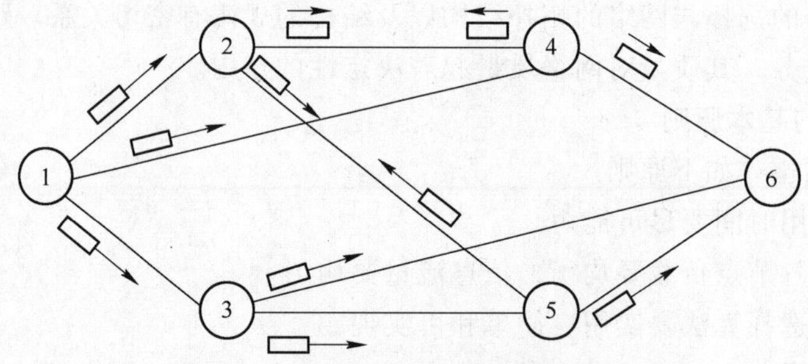

图 3-23 扩散路径选择算法的传输过程

实例所列节点数为 6 个，设节点 1 向节点 6 发送数据包，发送过程如下。

1）节点 1 向节点 2、3、4 发数据包。

2）节点 2 向节点 4、5 发数据包。

3）节点 3 向节点 5、6 发数据包。节点 6 是目的节点，当其接到首先到达的数据包后，就抛弃后到达的数据包。

4）节点 4 在接收节点 2 发来的数据包之前，已接收到来自节点 1 发来的相同的数据包，发现重复后抛弃来自节点 2 的重复数据包；节点 4 向节点 2、6 发数据包，节点 2 发现重复，将其舍弃。

5）节点 6 是目的节点，其接到数据包后不向其他节点发数据包，并且，当其接到首先到达的数据包后，就抛弃后到达的数据包。

6）节点 5 发送过程同节点 4。

7）分组只有到达已经接收过该分组的节点时才消失。

改进的扩散路径选择算法是选择扩散式路径的选择算法。这种选择是将到达的数据包只送到那些与目的方向大致相同的输出线上。

扩散法具备一些特殊的用途。一是在军事网络中，由于网络系统在战时随时可能遭到破坏，拓扑结构随时可能发生变化，采用扩散法可以提高系统的可靠性和可用性；二是在分布式数据库应用系统中，扩散法可用于并行更新所有数据库的内容；三是作为评价其他路径选择算法的标准。因为采用扩散路径选择算法传输数据时，至少有一个包是由最优路径到达目的地的。该数据值可用来评判各种路径选择算法的优劣。

（3）固定路径选择算法

固定路径选择算法是在网络中每个节点内存放一张事先定好的路径表。当信息需要从此节点发出时，根据要达到的目的节点，从路径表中能找出一条最短路径。表中，每个节点可以规定多条输出线，一般至少两条，分别称为主路径和辅路径，也可以规定更多的路径，称为备用路径。表由网络管理人员指定，在网络运行前确定具体内容，在运行中一般不作修改。

路径选择过程：当节点收到数据包后，检查目的地，然后在输出线选择表中查找到该目的节点的主路径输出线并从该输出线上转发数据包。

如图 3-24 所示的是一个具有 12 个节点的网络结构，图中节点 J 的路由表如表 3-10 所示。

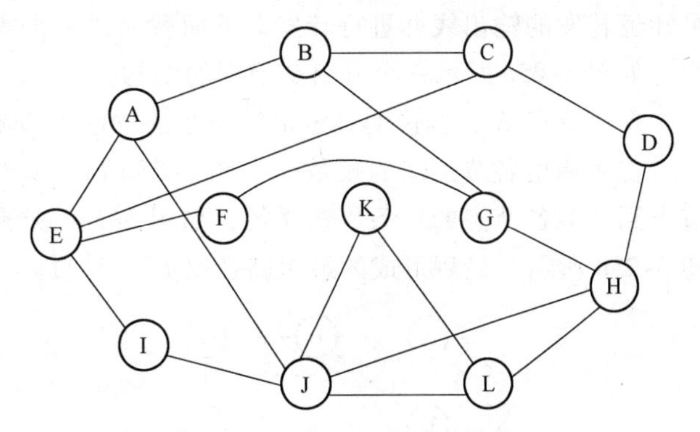

图 3-24　分组交换网路结构

表 3-10　节点 J 的路由表

目的交换节点	第一选择节点		第二选择节点		第三选择节点	
	节点名称	利用率	节点名称	利用率	节点名称	利用率
A	A	0.65	I	0.20	H	0.15
B	A	0.45	H	0.32	I	0.23
C	A	0.33	I	0.33	H	0.34
D	H	0.50	A	0.25	I	0.25
E	A	0.40	I	0.40	H	0.20
F	A	0.33	H	0.33	I	0.34
G	H	0.45	A	0.32	K	0.23
H	H	0.64	K	0.20	A	0.16
I	I	0.65	A	0.25	H	0.10
—						
K	K	0.70	H	0.20	A	0.10
L	L	0.40	H	0.45	A	0.15

表 3-10 中，利用率是为使网络负载平衡设置的。利用率实际上是为第 1、第 2、第 3 方案设置的负载分流比例，使第 1 方案通过大多数或绝大多数数据包，第 2、第 3 方案分流一部分数据包。例如：由节点 J 向目的节点 D 发数据包。为了按比例选择路由，在确定选择方案时，可使用从 0.00~1 的随机数，每次调用时，当数值<0.50 时选用第一选择节点，当数值在 0.50~0.75 时选用第二选择节点，数值>0.75 时选用第三选择节点。

固定路径选择算法运行速度快，开销小。但固定路径由网管人员指定，一旦网络本身出现故障或其他原因导致拓扑结构发生变化，则原来指定的路径就可能走不通，数据包无法到达目的地，必须重新指定路径。对一个庞大而复杂的网络来说，任意两个节点路径都由网络管理人员来指定，有时几乎是不可能的。即使可能指定，所指定的路径，也可能是非常低效的。

（4）最短路径选择算法

最短路径选择算法的目的就是找出一条从发数据节点到目的节点之间的最短路径。其基本思想：将网络表示成一个无向图，图中每条边表示一条链路，在每条链路上标出表示测度的数据，可以是链路的物理长度（节点间的距离）、通信延迟、带宽、平均通信量、队列平均长度、平均吞吐量等。据此，每个节点计算出从本节点到其他各节点的最优路径，并记录计算结果。当节点收到一个数据包需要转发时，通过数据包中的目的地址查找计算结果，即可知道转发的输出线并进行转发。下面就通过一个实例具体说明最短路径选择算法的实现过程。如图 3-25a 所示一个分组交换网的结构。

现以节点 A 为例说明确定最短路径的方法和步骤：

首先标出各节点间的权数，如图 3-25b 所示；然后，从 A 相邻节点出发，确定出从 A 节点到其他各节点的一条传输路径，如图 3-25c 所示；最后核实和调整确定出最短路径，如图 3-25d 所示。最后形成的最短路径路如表 3-11。

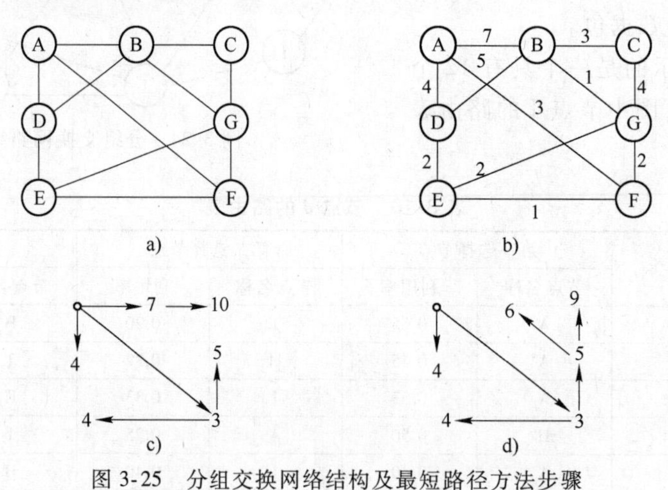

图 3-25　分组交换网络结构及最短路径方法步骤

a）分组交换网络结构图　b）分组交换网络节点权数

c）A 节点传输路径　d）核实确定最短路径

3. 动态路径选择算法

在一个实际网络中，网络节点众多，随时都有节点开始或停止工作，网络的拓扑结构随时都有可能发生变化，各节点的通信请求不可预知，网络上的负载状况是动态变化的。而静态路径选择算法都只考虑了网络的静态状况，其主要考虑的是静态拓扑结构。所以，静态路径选择算法一般不能很好地满足路径选择的基本要求。动态路径选择算法也叫自适应路径选择算法，是考虑拓扑结构又考虑通信负载的路径选择算法。其工作过程包括如下4部分。

表3-11　交换网中A节点路由表

当前节点 W N 目的节点	A		B		C		D		E		F		G	
	W	N	W	N	W	N	W	N	W	N	W	N	W	N
A	0	—	6	F	9	F	4	D	4	F	3	F	5	F
B	6	F	0	—	3	C	5	D	4	G	3	G	1	G
C	9	F	3	C	0	—	8	B	4	G	6	G	4	G
D	4	D	5	D	8	B	0	X	2	E	3	E	4	E
E	4	F	4	G	4	G	2	E	0	—	1	G	2	G
F	3	F	3	G	6	G	3	E	1	F	0	X	2	G
G	5	F	1	G	4	G	4	E	2	G	2	G	0	—

1）测量。测量并感知网络状态，主要包括拓扑结构、流量及通信延迟。

2）报告。向有关进程或节点报告测量结果。

3）更新。根据测量结果更新路由表。

4）决策。根据新路由表重选合适路径，转发数据包。

动态路径选择算法中，测量方法与范围随网络环境和状态不同而不同，大体上包括以下3大类。

（1）独立路径选择算法

独立路径选择算法也称局部延时路径选择。这种算法是根据网络中各节点和线路当前运行变化的情况，动态决定路径。算法中节点之间不交换路径信息，各节点只根据本节点的参数变化，自行确定路由。例如，最短队列策略。

最短队列策略的思想，每收到一个数据包，总是选择队列最短的输出线转发数据包，以求最快输出。最短队列策略的特点是算法非常简单，但由于对接收到的数据包不考虑数据包的目的节点如何，也不考虑网络的带宽及全网的负载状况，在转发数据包时，只考虑了队列的长度即包的数量。所以，这种策略具有不准确性，也就是说，最短队列不一定是正确的路径方向，该策略不能保证转发的路径是最优路径。

（2）分布式路径选择算法

分布式路径选择算法的特点是在进行路径选择时，不仅要利用本身获知的网络状态信息，而且还要同其他相邻节点交换路径信息，然后各节点再按照已变化的信息确定路由。例如，距离向量路径选择算法。

距离向量路径选择算法的基本思想：每个节点保存一张表，记录本节点到每个目的地已知的最优距离和路径，在执行过程中通过与相邻节点交换信息来更新表中的内容。距离向量路径算法同静态路径选择算法中的最短路径算法有相似之处，其主要区别在于：静态算法中各节点中的路由表是确定不变的，而动态算法中各节点中的路由表是经常（定期）变化的。

距离向量路径选择算法在实现时存在如下缺点。

1）无穷计算。距离向量路径算法的突出问题是“爱听好消息”，即对好消息反应快，对坏消息反应慢。在距离向量路径算法中，各节点间交换路径和延迟信息是逐步进行的。所有的消息都是在测试了所有可能性后才知道，当网络很大时，这个过程是非常缓慢的。如果采用站点数为测量标准，它存在一个上限值，容易判断什么时候停止测试。但是如果采用延迟时间作为测量标准，那就会因为无法确定上限值，而难以确定终止条件，从而造成算法一直测量或等待下去，产生无穷计算。

2）开销大。每个节点不仅要记录大量数据，而且还要周期性地与邻节点交换信息，增加大量通信开销。

3）造成阻塞。网络的延迟及路径信息的传播是通过相邻节点间交换信息实现的，而这一过程是按周期分步完成的，使得网络中各节点获知网络状态的时间有先有后。数据包主要是通过选择先前是较优路径转发，如果当前已不再是较优甚至是不通的路径转发时，就会导致网络阻塞。

层次路径选择算法也属于分布式路径选择算法。随着网络的增大，路径选择表会急剧增大。这些表格不仅占有大量存储器空间，更严重的是，测量、计算、交换网络状态及路径信息会占用大量的时间。当网络节点数达到一定规模后，再以节点为单位进行路径选择已变得不可能。层次路径选择算法就是针对这一情况而采取的解决方法。

层次路径选择算法也叫分级路径选择算法，其基本思想就是先将网络分成区域，将区域分成簇，再将簇分成区，区分为组，直到最后每个单位内节点数较少为止。具体分多少层，要视网络的规模而定。在进行路径选择时，在每一层上，都以该层的划分单位作为一个虚拟节点进行路径选择，当包到达该虚拟节点后，再以下级划分单位进行路径选择，直到最后到达实际的目的节点为止。

层次路径选择算法在每一层上的选择算法可采用前面已经介绍的方法实现。层数的多少，对路径选择的效率、性能会产生不同的影响。

（3）集中式路径选择算法

集中式路径选择算法是由网络内的网络管理中心定时、定期收集整个网络的情况，如，各节点的流量、时延等变化信息，并按一定的算法分别计算当时各节点的路由表。

3.4.4 阻塞控制

网络层中的流量是指计算机网络中的通信量，即计算机网络中的报文流或分组流。网络层流量控制的作用就是保证通信子网提供能使信息在节点之间畅通无阻，顺利流通的通路。它的主要功能如下。

• 防止网络过载而引起的网络数据吞吐量下降和延时增加。

• 避免死锁。

• 公平地在用户之间分配资源。

1. 阻塞控制方法

阻塞是指在网络传输过程中所出现的信息传输的拥挤现象。在网络通信中，网络的吞吐量随着输入负荷的增大而下降，其不可避免地会出现信息传输的拥挤现象。常用的阻塞控制方法有如下几种。

（1）缓冲区预分配法

该方法用于虚电路分组交换网中。在建立虚电路时，让呼叫请求分组途经的节点为虚电路预先分配一个或多个数据缓冲区。若某个节点缓冲区已占满，则呼叫请求分组另择路由，或者返回一个“忙”信号给呼叫者。这样，通过途经的各节点为每条虚电路开设的永久性缓冲区（直到虚电路拆除），就总能有空间来接纳并转送经过的分组。此时的分组交换跟电路交换很相似。当节点收到一个分组并将它转发出去之后，该节点向发送节点返回一个确认信息。该确认一方面表示接收节点已正确收到分组，另一方面告诉发送节点，该节点已空出缓冲区以备接收下一个分组。上面是“停—等”协议下的情况，若节点之间的协议允许多个未处理的分组存在，则为了完全消除阻塞的可能性，每个节点要为每条虚电路保留等价于窗口大小数量的缓冲区。这种方法不管有没有通信量，都有可观的资源（线路容量或存储空间）被某个连接占有，因此网络资源的有效利用率不高。这种控制方法主要用于要求高带宽和低延迟的场合，例如传送数字化语音信息的虚电路。

（2）分组丢弃法

该法不必预先保留缓冲区，当缓冲区占满时，将到来的分组丢弃。若通信子网提供的是数据报服务，则用分组丢弃法来防止阻塞发生不会具有大的作用。但若通信子网提供的是虚电路服务，则必须在某处保存被丢弃分组的备份，以便阻塞解决后能重新传送。有两种解决重发被丢弃分组的方法，一种是让发送被丢弃分组的节点超时，并重新发送分组直至分组被收到；另一种是让发送被丢弃分组的节点在尝试一定次数后放弃发送，并迫使数据源节点超时而重新开始发送。但是不加分辨地随意丢弃分组也不妥，因为一个包含确认信息的分组可以释放节点的缓冲区，若因节点无空余缓冲区来接收含确认信息的分组，这便使节点缓冲区失去了一次释放的机会。解决这个问题的方法可以为每条输入链路永久地保留一块缓冲区，以用于接纳并检测所有进入的分组，对于捎带确认信息的分组，在利用了所捎带的确认释放缓冲区后，再将该分组丢弃或将该捎带好消息的分组保存在刚空出的缓冲区中。

（3）定额控制法

这种方法在通信子网中设置适当数量的称做“许可证”的特殊信息，一部分许可证在通信子网开始工作前预先以某种策略分配给各个源节点，另一部分则在子网开始工作后在网中四处环游。当源节点要发送来自源端系统的分组时，它必须首先拥有许可证，并且每发送一个分组注销一张许可证。目的节点方则每收到一个分组并将其递交给目的端系统后，便生成一张许可证。这样便可确保子网中分组数不会超过许可证的数量，从而防止阻塞的发生。

2. 死锁及其防止

在网络传输过程中，如果不能及时和有效地解决所出现的阻塞，进一步则会导致死锁的产生。死锁是指整个网络操作停顿，无法继续运行的现象。网络中，当通信子网中传输的数据数量过多，而网络数据处理量有限，来不及处理所有传输的数据时，就会引起部分或全网性能下降，导致死锁的产生。

（1）存储转发死锁及其防止

最常见的死锁是发生在两个节点之间的直接存储转发死锁。例如，A 节点的所有缓冲区装满了等待输出到 B 节点的分组，而 B 节点的所有缓冲区也全部装满了等待输出到 A 节点的分组；此时，A 节点不能从 B 节点接收分组，B 节点也不能从 A 节点接收分组，从而造成两节点间的死锁。这种情况也可能发生在一组节点之间。例如，A 节点企图向 B 节点发送分组、B 节点企图向 C 节点发送分组、而 C 节点又企图向 A 节点发送分组，但此时每个节点都无空闲缓冲区用于接收分组，这种情形称作间接存储转发死锁。当一个节点处于死锁状态时，所有与之相连的链路将完全阻塞。

一种防止存储转发死锁的方法是，每个节点设置 $M+1$ 个缓冲区，并以 $0\sim M$ 编号。M 为通信子网的直径，即从任一源节点到任一目的节点间的最大链路段数。每个源节点仅当其 0 号缓冲区空时才能接收源端系统发来的分组，而此分组仅能转发给 1 号缓冲区空闲的相邻节点，再由该节点将分组转发给它的 2 号缓冲区空闲的相邻节点……，最后，该分组或者顺利到达目的节点并递交给目的端系统，或者到了某个节点编号为 M 的缓冲区中再也转发不下去，此时一定发生了循环，应该将该分组丢弃。由于每个分组都是按照编号递增规则分配缓冲区，所以节点之间不会相互等待空闲缓冲区而发生死锁现象。这种方法的不足之处在于，当某节点虽然有空闲缓冲区，但正巧没有所需要的特定编号的缓冲区时，分组仍要等待，从而造成了缓冲区和链路的浪费。

另一种防止存储转发死锁的方法是，使每个分组上都携带一个全局性的唯一的“时间戳”，每个节点要为每条输入链路保留一个特殊的接收缓冲区，而其他缓冲区均可用于存放中转分组。在每条输出链路的队列上分组按时间戳顺序排队。例如，节点 A 要将分组送到节点 B，若 B 节点没有空闲缓冲区，但正巧有要送到 A 节点的分组，此时 A、B 节点可通过特殊的接收缓冲区交换分组；若 B 节点既没有空闲缓冲区，也没有要送往 A 节点的分组。B 节点只好强行将一个出路方向大致与 A 节点方向相同的分组与 A 节点互相交换分组，但此时 A 节点中的分组必须比 B 节点中的分组具有更早的时间戳，这样才能保证子网中某个最早的分组不受阻挡地转发到目的地。由此可见，每个分组最终总会成为最早的分组，并总能一步一步地发送到目的节点，从而避免了死锁现象的发生。

（2）重装死锁及其防止

死锁中比较严重的情况是重装死锁。假设发给一个端系统的报文很长，被源节点拆成若干个分组发送，目的节点要将所有具有相同编号的分组重新装配成报文递交给目的端系统，若目的节点用于重装报文的缓冲区空间有限，而且它无法知道正在接收的报文究竟被拆成多少个分组，此时，就可能发生严重的问题：为了接收更多的分组，该目的节点用完了它的缓冲空间，但它又不能将尚未拼装完整的报文递送给目的端系统，而邻节点仍在不断地向它传送分组，但它却无法接收。这样，经过多次尝试后，邻节点就会绕道从其他途径再向该目的节点传送分组，但该目的节点已死锁，其周边区域也由此发生阻塞。下面几种方法可用以避免重装死锁的发生。

1）允许目的节点将不完整的报文递交给目的端系统。

2）一个不能完整重装的报文能被检测出来，并要求发送该报文的源端系统重新传送。

3）为每个节点配备一个后备缓冲空间，用以暂存不完整的报文。

1）、2）两种方法不能很满意地解放重装死锁，因为它们使端系统中的协议复杂化了。一般的设计中，网络层应该对端系统透明，即端系统不该考虑诸如报文拆、装之类的事。3）方法虽然不涉及端系统，但使每个节点增加了开销。

3.4.5 网络层协议

实现全网范围内的交换有线路交换和存储转发交换两种方式。针对这两种交换方式，CCITT 制订了 X.21 建议和 X.25 建议，这两个建议是为实现网络层的适用于线路交换方式协议和适用于存储转发方式协议制订的。

（1）X.21 建议

X.21 建议是公用数据网络同步远程数据终端设备（DTE）和数据电路终端设备（DCE）之间的接口标准，它适用于线路交换，能为用户数据传输提供全透明的线路交换网络。X.21 对线路交换过程规定 4 个阶段：静止阶段、呼叫控制阶段、数据传送阶段和清除阶段。

（2）X.25 建议

X.25 建议是公用数据网络上的以分组形式进行操作的数据终端设备（DTE）和数据电路终端设备（DCE）之间的接口标准，以此接口构成的网络称为公用报文分组交换网。

自 X.25 于 1976 年被 CCITT 采纳成为国际标准以来，围绕着 X.25，CCITT 制订出了一系列标准，包括 X.29 和 X.75 等标准。X.25 建议中包括如下几个级别的内容。

- 物理级（物理层）：物理级规定物理、电气、规程和功能 4 方面的特性。物理接口使用 X.21 建议，该建议规定在 DTE 和 DCE 之间提供同步的、全双工的点到点的串行位传输。
- 链路级（数据链路层）：链路级以帧的形式传送报文组，所以也称为帧级。在该级使用的数据链路控制规程与 HDLC 和 ADCCP（先进数据通信控制规程，由美国国家标准协会提出）一致，并使用 HDLC 的平衡链路访问规程。
- 分组级（网络层）：进入该级的用户数据形成报文组，报文组在源节点与目的节点之间建立起的网络连接上传输。目的节点把所接收到的报文组恢复成报文形式。该级协议规定了报文组的格式，以及信息流的控制、差错恢复等方法。

X.25 建议在公用数据网上提供的网络服务有转接虚拟电路（也称为虚呼叫）、永久虚电路、数据报。

X.25 结构模型如图 3-26 所示。

从图中可看出 X.25 建议包括如下内容。

- DTE 和 DCE 中的物理级实体之间的同等协议。
- DTE 和网络节点上链路控制级实体的同等协议。
- DTE 和网络节点上分组交换分组级实体之间的同等协议。

分层结构中，从第一层到第三层，数据传送的单位分别为“位”“帧”“分组”。在 X.25 分组级上，DTE-DCE 之间可以建立起多条逻辑信道，所以，一个 DTE 可以同时和网络上的其他多个 DTE 建立虚电路，并进行通信。

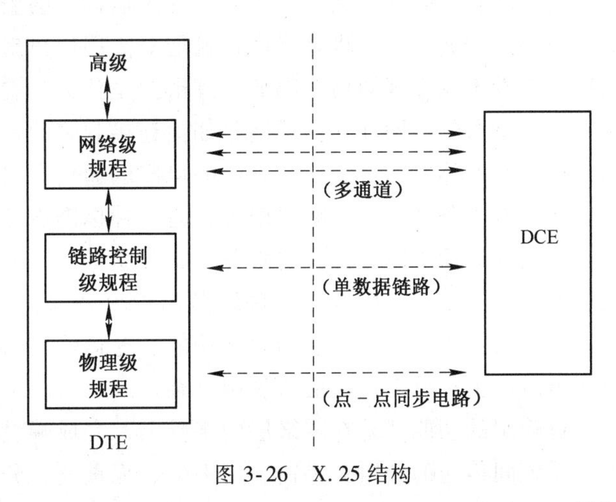

图 3-26　X.25 结构

3.5 运输层

运输层是建立在网络层和会话层之间的一个层次，实质上它是网络体系结构中高低层之间衔接的一个接口层。运输层不仅仅为一个单独的结构层，它是整个分层体系协议的核心，没有运输层整个分层协议就没有意义。

3.5.1 运输层的概念

运输层在 OSI 模型中的地位如图 3-27 所示。

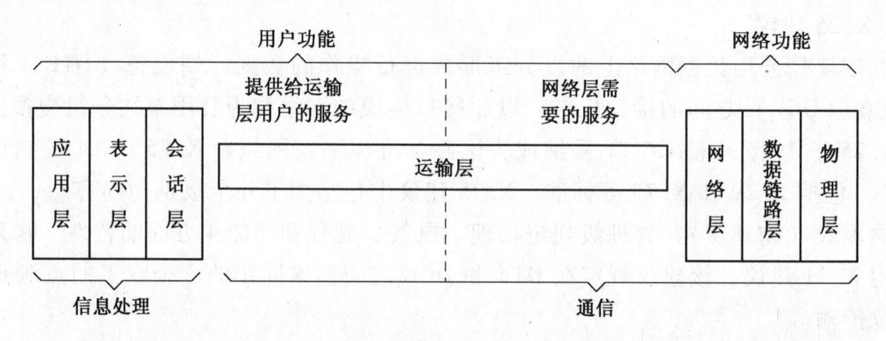

图 3-27 运输层在 OSI 模型中的地位

因为网络层是通信子网的一个组成部分，网络层提供的是数据报和虚电路两种服务，而网络服务并不可靠。对于数据报服务，网络层无法保证报文无差错、无丢失、无重复，无法保证报文按顺序从发送端到接收端。对于虚电路服务，虽然这种服务可以保证报文无差错、无重复、无丢失和按顺序发送接收报文，但在这种情况下并不能保证服务能达到 100%的可靠。因此，用户无法对通信子网加以控制，网络服务质量低劣的问题无法采用通信处理机来解决。解决问题的唯一办法就是在网络层上增加一层协议，这就是运输层协议。

通信子网的用户希望得到的是端到端的可靠通信服务，通过运输层的服务来弥补各通信子网提供的有差异和有缺陷的服务；通过运输层的服务，增加服务功能，使通信子网对两端的用户都变成透明的。也就是说运输层对高层用户来说，它屏蔽了下面通信子网的细节，使高层用户看不见实现通信功能的物理链路是什么，看不见数据链路的规程是什么，看不见下层有多少个通信子网和通信子网是如何连接起来的，运输层使高层用户感觉到的就好像是在两个运输层实体之间有一条端到端的可靠的通信通路。

运输层服务独立于网络层服务，是一种标准服务。运输层服务适于各种网络，因而不必担心不同的通信子网所提供的服务及服务质量不同。而网络层服务则随不同的网络，服务可能有非常大的不同。所以，运输层是用于填补通信子网提供的服务与用户要求之间的间隙的，其反映并扩展了网络层的服务功能。对运输层来说，通信子网提供的服务越多，运输层协议就越简单；反之运输层协议越复杂。

运输层的功能就是在网络层的基础上，完成端对端的差错纠正和流量控制，并实现两个终端系统间传送的分组无差错、无丢失、无重复，分组顺序无误。

3.5.2 运输层协议的分类

为了使不同的网络能够进行不同类型的数据传输，ISO 定义了 0~4 类共 5 类运输协议。所有 5 类协议都是面向连接的，都要用到网络层提供的服务，即建立网络连接。并且，在建立网络连接时，还需要建立各有关链路的连接，在数据传输结束后，释放运输连接。

1. 网络服务类型

服务质量是指在运输连接点之间出现的运输连接的特征，服务质量反映了运输质量及服务的可用性，它是用以衡量运输层性能的。服务质量的内容主要包括建立连接延迟、建立连接失败、吞吐量、传输延迟、残留差错率、连接拆除延迟、连接拆除失败率、连接回弹率、运输失败率等。

根据用户的要求和差错的性质，网络服务按质量划分为以下 3 种类型。

（1）A 型网络服务

网络连接具有可接受的低差错率（残留差错率或漏检差错率）和可接受的低故障通知率（通知运输层的网络连接释放或网络连接重建）。A 型网络服务是一个完善的、理想的、可靠的服务。

在 A 型网络服务条件下，网络中传输的分组不会丢失和失序。在这种情况下，运输层就不需要提供故障恢复和重新排序的服务。

（2）B 型网络服务

网络连接具有可接受的低差错率和不可接受的低故障通知率。B 型网络服务是完美的分组传递交换，但有网络连接释放或网络连接重建问题。

（3）C 型网络服务

网络连接具有不可接受的高差错率。C 型网络服务质量最差，对于这类的网络，运输协议要具有对网络进行检错和差错恢复能力，具有对失序、重复、错误投递的分组进行检错和更正能力。

2. 运输协议类型

OSI 根据运输层功能的特点按级别为运输层定义了一套功能集，这套功能集包括 0~4 类共 5 类协议。

（1）0 类协议

0 类协议是面向 A 型网络服务的。其功能只是建立一个简单的端到端的运输连接和在数据传输阶段具有将长数据报文分段传送的功能。0 类协议没有差错恢复和将多条运输连接复用到一条网络连接上的功能。0 类协议是最简单的协议。

（2）1 类协议

1 类协议是面向 B 型网络服务的。其功能是在 0 类协议的基础上增加了基本差错恢复功能。基本差错是指出现网络连接断开或网络连接失败，或者收到了未被认可的运输连接的数据单元。

（3）2 类协议

2 类协议也是面向 A 型网络服务的。但 2 类协议具有复用功能，能对运输连接复用，协议具有相应的流量控制功能。2 类协议中没有网络连接故障恢复功能。

（4）3 类协议

3 类协议是面向 B 型网络服务的，它的功能既有差错恢复功能，又有复用功能。

（5）4 类协议

4 类协议是面向 C 型网络服务的。4 类协议具有差错检测、差错恢复、复用等功能，它可以在网络服务质量差时保证高可靠的数据传输。4 类协议是最复杂的协议。

3.5.3 运输层服务

运输层提供的服务可归纳为两类：一类是运输连接管理，即负责建立和在通信完毕时释放运输连接；另一类是数据传送。

1. 连接与传输

在一般情况下，会话层要求的每个传送连接，运输层都要在网络层上建立相应连接。运输层的这种连接是以通信子网提供的服务为基础的。当传输吞吐量大、需要建立多条网络传输连接时，为减少费用，运输层可把几条传输连接在同一条线路上，实行多路复用。运输层建立的多路复用对会话层是透明的。

2. 运输服务

网络层的服务包括数据报和虚电路。若网络层提供的是虚电路服务，那么，运输层能保证对报文的正确接收，运输层协议同通信子网能够构成可靠的计算机网。如果网络层提供的是数据报服务，运输层协议则必须包括差错校验及差错恢复。因为此时网络层提供的服务没有进行差错控制、丢失、报文重复等处理工作的服务，可靠性较差。

运输层的服务使高层的用户可以完全不考虑信息在物理层、数据链路层和网络层通信的详细情况，方便用户使用。

3. 端对端通信

运输层的协议都具有端对端的性质，其中，端定义为对接传输实体。通过运输层提供的服务，实现了从一个传输实体到另一个传输实体的网络连接，所以运输层不关心路径选择和中断。

值得注意的是：运输层与链路层之间，它们的协议有相似之处，但是它们之间也有明显的区别。运输层的环境比链路层的环境要复杂得多。这是由于运输层的环境是两个主机以整个子网为通信信道进行通信，数据链路层的环境是两个分组交换节点直接通过一条物理信道进行通信。

4. 状态报告和安全保密

运输层不仅要为运输层用户提供运输层实体或运输连接的状态信息，还要提供对发送者与接收者的确认、数据加密与解密，以及保密的链路和节点的路由选择等安全服务。

3.5.4 传输控制协议

传输控制协议是实现计算机之间的通信，实现网络系统资源共享必不可少的协议。虽然物理层和数据链路层协议具有把数据和信息从一台计算机传送到另一台计算机上的功能，但它们所实现的数据通信是不可靠的数据通信。对不同计算机系统、不同局域网络，物理层和数据链路层协议所具有的通信功能远远达不到通信的实际要求。

传输控制协议所实现的功能不仅仅是弥补物理层和数据链路层协议中通信功能的缺陷，

保证相同计算机系统之间、相同计算机网络系统之间可靠的传输，通过传输控制协议还要实现不同计算机系统之间、不同计算机网络系统之间的可靠传输。虽然目前传输控制协议的种类很多，但最典型的传输控制协议是 TCP/IP。

3.6 高层

运输层以上各层协议统称为高层协议，它们主要考虑的问题是主机与主机之间的协议问题。高层协议中所涉及的许多内容，目前还正处在研究阶段，没有一套完整的标准。

3.6.1 会话层

会话层是建立在运输层之上的，其基本功能就是向表示层提供建立和使用连接的方法。

1. 基本概念

会话层服务就如同两个人进行对话。考察两个人之间的对话包括如下几个方面。

1）会话方式：一般两个人面对面的交谈采用的是一人讲另一个人听的方式进行，这是半双工交互。

2）会话协调：通过会话双方的表情、手势、语调等进行发言权交替等协调工作，使会话能够顺利进行。

3）会话同步：会话双方进展必须是一致的，如果一方说的话另一方没有听懂或没有听清楚，听话一方需要说话方重说一遍，这就是会话同步，否则会话就会出现混乱。

4）会话隔离：说话方要让听话方能分清所说不同内容的界限，这就是会话隔离。

上述对两个人会话进行考察的几个方面，都是会话层要完成的功能。

会话层可以看成是用户与网络的接口，它的基本任务就是负责两主机间的原始报文的传输。通过会话层提供的一个面向用户的连接服务，为合作的会话用户之间的对话和活动提供组织和同步所必须的手段，并对数据的传输进行控制和管理。

会话是提供建立连接并有序运输数据的一种方法，在 OSI 体系结构中，会话可以使一个远程终端登录到远地的计算机上，并进行文件传输或其他的应用。

2. 会话层的特点

（1）会话连接到传输连接的映射

为实现在表示层实体之间传递数据，会话连接必须映射到传输连接上。会话连接建立的基础是建立传输连接，只有当传输连接建立好之后，依赖传输连接而建立起会话连接。

（2）会话连接的释放

为了防止发生数据丢失的现象，会话连接的释放采用有序释放方式，它是在双方都同意释放后才释放连接，即终止会话。

（3）会话层管理

会话层管理是用来协调、管理和控制两个会话实体之间的交互活动的，会话实体是指会话层的等同实体。

3. 会话层服务

会话层提供的服务主要包括会话连接管理和会话数据交换两大部分。

会话连接管理服务使得一个应用层的进程在一个完整的活动中，通过表示层提供的服务，与对等应用进程建立和维持一条畅通的通信信道。活动是把会话服务用户之间的合作划分成不同的逻辑单位，每一个逻辑单位称为一个活动，每个活动的内容都具有相对的完整性和独立性。

会话数据交换服务为两个进行通信的应用进程提供在信道上交换对话单元的手段。对话单元是一个活动中数据的基本交换单元。在活动中，存在一系列的交互通话，每个单向的连接通信动作所传输的数据就构成一个对话单元。

除此之外，会话层服务包括如下内容。

（1）隔离服务

隔离是会话一方，在数据少于某一定值时，数据可暂不向目的用户传输。也就是在一个输入缓冲区中收集报文，在全部报文到达之前不对其中任何报文信息进行处理。

（2）交互管理

各种请求和响应保持轮番对话的方式叫交互管理，也称对话管理。对话管理是通过使用数据令牌来实现的。比如，在建立一个会话时，选中半双工方式，则首先要决定由哪一方先获得令牌。持有令牌的用户可以传输数据，而无令牌的一方只有等待。当持有令牌的用户完成数据传输，并把令牌传给另一方后，新持有令牌的用户可以进行数据传输。没有令牌的用户申请令牌，申请可能被接受，也可能被拒绝。

（3）会话连接同步

它用于在出现错误或争执事件时，将会话实体移回到一个已知状态。

（4）异常报告

用户如果遇到异常，不论是什么原因，都会将这些异常报告给对方。

4. 会话层与运输层之间的区别

会话层与运输层之间有明显的区别，具体如下。

1）协议功能：会话层协议是在运输层连接服务的基础上提供一个用户接口，而运输协议负责产生和维持两个端点之间的逻辑连接。

2）服务：会话层提供的为数据交换用的服务非常丰富和复杂，而运输层的服务非常简单，它只提供一个可靠的运输数据服务。

3）协议特性：由于运输层保证了把会话协议数据单元送到对等层用户，所以，会话层协议是非常简单的。而运输层协议要在各种不利的条件下保证运输服务的可靠性，因此，运输层协议非常复杂。

3.6.2 表示层

表示层向上对应用层服务，向下接受来自会话层的服务。表示层为在应用进程之间传送的信息提供表示方法的服务，它关心的只是发出信息的语法与语义。

1. 表示层为应用层提供的服务

（1）语法转换

语法转换涉及代码转换和字符集的转换、数据格式的修改，以及对数据结构操作的适配、数据压缩、加密等。

（2）语法选择

语法选择提供初始选择一种语法和随后修改这种选择的手段。

(3) 连接管理

利用会话层服务建立表示连接，对在这个连接之上的数据传输和同步控制，以及正常或非正常地终止连接的管理是连接管理。

2. 抽象语法和传送语法

抽象语法是对数据结构的描述。在数据传输中把位流的格式称为抽象语法。

为抽象语法指定一种编码规则，便构成一种传输语法，它是同等表示实体之间通信时对用户信息的描述。

多种抽象语法的数据可用一种传输语法传送，而多种传输语法又可以传输一种抽象语法的数据值。所以，抽象语法与传输语法之间是多对多的对应关系。

3. 表示层的功。

为实现表示层的服务，在表示层内要实现如下功能。

(1) 网络的安全和保密

安全和保密有密切的关系，对局域网而言，安全性和保密性是非常重要的。

实现网络的安全应做到：用户在使用网络之前，必须确认；系统能够检查用户的使用资格；用户的操作能够被监视，并能够及时发现他们的错误；系统资源能够得到全面保护；对非正常使用实现死锁；数据可以恢复和可被核查；系统能够实现有效的并发控制等。

网络的加密一般遵守如下准则：能使数据彻底非规则化，不易破译；采用多重密码技术，以防止经多次反复试验被破译；不过多地增加不必要的传输；硬件与软件结合。

(2) 文本压缩

文本压缩是采用某种编码技术来减少传输或存储的信息量，以满足通信带宽的要求。文本压缩有以下 3 种方法。

- 符号有限集合编码及替换法。
- 字符的可变长编码。
- 霍夫曼编码与解码。

(3) 虚拟终端协议（VTP）

在各种不同的终端中，每个终端包括一个数据结构，但由于每种终端的功能都有差异，给终端之间的通信带来很大的困难。虚拟终端协议的中心思想就是网络虚拟终端的思想，它类似于操作系统中虚拟外部设备的设想。采用虚拟终端协议使各种不同的终端都变成一种网络虚拟终端，把每一个终端的数据结构变成一种统一的虚拟网络终端的数据结构，完成专用终端与应用程序的使用向通用终端（即虚拟终端）的特征转换。

虚拟终端协议是在对等实体之间实施的一套通信约定，其根本目的是把实终端的特性变换成标准的形式，即虚拟终端形式。虚拟终端协议主要有如下功能。

- 建立和维护在两个应用层实体之间的连接。
- 构造同等虚拟终端用户的虚拟终端环境。
- 创建、维护表示终端“状态”的数据结构。
- 实施对终端特性标准化表示的翻译转换工作。

虚拟终端协议有对称型和非对称型两种，如图 3-28 所示。

X. 3、X. 28、X. 29 是实现虚拟终端协议的初步版本，它是基于异步终端的一个简单参数化的模型。X. 3、X. 28、X. 29 的终端处理方法缺乏灵活性，当使用更复杂的终端时，必

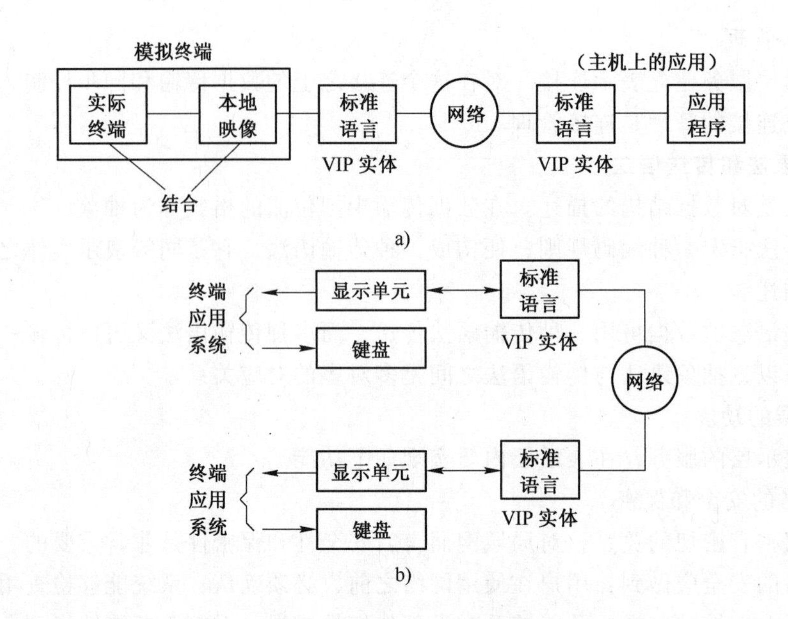

图 3-28　对称型和非对称型虚拟终端协议模型
a）非对称型　b）对称型

须定义非常多的参数。通常是用制订一个一般化的虚拟终端协议来替代它们。一般化的虚拟终端协议模型如图 3-29 所示。

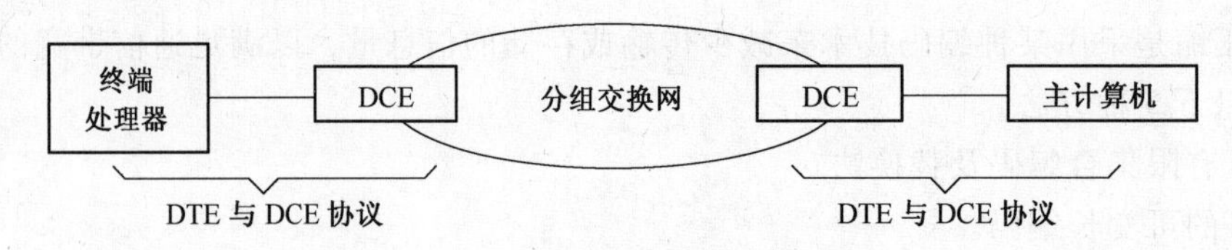

图 3-29　一般化的虚拟终端协议

（4）ISO 虚拟终端的种类

ISO 确定的虚拟终端有滚动型、页面型、表格型、图形型 4 种。

滚动型终端不含有微处理器，没有任何处理能力，只有显示功能。当显示屏行满后，再输入的内容占用新的一行显示时，屏幕自动上移。

页面型终端具有编辑功能，用户和主机都可随机修改和存取显示器上的内容，输入、输出以页为单位，它是一种配有光标和可寻址字符矩阵的键盘显示终端。

表格型终端常用于需要操作员填写表格的应用中，它类似于页面型终端，在显示器功能上增加了固定字段和可变长度字段的定义，是一种高级设备。这类终端又称数据输入终端。

图形型是用来对几何图元素组成的多层结构进行处理的。

3.6.3　应用层

网络应用层中包含了若干个独立的、用户通用的服务协议模块，它是 OSI 的最高层，为网络用户之间的通信提供专用的程序。应用层的内容主要取决于用户的需要，这一层涉及的主要问题：分布数据库、分布计算技术、网络操作系统和分布操作系统、远程文件传输、电子邮件、终端电话及远程作业录入与控制等。虽然，目前已经有了一些标准的应用层协议，但该层在国际上还没有完整的标准，是一个范围很广的研究领域。

1. 应用实体

应用层也称应用实体（Application Entity，AE），一个应用实体通常由若干个元素（Element）构成，在这些元素中包括一个用户元素（User Element，UE）和若干个应用服务元素（Application Service Element，ASE）。

应用实体是简化的应用进程，它是应用进程中与进程间交互行为有关的那部分，即与OSI有关的那部分。而对应用进程中与OSI无关的那部分仍叫应用进程；用户元素实际上是应用进程中非标准化模块的化身，用户元素是应用者；应用服务元素是OSI在应用层中定义了的标准化模块，它也是应用实体的一部分。应用服务元素具有提供为某一目的而用的OSI能力，通过应用服务元素，为用户元素提供标准化服务。在应用层中最复杂的就是各种应用服务元素。

2. 应用层概念

应用层是直接面向用户的一层，用户的通信内容要由应用进程解决，这就要求应用层采用不同的应用协议来解决不同类型的应用要求，并且保证这些不同类型的应用所采用的低层通信协议是一样的。应用类型的复杂性与多样性，就是为什么到目前为止应用层没有一套完整标准的根本所在。

应用层的作用不是把各种应用进行标准化，而是把一些应用进程经常使用到的应用层服务、功能及实现这些功能所要求的协议进行标准化。也就是说应用层是直接为用户的应用进程提供服务的。

3. 应用层服务

OSI把一些公共应用部分进行了标准化。

（1）联系控制服务元素（ACSE）

应用实体之间要协调工作，首先要建立应用联系。联系控制服务元素就是提供应用联系的建立和释放功能的。

（2）托付、并发和恢复（CCR）

托付、并发和恢复是用来协调多方应用联系的，为基本的多方应用联系的信息处理任务提供一个安全和高效的环境，使得即使在出现系统崩溃时，这种联系也能防止发生错误。

应用服务元素还有许多，这里不再一一进行介绍。

3.7 习题

1）简述组成网络系统基本结构的几个要素。

2）什么是通信协议？通信协议的特点是什么？

3）为什么要建立OSI模型？

4）物理层的基本功能及主要解决的问题是什么？

5）物理层4个特性各自包括哪些基本内容？

6）数据链路层包括哪些基本功能？

7）HDLC的操作模式有哪几种类型？

8）什么是 BSC 协议？BSC 协议的类型有哪些？

9）网络层研究和解决的问题是什么？

10）什么是路径选择？路径选择的原则是什么？

11）简述动态路径选择算法的 3 种类型。

12）传输层提供的服务有哪些？

13）简述会话层的概念和基本功能。

14）简述表示层的概念和提供的服务。

第 4 章　计算机网络硬件

计算机网络系统同计算机系统一样是由硬件系统和软件系统构成的，网络软件系统和网络硬件系统是计算机网络系统赖以存在的基础。在计算机网络系统中，硬件对系统起着决定性的作用，而软件系统则是挖掘网络潜力的工具。本章将系统介绍计算机网络硬件系统的基本结构和计算机网络中常见的一些重要的硬件设备。

4.1　通信媒体

信息从一台计算机传输给另一台计算机，从一个节点把信息传输到另一个节点都是通过通信媒体实现的。通信媒体的选择极大地影响着通信的质量，下面介绍几种常用的通信媒体或传输媒体。

4.1.1　双绞线

双绞线（Twisted Pair）是最常用的传输媒体，最初是为声音传输设计的，现在普遍用于模拟数据和数字数据的传输。

1. 双绞线的组成和结构

双绞线因由两根绝缘的铜线互绞在一起构成而得名，即是将两根绝缘铜线有规则地扭在一起的通信媒体。外层无金属屏蔽的双绞线称为非屏蔽双绞线（UTP），外层加上金属屏蔽包层的双绞线称为屏蔽双绞线（STP）。所以，从结构上双绞线通常分为非屏蔽双绞线和屏蔽双绞线两大类。

之所以将两根导线绞在一起是为了减小一根导线中的电流能量对另一根导线的干扰。对于两根导线来说，如果相距很近地平行靠在一起，一根导线中的电流信号变化会在另一根导线中产生相似的电流变化；但如果两根导线之间是相互垂直的靠在一起，则导线之间几乎互不影响。

双绞线的基本结构如图 4-1 所示。

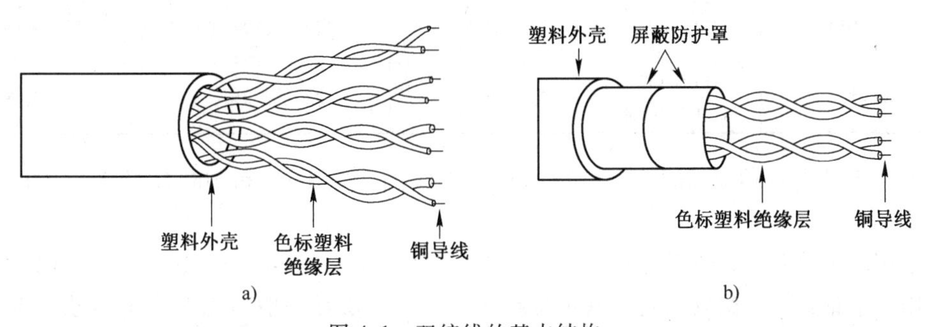

图 4-1　双绞线的基本结构

a）非屏蔽双绞线　b）屏蔽双绞线

2. 双绞线的基本特性

总地来说，不论是屏蔽双绞线或是非屏蔽双绞线，都具有价格便宜、使用方便、安装容易的特点，但由于组成上的区别、所传信号的区别（模拟信号、数据信号），以及电缆规格标准的不同，双绞线的特点是需要从不同的角度来说明的。

3. 非屏蔽双绞线和屏蔽双绞线

非屏蔽双绞线中不存在物理的电器屏蔽，既没有金属箔，也没有金属带绕在 UTP 上，UTP 对导线之间的串线干扰和电磁干扰（EMI）是通过其自身的抵消作用以减少电能的吸收和辐射来抵消的。为网络而设计的 UTP 不同于其他类型的双绞线和电话线，其阻抗为 100 Ω，线缆外径大约 4.3 mm。UTP 通常使用一种称为 RJ-45 的 8 引脚连接器。

UTP 具有许多优点：价格便宜；尺寸小，布线方便；采用星形连接，可靠性好。

屏蔽双绞线结合了同轴电缆和非屏蔽双绞线的特性，外部包有铝箔或铜编丝网。屏蔽双绞线有 150 Ω 阻抗和 100 Ω 阻抗两种。

150Ω 的 STP 不仅完全屏蔽以减少电磁干扰、射频干扰，每一对双绞线各自都有屏蔽层以减少串扰。通过每对线的绞合，STP 又得到抵消作用带来的好处。在传输数据方面，STP 可以用非常快的速度传输信号，使信号几乎没有变形的机会。但屏蔽又导致信号损失，为此，需要增大导线与屏蔽层之间的距离，这就不可避免地增加线缆的尺寸、重量和成本。

100 Ω 的 STP 最初是为改善双绞线抗电磁干扰、抗射频干扰设计的，其尺寸和重量无显著变化。100 Ω 的 STP 提供了比 UTP 更强的抗干扰性，并避免了 150 Ω STP 所带来的使槽线管阻塞等问题。

4. EIA 标准

按性能划分，双绞线分为 5 种类别，各类别的基本性能如表 4-1 所示。

表 4-1 双绞线性能分类标准

性能类别	性能要求		电缆规格	电缆种类
	标准要求	数据要求		
第 1 类，话音级介质	ICEA S-80-576 ERA PE-71	<1 Mbit/s	22 号或 24 号	UTP
第 2 类，数据级介质	IEEE 802.5 IBM type 3	最高 4 Mbit/s	22 号或 24 号	UTP 和 STP
第 3 类，数据级介质	EIA/TIA 568 IEEE 10Base-T	最高 10 Mbit/s	22 号或 24 号	UTP 和 STP
第 4 类，数据级介质	IEEE 802.5	最高 16 Mbit/s	22 号或 24 号	UTP 和 STP
第 5 类，数据级介质	IEEE 802.5 FDDI(TP-PMD)	最高 100 Mbit/s	22 号或 24 号	UTP 和 STP

在上述 5 种类别的双绞线中，常用的有 100 Ω 的 3 类 UTP 和 100 Ω 的 5 类 UTP，以及 150 Ω 的 STP。

3 类 100 Ω 的 UTP，其单位距离上的旋绞次数一般为每英尺 3~4 次，主要用于传输声音，即用作电话线。5 类双绞线，其单位距离上的旋绞次数一般为每英寸 3~4 次。对双绞线来说，旋绞越紧性能越好，价格越高。在传输数字数据方面，5 类双绞线的传输速率远远强于 3 类双绞线。

4.1.2　同轴电缆

同轴电缆也是一种应用广泛的传输媒体。

1. 同轴电缆的基本结构

同轴电缆（Coaxial Cable）是由中心一根铜导线，外部套一个导体管构成的传输电缆，导线与导体管之间填充绝缘兼支撑物，导体管外面加保护层。由于导线与导体管之间严格保持同心，因此称为同轴电缆。同轴电缆的结构如图4-2所示。

同轴电缆按电缆的结构和用途可分为射频电缆、水底电缆、长途通信电缆、闭路电视电缆，以及计算机局域网电缆等。

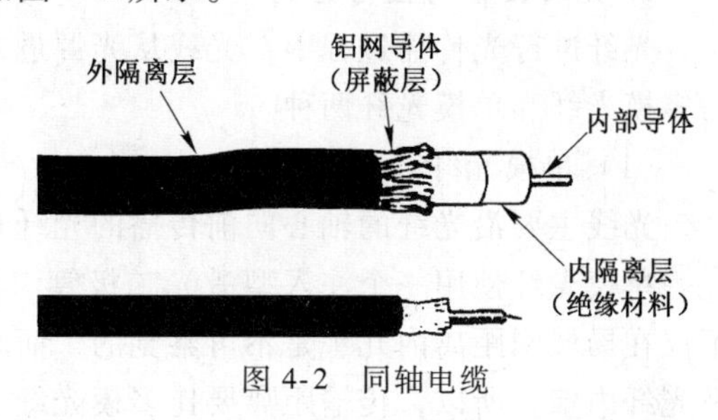

图4-2　同轴电缆

2. 同轴电缆的基本特点

同轴电缆具有较高的抗干扰能力，较宽的可用频带，所以常用于较高速率的数据传输系统中。

与双绞线相比，同轴电缆的抗干扰能力强、带宽、数据传输速率高、传输距离长，但价格也高。

3. 基带同轴电缆和宽带同轴电缆

按同轴电缆的阻抗特性，同轴电缆分50 Ω的同轴电缆和75 Ω的同轴电缆两种。

（1）50 Ω同轴电缆

50 Ω的同轴电缆又称基带同轴电缆（或称细缆）。它主要用于数字传输的系统，广泛用于局域网。在传输中，其在1 km距离以内数字信号的传输速率上限可达50 Mbit/s，一般情况下50 Ω同轴电缆传输数据的速率越高，传输距离就越短。

50 Ω的同轴电缆一般用于总线型局域网中，T型接头作为网卡与电缆的接入接口。

（2）75 Ω同轴电缆

75 Ω的同轴电缆又称宽带同轴电缆。它主要用于模拟传输系统，宽带同轴电缆是公用天线电视系统的标准传输电缆；宽带同轴电缆频带宽度可达400 MHz，运行长度可达100 km。

宽带系统通常都分割成多路信道，在电视广播中常用信道是6 MHz，每条信道可以用于模拟电视或数据流，而信道完全独立，因而电视信号与数据可以在同一根电缆中混合传输。

4.1.3　光缆

光缆是细而软的可传导光束的光学纤维（光纤）媒体。下面对光缆进行简单的介绍。

1. 光缆的基本结构

光纤的制造材料可以是超高纯度的石英、合成玻璃或塑料。超高纯度的石英制成的光纤损耗小，但工艺复杂；合成玻璃制成的光纤虽然损耗较大，但比较经济，能提供良好的性能；塑料制成的光纤最经济，适合短距离和可接受的高损耗场合。

光纤由纤芯、包层和护套3个同心部分组成。

1）纤芯。光芯处于最内层，它由一根（或多根）非常细的玻璃（或塑料）制成的绞合线（或纤维）构成。

2）包层。包层是玻璃或塑料的涂层，具有与纤维不同的光学特性。

3）护套。护套由分层的塑料及其附属材料制成，用于防潮、防擦伤、压伤和其他环境引起的伤害。

光纤的基本结构如图 4-3 所示。

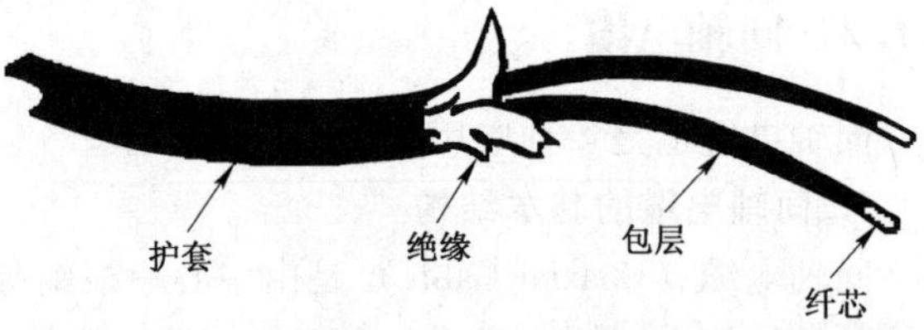

图 4-3 光纤的基本结构

2. 光纤传输特性与分类

光纤进行光传播过程中，光线从光源进入导体后有两种不同的传输方式，因此，光纤分为多模光纤和单模光纤两种。

（1）单模光纤

光线主要沿光纤的轴心向前传播的光纤是单模光纤。

单模光纤使用一个注入型激光二极管 ILD。由于 ILD 是激光射光，光的发散特性很弱，不仅在局域网距离内几乎是不可察觉的，而且它的光束即使超出使用范围，其发散也不会触及光纤内壁，所以，传输距离要比多模光纤远得多。

（2）多模光纤

光线沿着光纤以多种角度不断被包层反射而向前传播的光纤是多模光纤。多模光纤光折射方式又包括阶跃折射和梯度折射两种，如图 4-4 所示。

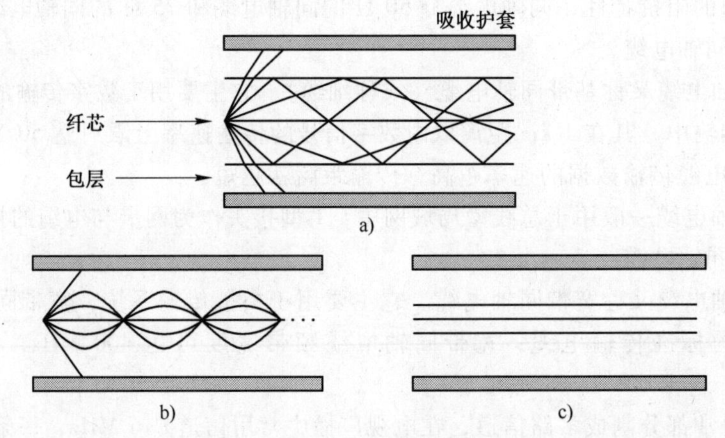

图 4-4 光折种类

a）阶跃折射率多模光纤 b）梯度折射率多模光纤 c）单模光纤

多模光纤是由发光二极管 LED 驱动。由于 LED 不能紧密地集中光束，其光是发散的，所以需要较宽的传输路径，频率较低，传输距离受到一定的限制。

单模和多模光纤的特性对比，如表 4-2 所示。

3. 光纤的特点

- 传输频带非常宽，通信容量大。
- 差错率低。
- 传输损耗小，中继距离长。
- 抗雷电和抗电磁干扰性能强。
- 无串音干扰、不易被窃听、数据不易被截取，保密性好。

表 4-2 3 类光纤的比较

	阶跃折射率多模	梯度折射率多模	单　模
光源	LED 或激光器	LED 或激光器	激光器
带宽	宽(高达 200 MHz/km)	很宽(200 MHz/km~3 GHz/km)	极宽(3~50 GHz/km)
拼接	困难	困难	困难
典型应用	计算机数据链路	中等长度电话线路	远程通信长途线路
成本	最低	较贵	最贵
纤芯直径	50~125 μm	50~125 μm	2~8 μm
包层直径	125~140 μm	125~440 μm	15~60 μm

- 体积小、重量轻。

最后要说明的一个问题：不是所有的光缆都适合于局域网。典型的局域网级光缆是半径为 62.5 μm 的玻璃光纤，它支持由发光二极管驱动的多模通信。

4.1.4 无线通信媒体

1. 微波

无线传输媒体是利用大气的电磁波传输信号，信号的发送和接收是通过天线完成的。计算机网络系统中的无线通信主要是指利用一定范围内的电磁波进行的通信，即微波通信。

2. 微波传输的特点

(1) 传播方式

微波处于频谱的高端，传播是沿直线进行的；而处于低端的低频电波，传播是向各个方向扩散的。利用抛物状的天线，可以将微波能量集中在一个集中的光束上，使其传播到很远的距离。

(2) 信道容量

微波能够提供较大的信道容量，例如，一个 2 MHz 的频段可以容纳 500 条话音线路。

(3) 使用和分配

在使用和分配方面，微波是受管制分配使用的。对局域网来说，可使用的微波频段范围主要是 2.4 ~2.484 GHz、5.725~5.825 GHz、18.825~19.205 GHz。

3. 地面微波通信和卫星微波通信

(1) 地面微波通信

由于微波是沿直线传播的，而地表面是曲面，因此限制了地面微波传播的范围。一般微波直接传输数据信号的距离为 40~60 km，为使传输范围更大，则需要在适当的地点设置信号中继站。设置中继站的目的主要有以下几点。

1) 信号放大。由于长距离传输后，波信号强度减弱，所以要通过中继站来恢复信号强度。

2) 信号失真恢复。由于波信号传输过程中，受到自然界等各种噪声的干扰，信号受到损坏并出现差错和失真，为此要通过中继站进行去干扰、去噪声，进行信号失真恢复等处理工作使正常的控制信号向下一节点传递。

3) 信号转发。通过中继站把微波信号从一个中继站传送到下一个中继站，直到把信号传到信宿节点为止。

微波通信的特点是通信容量大、受外界干扰小、传输质量高，但数据保密性差。

(2) 卫星微波通信

地面微波通信是利用地面中继系统在地面设置中继站。这种系统不论在数据传输速度、数据传输质量，还是在传输范围、传输稳定性等方面都还不能令用户十分满意。为了克服地面微波通信的不足，通信系统利用人造卫星做中继站转发微波信号，使信号在非常大的范围内进行传播。卫星通信能覆盖1/3的地球表面，卫星微波通信与地面微波通信不同，地面微波通信随着通信距离的增加而成本增大，而卫星微波通信与其通信距离无关。卫星微波通信具有更大的通信容量和更高的可靠性。

地面微波通信与卫星微波通信的结构如图4-5所示。

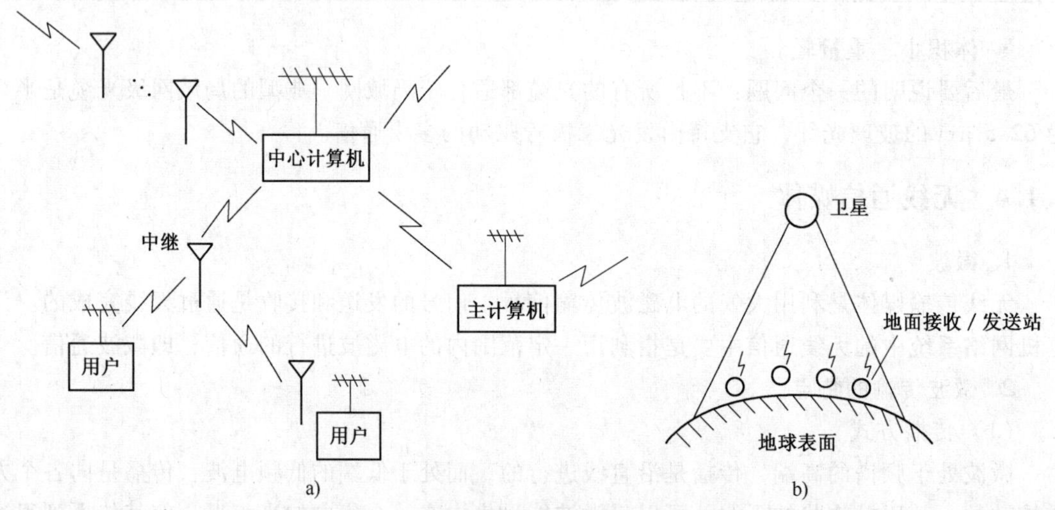

图4-5 地面微波通信和卫星微波通信

a）地面微波通信 b）卫星微波通信

4.2 通信子网设备

数据在通信子网中进行传输，有一类专门从事信息传输工作的设备，在这类设备中虽然也包含有通信控制方面的功能，但它们的主要任务是实现数据有效地在通信子网中从一个网段传到下一个网段，直到目的地。

4.2.1 通信控制设备

1. 通信控制设备产生的原因

计算机网络系统中需要通信控制设备，其主要原因如下。

1）计算机与通信线路上的传输速率不匹配，所以需要通信控制设备来实现速度的调整和信息的收发，使主机能更有效地执行用户程序。

2）通信线路上的数据一般是以串行码传输的，而计算机中的数据传输则是并行方式进行的，因此需要通过通信控制设备对数据传输形式进行转换。

3）计算机网络所连接的终端设备在同步方式、编码方式、通信速度、控制字符等方面各不相同，因此需要通信控制设备对它们进行控制。

4）通信系统在传送信息时，难免要产生一定数量的误差，所以要通过通信控制设备进行差错控制和异常状态的恢复。

5）在计算机网络系统中，一般和主机相连接需要有十几条甚至几十条线路，而计算机的通道却很少，所以需要通过通信控制设备实现数据信息的多路复用的转换和恢复处理。

6）计算机发出和接收的数据都是数字数据，通信线路上，特别是远程通信线路上通常是对模拟数据通信，所以需要利用数据通信控制设备实现数据对调制解调器及自动呼叫应答设备的控制。

通信控制设备必须具有缓冲能力，而缓冲能力的大小又决定着通信控制设备本身的功能强弱，通信控制设备的功能还与其所连接线路的多少有关。

2. 通信控制设备的基本功能

通信控制设备是通信子网的主要设备，用来管理通信功能。虽然不同网络体系结构中的通信控制设备种类各异，叫法也不同，但基本功能都是一样的。通信控制设备的基本功能主要包括线路控制、传输控制和差错控制等。

线路控制可以实现通信线路的连接、释放和对数据进行传输的路径选择；传输控制包括数据加工、报文存储和转发、流量控制和实现传输控制的各种规程。

3. 典型和常用的通信控制设备

通信控制设备具有多样性，这是由于一个通信控制器很难实现上述所有功能。以下为典型和常用的通信控制设备。

（1）通信控制器（CC）

通信控制设备必须有缓冲功能，包括位缓冲、字缓冲、码组缓冲和报文缓冲。

位缓冲的通信控制设备较为简单。它只控制每一位的取样和送出，而字符的组合分解判断、传输控制等都由计算机完成，这样就加重了计算机的负担，这种设备适用于一两条线路，通信量较小的场合。

字缓冲方式通信控制包括接收位、组合成字符、将字符分解成位、判断数码字符的起始和终止、检出错码、时间监测等各种功能，这就减轻了计算机的负担，所以用得最多。但这种通信控制设备要比位控制通信设备复杂。

码组缓冲通信控制设备结构复杂，但计算机负担轻，这种设备不常使用。

报文缓冲通信控制设备是处理报文的，故计算机只进行信息处理。这种设备适合于完成复杂任务，需将线路控制与信息处理分别用两个硬件完成。

以字缓冲方式的通信控制器为例，它是由线路连接装置和线路控制两部分组成的。通信控制器的结构如图 4-6 所示。

通信控制器主要完成如下功能。

1）设置和拆除通信线路。当通信开始时，向线路的调制解调器发出“发送请求”，调制解调器发出呼叫显示“通”来告知信息到达，“通”状态是通过接收信号检测为“通”表示的，在交换电路的情况下，还要控制自动呼叫装置，向交换机发出交换网控制信号，以上为设置通信线路的过程。拆除通信线路过程与设置通信线路过程相反。

2）发送和接收信息。对于串行传输，发送操作是把计算机传出的字符分解为位，并按规定的速度在通信线路上传输。接收操作是将来自调制解调器的二值直流信号在其中间位置取样，判断位的状态，再组成字符。接收操作时，主要确定终止位，若确定不合格，应予以清除。对于并行传输情况可直接把来自计算机的字符按规定速度直接进行并行收发。

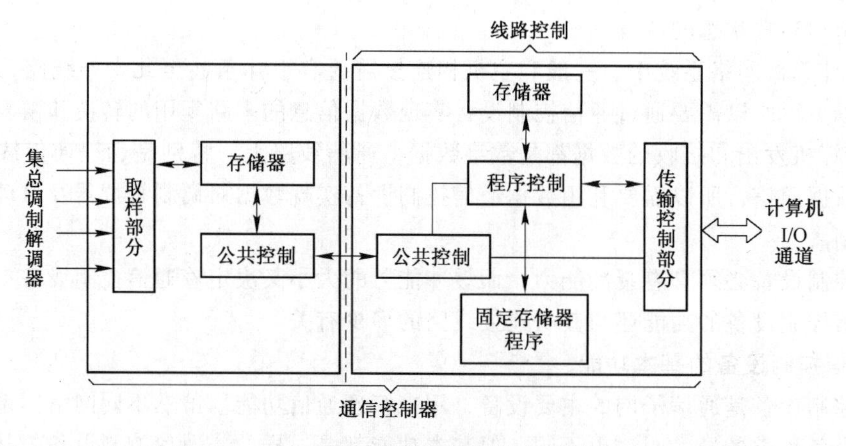

图 4-6　通信控制器的结构

3）传输控制。在线路控制中，传输控制是由计算机的线路控制程序来控制完成的，而通信控制器的传输控制是根据计算机发出的各种指令，执行各种控制动作，通信处理器通常完成较多的经常性动作。通信控制器的功能还有识别传输字符、监测序列、检出数据码组的开始结束字符、监测时间、检测错误等。

4）与计算机间的信息传输。通信处理器接收从计算机发来的指令，以字符为单位传输通信线路的状态和数据。

（2）线路控制器（LC）

线路控制器一般用于远程终端或智能终端，是端点与通信线路上调制解调器的接口设备，实际上是块插件板。

一般的终端没有 CPU，而智能终端有 CPU 的控制，且具有存储计算功能。终端中除线路控制部分外，硬件主要有终端与线路控制部分的接口，线路部分与调制解调器的接口。接口设备就在线路控制器中。线路控制部分完成的功能如下。

1）由终端发送数据时，将并行数据转变成串行数据送至调制解调器。

2）接收数据时，将串行数据转换为并行数据，送至终端机或其 CPU 进行处理。

3）产生定时信号，并用硬件确定本终端的地址号，以便与主机交换信息。

线路控制器的结构如图 4-7 所示。

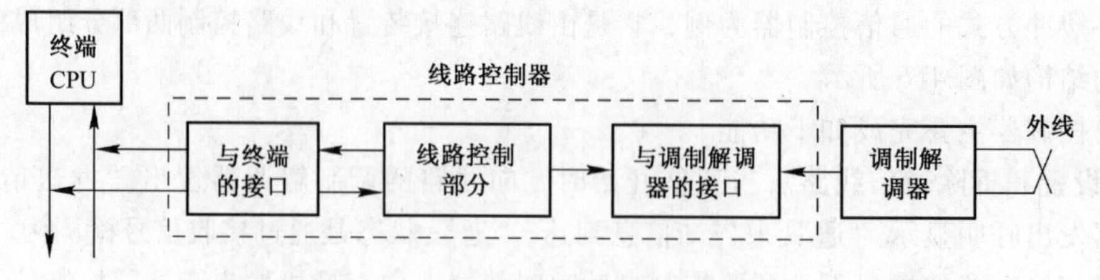

图 4-7　线路控制器的结构

（3）通信处理机（CP）

通信控制器（CC）和线路控制器（LC）两种通信处理装置在处理一些问题时，需要计算机参与完成。为了减轻主机的负担，应将通信控制程序从主机中分离出来，而由通信处理机完成。这样，通信处理机实际是选用一台小型计算机或微型计算机，随着通信控制设备功能的逐渐增加，这完全是必要的，也是发展的趋势。在当前各种计算机网络中，各种通信处理机的通信功能是不完全相同的，所以，不同通信处理机的名称也不一定一样，它们分别称为前端处理机（前置机）、数据或报文交换机、集中器等。它们可用在多种场合，根据场合不同往往叫不同的名称，具体如下。

1）数据（报文）交换机。它接收来自各种终端的数据（报文），进行解释，有时还进行代码转换，然后发送到远程终端或计算机。数据（报文）交换系统多数都是存储转发型的，即把收到的数据存储在通信处理机的内存或外存储器中，然后再发送出去。数据（报文）交换机是分组交换网中资源子网的主要设备。

2）前端处理机（FEP）。作为主计算机之间的通信设备，代替固定连线的通信控制器，这在计算机网络中是用得最广泛的。前端处理机不仅收发网络中的数据，而且还要对数据进行前处理和后处理，进而减少主计算机的辅助操作。

3）线路集中器。线路集中器是把多条低速线路上的数据集中起来，连到一条高速线路上，它是具有数据处理能力的设备。线路集中器也是分组交换网中资源子网的设备。

4.2.2 分组装/拆设备及其交换设备

1. 分组装/拆设备（PAD）

在分组交换网中，报文从信源发出进入通信子网，需要将报文拆分成一个个等长的分组，在接收端要将分组组合复原成原报文，这是 PAD 的主要功能。除此之外，PAD 还具有异步接口控制、数据传送控制、发送输出控制、输入控制和编辑功能。

在应用方面，PAD 实际上是分组交换网上的集中器，主要用于与非 X.25 分组终端的连接。PAD 有多个端口和非分组终端（NPT）相连，如图 4-8 所示。

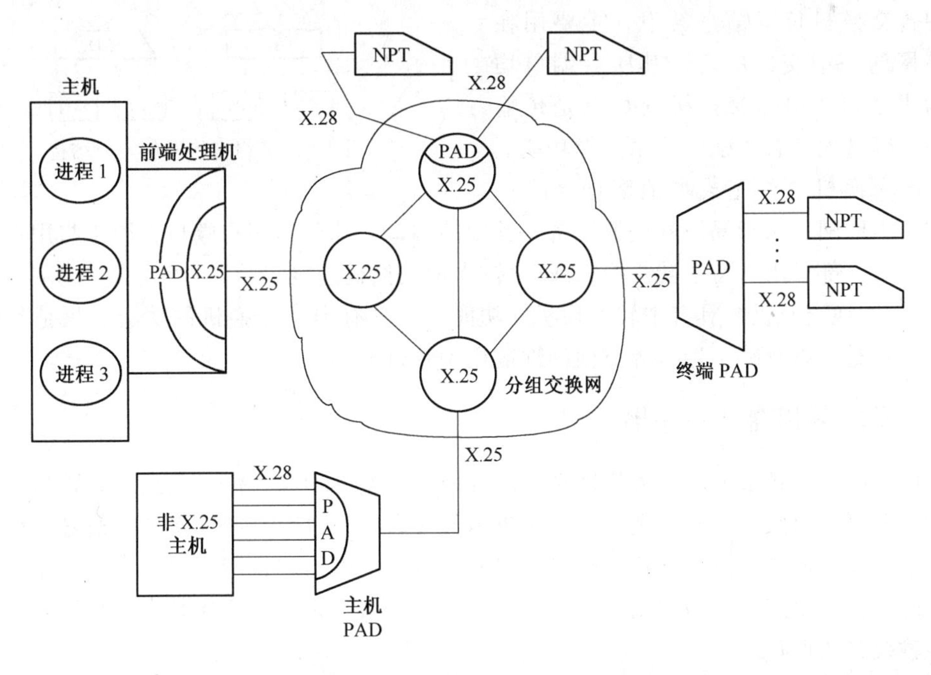

图 4-8　PAD 在网中的位置及应用

从图4-8中可以看出，PAD与NPT连接的协议为X.28，与分组节点（PN），如X.25节点连接的协议为X.25协议。从图4-8中还可以看出，PAD有多种类型。节点机PAD是在节点机中内置式的；主机PAD和终端PAD是独立的，它们之间的区别在于前者用于连接分组交换主机，后者用于连接非分组交换终端；此外是具有路由选择、流量控制等功能的智能型PAD。

总之，PAD的主要功能包括提供X.25规程支持，用于与分组交换网连接和非X.25终端连接；向非X.25终端提供通过分组交换网的呼叫建立、数据传输和清除功能等。

2. 分组交换设备（PSE）

分组在分组交换网中从一个节点转发交换到下一个节点，就需要有完成交换任务的设备，这就是PSE。PSE是分组交换网的核心设备，是一种多端口的网络设备，其主要功能就是完成分组交换网中的信息交换和通信处理任务。因此，PSE的功能包括建立、维持和拆除通信信道，完成通信处理任务；将所有信息组成一定格式的数据单元；完成交换和存储转发功能；完成路由选择和流量控制功能，以及局部的维护、运行管理、故障报告与诊断等功能。

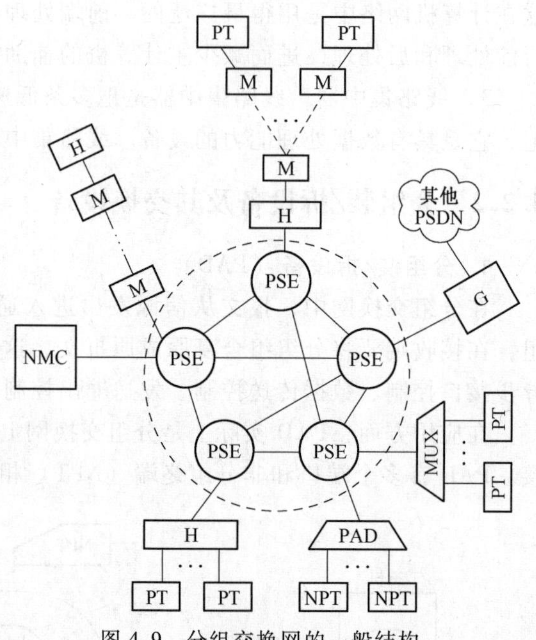

图4-9　分组交换网的一般结构

根据PSE在分组交换网中的位置和作用不同，PSE分为中转交换机、本地交换机和中转/本地交换机3类，如图4-9所示。

中转交换机负责信息转发，主要用在大骨干网的一级交换中心，其所有端口均可作为中继口。中转交换机的特点是传输速率高，容量大，有较强的路由选择功能。

本地交换机主要完成本地数据交换任务，用于本地网，属于局域网交换设备，其中的端口一部分为用户端口，用于与用户数据终端连接，另一部分用于与中转交换机或中转/本地交换机连接。

中转/本地交换机既具有中转交换机的功能，又具有本地交换机的功能。只是其数据传输速率、容量，以及路由选择等方面的性能比中转机低。

4.2.3　多路复用器和集中器

一般的终端设备主要用于人机联系，故其通信的速率不高。而一条通信线路却可以有较高的传输速率，因此，有必要把若干终端集中连接起来，也就是把许多单个信号在单一的传输线路上用单一的传输设备进行传输，多路复用器和集中器就是用于当一群终端设备距计算机较远时，为了提高线路的利用率，而把这些终端集结起来，然后使其低速终端复用高速或中速传输线路的设备。

1. 多路复用器

多路复用器可将信息群只用一个发射机和接收机进行长距离的传输。多路复用器通常有两种类型，就是频分多路复用器（FDM）和时分多路复用器（TDM）两种。频分多路复用器多用于连续信号传输，而时分多路复用器多用于时间离散的数字信号的传输。

频分多路复用器是将可用的传输频率范围分为多个细较的频带，每个细分的频带作为一个独立的信道。频分多路复用器有它自己的调制解调器，成本低，使用方便。频分方法值得注意的是，各频带之间有频带保护，以防止信号重叠，否则信号就容易失真。

时分多路复用器适用于终端密集的地方，每个信号在时间上分时采样，互不重叠，也即将时间分成许多小块，称为时隙，每一用户占用一个指定的时隙。从而实现每一用户（信源）分别接通信道，且轮流使用同一信道。时分多路复用器包括同步时分多路复用器和异步时分多路复用器两种。

2. 集中器

集中器对各终端发来的信息进行组织，不工作的终端不占用信道。按有无字符级的缓冲能力，集中器划分为保持转发式和线路交换式两种。

保持转发式集中器可提供字符级的缓冲能力。其基本原理是由于每一个终端发送信息的时间不同，数据长度有了差别，因此，集中器内存储器对各终端的时间进行动态分配，通常一组信息包括同步信号、终端地址、正文信息、终止符号、差错校验信号等，这在计算机局域网中经常采用。

线路交换式集中器对每一路终端仅提供位缓冲能力，它是采用电话交换机的工作原理起到集中分配的作用，由于它的功能较差，因此，在当前局部网中很少使用。

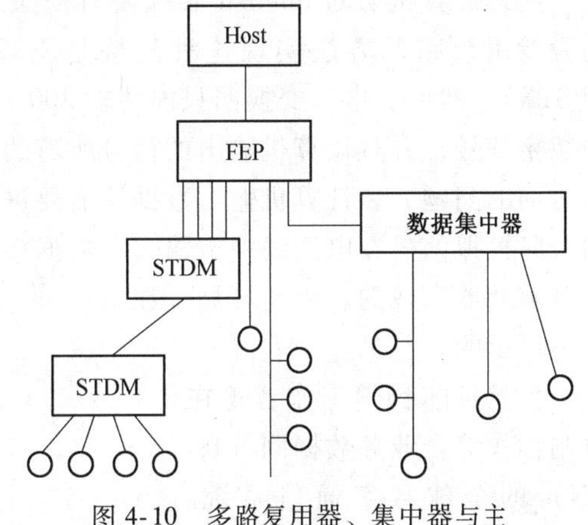

图 4-10　多路复用器、集中器与主计算机的连接

多路复用器、集中器与主计算机连接的逻辑结构图如图 4-10 所示。

3. 集中器与多路复用器的比较

集中器和多路复用器都是将若干终端的低速信号复合起来，以共享高速输出线路的设备，但它们之间有着如下几点本质的区别。

复用器可划出若干子信道，使每一个信道对应一个终端，而集中器没有这种对应关系，它是采用动态分配信息的原则，各路信息在网络中均有相应的地址标志，集中器对每路信息进行某些处理，而复用器是没有的。因此，可以说复用器是透明的，而集中器是不透明的。

集中器是以报文为单位传输的，而复用器是以字符为单位传输的。

集中器是一台微机，它本身具有存储能力和编程功能，并且可以配备外部设备，而复用器不具有编程能力，也没有外部设备。

从应用的配置来看，复用器是成对使用的，而集中器是单独使用的。

集中器的功能比复用器强得多，类似于通信控制器，因为它具有对线路进行控制、代码转换、组合报文、进行差错控制等功能，但复用器响应快、成本低、易实现。因此，选择时，可根据环境和要求综合分析选用。

4.2.4 调制解调器

1. 调制解调器的概念

调制解调器是同时具有调制和解调两种功能的设备，它是一种信号变换设备。

在计算机网络通信系统中，作为信源的计算机发出的信号都是数字信号，作为信宿的计算机所能接收和识别的信号也要求必须是数字信号。在数据传输中，特别是在进行远程数据传输过程中，为了能利用电话公共交换网实现计算机间的远程通信，就必须先将信源发出的数字信号变换成能够在公共电话网上传输的音频模拟信号，经传输后再将变换的数字信号复原，前者称为调制，后者称为解调。

调制解调器是计算机网络通信中极其重要和不可缺少的设备，如用户计算机访问 Internet 就要用到调制解调器。

用户计算机访问 Internet 必须要有一条通往 Internet 上某台主计算机的数据通道。采用铺设专用线路的方法实现这种连接是不现实的，于是人们就考虑利用公用电话交换网（PSTN）。然而，电话交换网只能传输 300~ 3400Hz 的音频模拟信号，不能传输由 0、1 构成的数字信号，并且计算机输出的信号所需的带宽远远大于一个话路的带宽。为了解决上述两个方面的问题，在计算机输出数据端需要进行信号调制，即把数字信号转换为某一频率范围的音频模拟信号在电话线中传输，在数据接收端，数据需要复原，即解调。这个过程是利用调制解调器完成的。由此可见，在 Inernet 传输过程中，利用电话拨号连接，调制解调器是必不可少的。

虽然目前科学工作者正在研制称作综合业务数据网（ISDN）的全球数字通信系统。但在这种系统最终实现和建立以前，绝大多数远程数据通信都需要使用调制解调器。即使 ISDN 建立起来之后的远程数据通信，也不会把调制解调器完全替代。调制解调器的结构如图 4-11 所示。

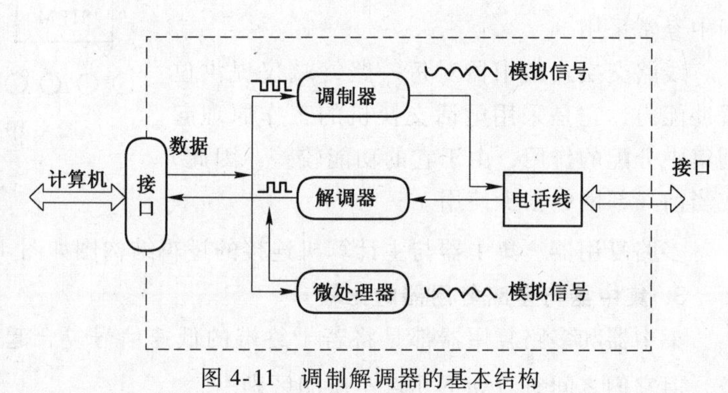

图 4-11 调制解调器的基本结构

2. 调制解调器的主要作用

1）信号变换。信号变换是调制解调器最主要的功能，它是将信源发出的数字脉冲信号变换成与信道相匹配和适合模拟信道传输要求的模拟信号。在信宿端，它完成与信源端相反的信号变换，使信号复原，并具有将带有畸变和干扰噪声的混合波形进行处理的功能。

2）同步传输系统中，调制解调器内所传送的数据流中有同步信息。在接收端调制解调器将发送来的同步信息进行同步提取并锁相（所谓锁相就是指锁相环技术，它是指一种用在通信接收机中的电路或模块，其作用是对接收到的信号进行处理，并从其中提取某个时钟的相位信息），用以产生与信源同频、同相的载波，供信宿产生定时和取样使用，以确保信源和信宿两端同步。

3）提高数据在传输过程中的抗干扰能力，补偿因某些有害因素对信号造成损害。

4）用以实现信道的多路复用。调制解调器是利用信号的正交性、采用不同的编码和调制技术实现信道多路复用的。调制是进行信道多路复用的基本途径。

3. 调制解调器分类

调制解调器种类繁多，性能各异，主要分类如下。

（1）按速度分类

按速度划分，调制解调器有低速、中速、高速。

调制解调器的速率越高，其在同一条电话线上传送或接收同等数量数据所需要的时间就越短，工作效率越高，线路使用费用就越低。但是，调制解调器很难在理想的速率上进行工作。工作时，调制解调器要根据电话线的质量以及与其通信对方的调制解调器的速度来调整自己的速度。

目前，调制解调器主要有以下几种常用速率产品：14.4 kbit/s、28.8 kbit/s、33.6 kbit/s和 56 kbit/s，宽带调制解调器的速率可达 2 Mbit/s。

（2）按调制方法分类

按调制方法分类有频移键控、相移键控、相位幅度调制。

（3）按与计算机连接方式分类

1）独立式：独立式调制解调器有与计算机、电话等连接的接口，如图 4-12 所示。

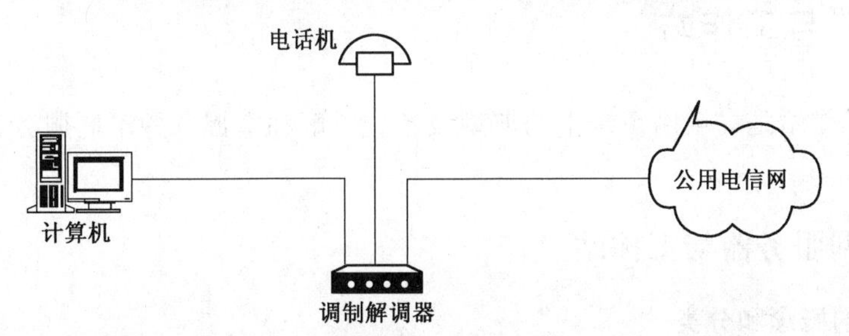

图 4-12　独立式调制解调器与计算机、电话机的连接

独立式调制解调器直接连接在计算机的一个接口上，安装方便，便于携带，而且性能好，其工作状态可以通过调制解调器面板上的各种指示灯观察。但独立式调制解调器的价格比内装式调制解调器贵。

2）内装式：内装式是把调制解调器设计在计算机内，如图 4-13 所示。

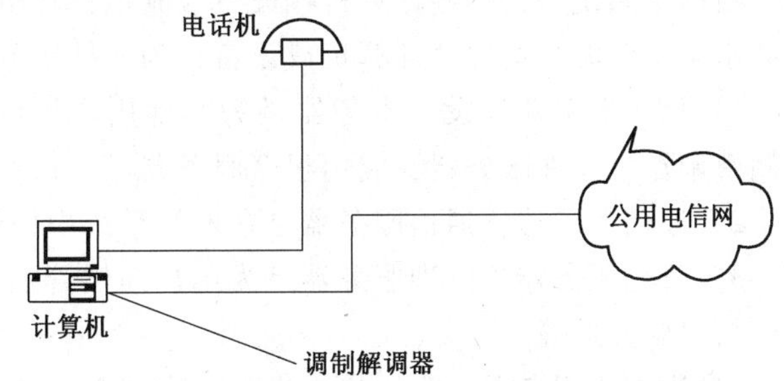

图 4-13　内装式调制解调器与计算机的连接

内装式调制解调器体积小，可以直接安装在计算机的一个扩展槽上。内装式价格比较便宜，但安装时需要打开机箱，寻找一个合适的插槽，以免与其他设备发生冲突，内装式调制解调器的工作状态只能依靠软件进行监视。

（4）按先进性分类

1）手动拨号调制解调器：这种调制解调器在使用时用与其相连接的电话来拨号码。

2）自动拨号/自动回答调制解调器：这种调制解调器在使用时只需在计算机键盘上输

入要拨的电话号码即可。

3）智能调制解调器：普通的调制解调器完全独立于计算机，不受计算机的任何控制，对调制解器的控制是由人工进行的，而智能调制解调器是通过计算机对其工作进行控制的。

智能调制解调器的功能非常强，它除具有通常调制解调器的功能外，还具有数据自动检测、差错纠正、数据压缩、语言压缩、流量控制、发送和接收 FAX（传真）、自动降速或恢复设定速率、诊断及线路状态监视等功能。

智能调制解调器都是以微处理器和大规模集成电路来实现的，体积小、重量轻，它的使用均通过“菜单”进行。

4. 调制解调器的选择

调制解调器的选择是用户非常关心和十分重要的问题，选择调制解调器主要考虑如下几方面的内容。

1）用户要根据实际使用环境来确定调制解调器的环境。

2）要考虑调制解调器的附属功能。如自动/人工拨号备份功能、网络管理的功能、远程设备功能、安全性要求和自动速率均衡与适配功能等。

3）要特别注意其性能，如调制速率、接口标准和数据损伤特性等。

4.3 服务器与工作站

服务器和工作站是局域网系统中的典型设备，了解和掌握各种不同服务器的性能和特点是非常重要的。

4.3.1 局域网服务器与工作站

1. 服务器的概念和分类

局域网中互联起来的计算机和各种辅助设备，根据其在网络中的“服务”特性，可分为网络服务器和网络用户工作站。

在网络系统中，一些计算机或设备应其他计算机的请求而提供服务，使其他计算机通过它共享系统资源，这样的计算机或设备称为网络服务器。服务器大致可分为以下4类。

1）设备服务器。设备服务器是为其他用户提供共享设备的，如硬盘驱动器、打印机、调制解调器、文件服务器、应用程序服务器等。

2）通信服务器。通信服务器是在网络系统中提供数据交换的服务器。

3）管理服务器。管理服务器是为用户提供管理方面服务的，如网络同步器、名字服务器、权限服务器等。

4）数据库服务器。为用户提供各种数据服务的服务器。

2. 几种主要的局域网服务器

（1）文件服务器

在众多的服务器中，文件服务器是最为重要的局域网设备。在局域网中，文件服务器掌握着整个网络的命脉，一旦文件服务器出现故障，整个网络就会瘫痪。文件服务器的档次一般都比较高。以微机局域网为例，文件服务器通常是一台高档微型计算机，配有大容量磁盘存储器和内部存储器，磁盘存储器用于存放网络系统中的文件，内存储器用于支持网络软件的执行。

服务器上必须配有一块或多块网络接口卡，通过接口卡与公共的通信电缆连接以进行数据通信，该服务器的主要功能是为用户提供网络信息，实施文件管理，对用户访问进行控制等。文件服务器分专用服务器和非专用服务器两种。专用服务器的全部功能都用于对网络的管理和服务上。非专用服务器，除了作为服务器外，还可用作用户工作站。因此，也可非专用文件服务器为并发服务器。

（2）应用程序服务器

用来存储可执行的应用程序软件的服务器为应用程序服务器。应用程序服务器与文件服务器的区别在于：前者存储着可执行的应用程序软件，网络中的工作站要运行服务器中的应用程序就必须通过网络与服务器建立连接，应用程序在服务器上运行；如果服务器中的应用程序可以下载到网络工作站中，应用程序在工作站上运行，这就是文件服务器的功能。使用应用程序服务器的好处是能够减少在应用软件方面的总投入。

（3）网络打印服务器

网络打印服务器也是局域网中的一种重要的服务器。作为一个网络系统，当其规模和使用程度达到一定水平后，如果直接连接在系统中的打印机（又称网络型打印机），其性能不能提高，就有可能使系统出现瓶颈现象。网络打印服务器就是为解决上述瓶颈问题而设计的。解决的基本方法是为系统中的打印机配备一台打印服务器。打印服务器实际上是将属于自己的外部设备提供给网络其他用户使用，为网络用户提供服务。

网络打印服务器是打印机在网络中提供共享的一种方式。作为打印机，在网络中为多个用户工作站提供共享的方式还有一种，其称为网络打印机。

网络打印服务器和网络打印机结构如图 4-14 所示。

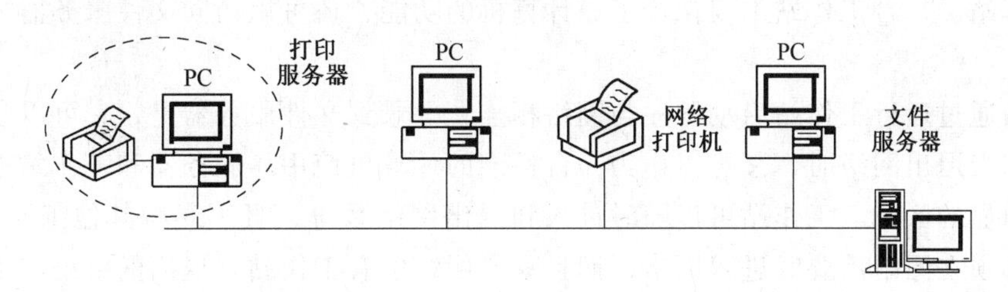

图 4-14　网络打印服务器和网络打印机的连接

（4）网络通信服务器

对于一个网络系统来说，最重要的是能够提高其资源共享的能力。通信服务器不仅能够使局域网提高资源共享的能力，还能够极大地减少硬件方面的投资。在微机局域网系统中，通信服务器建立通常采用的方法：在网络中选择一台工作站作为通信服务器，然后将一个调制解调器接到这台工作站计算机的串行通信口上，这个与调制解调器相连接的工作站计算机就变成了通信服务器。作为通信服务器在网络中，既是工作站又是通信服务器，这种应用方式只适于对等方式网络。网络通信服务器结构如图 4-15 所示。

（5）网络数据库服务器

网络数据库服务器是伴随数据库技术的发展以及网络应用的发展而产生的。以往数据库主要以单机操作为主，因此在数据检索和数据处理量等方面都受到极大的限制。随着网络技术及应用的发展，从一主型数据库技术产生，即在网络系统中有一台文件服务器，用来专门

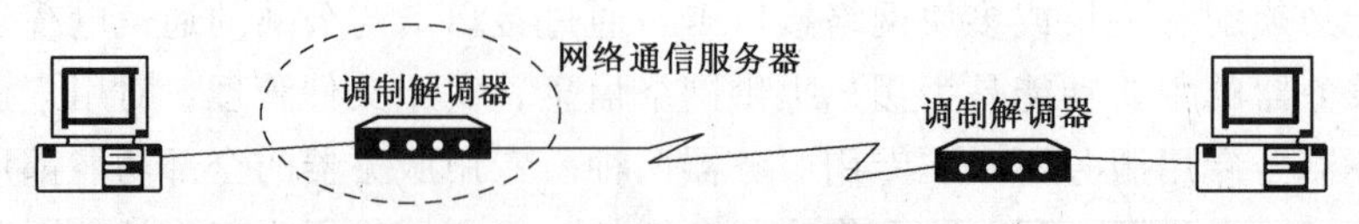

图 4-15　网络通信服务器结构

负责控制网络资源，协调网络工作，系统中还配备一台数据库服务器，负责提供数据查询及更新等服务给工作站。网络数据库服务器是数据库的核心，但数据库服务器与其用户之间的通信工作必须靠系统中的文件服务器进行控制和维护。网络数据库服务器结构如图 4-16 所示。

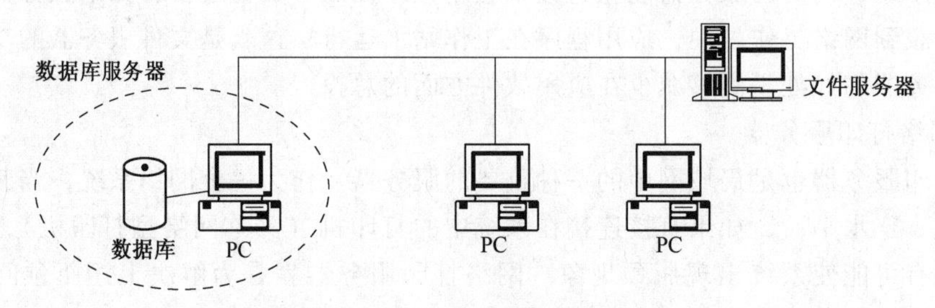

图 4-16　网络数据库服务器结构

4.3.2　工作站

在局域网系统中，有些计算机请求提供服务，而不为其他的计算机提供服务，这类计算机称为工作站。每台工作站不仅保持了原计算机的功能，还可以访问文件服务器，共享网络资源。

工作站通过运行工作站启动程序与网络相连，登录到文件服务器上，它可以参与网络的一切活动。当退出网络时，又可以作为一台标准的计算机使用。服务器和工作站进入和退出网络时有明显的区别。工作站可以随时进入和退出网络系统，且不影响其他工作站的工作，而服务器必须在网络需要时进入网络，而且只要网络中有工作站未退出网络还在工作，服务器就不能退出网络系统。

4.4　网卡

网卡是计算机网络硬件设备中不可缺少的设备之一，全面了解网卡的有关知识是非常重要的，本节将对网卡进行较全面和系统的介绍。

4.4.1　网卡的概念和功能

1. 网络接口卡的概念

网络接口卡（Network Interface Card，NIC）又称网络适配卡（NAC），它是计算机互联的重要设备。网络接口卡是工作站与网络之间的逻辑和物理链路，其作用是在工作站与网络之间提供数据传输的功能。在局域网系统中，互联起来的每个终端用户计算机和主计算机上都有网络接口卡插入计算机的扩展槽中。在 OSI 模型中，网络接口卡属于数据链路层的设备。

2. 网络接口卡的基本功能

（1）数据转换

由于数据在计算机内都是并行数据，而数据在计算机之间的传输是串行传输，所以网络接口卡要有对数据进行并-串和串-并转换的功能。

（2）数据缓存

由于在网络系统中，工作站与服务器对数据进行处理的速率通常是不一样的，为此网络接口卡内必须设置数据缓存，以防止数据在传输过程中丢失并实现数据传输控制。

（3）通信服务

网络接口卡实现的通信服务可以包括 OSI 参考模型的任一层协议。但在大多数情况下，网络接口卡中提供的通信协议服务是在物理层和数据链路层上的，而这些通信协议软件，通常都被固化在网络接口卡内的只读存储器中。

4.4.2 网卡的分类

从不同的角度考虑，网卡有多种分类方法，常用的分类方法有如下几种。

1. 按媒体访问协议分类

按媒体访问协议分类，网卡可分为以太网、ARCnet、令牌环网、FDDI、ATM、高速以太网网卡。对网卡的进一步划分如图 4-17 所示。

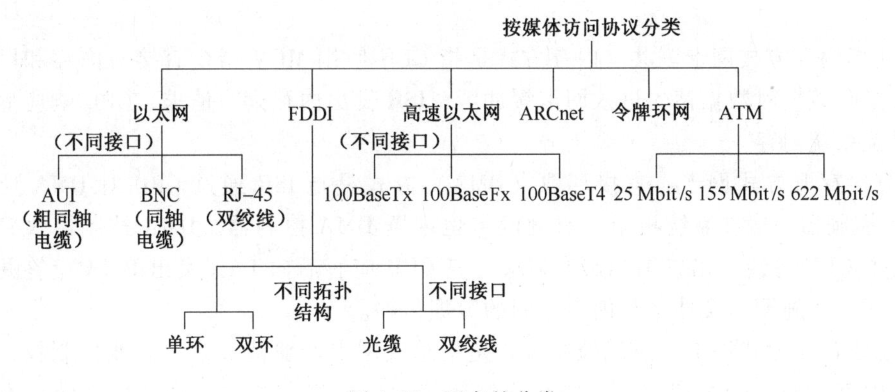

图 4-17　网卡的分类

2. 按总线类型分类

按总线类型分类，网卡分 ISA、EISA、PCI、MCA、SBUS、PCMCIA 等。

1）工业标准体系结构（Industry Standard Architecture，ISA）。网卡具有以下特性：传输速率较低，可直接驱动多个传输速率低的控制卡和外设，对传输速率要求较高的设备则需要有专门的缓冲转接电路。ISA 网卡主要有两种：8 位的 NE1000 网卡和 16 位的 NE2000 网卡。NE1000 主要用于 486 以下型号的微机系统上，速度慢，现已淘汰。NE2000 网卡速度快且价格低，在 PCI 总线网卡出现以前是主流网卡。

2）扩展工业标准体系结构（Extend Indusry Standard Architecture，EISA）网卡是为服务器和高性能工作站提供的一种 32 位总线主控器网卡。它能够减少发送和接收数据所需的主机 CPU 时钟数，以及增加以太网的数据吞吐量，从而极大地提高网络性能。

3）总线外围部件互联（Peripheral Component Interconnect，PCI）网卡分32位和64位两种，它们都具有很高的传输速率（32位PCI网卡的最大传输速率为132 Mbit/s，64位PCI网卡的最大传输速率为528 Mbit/s），可以适应各种高速部件的需要。PCI网卡除具有高速传输的特点外，PCI网卡还具有安装简便（支持即插即用技术）和充分利用总线资源（PCI采用多路复用技术，减少了布线空间，增大了总线宽度）的特性。PCI是目前市场上的主流产品。

4）个人计算机存储器插卡接口卡（Personal Computer Memory Card Interface Adapter，PCMCIA）网卡是基于“个人计算机内存卡国际联合会”标准设计开发的网卡，适用于笔记本式计算机。目前，PCMCIA网卡有如下3类标准。

类型1：卡长、宽、高的尺寸分别为85.6 mm、54 mm、3.3 mm。

类型2：卡长、宽、高的尺寸分别为85.6 mm、54 mm、5.0 mm。

类型3：卡长、宽、高的尺寸分别为85.6 mm、54 mm、10.5 mm。

3. 按工作方式划分

按工作方式划分，网卡分为寻址方式、共享内存方式、直接存取（DMA）方式、总线控制方式和智能方式几种。

1）寻址方式网卡。寻址方式是指主机用输入和输出指令对网卡的I/O端口寻址并交换数据，这种方式完全依靠主CPU实现数据传送。当数据进入网卡缓冲区时，LAN控制器发出中断请求，调用ISR，ISR发出I/O端口的读写请求，主CPU响应中断后将数据帧读入内存。

2）共享内存方式网卡。共享内存方式是指CPU使用MOV指令直接对内存和网卡缓冲区寻址。接收数据时数据帧先进入网卡缓冲区，ISR发出内存读写请求，CPU响应后将数据从网卡送至系统内存。

3）直接存取方式网卡。直接存取（DMA）方式是指ISR通过CPU对DMA控制器编程，DMA控制器一般在系统板上，有的网卡也内置DMA控制器。DMA控制器收到ISR请求后，向主CPU总线发出查询和定位请求，获CPU应答后向LAN发出DMA应答并接管总线，同时开始实施网卡缓冲区与内存之间的数据传输。

4）总线控制方式网卡。总线控制方式是指总线网卡能够裁决系统总线控制权，并对网卡和系统内存寻址，LAN控制权裁决总线控制权后以成组方式将数据传向系统内存，由中断请求服务程序ISR调用LAN驱动程序，再由中断服务程序IQR完成数据帧处理，并同高层协议一起协调接收和发送操作，这种网卡由于有较高的数据传输能力，常常省去了自身的缓冲区。

5）智能方式网卡。智能方式是指智能网卡中有CPU、RAM、ROM以及较大的缓冲区。其I/O系统可独立于主CPU，LAN控制器接收数据后由内置CPU控制所有数据帧的处理，LAN控制器裁决总线控制并将数据成组地在系统内存和网卡缓冲区之间传递。IRQ调用LAN驱动程序ISR，通过ISR完成数据帧处理，并同高层协议一起协调接收和发送操作。

4. 按所支持的带宽划分

按所支持的带宽划分有10 Mbit/s网络接口卡、100 Mbit/s网络接口卡、10/100 Mbit/s自适应网络接口卡、150 Mbit/s网络接口卡和1000 Mbit/s网络接口卡。

4.4.3 网卡连接方法

1. 外端口连接

外端口接口是非常容易使用的，但性能较差。外端口通常是手掌大小的椭圆形器件。位于它的一端是25针的连接器，直接接到计算机的并行口上。外端口接口的另一端是一个T型连接器，或是一个同轴连接器，或是两者都有，目的是为了连接到网络。

2. PC卡连接

PC卡与普通银行卡的大小相当，厚度为银行卡的3~4倍，PC卡插在计算机的PC卡插口上，通过专用介质线，将网卡连到标准的网络布线中。

PC卡连接的主要缺点是配置困难。如果用的是即插即用计算机操作系统，通常安装是很容易的（几乎是即插即用）。但如果用非即插即用操作系统，如DOS配置，即使是对熟悉PC支持的专家来说也是十分困难的，在这种情况下，大多数的卡在装入网络驱动程序前，要求装入多个准备程序。甚至，如果已经成功地配置了系统并且能够注册进入网络，也不能保证分配有足够的内存来运行网卡程序。

3. 内置网络接口卡连接

内置网络接口卡是最普通的网络连接设备，它有自己的处理器芯片，来完成计算机CPU的某些处理工作。电路设计好的网络接口卡，本身的功能很强，许多处理工作由它来完成，不再需要计算机系统来处理。

4.5 联网设备

不论是局域网、广域网，还是因特网都离不开联网设备，不同的联网设备在网络中的作用是不同的。

4.5.1 中继器

1. 中继器的概念和作用

中继器又称转发器，它是扩展局域网的硬件设备，属于物理层的中继系统。

中继器的作用是简单地放大或刷新通过的数据流，扩大数据传输的距离，中继器用于连接和延展同型局域网。

2. 中继器的基本功能

中继器是在物理层内实现透明的二进制位复制，补偿信号衰减。也就是说，中继器接收从一个网段传来的所有信号，并进行放大后发送到另一个网段。中继器主要的功能如下。

1）信号恢复。中继器具有完全再生网络中传送的原有物理信号的能力。

2）隔离。中继器具有检测与之相连物理媒体，对出现故障的媒体隔离的功能，以避免传输中由于某网段的故障而影响其他网段的传输。

3）不同传输媒体连接。

4）接口管理。中继器具有一定的管理功能，从而便于网络的统一管理。比如，网段间的流量控制等。

3. 中继器工作特点

中继器放大和转发数据的特点：中继器不了解传输帧的格式，也没有物理地址。信号转发时，中继器不等一个完整的帧发送过来就把信号从一个网段发送到另外一个网段中。经中继器，能把有效的连接距离扩大一倍。

例如，以太网段的最大连接距离是 500 m，经一个中继器将两个网段连接起来，可以将以太网的连接距离扩大到 1000 m。

4. 中继器的缺点

中继器转发信号具有如下缺点：虽然中继器能保证信号的强度，但每个中继器和网段都增加了延迟。如果延迟太长，协议不能工作，网络就不能正常运行。所以传输中，中继器个数必须要有限制。如，以太网中规定，中继器个数不能超过 4 个。中继器的另一个缺点：中继器不了解一个完整的帧，当信号在网段中转发时，中继器不能区分信号帧是否失效。因此，中继器会将失效的、包括差错信号在内的信号一起在网段之间传输。

4.5.2 集线器

1. 集线器的概念

集线器（Hub）主要以优化网络布线结构、简化网络管理为目标而设计，是局域网中的重要设备。集线器是对网络进行集中管理的最小单元，其主要功能是对接收到的信号进行再生整形放大，以扩大网络的传输距离，同时像树的主干一样，把所有节点集中在以它为中心的节点上，集线器是各分支的汇集点。

集线器与中继器的区别仅在于集线器能够提供更多的端口服务，所以集线器是中继器的一种，又称为多口中继器。

常见的集线器，外部结构比较简单，其基本结构如图 4-18 所示。

2. 集线器的发展

自从集线器问世以来，集线器产品不断得到改进，其发展大致可分为 4 代。

图 4-18　集线器

（1）第一代集线器

第一代集线器即被动集线器，它是中继器型集线器。第一代集线器是一个结构化的线路装置，在这个装置上有固定端口连接双绞线，并将终端通过 Hub 连接起来，从而实现信号增强及重定时的功能。

第一代集线器不能提高网络的性能，也没有检验硬件错误和发现瓶颈的功能，它只是简单地接收一个端口收到的分组，然后将分组经过所有端口重新广播。第一代集线器一般用在 10 Mbit/s 以太网或相同速率的网络结构上。

（2）第二代集线器

第二代集线器即主动集线器，它具有第一代集线器所有的特性，而且还增加了监视正在传输数据的额外功能。其主要特点是支持多种传输媒体介质，除了具有简单的接收、广播数据外，还具有检测和修复数据分组等功能。另外，第二代集线器还具有信号放大功能，当接收到的信号很弱但仍可读时，集线器会在重新广播之前，将其恢复到较强状态，它还具有为用户提供某些诊断分析和对某些正在传输的分组进行重新定时和同步的功能。

（3）第三代集线器

第三代集线器即智能集线器，是为了满足企业网络的要求而设计的。第三代集线器的种类很多，功能各异，但它们所具有的共同特性：在保持了第二代集线器功能的基础上，集线器能和用户的网络基本设备协同工作，能使用户具有在一个中心位置管理网络的能力，如果网上的一个用户连到智能集线器的设备上出现了问题，系统管理员可用每个智能集线器提供的管理信息很快查明原因，为解决出现的问题提供了方便。

智能集线器的智能主要包括自动容错，网段配置、控制，以及桥接或路由能力。除此之外，一些智能型集线器还具有如下功能。

1）对信息包的解析能力，这可使用户通过译码得知信息包是谁送来的、是何种信息包等。这个功能极像网络分析器所具有的能力。

2）对协议的分析能力，通过对原始信息包的观察，解释出原地址、目的地址等包中内容。

3）限制入侵者的能力，它能够通过检查媒体控制访问地址的登记项目来探测网络上是否存在未登记的设备，一旦发现有人侵入，就给管理控制台发出警告，关闭相应的集线器端口。

智能型集线器的最大优点是管理是分布的，不需要单独的网络管理工作站。

（4）第四代集线器

第四代集线器即交换式集线器。交换式集线器包括多种类型，有静态交换集线器和动态交换集线器两大类。交换式集线器的最主要的特性是均衡网络负载和提高网络可用带宽。

3. 集线器的优点

1）使用集线器的系统以集线器为节点中心，所以当网络系统中某条线路或某节点出现故障时，不会影响网上其他节点的正常工作，这是集线器与传统的总线网络的最大区别和优点。

2）集线器能够提供多通道通信，极大地提高了网络通信速度。

4. 集线器的缺点

随着网络技术的发展，集线器的缺点越来越突出，其缺陷主要体现在如下几个方面。

（1）用户带宽共享，带宽受限

集线器的每个端口没有独立的带宽，而是所有端口共享总的背板带宽，用户端口带宽较窄，且随着集线器所连接用户的增多，用户的平均带宽不断减少，不能满足当今许多对网络带宽有严格要求的网络应用，如多媒体、流媒体应用等环境。

（2）广播方式，易造成网络风暴

集线器为共享媒体设备，其主要功能是一个信号放大和中转的设备，不具备自动寻址能力，即不具备交换作用，所有传到集线器的数据均被广播到与之相连的各个端口，所以容易形成网络风暴，造成网络堵塞。

（3）非双工传输，网络通信效率低

集线器的同一时刻每一个端口只能进行一个方向的数据通信，而不能像交换机那样进行双向双工传输，网络执行效率低，不能满足较大型网络通信需求。

为了解决上述问题，集线器技术进行了不断改进，这一点从集线器的发展中可以清楚的看出。目前集线器已将交换技术融入其中，使其性能大为改观，并使得其与交换机的区别越来越模糊。

5. 集线器的分类

集线器产品存在多种不同的类型，分类方法有许多种，下面就对其进行简单的介绍。

（1）按端口数量分类

集线器的端口是用于连接服务器、工作站的接口，其数量是集线器的重要指标，所以，按端口数量分类为集线器基本的分类方法。目前，主流集线器主要有 8 口、16 口和 24 口等大类，但也有少数品牌提供非标准端口数，如 4 口、12 口、5 口、9 口、18 口等。

（2）按带宽分类

按照集线器所支持的带宽不同，集线器通常可分为 10 Mbit/s、100 Mbit/s、10/100 Mbit/s 3 种。由于集线器中所有端口都是共享集线器的背板带宽，所以集线器的带宽是指整个集线器所能提供的总带宽，而非每个端口所能提供的带宽。

（3）按结构分类

按集线器的结构配置分类，集线器可分为独立型、模块化和堆叠式 3 种。

独立型集线器是最常使用的一种集线器。独立型集线器通常同时拥有 BNC 和 RJ-45 端口，所以既可通过 RJ-45 端口与双绞线网络连接，又可通过 BNC 接口与细缆网络连接，可实现双绞线和细同轴电缆两个采用不同通信传输介质的网络之间的连接，如图 4-19 所示。

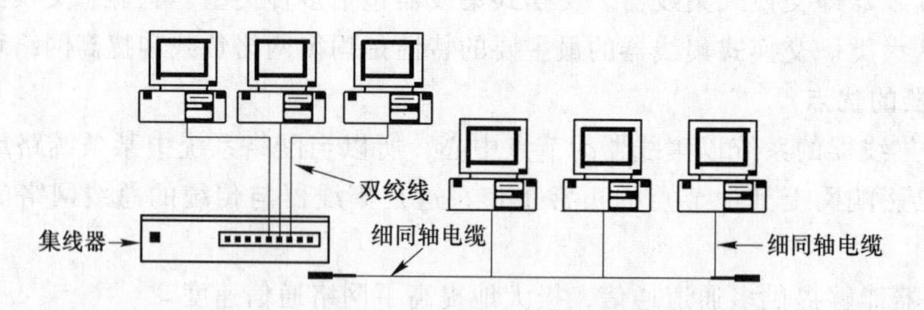

图 4-19　利用不同通信介质连接

独立型集线器之间通常可以用一段同轴电缆把它们连接在一起，以实现扩展级连，如图 4-20 所示。

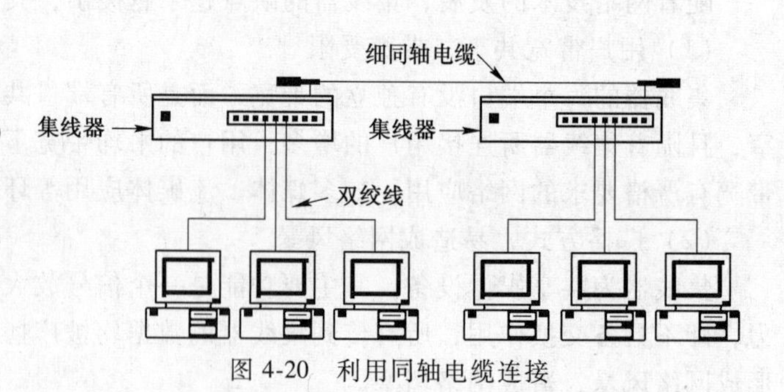

图 4-20　利用同轴电缆连接

独立型集线器也可以用双绞线通过普通端口实现级连，如图4-21 所示。

独立型集线器的特点：价格低、容易查找故障、网络管理方便，但工作性能比较差，适用于小型局域网。

模块化集线器的基本组成和结构：有一个机架，机架上带有多个卡槽，每个槽可放一块通信卡。其中的每个卡都相当于一个独立型集线器，多块卡通过安装在机架上的通信底板进

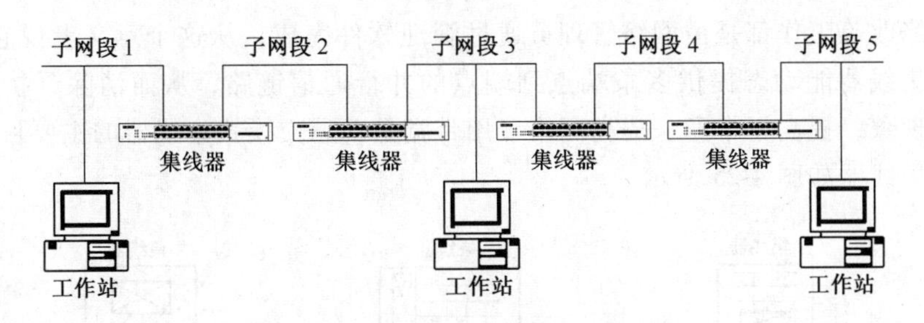

图 4-21　通过普通端口实现级连

行互联并进行相互间的通信。模块化集线器各个端口都有专用的带宽，只在各个网段内共享带宽，网段之间采用交换技术。

堆叠式集线器是将多个集线器“堆叠”使用的集线器。当它们连接在一起时，其作用就像一个模块化集线器一样堆叠在一起，集线器可以当作一个单元设备来进行管理。一般情况下，当有多个集线器堆叠时，其中存在一个可管理集线器，利用可管理集线器可对此堆叠式集线器中的其他集线器进行管理。

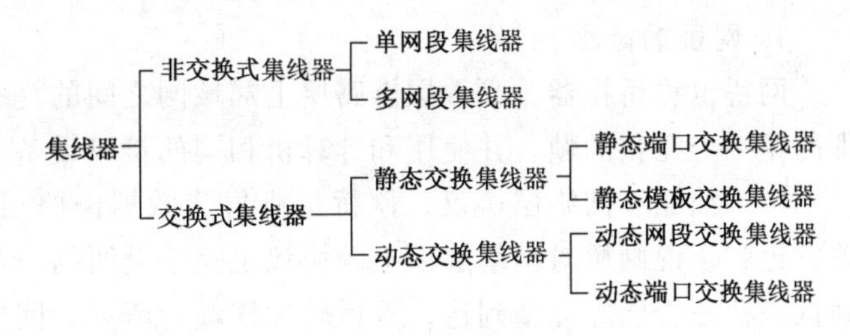

图 4-22　集线器分类

（4）按集线器的工作原理分类

按集线器的工作原理分类见图 4-22 所示。

非交换式集线器中包括单网段集线器和多网段集线器两种。

单网段集线器价格便宜，构成的网络拓扑为星形拓扑。单网段集线器中，所有的集线器端口都连接到集线器内部的一个单一的网段上。整体上它是共享一个有冲突的传输媒体，如图 4-23 所示。

多网段集线器可以将网络站点分布在多个中继网段上，以分散每个网段上的信息流量负载。多网段集线器支持多个中继网段，并将集线器的端口分别连接到集线器内部不同的网段上，每个共享的网段组成一个广播域，不同的广播域之间相互隔离，如图 4-24 所示。

交换式集线器中，静态交换式集线器的主要功能是均衡网络负载，对网络用户进行合理的组织和管理，但不能改善网络带宽性能。静态交换集线器内部各个网段上端口的配置、转

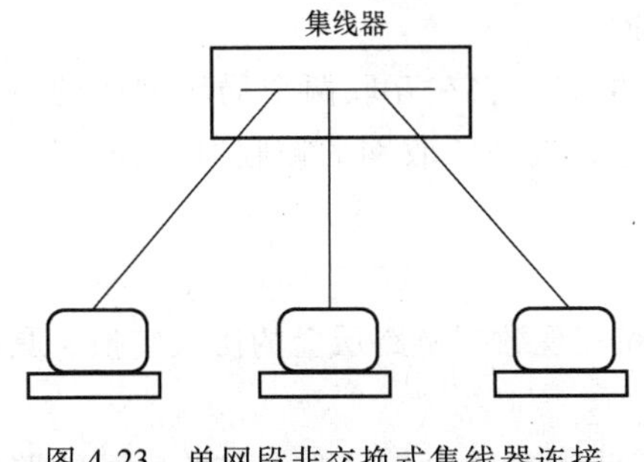

图 4-23　单网段非交换式集线器连接

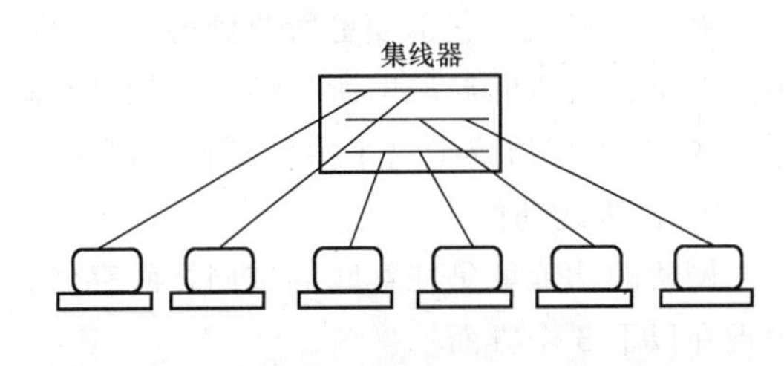

图 4-24　多网段非交换式集线器连接

移、增加和修改等工作都是由网络管理员通过管理软件完成，从这个意义上说它是静态的。动态交换式集线器能动态提供多条端点到端点的并行通信链路，从而消除干扰、冲突、拥挤、阻塞等现象，提高了带宽。提高网络可用带宽是动态交换式集线器的主要目的。静态和动态交换式集线器如图 4-25 所示。

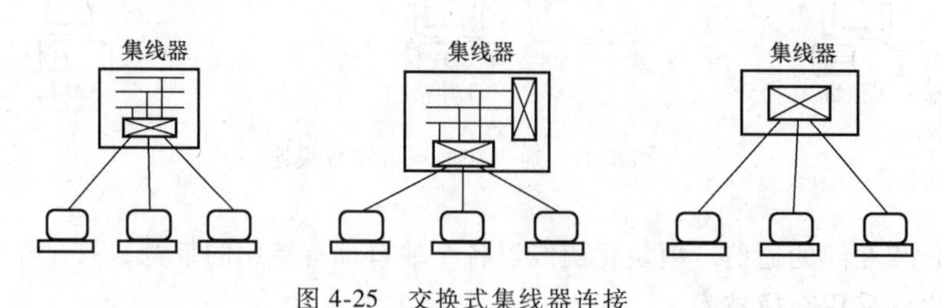

图 4-25　交换式集线器连接

4.5.3　网桥

1. 网桥的概念

网桥也称桥接器，是数据链路层上局域网之间的互联设备。网桥同中继器不同，网桥处理的是一个完整的帧，并使用和计算机相同的接口设备。

网桥独立于网络层协议，网桥最高层为数据链路层。它与上面运行什么网络层协议无关，也就是说网桥对网络层以上的协议是完全透明的。当网桥接收到一个帧时，它会检查并确认该帧是否已经完整到达，然后转发该帧。所以，网桥各端口分别连接的各网段必须属于同一个逻辑网络号/子网号。

由于不同局域网之间的物理特性和帧格式各不相同，所以，网桥在不同局域网之间转发帧需要解决许多问题，具体如下。

1）对不同格式的帧进行重组。

2）利用缓冲区存储来处理以不同速率传输的帧，防止阻塞和帧丢失。

3）区分不同的超时控制，正确确认帧传输的有效性。

网桥互联是在数据链路层上的 MAC 子层上实现的，这是由于数据链路层包含 MAC 和 LLC 两个子层，其中：

MAC 子层即为媒体接入控制（或媒体访问控制）子层。它负责数据链路层中在物理层基础上进行的、无差错的通信及有关接入各种传输媒体的问题。它具体实现将上层传过来的数据封装成帧进行发送；实现和维护 MAC 协议；位差错检测和寻址等功能。

LLC 子层即为逻辑链路控制子层。它具有建立和释放数据链路层的逻辑连接；提供与高层的接口；差错控制和为帧加序号等与媒体无关的功能。

对网桥来说，它不变更所收到的 LLC 帧的内容和格式。它在互联两个局域网络的过程中，对发送信息的局域网所发的每一帧都加以分析，把将发往接收网的帧收留下来，然后，再用 MAC 子层协议把这个帧发到接收网中。

2. 网桥的功能

网桥的功能就是在互联局域网之间存储、转发帧和实现数据链路层上的协议转换，具体表现在以下 3 个方面。

1）匹配不同端口的速度，把接收到的帧存储在存储缓冲区内，只要端口的串行链路能接收不同传输速率的帧，各端口间就可以以不同速率输入或输出帧。如，输入端口为10 Mbit/s，相应输出端口可以以更高或更低的速率输出帧。

2）对帧具有检测和过滤作用，通过对帧进行检测，对错误的帧予以丢弃，起到了对出错帧的过滤作用。

3）网桥能提高网络带宽，扩大网络地理范围。

3. 网桥的分类

网桥分内桥、外桥和远程桥 3 类。

（1）内桥

内桥是文件服务器的一部分，它是在文件服务器中，利用不同网卡把局域网连接起来。内桥结构如图 4-26 所示。

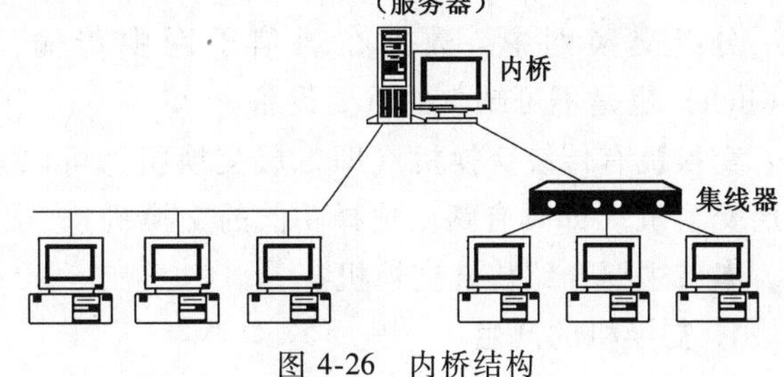

图 4-26　内桥结构

（2）外桥

外桥不同于内桥，是独立于连接的网络之外的、实现两个相似的不同网络之间连接的设备。通常用连接在网络上的工作站作为外桥，外桥工作站可以是专用的，也可以是非专用的。专用外桥不能作为工作站使用，它只是用来建立两个网络之间的连接，管理网络之间的通信。而非专用外桥既起网桥的作用，又能作为工作站使用。外桥结构如图 4-27 所示。

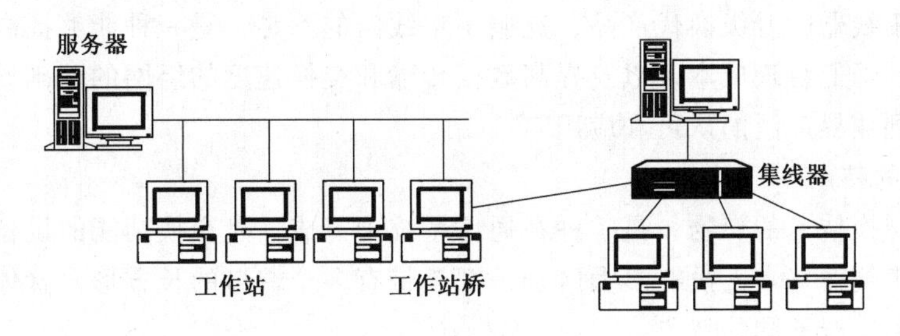

图 4-27　外桥结构

（3）远程桥

远程桥是实现远程网之间连接的设备。通常远程桥是用调制解调器与通信媒体连接，如用电话线实现两个局域网的连接。远程桥结构如图 4-28 所示。

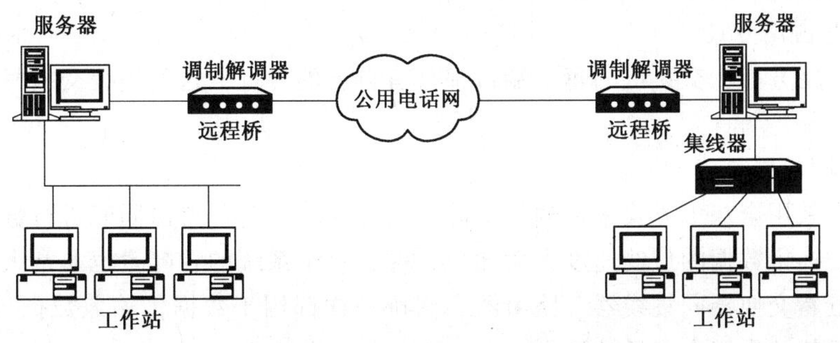

图 4-28　远程桥结构

采用网桥技术会给实际工作带来许多好处，比如：当一个单一的局域网已能承担所需求的负载，而各个远距离的机器间的物理距离相距太远，即便在这些相距很远的机器之间很容易铺设电缆，但由于信息往返存在过长的延时问题，所以，网络系统也不能工作。将网络分成几个部分，并在各部分间加上网桥，是解决此问题非常有效的方法。

由于网桥可以通过程序设计使它实施一些判断处理，确定传递什么和不能传递什么，所以，网桥可以像建筑物中的防火门一样，防止一个节点总是发出错误数据流，而造成整个系统瘫痪的问题发生，使系统可靠性更强。

网桥易于实现，但功能简单，不适于在大型网络中使用。

4.5.4 交换机

分组交换网中，数据在通信子网中传输，就需要交换设备，在局域网中交换机（Switch）也是不可缺少的重要设备。

交换机有传统交换机（即二层交换机，可以认为是具有流量控制能力的多端口网桥）、三层交换机（即具有路由选择功能的交换机），虽然它们之间存在差异，但基本原理是相似的。本节主要介绍传统交换机。

1. 交换机的产生

在局域网交换机出现之前，局域网中应用最广泛的一种设备就是集线器。但由于集线器的共享介质传输、单工数据操作和广播数据发送方式等特性，随着多媒体数据传输的出现，集线器在数据传输速度和传输性能方面越来越不能满足应用的要求。

交换机是集线器的升级换代产品，克服了集线器的不足，是一种能够提高网络性能、改进网络可控性、降低管理成本，以及提高数据传输和交换速度的组网的基础设备。所以，交换机很快就得到业界广泛的认可和应用。

2. 交换机的特点

交换机是交换技术的产物，是一种在通信系统中完成信息交换功能的设备。从外观上来看，交换机与集线器基本上没有多大区别，都是带有多个端口的长方形盒状体。但是，交换机具有与集线器完全不同的特点。

（1）数据传输方式

交换机的数据传输方式是有目的的，数据只对目的节点发送，只有当设备中的 MAC 地址表中没有目标地址的情况下才使用广播方式发送，并记录下目标地址的有关信息，再次发送时不再使用广播方式发送。其优点是数据传输效率提高，不会出现广播风暴，在安全性方面也不会出现其他节点侦听的现象。

（2）带宽占用方式

在带宽占用方面，交换机的每个端口都具有自己的带宽，这就使得交换机的传输速度非常高。

（3）传输模式

交换机是采用全双工方式来传输数据的，因此在同一时刻可以同时进行数据的接收和发送，这使得交换机数据的传输速度大大加快，并且整个系统的吞吐量也非常大。

为此，虽然交换器同集线器、路由器、网桥一样都用于数据传输兼数据传输管理功能，但它们各自所起的作用有明显的区别。

交换机的优点在于可以同时通过不同的通信媒体建立多个网络连接，所以，只需要增加有限的成本就能提供比一个共享的集线器大几倍的带宽，这一点与集线器有根本的区别；交换机可以在不同的网络速度和媒体之间进行转换，这一点与路由器相似。网桥和交换机的本质区别是后者的特点是通常具有两个以上的端口支持多个独立的数据流，具有较高的吞吐量。

交换机可以同共享集线器，如 Intel Express 100Base-T Stackable Hub（可叠放式集线器）一起使用，以打破快速以太网中的距离障碍。使用 UTP（100Base-TX）交换技术可使集线器间的连接距离达 200 m；使用多模光纤（100Base-FX），可使连接距离达 320 m；使用多模和单模光纤，交换机对交换机的连接距离可分别长达 2 km 和 20 km。

快速以太网集线器同交换机结合起来带来的好处是每个用户的成本降低了，同时又使网段保持每个快速以太网的交换端口拥有 48~144 个用户，如图 4-29 所示。

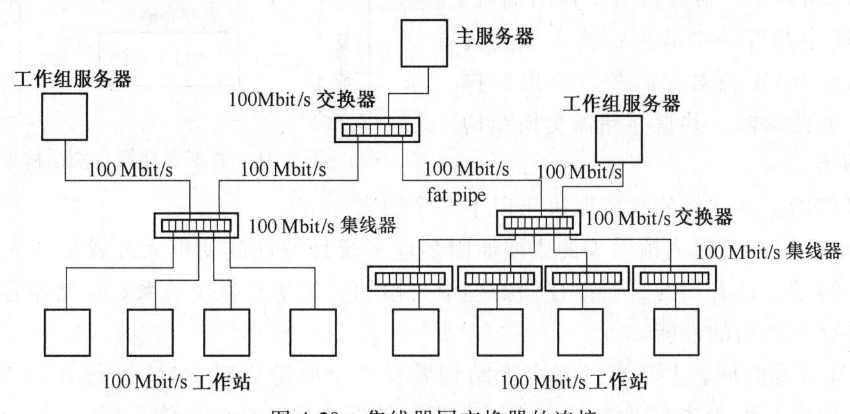

图 4-29　集线器同交换器的连接

3. 交换机的基本组成和工作过程

交换机主要由背板、端口、逻辑控制单元和交叉阵列几部分组成。

背板与计算机中的主板相似，在上面可以插多个板卡。

端口是一组物理接口，每个端口可以连接一个局域网或站点，各端口之间同时可以形成多个数据通道，端口之间的帧输入和帧输出不受 CSMA/CD 的制约。

逻辑控制单元是管理交换机的机构，用以识别连接到各端口的 LAN 类型和自动进行源端口到目的端口的动态连接。逻辑控制单元还具有对每个端口进行流量控制的功能。

交叉阵列是一个在各端口之间设置的交叉开关线路。当接收到逻辑控制单元的指令，交叉阵列就启动源端口与目的端口之间的交叉连接，以使数据帧通过。

交换机的基本组成如图 4-30 所示。

交换机的基本工作过程：交换机接收到数据帧后，逻辑控制单元根据帧的目标地址进行检查，并决定输出端口，建立帧传输通道。

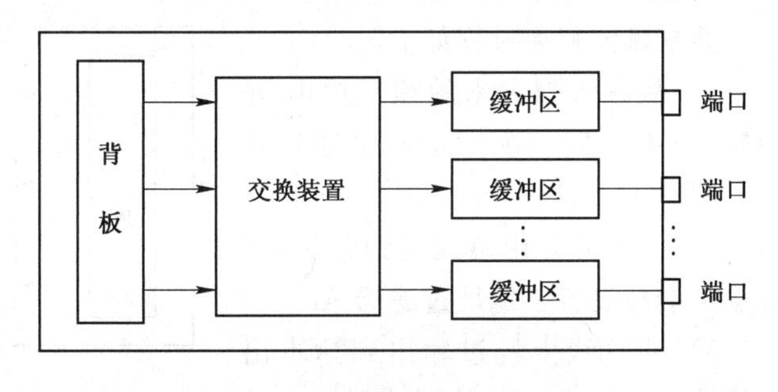

图 4-30　交换机的基本组成

4. 交换机的基本结构

交换机可分为时分交换结构和空分交换结构两大类。其中时分交换结构是时分多路复用方式在交换上的应用，空分交换结构是指按空间划分的交换。

时分交换结构是指所有的输入/输出端口共享一条高速的信元流路径，这条共享的高速路径可以是共享媒体型的，也可以是共享存储器型的。所以，时分交换结构中又包括共享存储交换结构和共享媒体交换结构两种。时分交换结构通过一个共享设计，如内部底板或内存，将所有交换信息从输入端口路由到输出端口。时分交换最直接的形式是使用共享总线。数据帧要通过这个共享设施进行传输时，必须先请求，获准后才可存取总线。

(1) 共享存储器交换结构

共享存储系统要求将进入的帧放入系统存储器，由负责输出帧功能的端口处理器存取。

共享存储器交换结构的核心是一个双口 RAM。各个输入端口的帧复接成一条高速帧流后写入双口 RAM 中；对应每一个输出端口，在双口 RAM 中都有一个队列；输入帧按其 VPI/VCI 写入 RAM 各对应队列；输出时再轮流从各队列读取帧。共享存储器交换结构如图 4-31 所示。

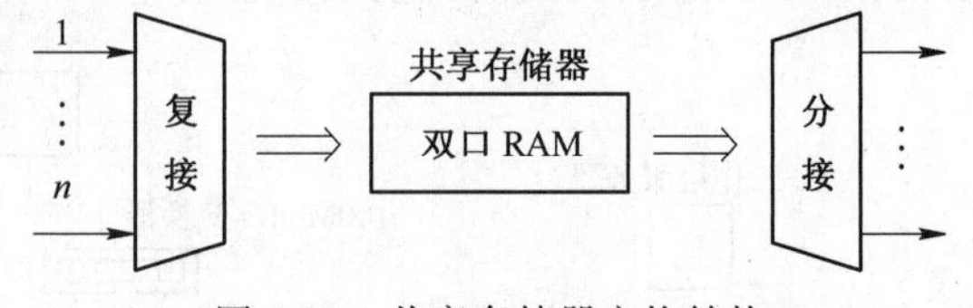

图 4-31　共享存储器交换结构

共享存储器交换结构的性能取决于以下 3 个因素。

1) 存储器容量。造成帧丢失的主要原因是业务统计特性波动很大或者负荷太重，而存储器的实际容量又是有限的，所以存储器容量与帧的丢失率有直接关系。存储器容量决定了共享存储器交换结构的性能。

2) RAM 读写时间。共享存储器交换结构要在一个时隙内对 RAM 进行 N 次写操作、N 次读操作。因此，RAM 的存取速度决定了共享存储器交换结构的性能。

3) 处理时间。共享存储器交换结构要求将进入的信元放入系统存储器，根据帧的 VPI/VCI 决定将帧写入不同队列，实现时需要有一个控制中心来产生控制信号。由于在一个信元传输时间内要对 N 个入口的帧进行判断，所以控制信号的产生速度决定共享存储器交换结构的性能。

(2) 共享媒体交换结构

多路时的共享媒体交换结构在处理帧交换过程中共享公共的内部设施。在共享媒体的交换中，各输入端口的帧首先同步复接到一条高速媒体上，每个输出端口与这条高速媒体相连，然后输出端口利用地址过滤器（Address Filter，AF），将发往本端口的帧接收下来。共享媒体总线交换结构原理图如图 4-32 所示。

共享媒体交换过程如下。

1) 从各入口进来的帧经过串-并转换（S-P）后，按一定顺序送到时分复用总线（TDA Bus）上。

2) 从时分复用总线送到各出口，各输出端都设置了地址过滤器 AF。

3) 从总线上经过输出到达本出口的帧，存入本出口的缓冲器中，过

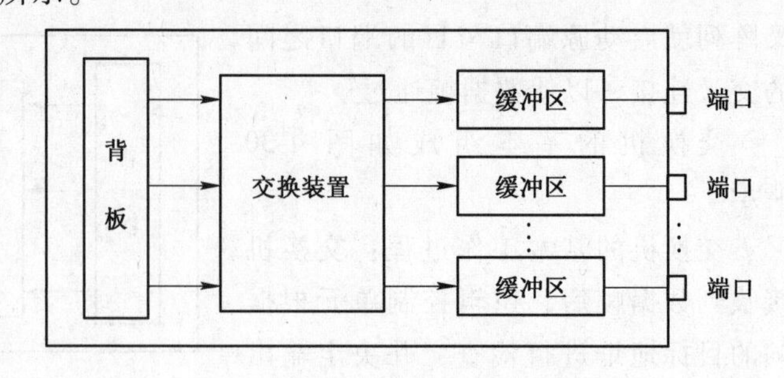

图 4-32　共享媒体总线交换结构

滤出的信元按先进先出的原则存入各输出缓冲器。

4）再按顺序经并-串转换（P-S）后从输出链路输出。

共享媒体交换结构中，除了采用总线外，也可以采用环形链路作为公共传输媒体。

共享存储/总线系统的主要优点是易于扩展交换端口，只要将扩充端口板插入系统就可增加端口。但是，所有端口必须共享公共资源，或是总线或是内存。另外，共享媒体的传输速率限制了交换结构的容量。但是可以用上述共享媒体交换结构作为基本单元，按一定规则多级互联，形成更大容量的交换结构。

（3）空分交换结构

空分交换结构是指在输入和输出端之间有多条路径，不同的 ATM 帧流可以在不同路径上同时通过交换过滤器，因此空分交换结构存在路径选择问题。空分交换是通过各种类型的空分接线器按不同方式组合连接起来实现的，最简单的空分接线器如图 4-33 所示。

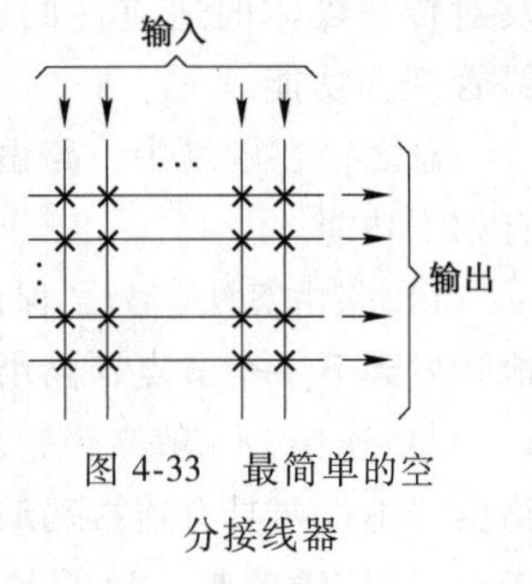

图 4-33　最简单的空分接线器

图 4-33 中，n 路输入线与 n 路输出线之间有 n^2 个接点，通常这些接点是触点开关或电子开关。只要适当控制这些接点的通与断，即可在任一路输入线和任一路输出线之间构成通路。

当输入、输出线路的数目增加时，交换矩阵的接点数将按平方关系增长，这将使控制机构复杂化。所以当交换容量增大时，一般都采用多级线路交换方式。

空分交换结构按其在任意一对出入端口间的路径数又可分为单路径和多路径两大类，其中多路径是针对单路径中网络对突发业务应变能力差的弱点提出的，它通过增加单元的串联级数和并行数来达到提高性能的目的。

4.5.5　路由器

1. 路由器的概念

路由器是网络层的中继系统。路由器是一种可以在速度不同的网络和不同媒体之间进行数据转换的，基于在网络层协议上保持信息、管理局域网到局域网的通信，适于在运行多种网络协议的大型网络中使用的互联设备。路由器具有很强的异种网互联能力，互联的两个网络最低两层协议可以互不相同，但可以通过驱动软件接口，使最低两层协议到第三层上面而得到统一。

路由器与网桥的主要区别表现在互联协议级别上，这种差异使路由器在路径选择、多协议机制传输、安全性和可管理性等方面的功能都强于网桥。

2. 路由器的功能

路由器最主要的功能是路径选择。

对于路径选择问题来说，路由器是在支持网络层寻址的网络协议及其结构上进行的，其工作就是要保证把一个进行网络寻址的报文传送到正确的目的网络中。完成这项工作需要路由信息协议支持。

路由信息协议简称路由协议，其主要目的就是在路由器之间保证网络连接。每个路由器通过收集到的其他路由器的信息，建立起自己的路由表以决定如何把所控制的本地系统的通信表传送到网络中的其他位置。总之，路由信息协议是为在网络系统中提供路由服务而开发设计的。

路由器的功能还包括过滤、存储转发、流量管理、媒体转换等，即在不同的多个网络之间存储和转发分组，实现网络层上的协议转换，把在网络中传输的数据传送到正确的下一个子网上。在这一过程中，路由器根据实际传输媒体和传输协议的变化进行协议及对传输媒体的适应性的转变。一些增强功能的路由器还有加密、数据压缩、优先、容错管理等功能。

总之，在网络中，路由器的功能是复杂多样的，一个路由器要保证其连接任务就必须具有如下功能。

1）路由算法。为了保证数据在传输中能够根据网络中不同情况从一个节点正确、有效地转发到下一个节点，路由器必须具有有效路由算法。

2）连接。一般来说，利用路由器连接的网络在地理范围方面覆盖面都比较大。因此，路由器不仅要具有连接局域网的能力，还要具有连接广域网的能力。

3）传输控制。为了保证数据的可靠传输，要求路由器具有传输控制功能，如数据过滤、压缩、加密，传输流量控制等。在不能同时支持不同工作方式的路由器的系统中，路由器还要具有能将数据封装在广域网的帧格式中的功能，以保证数据传输。

4）管理。所有的路由器在系统中都具有不同程度的管理功能。路由器的管理功能与整个网络的管理是密不可分的。

3. 路由器的种类

路由器有单协议路由器和多协议路由器两种。

单协议路由器仅仅是分组转换器；多协议路由器不仅具有分组转换功能，它通过一个协议多路转换设备驱动程序来检测进入分组上的网络层协议的身份，从中找到的数值将会通知协议多路转换器，以做进一步的处理。单协议路由器和多协议路由器的基本结构如图 4-34 所示。

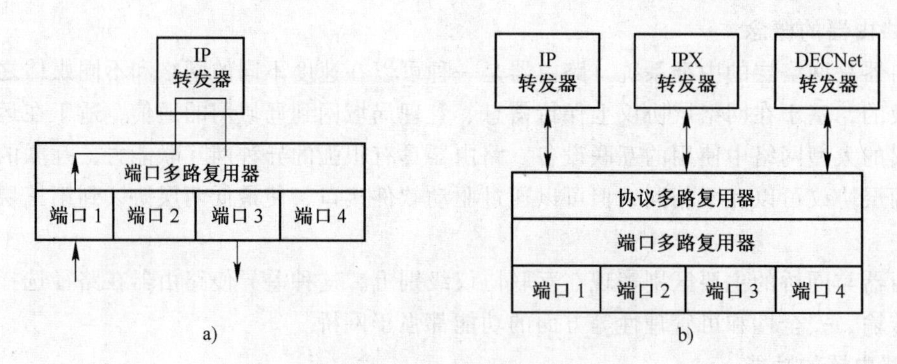

图 4-34　单协议路由器和多协议路由器的基本结构

a）单协议路由器　b）多协议路由器

4. 桥路器

桥路器是网桥和路由器的混合物。桥路器同时具有网桥和路由器两种网间连接器的功能。桥路器可以配置在网桥协议级上，以实现桥接工作；桥路器也可以配置在路由协议级上，用和标准的路由器相同的方式使用路由协议。

4.5.6 网关

网关也称信关，它是建立在高层之上的各层次的中继系统。也就是说，网关是用于高层协议转换的网间连接器。

作为专用计算机的网关，能实现具有不同网络协议的网络之间的连接。所以，网关可以描述为“不相同的网络系统互相连接时所用的设备或节点”。不同体系结构、不同协议之间在高层协议上的差异是非常大的。而对于面向高层协议的网关来说，其目的就是试图解决网络中不同的高层协议之间的不同性问题，完全做到这一点是非常困难的。所以，对网关来说，通常都是针对某些问题而言的。

网关可以互联不同体系结构的网络，其典型的应用包括局域网和远程网络主机互联、局域网之间互联和局域网与广域网互联。

目前，网络系统中常用的有数据库网关及电子邮件网关等。

但网关的构成是非常复杂的。综合来说，网关的主要功能是进行报文格式转换、地址映射、网络协议转换和原语连接转换等。

4.6 习题

1）简述双绞线的概念及其基本组成结构。

2）光缆具有哪些特点？

3）简述微波通信的概念和传输特点。

4）在计算机网络系统中，为什么要使用通信设备？

5）通信控制器的主要功能有哪些？

6）分组交换设备分为哪几类？它们各自的主要作用是什么？

7）多路复用器与集中器之间有哪几方面的区别？

8）调制解调器包括哪些基本功能？

9）局域网服务器有哪几种类型？它们各有什么功能？

10）简述网络接口卡的概念及其基本功能。

11）简述网桥的概念及其功能。

12）路由器的基本功能是什么？

第5章　局域网技术

局域网技术是计算机网络技术领域的一个重要分支，局域网作为一种重要的基础网络，在企业、机关、学校等各种单位和部门都得到了广泛的应用。局域网还是建立互联网络的基础网络。

5.1　局域网概述

局域网是重要的网络技术，准确掌握局域网的概念，了解局域网的技术要求和标准是学习局域网技术的基础。

5.1.1　局域网与计算机局域网

局域网（Local Area Network，LAN）是一个数据通信系统，它在一个适中的地理范围内，把若干独立的设备连接起来，通过物理通信信道，以较高的数据传输速率实现各独立设备之间的直接通信。局域网概念中含有如下几个要点。

1）LAN是一种通信网络而不仅仅是一个计算机网络，因为广义来说，像计算机化的电话交换机（CBX）也属于局域网技术。因此，加上网络软件和用来实现网络中计算机与计算机之间进行通信的协议软件才构成计算机网络，在计算机网络技术中所说的局域网特指计算机局域网。

2）LAN能使若干独立的设备相互进行直接通信。这表明局域网支持多对多的通信，即连接在LAN中的任何一个设备都能与网上的任何其他设备直接进行通信。

3）LAN概念中的“设备”是广义的，它包括在传输媒体上通信的任何设备。例如，计算机、终端、各种数据通信设备、信号转换设备等。

4）LAN的地理范围通常在10 km之内。

5）LAN是通过物理通信组成的，通常的物理信道媒体包括同轴电缆、双绞线、光纤等。

6）LAN的信道以较高的数据传输速率进行传输。

5.1.2　局域网硬件的基本组成

局域网主要由网络服务器、用户工作站、网络适配器（网卡）、传输媒体、网络互联设备5部分组成。

1. 网络服务器

对局域网来说，网络服务器是网络控制的核心。一个局域网至少需要有一个服务器，特别是一个局域网至少应配备一个文件服务器，文件服务器要求由高性能、大容量的计算机担任，如微机局域网的文件服务器通常由高档微机配备大容量存储器担任，文件服务器的性能直接影响着整个局域网的性能。

2. 用户工作站

在网络环境中，工作站是网络的前端窗口，用户通过工作站来访问网络的共享资源。局域网中，工作站可以由计算机担任，也可以由输入输出终端担任，对工作站性能的要求主要根据用户需求而定。以微机局域网为例：作为工作站的机器可以是486型号、586型号，或由与服务器性能相同的微机担任。根据实际需求，工作站可以带有软驱和硬磁盘，也可以没有软驱和硬磁盘，没有硬磁盘的工作站称为无盘工作站。

内存是影响网络工作站性能的关键因素之一。工作站所需要的内存大小取决于操作系统和在工作站上所要运行的应用程序的大小及复杂程度。比如，工作站与网络相连时，网络操作系统中，一部分连接工作站时使用的引导程序需要占用工作站的一部分内存，其余的内存容量才是用于存放正在运行的应用程序和数据的。

3. 网络适配器

在局域网中，从功能的角度来说，网卡起着通信控制处理机的作用，工作站或服务器连接到网络上，实现网络资源共享和相互通信都是通过网卡实现的。

4. 传输媒体

传输媒体是网络通信的物质基础之一。传输媒体的性能特点对信息传输速率、通信的距离、连接的网络节点数目和数据传输的可靠性等均有很大的影响。因此，必须根据不同的通信要求，合理地选择传输媒体。

5. 网络互联设备

网络互联设备是用于实现计算机之间或网络之间连接的设备。

5.1.3 局域网软件的基本组成

在局域网网络中，网卡驱动程序和网络操作系统是局域网软件重要的组成部分。

1. 网卡驱动程序

网卡功能的实现必须有其相应的驱动程序支持。网卡驱动程序以常驻内存方式驻留内存，供上层软件与网卡之间沟通使用。

2. 网络操作系统

局域网中的服务器或工作站内必须有一个共同的，能够形成网络运行环境的网络操作系统，网络操作系统是由一群软件模块构成的，它们的功能按层次划分。一个局域网中，服务器中的操作系统和工作站中的操作系统是有差别的。

5.1.4 局域网类型

从不同的角度观察，局域网有多种划分方法。

1）按网络拓扑结构分类，局域网主要分为总线型局域网、星形局域网、环形局域网。

2）按局域网的配置划分，有对等局域网和客户/服务器局域网两种。

3）按局域网通信媒体类型划分，可分为有线通信媒体局域网和无线局域网两种。

4）按局域网基本工作原理划分，有共享媒体局域网、交换局域网和虚拟局域网3种。

本节只介绍对等局域网和客户/服务器局域网。

1. 对等局域网

对等网络是把联网的计算机组成工作组，并且连入网内的各计算机的地位是平等的，没有服务器，也没有提供像以服务器为中心的网络那样的安全特性，用户只能简单地通过网络在独立的同级系统间共享资源，如打印机、CD-ROM 等。对等局域网基本结构如图 5-1 所示。

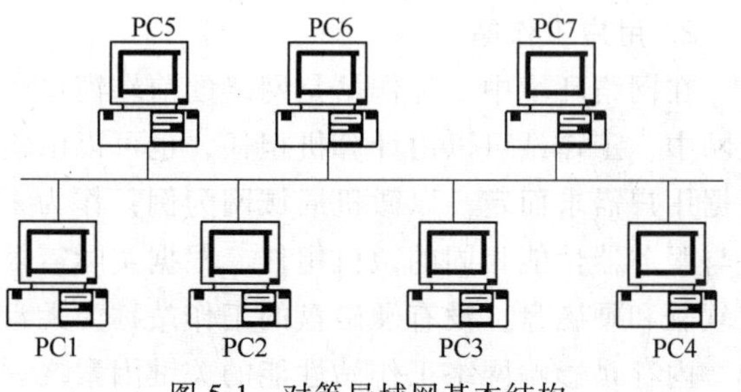

图 5-1 对等局域网基本结构

对等局域网实现简单，绝大多数网络操作系统都提供对组建对等网络的支持。虽然对等网络简单方便，但功能非常有限，只能实现简单的资源共享，并且网络的安全性很差。所以，对用户来说，对等局域网比较适合以下情况。

- 网络用户较少，一般在 2~10 名用户。
- 联网计算机彼此间的距离很近，如在一间或几间相邻的办公室内。
- 对应用要求不高，只需要共享文件、打印机等资源。
- 对网络的安全性要求不高。

2. 客户/服务器局域网

客户/服务器局域网是一种基于服务器的网络，这种结构的网络是在网络中设置一台或多台服务器，用于控制和管理网络或建立特殊的应用。客户/服务器结构局域网可根据用户规模建立单服务器网络、多服务器网络、多服务器的高速干线网络。

（1）单服务器网络

单服务器结构网络只有一台服务器，服务器对整个网络进行管理、控制和用于集中存放数据。单服务器结构网络是最基本和最常用的局域网结构，使用单服务器结构可以组成多种拓扑结构的局域网。单服务器网络的基本结构如图 5-2 所示。

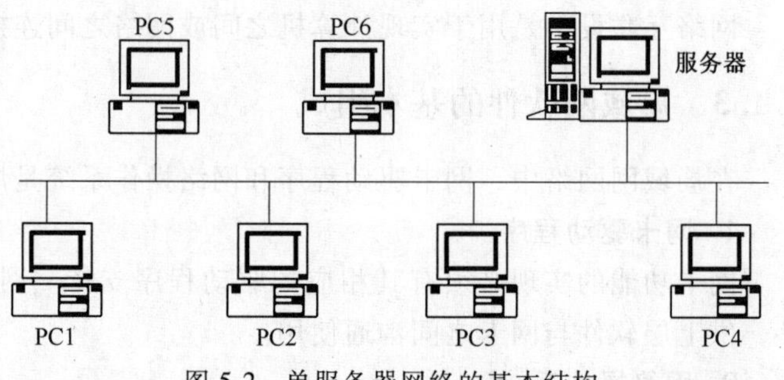

图 5-2 单服务器网络的基本结构

单服务器网络适合 10~50 个网络用户范围，系统可以提供统一的文件管理、网络打印、网络数据库等应用。

（2）多服务器网络

多服务器网络是在网络中有多台服务器，各服务器分担不同的功能。对于网络规模较大、网络用户较多（50~250 个网络用户）的环境，由于网络的负载将不断加重，一个服务器很难满足应用要求，此时，组建多服务器网络比较合适。多服务器网络基本结构如图 5-3 所示。

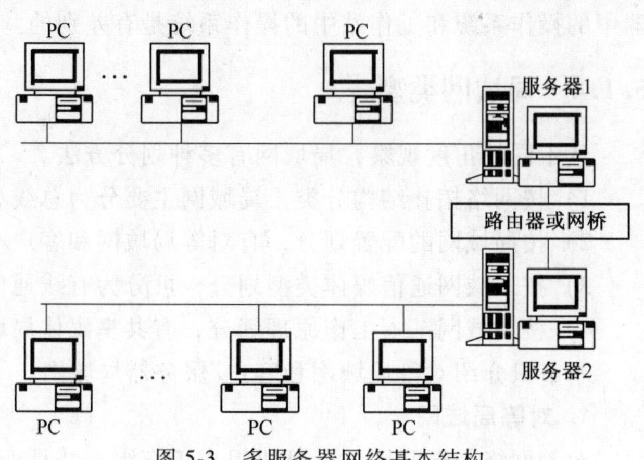

图 5-3 多服务器网络基本结构

（3）多服务器的高速干线网络

如果联网的用户数超过 250 个，那就要更加谨慎地考虑网络结构了。由于用户数量很多，网络可能覆盖的区域就很大，因此，不仅要使用多个服务器，而且要将所有的服务器连接到高速的主干线上，构成一个多服务器的高速干线网络。多服务器的高速干线网络的基本结构如图 5-4 所示。

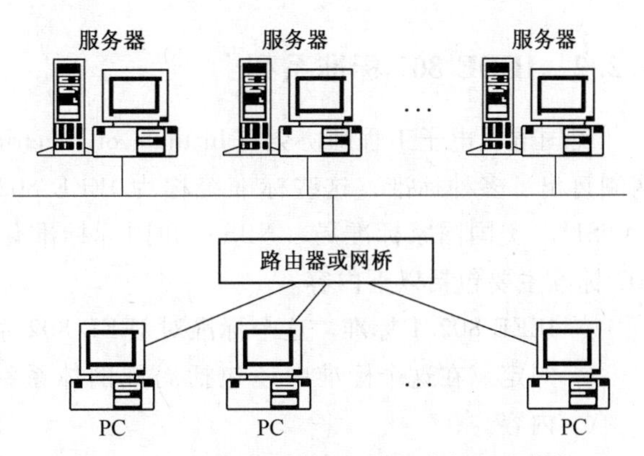

图 5-4　多服务器的高速干线网络的基本结构

多服务器的高速干线网络需要使用高速协议的网络设备，它们的价格一般都较高，因此，它需要较大的投资，如果资金紧张，不适宜使用这种网络。

5.2　局域网参考模型与局域网标准

5.2.1　局域网参考模型

以 OSI 为标准，局域网正常运行情况下仅需要 OSI 最低两层，其体系结构如图 5-5 所示。

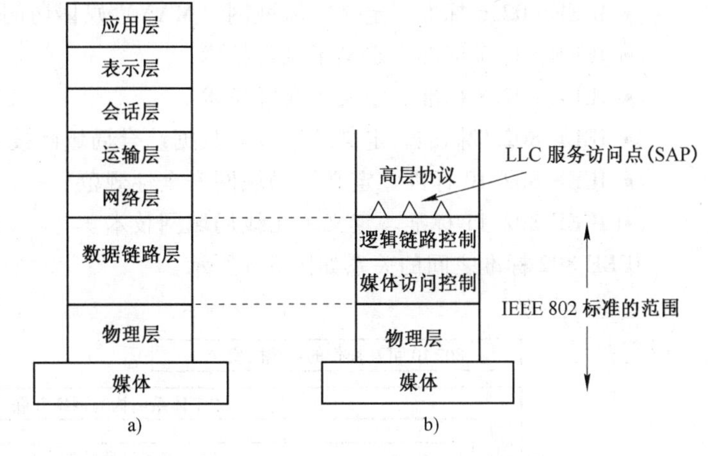

图 5-5　OSI 参考模型和 IEEE 802 参考模型

a）OSI 参考模型　b）IEEE 802 参考模型

在最高一层上，局域网的主要功能如下。

- 在传输数据时，将需要传输的数据组装成帧，帧中包含地址和差错检测等字段。
- 在接收时，将收到的数据帧解包，进行地址识别和差错检测。
- 管理和控制对局域网传输媒体的访问。
- 为高层协议提供相应的接口，即一个或多个服务访问点（SAP），并进行流量控制和差错控制。

上述功能都属于 OSI 第二层的功能。其中，前 3 条功能由媒体访问控制层（MAC）完成，最后一条功能由逻辑链路控制层（LLC）完成。

在下一层上，局域网对应 OSI 的物理层，其主要功能如下。

- 数据信号编码与解码。
- 前导的生成和去除，前导用于同步。
- 位传输和接收。
- 对传输媒体和拓扑结构的说明。

5.2.2 IEEE 802 标准系列

美国电气电子工程师协会（Institute of Electrical and Electronic Engineer，IEEE）为局域网制订出了多种标准，这些标准统称为 IEEE 802 标准。IEEE 802 已被美国国家标准协会（ANSI）、美国国家标准局（NBS）和国际标准化组织（ISO）采用，成为国际标准。IEEE 802 标准主要包括以下内容。

- IEEE 802.1 标准。这个标准对 IEEE 802 系列标准做了介绍，并且对接口原语进行了规定。在这个标准中还包括局域网体系结构、网络互联及网络管理与性能测试等内容。
- IEEE 802.2 标准。定义了逻辑链路控制（LLC）协议，是数据链路层的上半部分。
- IEEE 802.3 标准。定义了 CSMA/CD 总线媒体访问控制子层与物理层的规范。
- IEEE 802.4 标准。定义了令牌总线（Token Bus）媒体访问控制子层与物理层的规范。
- IEEE 802.5 标准。定义了令牌环（Token Ring）媒体访问控制子层与物理层的规范。
- IEEE 802.6 标准。定义了城域网（MAN）媒体访问控制子层与物理层的规范。
- IEEE 802.7 标准。定义了宽带技术。
- IEEE 802.8 标准。定义了光纤技术。
- IEEE 802.9 标准。定义了语音与数据综合局域网技术。
- IEEE 802.10 标准。定义了局域网安全性规范。
- IEEE 802.11 标准。定义了无线局域网技术。

IEEE 802 标准之间的关系如图 5-6 所示。

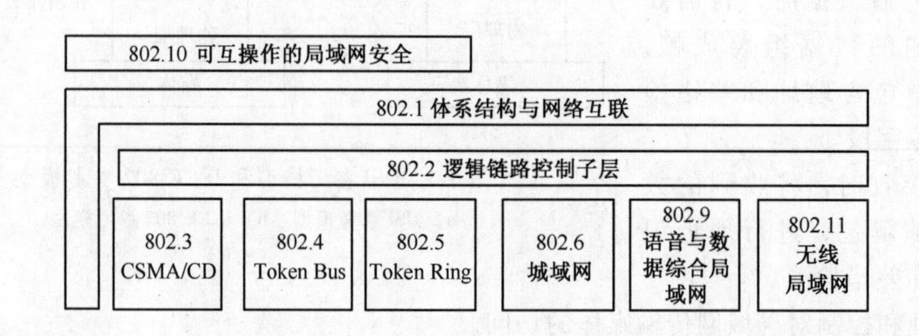

图 5-6 IEEE 802 标准之间的关系

IEEE 802 为局域网规定的标准只对应于 OSI 参考模型的最低两层，其与 OSI 参考模型的对应关系如图 5-5 所示。

5.2.3 FDDI 标准

FDDI（Fiber Distributed Data Interface）是一种物理层和数据链路层标准，它规定了光纤媒体、光发送器和接收器、信号传输速率和编码、媒体接入协议、帧格式、分布式管理协议和允许使用的网络拓扑结构等规范。

1. FDDI 特性

FDDI 是由美国 ANSI X3T9.5 委员会于 1982 年制订的高速局域网络标准，FDDI 具有如下主要特性。

（1）协议特性

FDDI 是使用类似于 IEEE 802.5 令牌环标准的令牌传递媒体访问控制（MAC）协议，但两者不尽相同。

（2）FDDI 网特性

FDDI 网是一个使用光纤作为传输媒体的、高速的、通用的令牌环形网。其运行速度为 100 Mbit/s，最大距离为 200 km，最多连接站数为 1000 个，站点最大距离 2 km，网络结构是具有容错能力的双环拓扑。

（3）传输特性

FDDI 具有动态分配带宽的能力，带宽为 100 Mbit/s，能同时提供同步和异步数据服务。

（4）应用环境特性

FDDI 的标准中描述了以下 4 种应用环境。

1）数据中心环境：该环境的基本要求是可靠、高速和容错，相邻站点之间的光纤长度不超过 400 m，环的总长度不超过 20 km，所以，这种环境下构成的网络站点数比较少，一般不超过 50 个，并且大部分是主机或高速外设，站连接通常采用双连接方式。

2）建筑物环境：该环境中典型的站点是经过集中器与 FDDI 网络相连的小型计算机、通信集中器、PC 或外设等。所以，网中有大量的非容错、单连接站点和采用星形拓扑连接的站点。

3）校园环境或主干网环境：该环境中 FDDI 可作为建筑物环境、数据中心环境的网络，以及一些其他低速网络之间的主干网。由于站点是分布在多个建筑物中，所以，会遇到点对点链路长为 2 km 连接的情况。

4）多校园环境：该环境中 FDDI 是把一群一群分布在不同网中的站点连接起来，各校园环境间的距离有可能相距非常远。

（5）连接特性

FDDI 被广泛使用的一种方法是作为连接同轴电缆的局域网主干线，如图 5-7 所示。

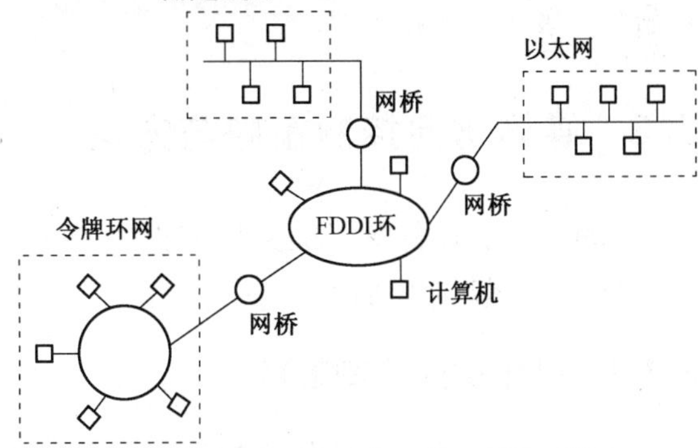

图 5-7　FDDI 用作连接局域网的主干线

（6）媒体特性

FDDI 采用多模光纤，光源采用的是光发射二极管（Light Emitting Diode，LED）而不是激光。这是因为 FDDI 有可能直接连到用户工作站上，用眼睛直接去看以 100 Mbit/s 速率传输的 LED 发出的光非常弱不致损伤人的眼睛。如果采用激光，就会构成一种严重的危险。

2. FDDI 的协议结构

FDDI 的协议都是在物理层和数据链路层，它由多个子层构成，如图 5-8 和图 5-9 所示。

FDDI 在物理层中定义了两个子层：物理层媒体相关子层（Physical Layer Medium De-

<table>
<tr><td>以太网</td><td>令牌环网</td><td colspan="2">FDDI</td><td>OSI高层</td></tr>
<tr><td colspan="4">LLC子层</td><td rowspan="3">数据链路层</td></tr>
<tr><td>MAC</td><td>MAC</td><td>MAC</td><td rowspan="3">SMT</td></tr>
<tr><td rowspan="2">物理层</td><td rowspan="2">物理层</td><td>PHY</td></tr>
<tr><td>PMD</td><td>物理层</td></tr>
</table>

图 5-8　FDDI 与以太网、令牌环网、OSI 结构对比图

pendent，PMD）和物理层协议子层（Physical Layer Dependent，PHY）。PHY 定义了对物理媒体检测控制部分，其中，包括数据传输的编码和译码及时钟同步两方面的内容。PMD 主要是定义媒体连接的物理定义，直接与传输媒体相关。PMD 子层有两项可供选择，即使用多模光纤作为传输媒体的 PMD 和使用单模光纤的 SMF-PMD。PMD 子层定义了连接在媒体上的所有硬件和设备的规范，主要包括光纤的物理特性、损耗、带宽和色散等。另外还包括光纤连接器、光旁路开关、光收发器等设备的规范要求。

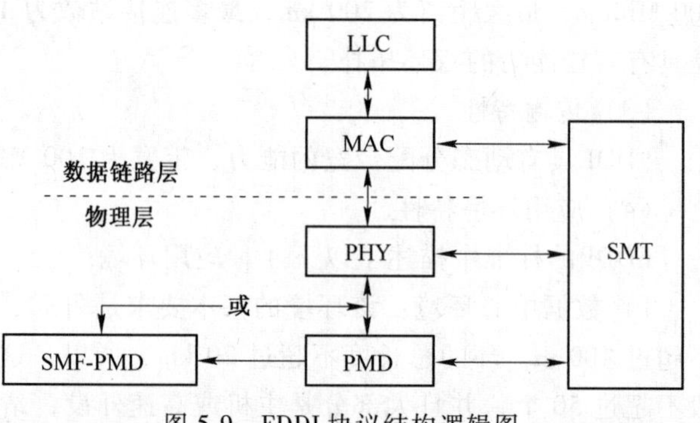

图 5-9　FDDI 协议结构逻辑图

低层管理（Station Management，SMT）对 FDDI 每一个协议层的正确执行进行管理，低层管理使 FDDI 网络具有低层的网络自管理能力，这是其他局域网所没有的，如对工作站的初始化、激活监视和管理。

5.3　媒体访问控制策略与方法

局域网中，设备发送和接收信息是通过访问共享媒体实现的，因此必须提供相应的机制来控制对传输媒体的访问。

5.3.1　媒体访问控制策略

在媒体访问控制技术中，最关键的问题是确定控制地点和确定控制方法。

1. 地点

地点是指控制是在集中方式下，还是分布方式下来实现。

在集中方式下，某个控制器被指定拥有准许访问网络的控制权，需要发送的设备必须得到控制器的许可，即从控制器中取得发送权。集中方式的特点如下。

- 可以设置优先权等管理机制，保证带宽，有效提高媒体访问控制能力。
- 每个设备的访问控制逻辑简单。
- 有效地避免了对等实体之间进行分布式合作有可能带来的协作问题。

集中方式的缺点是会发生瓶颈作用，并且，如果控制点出现故障，整个系统将处于瘫痪状态。

在分布方式下，所有设备共同使用相应的媒体访问控制机制，动态地确定设备发送顺序。分布方式的特点正与集中方式的特点相反。

2. 策略

媒体访问控制受到系统拓扑结构的限制，不同拓扑结构会采用不同的访问控制机制，同时在确定访问控制机制时还要考虑费用、复杂性等因素。

媒体访问控制机制主要有同步技术和异步技术两大类。

同步技术下，每个连接被分配一个专用的规定容量。局域网中，每个设备的需要是不能预料和不确定的，所以同步方式在局域网中不是最佳的方案。

局域网中最好采用动态分配信道方法，以便更好地响应设备即时请求，这就需要采用异步方法。异步方法包括时间片轮循、预约（如预约时间槽）和竞争（竞争媒体访问权）3种方法。

5.3.2 媒体访问控制方法

不同的拓扑结构网络系统，设备连接方式是不同的。在星形结构网中，当两个站点建立信道时，要求交换机必须确保这两个端点在呼叫期间专用传输信道。而在环形结构网或总线型结构网中，所有的设备都是由唯一一条物理传输通道连接起来的，所以，不同拓扑结构网络各设备间的访问控制方法是不同的。为了确保传输媒体的访问和使用，实现对多节点使用共享媒体接收和发送数据的控制，不论是用何种方式连接到网络上的设备都必须遵守一定的规则。

从局域网媒体访问控制方法的角度可以把局域网划分为共享媒体局域网和交换局域网两大类。传统的局域网采用的是“共享媒体”的工作方式，其媒体访问控制方法主要有以下几种。

1. 载波侦听多路访问（CSMA/CD）

载波侦听多路访问（Carrier Sense Multiple Access/Collision Detect，CSMA/CD）技术包含载波侦听多路访问（CSMA）和碰撞检测（CD）两个方面的内容。其只用于总线型网络拓扑结构。在总线型拓扑结构网中，信道是以多路访问方式进行操作的，这是由于这种结构中的所有设备都直接连到同一条物理信道上，该信道负责任何两个设备之间的全部数据传输。站点以报文（或帧，帧同报文一样都是信息传输的基本单位）的形式发送数据，报文通过信道的传输是广播传输。报文随时都能被所有连接在信道上的设备检测到。当信道上出现两个或更多的设备在同一瞬间发送报文时，就会有千百万报文在信道上重叠，出现差错，即碰撞。载波侦听多路访问技术，就是为了减少这种碰撞的。它是在源站点发送报文之前，首先侦听信道是否忙，如果侦听到信道上有载波信号，则推迟发送报文。也就是一旦检测到碰撞，侦听到干扰信号，就立即停止发送报文。

2. 令牌总线访问控制

虽然利用载波侦听多路访问控制方法可有效地解决冲突问题，但载波侦听多路访问控制方法存在两方面的缺陷。

1）没有优先级，不适合实时系统。

2）由于报文或帧的发送是争用发送方式，对一些报文或帧来说，可能由于得不到发送机会而很长时间送不出去。

令牌总线是将所有的站点按次序分配一个逻辑地址，每个站点都知道与其相临的前面和后面站点的地址，最后一个站点的后继站点为首站点，所以令牌总线所构成的是一个逻辑环，如图 5-10 所示。

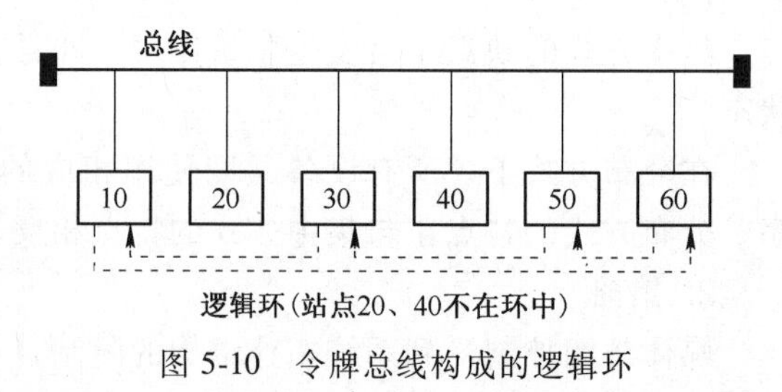

图 5-10　令牌总线构成的逻辑环

令牌总线访问控制技术与 CSMA/CD 的区别在于，除了得到令牌以外，所有节点均只收不发，其特点如下。

1）媒体访问方式。令牌总线采用无冲突媒体访问方式。令牌总线网中设有令牌，令牌控制信息的发送权。在传输过程中，系统建立起一个逻辑环，实现的是广播式传输。由于网络中采用令牌控制信息的发送权，所以令牌总线网不存在冲突。

2）结构。令牌总线网在物理上是总线网，而逻辑上是环形网，所以其连接相对简单。

3）通信方式。令牌总线网由于结构的特殊性，使得其在具有环形网传输时延确定特点的同时还可以设置传输优先级。

4）信息载荷。令牌总线网与总线网在信息载荷方面的特点正好相反，这是由于网上的令牌不论有无信息传送都传递。

5）协议。令牌总线网的协议比较复杂。

令牌总线访问控制中的控制令牌是用于控制的一个特殊的帧，表示一种权力。网络中的所有站点按照它们共同认同的规则，从一个站点到另一个站点传递控制令牌（网络中任意时刻只有一个站点能够拥有令牌），对某一个站点来说，只有当它占有令牌时才能发送报文，当报文发送完后，把令牌传递给下一个站点。控制令牌访问控制操作过程如下。

1）建立逻辑环，将所有站点同物理媒体相连，然后产生一个控制令牌。

2）令牌沿着逻辑环从一个站点传递到另一个站点。

3）当等待发送报文的站点，接收到令牌后，站点将报文利用物理媒体发送出去。

4）站点发送完报文后，将控制令牌传递给下一个站点。

3. 令牌环访问控制方法

令牌环访问控制方法与令牌总线访问控制方法都采用令牌控制方式，但令牌环访问控制不是广播控制，而是由单个的点到点的连接组成的一个环，与令牌总线访问控制方法是不同的。

令牌访问控制方法是把信息在环形信道上的传输时间分成大小固定的时间块，这就是所谓的时间槽。在环路上，信息被分成若干个和时间槽相对应的信息段，使每个时间槽都是由一个同等的和固定长度的一串比特组成。时间槽的逻辑结构如图 5-11 所示。

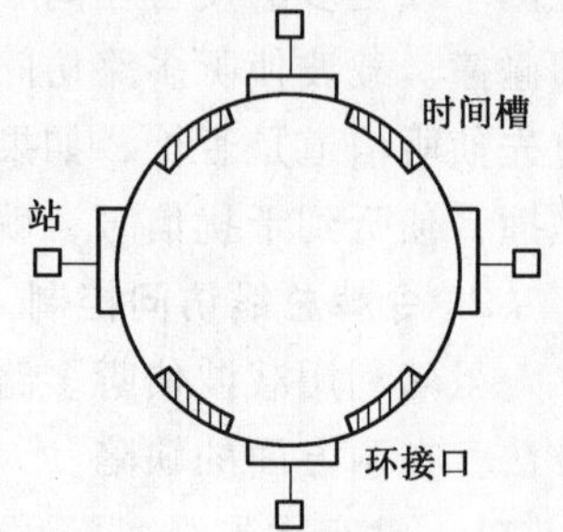

图 5-11　时间槽的逻辑结构

根据图 5-11 可知，信息在环路上的传输时间包括节点之间传输线上的信息传输时间和在各节点的转发延迟时间两部分。

时间槽方式中主要考虑和解决的问题有两个。一是环的物理长度与位速率，也就是比特物理长度的关系问题，这个问题涉及在环路上，同时能够传输多少位，时间槽如何设置问题；另一个问题是如何解决当线路或接口等出现故障后，系统能否继续正常运行文集，即自动旁路问题。

第一个问题通过计算可以解决，而旁路问题可通过设置线路控制中心的方法解决，如图5-12所示。

逻辑上，图5-13所示的仍然是环结构，但由于具有旁路电路，所以系统能够实现自动旁路。

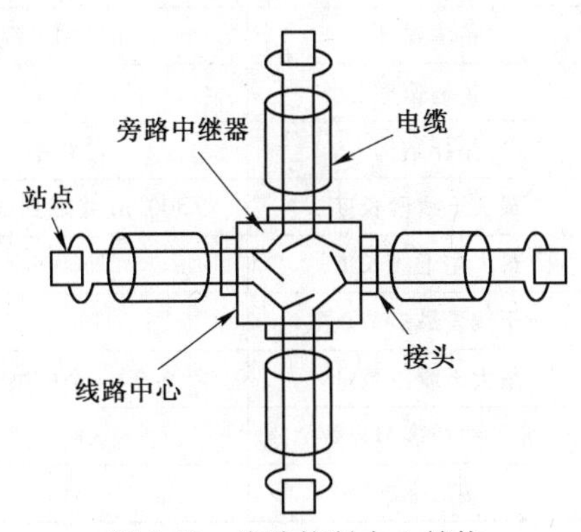

图 5-12　线路控制中心结构

开槽环访问控制过程如下。

1）网络开始工作时，所有时间槽都置为空槽状态。

2）当某个站点要发送报文，首先要等待，直到监测到有空时间槽后，开始填信息。

3）将空时间槽标志为满状态。

4）将报文内容填入时间槽中。

5）将源地址和目的地址填入时间槽中。完成这些操作后，时间槽报文绕网环从一个站点到下一个站点传送。

6）当报文到达目的站点上，报文被取下，并置时间槽状态为空。

7）如果一个满时间槽绕环两周还没有被某站点接收，就说明“满”标志或目标地址有错，管理站将对其进行出错处理。

5.3.3　IEEE 802标准与局域网

在IEEE 802标准中最主要的标准为IEEE 802.1、IEEE 802.2、IEEE 802.3、IEEE 802.4和IEEE 802.5。

IEEE 802.1标准对IEEE 802系列标准做了介绍，并且它对接口原语进行了规定。IEEE 802.2标准描述了数据链路层的上半部分，它使用的是逻辑链路控制（LLC）协议。IEEE 802.3到IEEE 802.5各部分分别描述了3种局域网标准。

1. IEEE 802.3标准与Ethernet网

IEEE 802.3标准是一种载波侦听多路访问局域网的标准。

所有要用IEEE 802.3实现的产品都直接使用曼彻斯特编码。IEEE 802允许的最大电缆长度为500 m，为了使网络扩展到较大范围，多根电缆可以用中继器连接起来。一个系统可以有多段电缆和多个中继器，但两个收发器之间不能超过2.5 km，任何两个收发器之间的路径上跨过的中继器不能多于4个。

符合IEEE 802.3标准的以太网（Ethernet），其拓扑结构是总线型或星形的，访问控制采用CSMA/CD方式，传输速率为10 Mbit/s。常用的以太网标准有10Base5（标准以太网）、10Base2（便宜以太网）和10Base-T（双绞线以太网），这3种以太网的主要参数见表5-1。

除此之外，在双绞线以太网的基础上发展起来的快速以太网（100Base-T）符合IEEE 802.3u标准。IEEE 802.3u标准与IEEE 802.3（10Base-T）标准在媒体访问方法、协议和数据帧结构方面基本相同，不同的是IEEE 802.3u标准在速度上进行了升级。在拓扑结构上，快速以太网采用星形拓扑结构，快速以太网支持全双工方式，使得实际数据传输速率能够达

表 5-1　3 种以太网的主要参数

标　　准	10Base-5	10Base-2	10Base-T
冲突控制方法	CSMA/CD	CSMA/CD	CSMA/CD
传输媒体	粗同轴电缆	细同轴电缆	无屏蔽双绞线
传输速率	10 Mbit/s	10 Mbit/s	10 Mbit/s
拓扑结构	总线型	总线型	星形
最大干线段长度	500 m（终端到终端）	185 m（终端到终端）	10 m（终端到终端）
最大主干线长度	2500 m	925 m	不限
每干线段最多节点数	100 个	30 个	不限
最大干线段数量	5 个（4 个中继器）	5 个（4 个中继器）	不限
主干线最多节点数	300 个	90 个	不限
接口标准	AUI	BNC	RJ-45

到 200 Mbit/s。快速以太网便可使原来 10Base-T 以太网的用户在不改变网络布线、网络管理、检测技术以及网络管理软件的情况下，顺利地向 100 Mbit/s 快速以太网升级。

具有广播特性的采用 IEEE 802.3 标准构造的局域网具有如下特点。

1）媒体访问方式。采用竞争型媒体访问控制方法，系统中各工作站自主且平等，媒体访问无优先权，信息的发送是通过竞争进行的。

2）结构。结构简单，媒体介入方便，价格便宜。但节点之间的最大距离有一定的限制，这是由于用于检测冲突的收发器是模拟器件。

3）通信方式。通信方式是所有数据共享通信信道，也就是总线传输，一个或一组数据总能被网络中的所有节点接收到。

4）信息载荷。信息载荷在不同情况下所表现出的特点是不一样的。如果信息负载少，则每个节点都可以随时发送信息，此时系统有较高的数据吞吐量，网络上也基本上没有延时。如果信息负载大，由于冲突的增加，系统的数据吞吐量则明显下降，网络延时明显增加。

5）实时性。由于采用争用机制，存在冲突，发送和响应具有随机性。所以实时性较差，难于满足对实时性要求高的用户。

2. IEEE 802.4 标准与 Token Bus 网

IEEE 802.4 标准称为令牌总线标准。由于令牌总线方式中只有捕获令牌的站才能发送数据帧，一次只有一个站握有令牌，所以不会出现碰撞。令牌总线用线性电缆或树形电缆，各站都连到这些电缆上。电缆的固有特性是广播媒体特性，每个站接收每个帧，把不是对自己寻址的那些帧弃掉，所以，各站以怎样的物理顺序与电缆连接是无关紧要的。IEEE 802.4 的媒体访问控制协议还用于向环上增加站或从环中删除站的控制。

IEEE 802.4 标准规定了 4 种优先级，即 0、2、4 及 6 级，其中，0 级最低，6 级最高。

IEEE 802.4 标准最重要的是物理层与 IEEE 802.3 完全不兼容，它比 IEEE 802.3 复杂得多。在物理层，IEEE 802.4 标准使用 75 Ω 宽带同轴电缆，即电视使用的电缆。IEEE 802.4 有 3 种不同的模拟调制方法：相位连续频移键控、相位相关频移键控及多级双二进制幅度调制相移键控，速率可达 1.5 Mbit/s 或 10 Mbit/s。

3. IEEE 802.5 标准与 Token Ring 网

IEEE 802.5 标准描述了令牌环局域网，按 IEEE 802.5 标准的环网称为令牌环网。IEEE 802.5 标准中信号编码使用差分曼彻斯特编码。IEEE 802.5 标准解决了环网中的一个关键问题，即具有诊断和找出有故障的站或有问题的环中的某一段，然后把有故障的站去掉，把有问题的段旁路掉，使整个环继续正常运行，从而避免了由于某个站出故障或环路某段出故障而造成全网瘫痪。

环网（Token Ring）是局域网中最传统的组网方式之一，符合 IEEE 802.5 标准技术规范，拓扑结构为环形，媒体访问控制方式为 Token Passing，传输介质为屏蔽或无屏蔽双绞线，传输速率为 4 Mbit/s 或 16 Mbit/s。Token Ring 具有实现简单、控制效率高等特点。典型的 Token Ring 网是 IBM Token Ring 网。

令牌环网与令牌总线网有很多相似之处，但它们之间也存在一些差别，具体内容这里就不叙述了。

5.4 典型局域网

5.4.1 以太网介绍

1. 以太网 10Base-5

以太网 10Base-5 是 IEEE 802.3 标准以太网，具有如下的特性。

1）拓扑结构：10Base-5 的网络结构，一般是总线型拓扑结构。

2）传输媒体：10Base-5 使用粗同轴电缆，电缆必须用 50 Ω 的终端电阻器进行端接。

3）传输距离：电缆最大总长度（即所有网段的总长度）为 2500 m，网段的最大长度为 500 m。

4）传输速率：10Base-5 的传输速率为 10 Mbit/s。

5）站点数量：以太网 10Base-5 允许每个网段最多有 100 个站点。对于拥有最大网段数的网络来说，在直线连接的 5 个网段中，理论上可以拥有 500 个站点。但是，由于两个网段之间需要有一个中继器连接，每个中继器都视为一个站点。在拥有最大网段数的网络中，应该有 4 个中继器连接整个网络。对于网络两端的网段来说，有一个中继器与其相连，那么每个网段中应有 99 个站点和 1 个中继器；对于中间的 3 个网段来说，有两个中继器与其相连，那么每个网段中应该有 98 个站点和 2 个中继器。因此，整个网络能够连接的最大站点数为 492 个。

6）信号：曼特斯特编码。

除前面已经介绍的特性外，10Base-5 网络还具有如下要求。

1）网络中的站点必须使用外部收发器连到电缆上。

2）收发器间的最短距离为 2.5 m。

3）段的两端必须用终端器（或称终结器），一端必须接地。

4）收发器到站点的最大距离不可超过 50 m。

2. 以太网 10Base-2

以太网 10Base-2 是一个细缆以太网，具有如下的特性。

1）拓扑结构：10Base-2 的网络结构，一般是总线型拓扑结构。

2）传输媒体：10Base-2 使用细同轴电缆。

3）传输距离：电缆最大总长度（即所有网段的总长度）为 925 m，网段的最大长度为 185 m，最大网段数为 5。

4）传输速率：10Base-2 的传输速率为 10 Mbit/s。

5）站点数量：它允许每个网段最多有 30 个站点。其中，中继器连着的两个段来说，中继器都算一个站，所以连接的最大站数为共 142 个。

6）信号：曼特斯特编码。

3. 以太网 10Base-T

以太网 10Base-T 标准是 1990 年 9 月由 IEEE 发表的，10Base-T 网络拓扑结构上采用了总线型和星形相结合的结构，这种设计方法使微机局域网络结构同电话网络系统类似，而且连接线也同电话网络的连接线相同。以太网 10Base-T 又被称为双绞线以太网。

以太网 10Base-T 中的所有工作站通过简易的传输媒体双绞线接到 Hub 上，构成一个星形结构，这种结构有利于微机局域网络故障检测和碰撞控制效率的提高，从根本上改变了一般局域网拉线和难以维护的缺点，而且不降低数据的传输速率。以太网 10Base-T 具有如下的特性。

1）连接方式：系统中各工作站均通过 Hub 连入网络中。

2）传输媒体：传输线介质采用非屏蔽双绞线。

3）传输速率：数据传输速率可达 10 Mbit/s。

4）接口标准：双绞线与网络接口及 Hub 之间采用 RJ-45 标准接口。

5）传输距离：工作站与 Hub 之间的最大距离为 100 m。

6）信号：曼特斯特编码。

7）中继连接：系统中 Hub 与 Hub 之间可实现连接，一条通路最多可以串连 4 个 Hub（好的产品最多可串连 10 个 Hub）；Hub 与 Hub 之间的最大距离为 100 m。系统中任何一条线路不能形成环路。

以太网 10Base-T 局域网中，Hub 解决了系统中存在的，以及网络的稳定性与可靠性问题。在这里，Hub 的主要功能如下。

- 终止网络接口板的接口，使工作站与网络之间形成点对点的形式。
- 当 Hub 接收到某接口传输的信号后，将信号再生和传输信号到其他接口。
- Hub 具有自动检测碰撞的功能，碰撞一旦发生，Hub 能够立即发出阻塞的信号，通知其他工作站。
- 自动隔离发生故障的工作站。

与 10Base-2 或 10Base-5 以太网相比，10Base-T 以太网具有如下特点。

- 网络的增减不受段长度和站与站之间距离的限制，10Base-5 最多为 100 个节点，10Base-2 最多为 30 个节点，而 10Base-T 不受此限制。
- 无须顾虑未来网络的扩展，扩展方便。
- 整个网络的性能不会因为某段线的分布参数变化而受影响，使改变网络的布局很容易。
- 线路的安装可与电话系统的线路安装同时进行，大大减少了网络安装的费用。

- 网络的建立灵活、方便，Hub 有 8 口、12 口、16 口、24 口、32 口，可根据网络的大小，选择不同规格的 Hub 连接起来。
- 扩充与减少工作站都不会影响或中断整个网络的工作。
- 当某个工作站或相互连接的某个 Hub 发生故障时，故障源会被自动排除在网络之外，从而保证其他工作站正常工作。
- 由于 Hub 将一个大的网络有效地分成许多互联的段，当故障发生时，管理人员在很短的时间内便能查出故障所在点，从而提高排除故障速度。
- 由于 10Base-T 网络与 10Base-2、10Base-5 兼容，所有的在标准以太网络上运行的网络操作系统软件，均可不加任何改变地运行。
- 10Base-T 使用双绞线，成本低，安装容易。
- 10Base-T 以太网与同轴电缆以太网同属 IEEE 802.3 规范，因此它们互联简单，并可以结合使用。

4. 光纤以太网 10Base-F

光纤以太网 10Base-F 于 1992 年由 IEEE 给予批准（IEEE 802.3i），它基于光缆互联中继器链路规范，对扩展距离采用光缆链路建立互联中继器。10Base-F 具有传输距离远（可达 2000 m），抗干扰能力强和安全保密等特点，非常适合楼宇间的网络连接。

光缆以太网 10Base-F 的典型应用如图 5-13 所示。

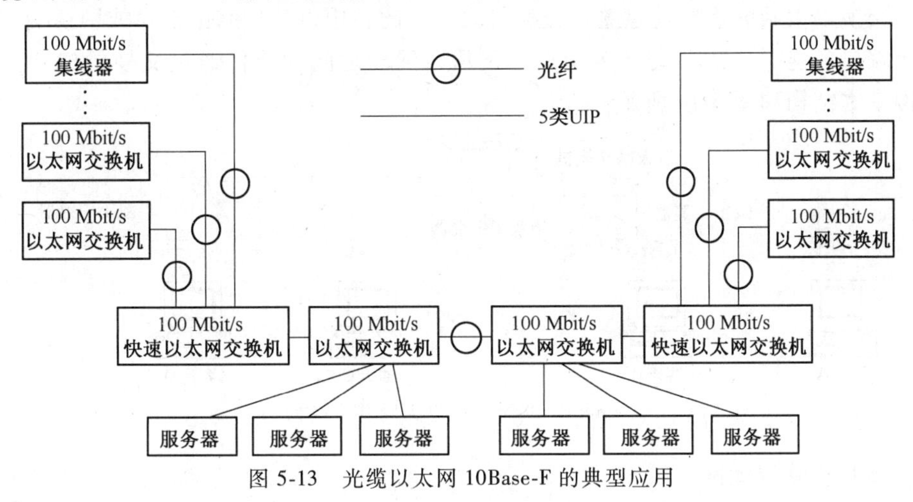

图 5-13 光缆以太网 10Base-F 的典型应用

5. 100Base-T 快速以太网

100Base-T 是 IEEE 于 1995 年 5 月正式通过的标准，即 IEEE 802.3U 标准。

为了提高带宽，满足不同环境的需要，由有四十多家网络厂商加入的快速以太网联盟共同开发了 100Base-T 快速以太网标准。100Base-T 快速以太网从 10Base-T 的以太网标准发展而来，其特点：保留了 CSMA/CD 协议，使得 LAN 上 10Base-T 和 100Base-T 站点间进行数据通信时不需要协议转换，从而可方便地将 100Base-T 网络与 10Base-T 网络集成在一起。

100Base-T 与 10Base-T 之间的关系如表 5-2 所示。

除表 5-2 中所描述的 100Base-T 网络基本特征外，100Base-T 还具有如下特征。

1）100Base-T 网络中可使用交换式集线器和叠加式共享式集线器，网络的范围不受限制，在一个纯共享式环境中，100Base-T 网络的最大直径为 205 m。

表 5-2　10Base-T 与 100Base-T 的关系比较

	10Base-T	100Base-T
速度	10 Mbit/s	100 Mbit/s
IEEE 标准	802.3	802.3
介质访问协议	CSMA/CD	CSMA/CD
拓扑结构	总线型或星形	星形
支持的缆线	同轴电缆 UTP 或光纤	UTP 或光纤
集线器到节点的最大距离	100 m	100 m
介质独立接口	是(AUI)(AUI:附加设备接口)	是(MII)(MII:媒体专用接口)

2）从一个共享式集线器到一个服务器或到一个交换式集线器，光纤的距离为 250 m，UTP 的距离为 100 m。

3）在两个 DTE 口间，例如网桥、路由器或交换式集线器间，使用全双工光纤，距离为 2000 m。

100Base-T 以太网中，对于不同的传输媒体，定义了 3 种不同的网卡，即 100Base-T4、100Base-TX 和 100Base-FX。

6. 交换以太网

(1) 共享交换以太网

共享交换以太网的连接是建立在交换机端口上的，用以替代路由端口或网桥端口。交换机的每个端口各连一个共享式（多端点）网段，网段之间的通信通过交换机建立。共享交换以太网基本结构如图 5-14 所示。

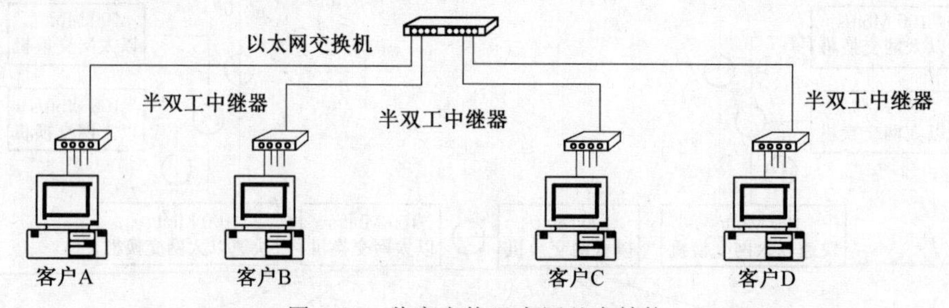

图 5-14　共享交换以太网基本结构

(2) 专用交换以太网

随着用户对带宽的要求在不断提高，传统的共享式局域网环境下已经不能满足用户对带宽的需求。通过构造专用交换结构，即把适配器和局域网的整个带宽分配给每个站点，在站点和某个交换机端口之间建立直接交换的方法可以有效解决上述问题。专用交换以太网适合于服务器和高带宽客户机应用环境。专用交换以太网基本结构如图 5-15 所示。

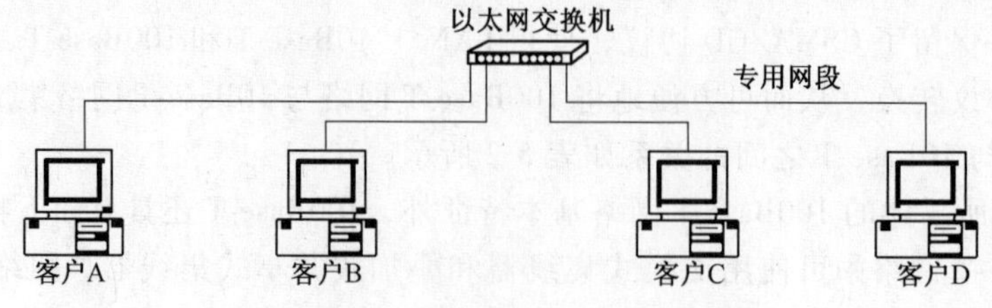

图 5-15　专用交换以太网基本结构

（3）交换式全双工局域网

交换式全双工局域网是利用一条专门的至服务器的全双工连接，由于服务器不与大量的站点争夺有限的带宽，能同时传送和接收帧，所以服务器可以为所有站点提供更多的可用带宽。这种结构的网络，在一个客户机从服务器读取数据的同时，另一个客户机不仅可以向服务器写数据，还可以通过交换机直接完成站点之间的点对点连接。交换式全双工局域网基本结构如图 5-16 所示。

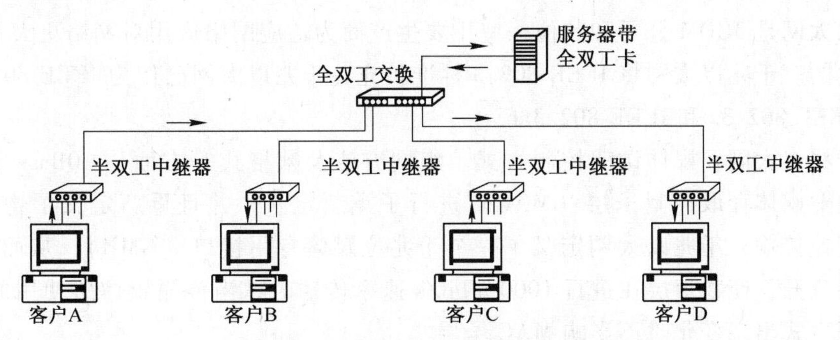

图 5-16　交换式全双工局域网基本结构

全双工交换机的每个交换机端口在半双工或全双工方式下都支持 10 Mbit/s 的操作，其将共享式局域网分割成多个网段，每个网段只有少数几个站点。每个交换机端口可以配置在全双工方式下运行并连至全双工设备。利用全双功交换机替换局域网集线器可以有效地解决访问服务器带来的瓶颈问题。

交换式全双工局域网有多种构建方法，如图 5-17 和图 5-18 所示。

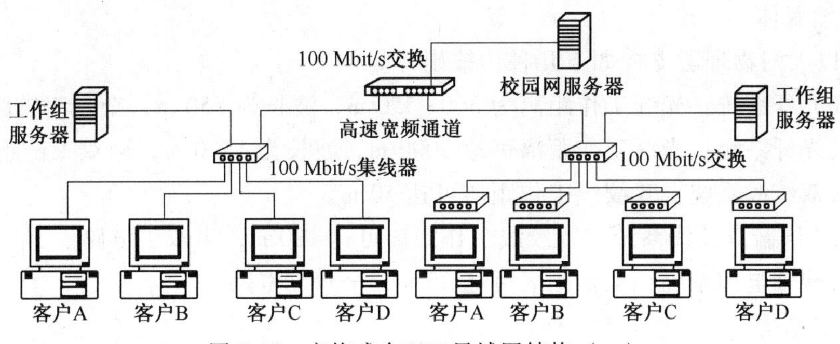

图 5-17　交换式全双工局域网结构（一）

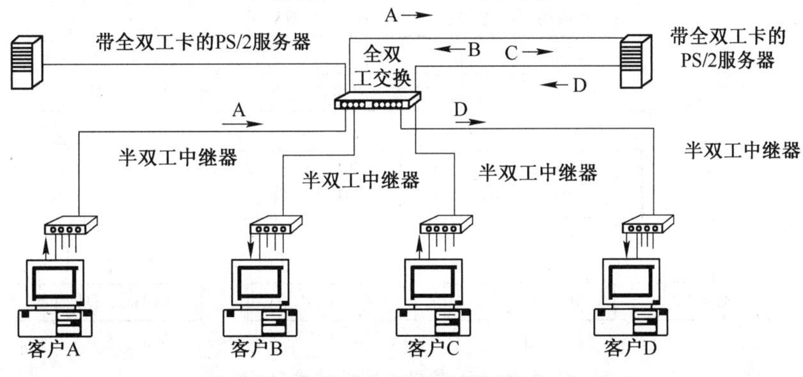

图 5-18　交换式全双工局域网结构（二）

图 5-18 结构中，不同网段上连到不同交换机端口的客户机（或服务器）可以互相通信，而客户机 A、B、C 和 D 又能与服务器通信。

图 5-19 结构中，允许两个客户机同时从服务器读数据和两个客户机同时向服务器写数据，从而提供了更多的访问服务器的带宽。

7. 千兆以太网

（1）千兆以太网的概念

千兆以太网是 3COM 公司和其他一些主要生产商为适应网络应用对网络更大带宽的需求研制和开发的。千兆以太网将 IEEE 802.3 标准扩充，千兆以太网已作为 IEEE 802.3 的新成员，即为 IEEE 802.3z 和 IEEE 802.3ab。

虽然千兆以太网在媒体访问控制方式、组网方法及帧格式等方面与 10Base-T 相同。但千兆以太网对媒体存取控制子层（MAC）进行了重新定义，并且重新定义了物理层标准。为了实现高速传输，千兆以太网定义了一个千兆位媒体专用接口（GMII），从而将 MAC 子层和物理层分开，使物理层在进行 1000 Mbit/s 速率传输时，当传输媒体所使用的传输媒体和信号编码方式出现变化时不影响 MAC 子层。

千兆以太网标准是现行 IEEE 802.3 标准的扩展，经过修改的 MAC 子层仍然使用 CSMA/CD 协议，支持全双工和半双工通信。千兆以太网的光纤和同轴电缆的全双工链路标准部分由 IEEE 802.3z 小组负责制订，而非屏蔽双绞线电缆的半双工链路标准部分则由 IEEE 802.3ab 小组制订。

由于千兆以太网保留了以太网的基本原理和基本技术，所以具有以太网的简单性、灵活性、经济性、可管理性，同时具有兼容性等特点。

（2）传输媒体

千兆位以太网物理层支持如下几种传输媒体。

1）多模光纤系统：光纤工作距离为 300~550 m，波长为 850 m，全双工链路。

2）单模光纤系统：光纤工作距离可达 3000 m，波长为 1300 m，全双工链路。

3）屏蔽双绞线系统：双绞线工作距离可达 50 m。

4）5 类非屏蔽双绞线系统：双绞线工作距离可达 100 m，半双工链路。

5）宽带同轴电缆系统：工作距离可达 25 m，全双工链路。

（3）协议结构

千兆以太网的协议结构如图 5-19 所示。

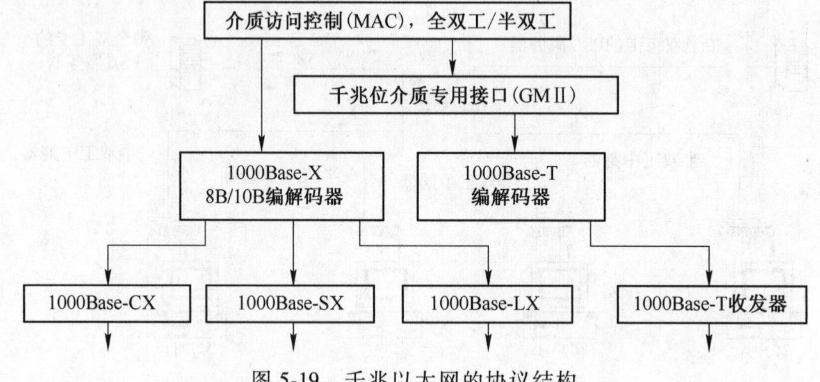

图 5-19　千兆以太网的协议结构

其中：

1000Base-SX 可采用 62.5 μm 或 50 μm 的多模光纤，工作波长为 850 nm，传输距离为 260 m 和 525 m，采用 8B/10B 编码方法，适用于大楼主干网。

1000Base-LX 可采用 62.5 μm 或 50 μm 的多模光纤和 9 μm 的单模光纤，工作波长为 850 nm，多模光纤的传输距离为 550 m，单模光纤的传输距离为 3 km，工作波长为 1300 nm；数据编码采用 8B/10B 编码，适用于校园主干网。采用光收发器，1000Base-LX 可用于城域宽带主干网。

1000Base-CX 采用 150 Ω 的平衡型屏蔽双绞线，传输速率为 1.25 Gbit/s，传输效率为 80%，传输距离为 25 m，数据编码采用 8B/10B 编码，主要用于短距离的集群设备的互联。

1000Base-T 采用 4 对 5 类 UTP 电缆，传输速率为 1 Gbit/s，传输距离为 100 m，适用于大楼内主干网。

（4）千兆以太网应用

千兆以太网能够极大地提高网络的可用带宽，所以可用于任何规模的 LAN 中。在最初阶段，用户可以将网络的核心部分挂到千兆以太网交换机上，而将 100Base-T 系统迁移到网络的边缘。这样既能为用户提供更宽的带宽，又不会导致阻塞主干网络。具体实现主要有交换机与交换机连接和交换机与服务器连接两种方法。前一种方法是在相应的交换机上安装千兆以太网的网络端口模块，通过这些模块实现 1000 Mbit/s 链路连接；后一种方法是在交换机和服务器上分别安装千兆以太网网络端口模块和千兆以太网网卡，以此实现 1000 Mbit/s 链路连接。千兆以太网的主要应用如下。

1）作为主干网交换机。采用千兆以太网交换机作为局域主干网，如图 5-20 所示。

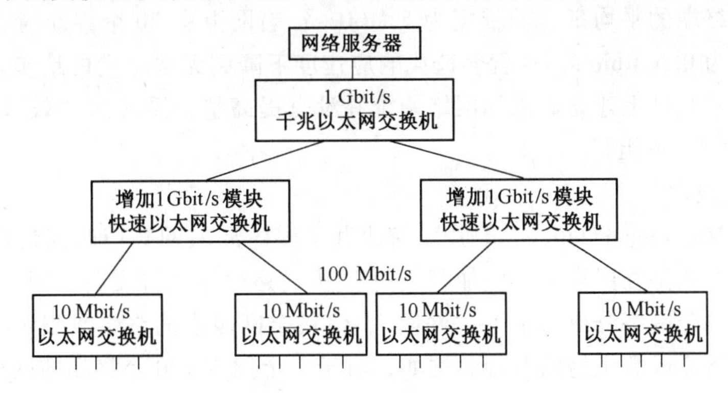

图 5-20 千兆以太网交换机作为局域主干网

2）增强关键服务器的带宽。用增加千兆以太网模块来提高访问关键网络服务器的带宽如图 5-21 所示。

3）升级快速以太网。采用增加千兆以太网模块来连接快速以太网交换机，如图 5-22 所示。

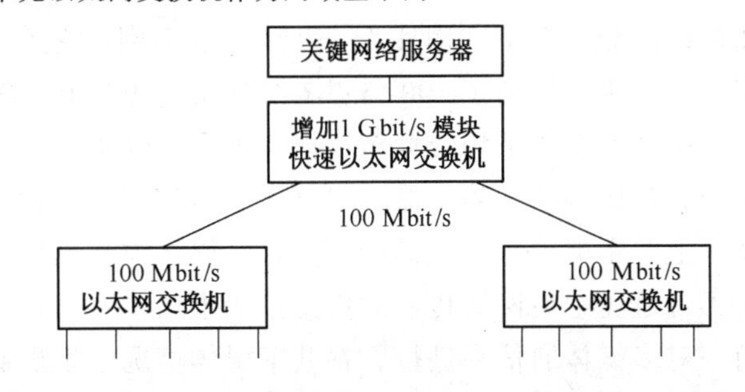

图 5-21 用千兆以太网模块来提高访问关键网络服务器的带宽

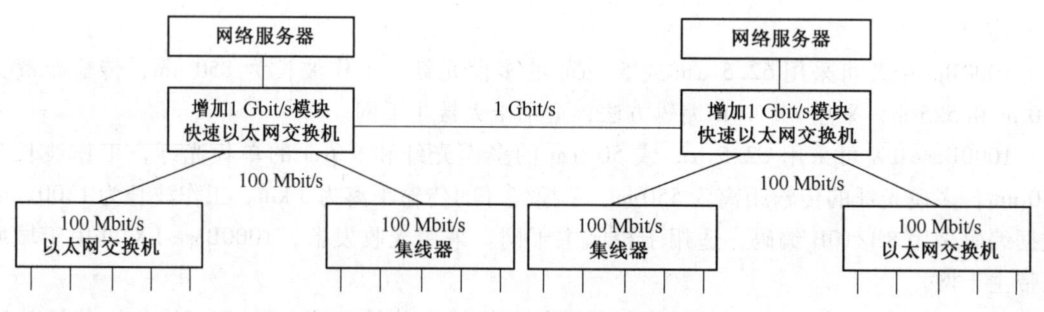

图 5-22　用千兆以太网模块来连接快速以太网交换机

5.4.2　共享媒体局域网

1. 共享媒体局域网的概念

以太网、令牌环网、光纤网等都采用“共享媒体（Shared Media）”技术，形成的是一类广播型网络。在这类网络上，每个瞬时都只有一个用户终端在发送信息，其他每个终端都接收，各终端通过浏览接收到的信息地址头来确定所收到的信息是不是发送给自己的。同时每个终端时时都在争取得到发送信息的发送权，使整个网络的通信媒体始终处于大家“共享”的状态，这就是所谓共享媒体技术。

2. 共享媒体局域网存在的问题

在共享媒体局域网中，由于媒体是共享的，所以，网络通信的延时增加，用户总是感觉系统响应时间太慢，其根本的问题在于“共享媒体”上。例如，对于媒体传输速度为 10 Mbit/s的以太网，在只有一个终端的情况下，终端享有 10 Mbit/s 的带宽；在有两个终端的情况下，两个终端的平均享有的带宽为 5 Mbit/s；当网上有 20 个终端时，每个终端的平均享有的带宽仅为 0.5 Mbit/s，这就会造成响应速度下降到无法忍受的地步。由此可见，这种在共享媒体技术基础上建立起来的网络系统并没有提高整个系统的“效率”，反而成倍地增加了系统通信的“负担”。

3. 网络微化技术

网络微化（Microsegmentation）是用于解决共享媒体局域网响应时间慢的一种技术。网络微化所采取的方法是在网络通信中加“网桥”和“路由器”等设备对网络通信进行过滤，利用这些设备把整个网络分成若干个“网段”，使每个网段内的终端数相对减少，从而使网络传输效率成数倍或成数十倍的改善。例如，对于一个拥有 100 个终端的网络来说，当网络传输媒体的带宽为 10 Mbit/s 时，则作为整个网络“瓶颈”的服务器带宽就仅为 0.1 Mbit/s。如果将网络划分成 5 个“网段”，让作为整个网络瓶颈的服务器独占网段，则服务器独占 10 Mbit/s，其带宽提高了 100 倍；各终端带宽也从 0.1 Mbit/s 增加到 0.5 Mbit/s，带宽提高了 5 倍；整个系统的平均带宽至少提高了 40~60 倍。

然而，利用网桥和路由器不仅极大地增加了整个网络的投资，更重要的是对大网络进行微化实际上并不能理想化地进行。随着多媒体应用的大量出现，凡涉及图像和声音的数据信息，都不可避免地使网络传输的信息量成十倍、百倍地增长，使网络通信进一步恶化。通常只要有一对多媒体通信在进行，在共享媒体情况下发展起来的网络，其他终端就几乎根本没有机会进入网络，从而完全失去了共享和发送信息的权利。

5.4.3 交换局域网

网段微化只治标不治本，用网段微化造成的带宽很快就被蚕食，网段传输又会再次拥挤不堪。为此，必须建立起一个真正的在地理位置上分散的网络，使网络上所有的端口平行地、安全地同时互相传送信息，使共享变成独占，使串行变成并行，这就是交换网。

交换网能使网络带宽问题得到根本解决。交换网是高度可扩充的，它的带宽能够随着用户的增加而扩张；交换网比共享媒体有更强的适应性，其中的每一对连接，都可以按实际需求而得到各自必要的带宽。

交换网彻底改变了传统网络技术依赖具体设备配置的局限，这就像人们早已熟悉了的电话交换总机，在任何需要系统扩充的时候，只要将 100 台的计算机交换机换成 1000 台的计算机交换机即可实现增容。交换网就是采用了“计算机总机”这种类似的电话交换机的机制。

无论多么复杂的系统布线，都采用层次化的星形拓扑，这就是结构化布线。其原因是只有当所有的接线都集中到“一点”时，才有可能同时接通多对接线，使“串行”变成“并行”。总线拓扑结构向星形拓扑结构的转变情况，如图 5-23 所示。

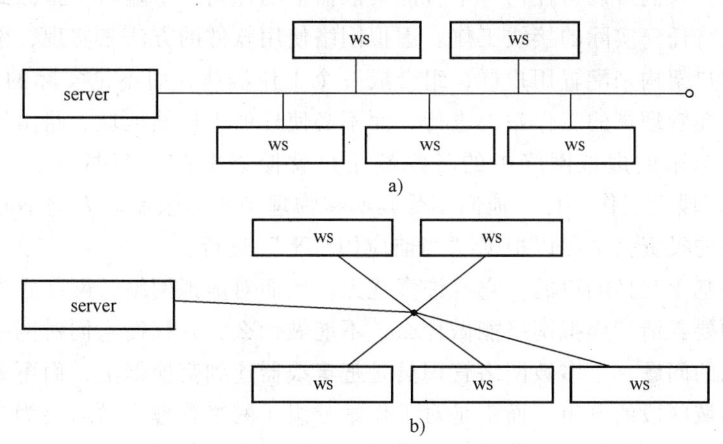

图 5-23 总线结构到星形结构的转换

a）总线结构 b）星形结构

从总线结构到星形结构的转换就是将总线退化成星形的中心点。如果在这个中心点上放置一个交换开关，就可以让尽量多对的接线连通，于是就产生了交换网。交换网与面向终端的联机系统相比较，是一次升华。它使得原来的主机“退化”成了“服务器”，使原来的终端控制器发展成了“网络控制中心”，如图 5-24 所示。

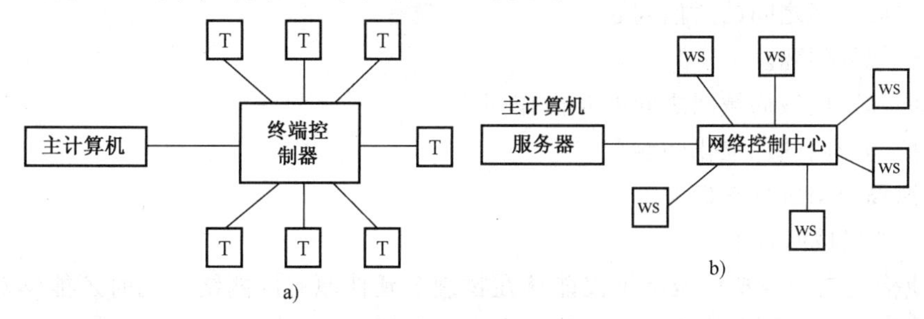

图 5-24 交换网结构

a）面向终端的联机系统 b）交换网结构

5.4.4 虚拟局域网

虚拟局域网（Virtual LAN，VLAN）从本质上讲是一个由任意一组以线速度通信的局域网网段所组成的一个广播域，这个域中的广播能到达这一虚拟局域网中的任何一个站点。

1. 虚拟局域网的概念

虚拟局域网是建立在局域网基础上的一种特殊的局域网，虚拟局域网并没有改变原有网络的结构，它是按一定的方法将不同局域网和不同网段中的工作站在逻辑上进行的重组。

虚拟局域网中的所有成员都是基于某种需要被逻辑地联系在一起的，网络中的任何设备都可以成为虚拟局域网中的一员，各成员与具体的物理位置和所属的局域网无关。

与普通局域网相似，虚拟局域网中的所有成员都只能够接收到其中其他成员发送的数据，而不同虚拟局域网之间不能相互交换数据。如果需要在不同虚拟局域网之间进行通信则需要进行重新设置“规则”，甚至增加设备。

2. 虚拟局域网的特点和需要解决的主要问题

在虚拟网上，人们可以将任何一个智能集散器上的任何一个端口，指派到任何一个网段上，而不需要进行任何实际的接线工作。虚拟网络使用软件的方法来实现，网络可以根据不同网段的终端用户架构来配置用户群，组合成一个工作群体，而不论实际的接线情况如何。任何改变都可以在管理员的工作站上进行，而不必使任何工作站地址、路由器、服务器和接线改变。所建立起来的虚拟网络中的各终端用户就像集中在一个办公室里工作和在一个“实际连接”的网段上工作一样，他们不受其所在物理场所的限制。人们不必再为网络的投资担心，对网络的投资完全可以根据“当前应用水平”进行。

虚拟网络是基于交换端口的，它有许多优点。然而对虚拟网络，网络管理人员在评估交换式产品时必须要弄清楚虚拟网络能做什么、不能做什么，并权衡它们对网络的影响如何。

特别要注意的问题：大多数网络管理员是把集线器连到交换器上，而不是工作站上，所以，分组是对局域网段的分组，而不是对工作站分组。网络管理人员需要为多段集线的每一段建立从集线器到交换器的连接。当用户有所变动，仍需要访问以前的虚拟网络时，网络管理人员需要确保他们所在的段可以再连接到以前虚拟网络的端口上。

虚拟网络的通信协议是依赖于子网编号的，所以，当一个工作站被移动到另一地方时，它的通信协议和子网地址必须被改变。

虚拟网很好地解决了布线问题，给建网工作带来了极大的便利，但同时也给网络管理人员带来了其他问题，建立虚拟局域网必须解决好如下几个方面的问题。

- 虚拟局域网之间的通信问题。
- 分组规划问题。
- 不同标准虚拟局域网之间的互操作问题。
- 虚拟局域网的标准化问题。

3. 虚拟局域网技术与标准

(1) 虚拟局域网技术

为了使构建出的虚拟局域网不仅能够在物理上延伸原有的网络，同时还能够对网络实施灵活的控制，必须有相应的技术，这些技术主要包括如下内容。

- 局域网交换技术。这是虚拟局域网的关键技术。

- 生成树技术。
- 过滤技术。
- 帧标签技术。
- 局域网安全技术。

（2）虚拟局域网标准

典型的虚拟局域网标准主要包括如下内容。

- ATM 论坛制定的 LANE 标准。
- IEEE 制定的 IEEE 802.10 和 IEEE 802.1Q 标准。
- IETF 制定的有关增强过滤控制功能的标准。
- 管理标准（如 Simple Network Management Protocol，SNMP）和安全标准（如 Internet Security Association and Key Management Protocol，ISAKMP）。

4. 典型的虚拟局域网

构建虚拟局域网可以根据不同的环境来选择构建方法。

（1）端口方式

端口方式是利用交换机端口构建虚拟局域网。所构建出的虚拟局域网，其成员可以位于一个交换机中，也可以位于不同的交换机，如图 5-25 所示。

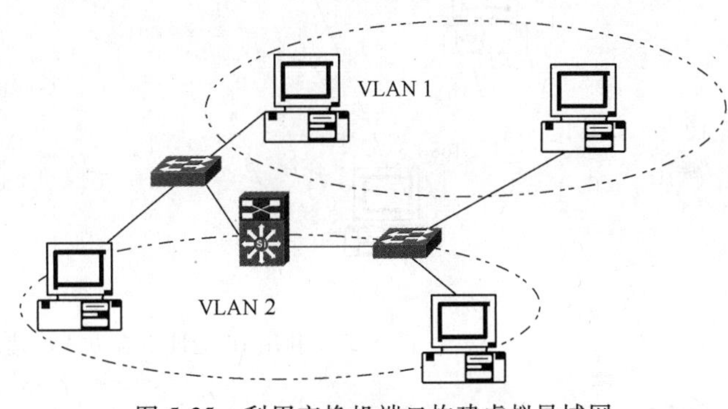

图 5-25　利用交换机端口构建虚拟局域网

（2）MAC 地址分组方式

MAC 地址分组方式是对网卡中的 MAC 地址进行组合来构建虚拟局域网的，如图 5-26 所示。

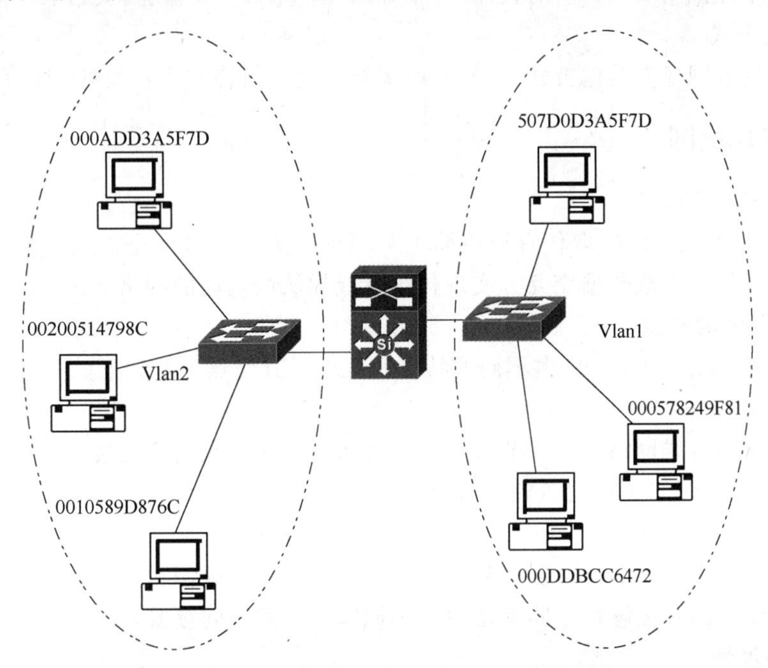

图 5-26　利用 MAC 地址分组方式构建虚拟局域网

(3) IP 方式

IP 方式是对 IP 地址进行组合来构建虚拟局域网的，如图 5-27 所示。

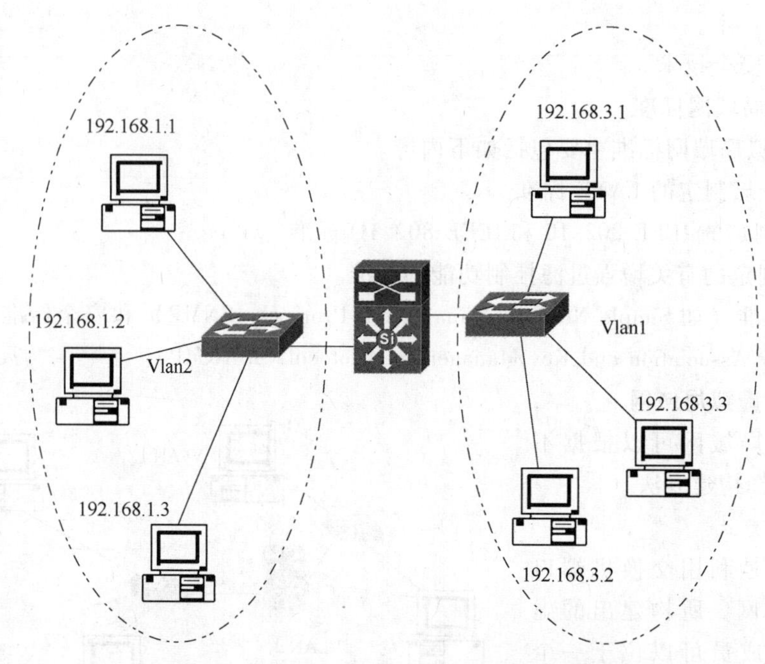

图 5-27 利用 IP 地址组合方式构建虚拟局域网

(4) 协议方式

协议方式是根据协议的不同进行分组来构建虚拟局域网的。例如，所有使用 MAC 地址的用户形成一个虚拟局域网，所有使用 IP 地址的用户形成一个虚拟局域网。

(5) 其他方式

构建虚拟局域网还有其他方式，如 IP 组播组方式、组合方式、策略方式等。

5.4.5 无线局域网

1. 无线局域网的概念

无线 LAN 是用无线链路取代有线链路的局域网，无线局域网是以无线多址信道作为传输媒介，利用电磁波完成数据交互，实现传统有线局域网功能的网络。

2. 无线 LAN 的特点

无线 LAN 与有线 LAN 有许多不同的特点和要求，其优点主要如下。

(1) 安装便捷

无线局域网与有线网络相比，节省了大量的布线工作，只需要安装一个或多个无线访问点（Access Point，AP）就可覆盖整个建筑。

(2) 高移动性

在无线局域网中，各节点可随意移动，不受地理位置的限制，在无线信号覆盖的范围内均可以接入网络，而且能够在不同运营商、不同国家的网络间漫游。

(3) 易扩展性

无线局域网有多种配置方式，每个无线访问点可支持多个用户的接入。

(4) 便于管理和维护

无线局域网只需在现有无线局域网基础上增加访问点就可以将几个用户的小型网络扩展为具有大量用户的大型网络。

此外，无线局域网还具有节省电缆和电缆配电室，可靠性高等特点。

虽然无线 LAN 具有许多优点，但还存在一些局限性，例如，传输距离和传输速率有一定的限制，安装每个单元的费用较高。

3. 无线 LAN 标准

(1) IEEE 802.11x

1) IEEE 802.11。IEEE 802.11（又称无线保真 Wireless Fidelity，Wi-Fi）标准于 1997 年 6 月提出。该标准中射频（RF）传输标准是跳频扩频（FHSS）和直接序列扩频（DSSS），它们工作在 2.4000～2.4835 GHz 频段。直接序列扩频采用二进制移相键控（BPSK）和差分正交移相键控（DQPSK）调制技术，支持 1 Mbit/s 和 2 Mbit/s 数据速率，使用 11 位 Barker 序列，处理增益 10.4 dB。跳频扩频采用 2～4 电平 GFSK 调制技术，支持 1 Mbit/s 数据速率，共有 22 组跳频图案，包括 79 信道。红外线传输方法工作在 850～950 nm 段，峰值功率为 2 W，使用 4 或 16 电平 Pulse-Positioning 调制技术，支持数据速率为 1 Mbit/s 和 2 Mbit/s。

2) IEEE 802.11b。IEEE 802.11b 是在 IEEE 802.11 的基础上的进一步扩展，于 1999 年 9 月正式批准。IEEE 802.11b 采用直接序列扩频（DSSS）技术和补偿编码键控（CCK）调制方式，其物理层分为物理层收敛过程（PLCP）子层和物理媒体依赖（PMD）子层。PLCP 是专为写入媒体访问控制（MAC）子层而准备的一个通用接口，并且提供载波监听和无干扰信道的评估；PMD 子层则承担无线编码的任务。IEEE 802.11b 实行动态传输速率，允许数据速率根据噪声状况在 1 Mbit/s、2 Mbit/s、5.5 Mbit/s、11 Mbit/s 等多种速率下自行调整。

3) IEEE 802.11a。IEEE 802.11a 也是 IEEE 802.11 标准的补充，采用正交频分复用（OFDM）的独特扩频技术和正交键控频移（QFSK）调制方式，大大提高了传输速率和整体信号质量。IEEE 802.11a 和 IEEE 802.11b 都采用 CSMA/CA 协议，但物理层有很大的不同，802.11b 工作在 2.4000～2.4835 GHz 频段，而 802.11a 工作在 5.15～8.825 GHz 频段，数据传输速率可达到 54 Mbit/s。

4) IEE 802.11g。IEE 802.11g 于 2001 年 11 月批准，IEE 802.11g 是一种混合标准，调制采用 802.11b 中的 CCK 和 802.11a 中的 OFDM 两种方式。因此，IEE 802.11g 既可以在 2.4 GHz 频段提供 11 Mbit/s 数据传输速率，也可以在 5 GHz 频段提供 54 Mbit/s 数据传输速率。

5) IEEE 802.11i。IEEE 802.11i 于 2004 年开始实行。IEEE 802.11i 定义了严格的加密格式和鉴权机制，以改善无线局域网的安全性。内容主要包括 Wi-Fi 保护访问（WPA）和强健安全网络（RSN）两项。

6) IEEE 802.11e/f/h。IEEE 802.11e 标准用以支持多媒体传输，以支持所有无线局域网无线广播接口的服务质量（QOS）保证机制。IEEE 802.11f，定义访问节点之间的通信，支持 IEEE 802.11的接入点互操作协议（IAPP）。IEEE 802.11h 用于 802.11a 的频谱管理技术。

(2) 蓝牙技术

1）蓝牙技术的产生。由于无线频率资源日渐珍贵，为短距离宽带无线通信技术的应用提供了广阔的市场前景。相关有代表性的短距离无线通信技术标准有IrDA、IEEE802.11b、802.11a、802.11g、蓝牙（BlueTooth）、HomeRF、ZigBee、UWB超宽带等。近年来，蓝牙、无线局域网802.11b、802.11a、802.11g以及超宽带无线通信（UWB）等新技术不断涌现，并已有大量产品迅速占领市场，受到普遍欢迎。在众多的短距离无线通信技术中，蓝牙技术是比较突出的一个，并正在得到广泛应用。

2）蓝牙技术的特点。蓝牙技术是一种短距的无线通信技术，其工作频段是全球统一的2.4 GHz ISM频段。蓝牙技术采用以1600 MHz的快速跳频扩频技术，传输速率为1 Mbit/s，具有很强的抗干扰能力。蓝牙技术标准的有效传输距离为10 m，通过添加放大器可将传输距离增加到100 m。蓝牙技术的主要技术特点如下。

- 蓝牙的指定范围是10 m，在加入额外的功率放大器后，可以将距离扩展到100 m。
- 利用辅助的基带硬件，蓝牙技术可以支持4个或者更多的语音信道。
- 蓝牙技术提供低价、大容量的语音和数据网络，最高数据传输速率为723.2 kbit/s。在有干扰的情况下，使用短数据帧来尽可能增大通信数据的容量（蓝牙技术的快速跳频扩频技术），这样能够增强抗干扰能力。
- 蓝牙技术支持单点和多点连接，可采用无线方式将若干蓝牙设备连成一个微波网，多个微波网又可互联，称为特殊分散网，形成灵活的多重微波网的拓扑结构，从而实现各类设备之间的快速通信。
- 任一蓝牙设备，都可根据IEEE 802标准得到一个唯一的48 bit的地址码，保证完成通信过程中设备的鉴权和通信的保密安全。
- 蓝牙技术采用TDD方案来实现全双工传输，蓝牙的一个基带帧包括两个分组，首先是发送分组，然后是接收分组。
- 蓝牙系统既支持电路交换也支持分组交换，支持实时同步定向联接和非实时的异步不定向连接。

4. 无线LAN传输技术

（1）红外线技术

红外线技术的频谱介于电磁频谱和最短微波之间，其最典型的频率在1000 GHz或以上。红外线技术具有两种传输方式：直线方式和散射方式。前一种方式是将光道集中在某窄条通道中，后一种方式是以球状模式发射光柱。红外线技术的主要优点是成本低、速度快、抗干扰性和保密性好，并且不受频率管制的限制。但红外线技术的主要问题是传输距离太短，并且任何障碍物（如墙壁）都可以阻止信号达到接收站。

（2）扩展频谱通信技术

无线LAN传输技术中的扩频技术主要有两种：跳槽广谱（FHSS）和直序广谱（DSSS）。此两种扩频技术，在无线电波上的操作采用电磁频谱中的ISM（Industrial Scienticfic Medical）频段。ISM频段由902~928 MHz和2.4~2.484 GHz的范围组成。FHSS产品安全性强，而DSSS安全性稍差。

5. 无线LAN的基本组成与结构

无线LAN主要设备包括无线网卡、无线接入点（AP）、计算机等。

无线LAN采用单元结构，一个系统可以分成多个单元。单元有以下3种基本结构，如

图 5-28 所示。

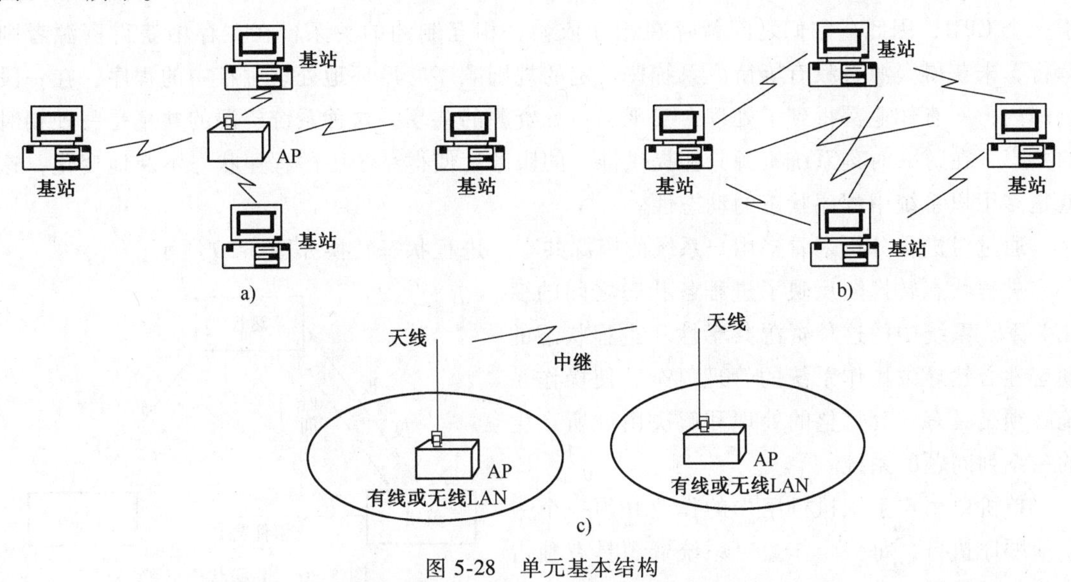

图 5-28 单元基本结构

a）集中控制结构 b）分布对等结构 c）中继结构

集中控制结构中，每个单元中的各基站由一个中心控制；分布对等结构中的各基站之间可直接通信；中继结构是通过中继器将多个单元连接起来。

5.5 局域网操作系统

5.5.1 网络操作系统的概念

网络操作系统（NOS）实际上是程序的组合，是在网络环境下，用户与网络资源之间的接口，用以实现对网络资源的管理和控制。对网络系统来说，特别是局域网，所有网络功能几乎都是通过网络操作系统来体现的，网络操作系统代表着整个网络的水平。随着计算机网络的不断发展，特别是计算机网络互联，尤其是异质网络的互联技术和应用的发展。网络操作系统已经朝着能支持多种通信协议、多种网络传输协议、多种网络适配器和工作站的方向发展。

在多用户系统中，系统资源得到共享是通过操作系统实施的进程管理实现的。简单地说，进程是程序在处理机上的执行；是一个可调度的实体；是逻辑上的一段程序，它在每一瞬间都含有一个程序控制点，指出现在正在执行的指令。

在多用户系统中，用户提交给计算机进行处理的作业可随时被接受进入系统，形成作业队列，而后操作系统按一定原则从作业队列中调入一个或多个作业进入主存运行，系统根据计算机主存的大小把一个作业划分为若干个必须顺序处理的作业步，最后再细分一个作业步为多个作业任务，也就是进程。进程的划分如图5-29所示。

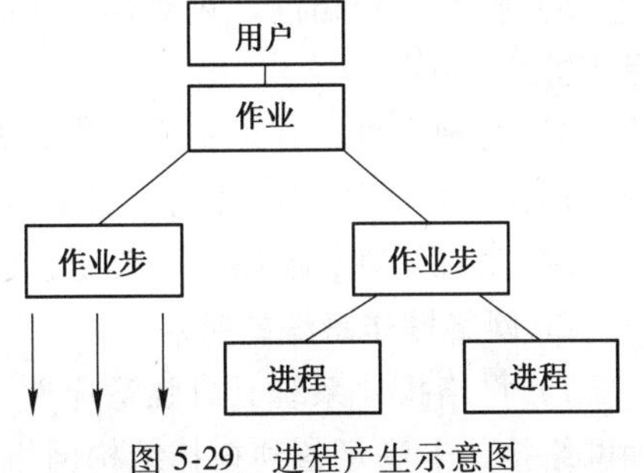

图 5-29 进程产生示意图

多用户的特点首先是并行性。由于各程序同时存在于系统内唯一的主存中，共享和受控于一个 CPU，因此，它们之间就存在相互依赖、相互制约的关系，在主存中获得资源者则运行，未获得资源者只有等待。系统按一定的规则顺序、循环地处理主存中的程序，在一段时间内，所有作业都得到了处理，实现了系统资源的共享。这种系统资源的共享是一种相对的共享，在每一时刻系统资源只能提供惟一的服务，使得系统中的程序状态不断地变化，这就是多用户系统中程序状态的动态性。

通过对进程分析来看多用户系统的资源共享，进程状态转换如图 5-30 所示。

进程状态转换图反映了进程各状态之间的变化关系。系统中的这种资源共享性和进程状态的动态性必然导致操作系统的管理复杂，使操作系统必须是具有一套完整的处理和解决由此所产生的一系列问题的系统。

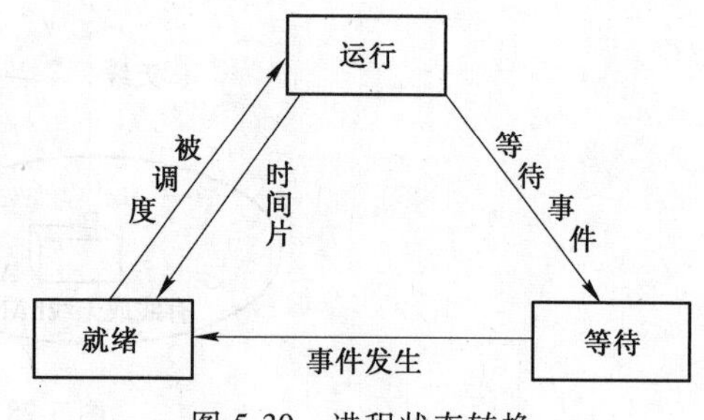

图 5-30　进程状态转换

单机单用户系统执行用户的作业必须一个一个地顺序执行，每一个作业对系统资源具有独占性。也就是说，单用户系统在一段时间内只能做一件事情，系统资源得不到共享。操作系统所研究的问题是如何根据用户要求，按顺序完成作业任务，管理好系统资源。

网络系统是通过通信媒体将多个独立的计算机连接起来的系统，每个连接起来的计算机自己拥有独立的操作系统。网络操作系统是建立在这些独立的操作系统之上，为网络用户提供使用网络系统资源的桥梁，在多个用户争用系统资源时进行资源调剂管理，它依靠各独立的计算机操作系统对其所属资源进行管理，协调和管理网络用户进程或程序与联机操作系统实行的交互。

5.5.2　网络操作系统的功能和特点

网络操作系统是建立在联机的操作系统基础上的，它的主要任务是管理共享的系统资源，管理工作站的应用程序对不同资源的访问。因此，网络操作系统具有独特的功能和特点。

1. 网络操作系统的功能

1）协调用户，对系统资源进行合理分配和调度。

2）提供网络通信服务。

3）控制用户访问，可对用户进行访问权限制的设置，保证系统的安全性和提供可靠的保密方式。

4）管理文件，在网络系统中，各种文件可达上万个，通常是把它们存放在系统中的一个专用设备里，快速、准确、安全可靠地对文件进行管理是一件非常重要的任务。

5）系统管理，跟踪网络活动，建立和修改网络的服务，管理网络的应用环境。

2. 网络操作系统的特点

1）网络操作系统具有强适应性，它可根据需要灵活地增加网络服务功能，通过支持多种网络接口卡满足各种拓扑结构网络的直接通信需要。

2）存储管理与通信服务，网络操作系统具有高效的数据存储管理和通信服务能力。

3）网络操作系统应具有较高的可靠性，以保证将系统中的文件和数据的损坏与丢失减少到最低点。

5.5.3 网络操作系统的基本组成

根据网络操作系统的功能与结构特点，网络操作系统可分为主从式（Client/Server）及对等式（Peer-to-Peer）两类。虽然，各种网络操作系统在功能和结构上各不相同，但所有的网络操作系统都是由许多各自独立而功能又相关的软件模块所构成的。大体上，网络操作系统主要由服务器（Server）、重定向器（Redirector）及公用（Utilities）程序 3 种软件构成。除了这 3 种软件，网络操作系统必须搭配网络通信协议软件，才能构筑一个完整的计算机网络系统。

1. 重定向器

重定向器的最重要功用是拦截应用程序，向 PC 系统请求服务呼叫，并检查请求服务的对象（用户的计算机或在网络上的服务器）。当向服务器请求服务，则遵照特定的通信协议将服务请求通过网卡送出，经网络缆线传至服务器。当在工作站上所执行的程序要开启服务器硬盘驱动器上的文件时，重定向器检查驱动器是否属于本地资源，根据检查结果按照文件服务器所在的地址，由下层通信软件将请求转发出去。

2. 服务器程序

服务器程序是 NOS 的主体，其功能是管理和控制文件服务器的资源，处理来自各工作站所提出的服务请求。服务主要包括用户权限管理、目录查询、文件读写、报表打印等。网络服务器是整个网络的主宰，当它出现故障时，整个网络也随之瘫痪。通常在网络服务器网络系统中，如果一台个人计算机在网络中做服务器使用时，计算机中的 DOS 不再存在，组成这个网络所使用的网络操作系统称之为主从式（Client/Server）结构，或称为专用服务器程序。

在主从式结构中，工作站可将重定向器程序加在 DOS 上，而服务器执行的是专用的操作。著名的 Netware 就属于主从式的网络操作系统。主从式结构网络操作系统结构如图 5-31 所示。

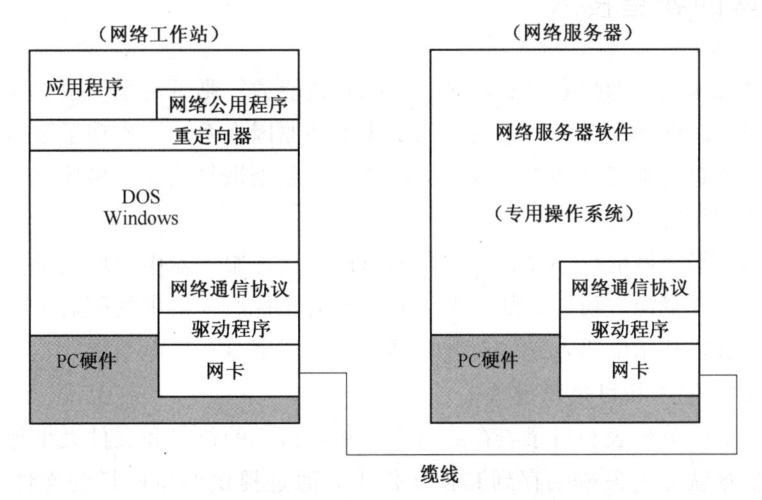

图 5-31　主从式结构网络操作系统结构

典型的主从式结构网络操作系统包括 Windows NT、NetWare 和 UNIX。

除主从式结构网络操作系统结构外，还有一种称之为对等式网络（Peer-To-Peer LAN）的网络操作系统。对等式网络操作系统是将服务器程序加在 DOS 环境中，并且与重定向器程序共存，这种网络操作系统中，每一台工作站均可被认定成服务器，提供本身的资源给其他工作站使用。对等式网络的最大特点是服务器程序是在 DOS 环境下工作，其除了提供网络服务外，还能当作一般的计算机使用，供用户做一般的工作，对等式结构网络操作系统结构如图 5-32 所示。

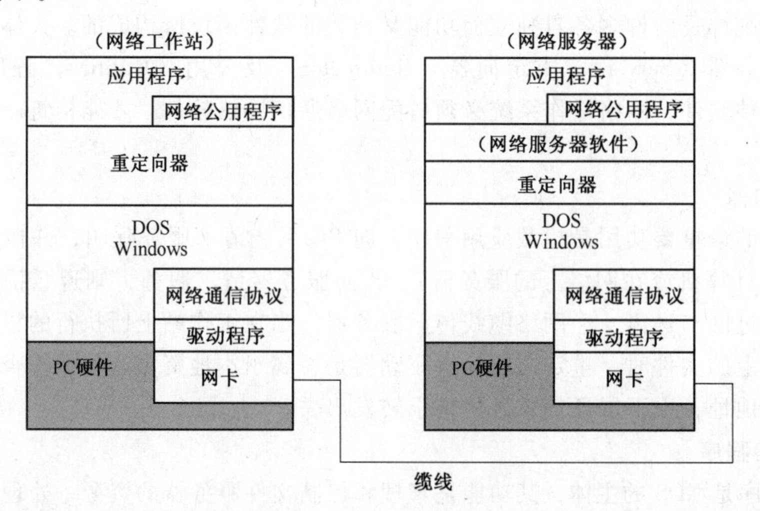

图 5-32　对等式网络的系统结构

NOS 的公用程序最接近用户，它提供各种应用给用户，方便其向服务器请求服务。从网络用户的角度来看，网络的公用程序是 NOS 的主体，定义网络的配置（Configuration），管理网络及与一般用户息息相关的文件及打印服务工作等。

5.6 局域网的容错技术

对局域网系统来说，如果它具有较高的系统容错能力，则可使系统中文件和数据的损坏与丢失减少到最低。简单地说，容错就是当由于种种原因在系统中出现了数据、文件损坏或丢失时，系统能够自动地将这些损坏或丢失的文件和数据恢复到发生事故以前的状态，使系统能够连续正常运行的一种技术。

由于服务器是局域网的核心设备，用户不断地从文件服务器中存取大量数据，文件服务器集中管理系统共享资源，所以，如果文件服务器或文件服务器中的硬盘出现故障，数据就会丢失。所以，容错技术的重点是针对服务器、服务器硬盘和供电系统的。

1. 双重文件分配表和目录表技术

硬磁盘上的文件分配表和目录表存放着文件在磁盘上的位置和文件大小等信息，如果它们出现故障，数据就会丢失或误存到其他文件中。通过提供两份同样的文件分配表和目录表，把它们存放在不同的位置，一旦某份出现故障，系统就提示出来，如图5-33所示。

2. 快速磁盘检修技术

这种方式是在把数据写入硬磁盘后，马上从磁盘中把刚写入的数据读出来与内存中的原始数据进行比较。如果出现错误，则利用在硬磁盘内开设的一个称之为“热定位重定区”的区，将磁盘坏区记录下来，并把已确定的在坏区中的数据用原始数据写入热定位重定区上，如图 5-34 所示。

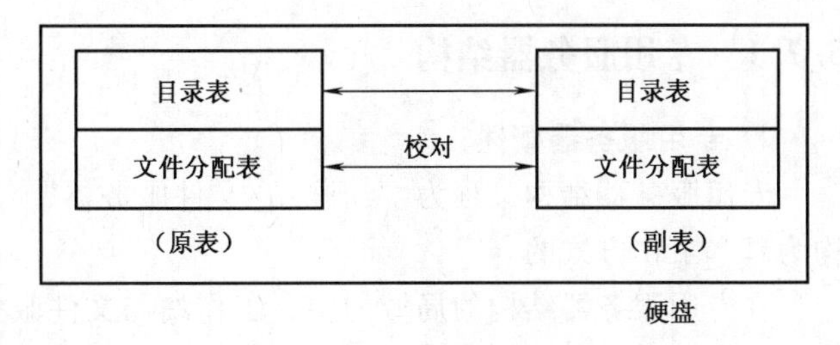

图 5-33 双重文件分配表和目录表

3. 磁盘镜像技术

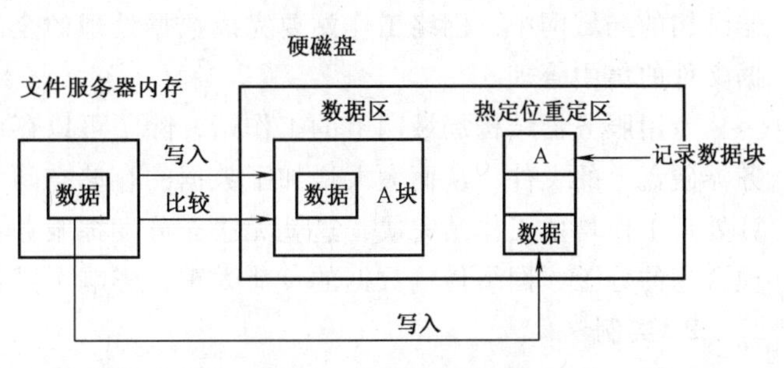

图 5-34 快速磁盘检修

磁盘镜像是在同一通道上装有成对的两个磁盘驱动器，分别驱动原盘和副盘。数据同时写在这两个盘上，两个盘串行交替工作，当原盘出现故障时，副盘仍旧正常工作，从而保证了数据的正确性，如图 5-35 所示。

4. 双服务器技术

它是在网络系统上建立起两套同样的且同步工作的文件服务器，如果其中一个出现故障，另一个将立刻自动进入系统，接管出现故障的文件服务器的全部工作，如图 5-36 所示。

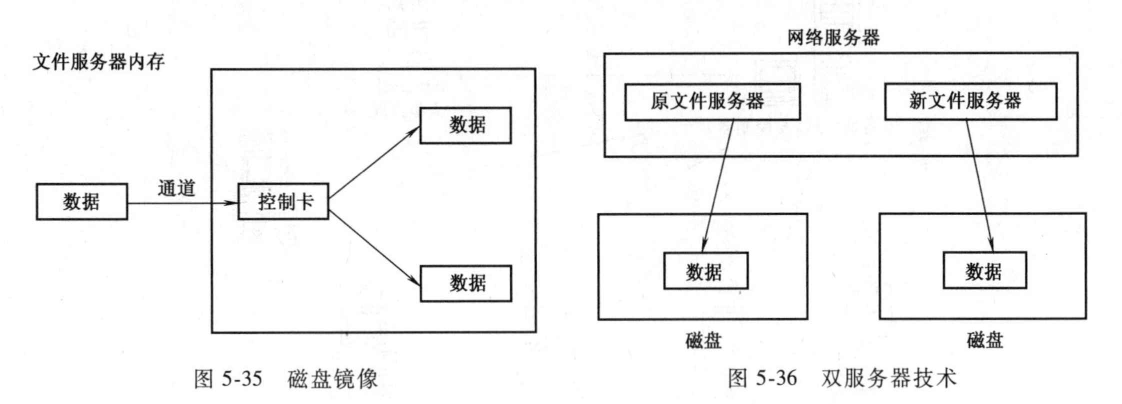

图 5-35 磁盘镜像

图 5-36 双服务器技术

5. UPS 监控系统

UPS 监控系统用于监控网络设备的供电系统，以防止供电系统电压波动或中断。

5.7 客户机/服务器技术

随着计算机网络、网络操作系统、网络应用软件开发技术的发展，以及局域网的广泛应用，人们希望得到能将应用资源与任务进行合理分配的局域网系统，使客户通过网络提供服务请求，然后由系统中最适合完成该任务的设备提供数据处理和服务，从而使系统的结构发生了根本性的变化，这就是计算机局域网从专用服务器结构到客户机/服务器结构的转化。

5.7.1 专用服务器结构

1. 专用服务器概述

专用服务器结构又称为“工作站/文件服务器”结构，局域网的兴起就是以这种系统结构为基本工作方式的。

在专用服务器结构的局域网中，工作站与文件服务器连接并登录以后，便可以到文件服务器上存取文件，每一台工作站都具有独立运算处理数据的能力。工作站能从服务器获取文件和数据，在工作站直接进行运算处理，这是一种集中管理、分散处理的方式。在专用服务器结构的局域网中，网络工作站要完成数据处理的全部工作，而文件服务器仅能完成共享数据文件的集中管理。

专用服务器结构局域网上的工作站，除了可以存取本身的文件之外，还可以存取文件服务器硬盘上的文件，从而大大增加了数据的存储空间。但是由于这种工作方式要求所有的运算处理工作均由工作站完成，这就无法充分发挥服务器的功能，网络服务器与工作站无法实现合理的分工，网络传输数据的负荷太重，影响了网络的效率，网络性能降低。

2. 实例

如图 5-37 所示的是一个典型的专用服务器结构的企业管理信息系统，系统中的各子系统通常分别被放在互联在一起的各计算机中，各子系统在数据处理方面互不干扰，相互独立，但通过网络各子系统之间可以相互传递数据、信息和软件等，实现整个系统之间的资源共享。

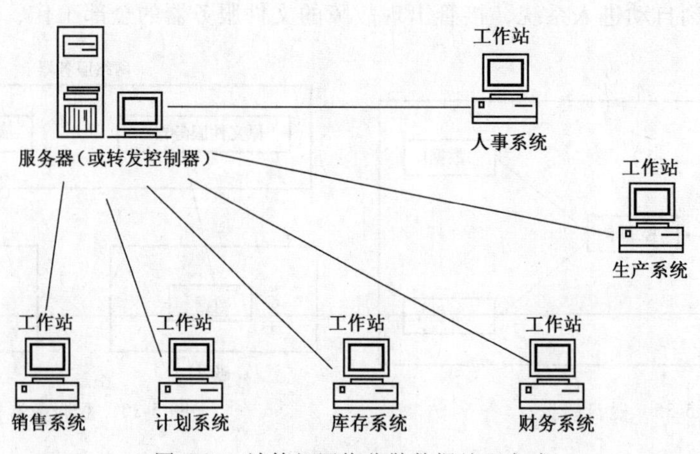

图 5-37 计算机网络分散数据处理方式

图 5-38 中，服务器专门用于对整个网络进行管理，它不属于任何一个子系统，也不进行数据处理工作。一个工作站含有一个子系统，每个子系统的数据处理工作由其所属的工作站完成。系统中，如果一个子系统需要另一个子系统中的数据或信息时，都必须通过服务器才能得到所需要的数据或信息。

5.7.2 客户机/服务器结构

1. 客户机/服务器结构（Client/Server，C/S）概述

在专用服务器结构系统中，由于服务器专门用于对整个网络进行管理，不属于任何一个子系统，也不进行数据处理工作，而服务器通常又是由高性能计算机担当，所以不能充分发

挥服务器的作用，是资源的浪费。

在前文描述的管理信息系统中，各子系统通常分别放在互联在一起的各计算机中，各子系统在数据处理方面互不干扰，相互独立，但问题是各系统之间不是相互孤立的，它们之间存在着资源共享和数据综合处理。这样，系统中就会出现通信量大，系统通信负担过重，系统中的有关综合性强的数据处理工作无法安排的问题，这些问题的出现还可能导致系统不均衡等一系列其他问题的出现，例如系统之间的衔接问题，数据一致性问题，数据安全性问题。

客户机/服务器数据处理方式下，应用分为前端（即客户部分）和后端（即服务器部分）。客户运行在微机或工作站上，而服务器部分可以运行在从微机到大型机等各种计算机上。客户机和服务器工作在不同的逻辑实体中，协同工作。它们通信时，客户机发出服务请求，依赖服务器执行客户方不能完成（如大型数据库管理）或不能有效完成（如很费时的复杂运算）的工作，服务器根据客户请求完成预定的操作，然后把结果返回给客户。

客户机/服务器数据处理方式最大的技术特点是，系统使用了客户机和服务器两方的智能、资源和计算机能力来执行一个特定的任务，即负载由客户机和服务器双方共同承担。将如图5-38所示的管理信息系统采用客户机/服务器数据处理方式构造，其基本结构如图 5-37 所示。

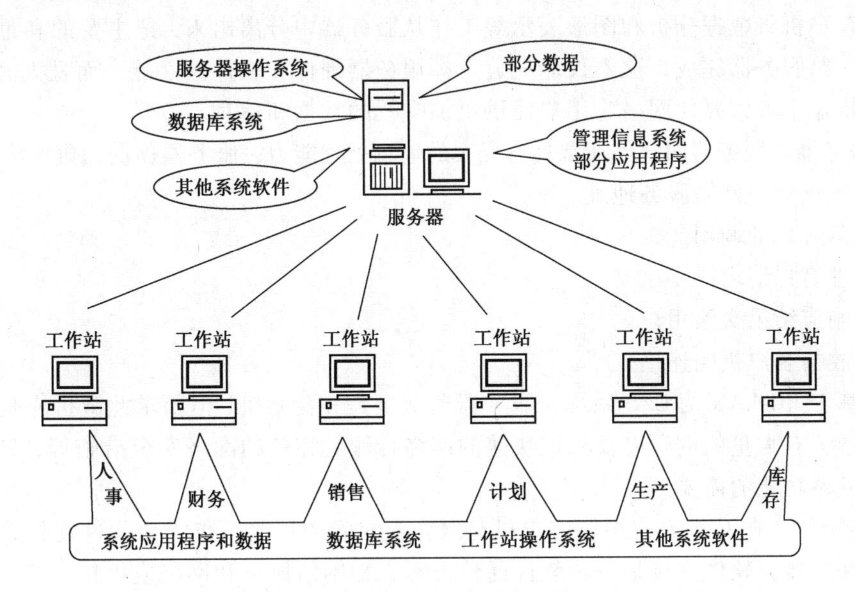

图 5-38　客户机/服务器数据处理方式

总之，从整体上看客户机/服务器处理数据方式可以充分利用客户机（如微机）和服务器双方的能力，组成一个分布式应用环境，把客户机/服务器这两方面的优点结合起来，充分发挥双方的特点，完成用户指定的任务。它与传统联机系统集中数据处理方式和网络分散数据处理方式相比有如下许多优点。

客户机/服务器数据处理方式能够最优化地共享服务器资源，如 CPU 资源、数据存储能力。客户机可以请求服务器完成大型计算（如图像处理）或运行大型应用（如数据库管理系统），然后直接把结果交给客户机。

客户机/服务器数据处理方式能够优化网络利用率。因为客户机只把请求的内容传给服务器，服务器也只是返回最终结果，系统中没有必要传输整个数据文件的内容。

客户机/服务器数据处理方式在底层操作系统和通信系统之上提供一个抽象的层次，使应用程序有较好的可维护性和可移植性。

客户机/服务器数据处理方式减少了网络的流量。使用客户机/服务器结构，客户计算机和服务器计算机相互协调工作，只传输必要的信息。如果需要更新数据库，则只传输要更新的内容。由于主要处理数据的过程和数据是放在一起的，数据库的内容不必传来传去。与此相对比，资源共享模式通常要传输大量的数据，因为整个文件为本地处理通常都要下载到工作站上。

客户机/服务器应用通常能带来较短的响应时间，这是因为网络的流量减少的同时，相当多的运算、数据处理是在比客户机功能更强大的服务器上完成的，这比在客户机上完成要有效得多。另外，客户机/服务器结构允许在本地留下远地数据库的副本，因此在数据查询时，性能会得到很大的提高。

2. C/S 系统的基本组成

从应用的角度看，C/S 结构系统主要由以下 3 部分组成。

1）客户。客户是一个面向最终用户的接口设备或应用程序。它通过从另一个设备或应用程序（服务器）请求信息，然后将信息交给用户，客户机与服务器之间的通信只需表明所需信息的类型，而对信息的处理工作是由服务器完成的。

由于客户机将数据分析和图形表示等工作从服务器中分离出来，把主要的和重要的数据处理任务交给服务器完成，这不仅能充分发挥服务器硬件和软件的潜能，而且大大地减少了网络上的传输事务，并使网络为用户提供更加有效的数据和信息。

2）服务器。服务器的硬件通常具有强大的信息处理能力，服务器提供的典型功能如下。

- 建立进程和网络服务地址。
- 监听客户的调用。
- 处理客户请求。
- 将响应结果交给用户。
- 释放与客户机的连接。

对于基于 PC-LAN 的 C/S 系统，服务器通常也是一台微机，但要求此微机应是具较高性能的处理器，有大量的内存以及稳定快速的网络传输、完整的网络安全措施等，只有这样才能满足服务器功能的需要。

3）连接件。在 C/S 系统中，客户机与服务器之间的连接不仅需要硬件连接，更重要的是进行软件连接，软件连接是一种软件通信过程，如网络协议和网络应用接口等。

过去，大多数前端客户用户程序都是专门为后端服务器而写的，所以不同的服务器的连接件各不相同，各客户应用程序不能支持所有的后端网络和服务器。近年来，各种连接客户机和服务器的标准接口或软件相继出现，有效地解决了上述问题，使 C/S 结构走向了“开放性”，如开放的数据库连接 ODBC 等。

C/S 系统的硬件连接件主要包括网络接口卡、通信媒体（如双绞线、同轴电缆等）。

5.8 智能大厦与结构化布线

5.8.1 智能大厦的概念

智能大厦亦称智能建筑（Intelligent Building）。智能大厦是以网络系统为基础，采用结构化综合布线，将建筑技术、信息技术、控制技术、管理技术等多种高新技术紧密结合、有机集成，实现办公、通信、物业管理、设备控制、消防、安保等自动化，具有高度的先进性、经济性、效率性、舒适性、便利性、安全性的现代化高科技大楼。由于智能大厦是一个新的概念，现在还没有一个确切的定义。其中，美国 AT&T 公司的智能大厦系统的市场技术顾问费莱克斯先生下了一个比较概括的定义：智能大厦就是一个建筑物，它创造了一个环境使建筑物占有者的工作效率达到最大，同时以最少的人力消耗保证有效的资源管理。美国智能大厦协会对智能大厦的定义：智能建筑是通过对建筑物的 4 个基本要素（结构、系统、服务和管理）以及它们之间内在联系的优化，来提供一个投资合理、高效、舒适的环境。

智能大厦包括“3A”大厦、“4A”大厦和“5A”大厦。“3A”大厦是指一座具有办公自动化（Office Automation System，OAS）、通信自动化（Communication Automation System，CAS）和楼宇自动化（Building Manageme Automation System，BAS）功能的大厦；“4A”大厦是在“3A”大厦的基础上加了“FA”消防自动化（Fire Automation System，FAS）；“5A”大厦是在“4A”的基础上加上“MA”信息管理自动化（Maintenance Automation System，MAS）。

智能大厦是运用系统工程的观点，将建筑物的结构（建筑环境结构）、系统（智能化系统）、服务（住、用户需求服务）和管理（物业运行管理）4 个基本要素进行优化组合，提供一个投资合理、具有高效、舒适、安全、方便环境的建筑物。它主要满足两个基本要求、4 个目标、3 项服务功能。

1. 智能大厦的两个基本要求

对管理者来说，智能大厦应当有一套管理、控制、运行、维护的通信设施，能以较低的费用及时与外界（例如消防队、医院、安全保卫机关、新闻单位等）取得联系。对使用者来说，智能大厦应有一个有利于提高工作效率、激发人的创造性的环境。

2. 智能大厦的 4 个目标

1）能够提供高度共享的信息资源。

2）确保提高工作效率和提供舒适的工作环境。

3）节约管理费用，达到短期投资、长期受益的目标。

4）适应管理工作的发展需要，具有可扩展性、可变性，能适应环境的变化和工作性质的多样化。

3. 智能大厦的 3 项服务功能

1）安全：包括防盗报警系统、出入口控制系统、闭路电视监视系统、保安巡视管理系统、电梯安全与运行控制系统、周界防卫系统、火灾报警系统、消防系统、应急照明系统、应急广播系统、应急呼叫系统。

2）舒适：包括空调通风系统、供热系统、给排水系统、电力供应系统、闭路电视系统、多媒体音响系统、智能卡系统、停车声管理系统与体育、娱乐管理系统。

3）便捷：包括办公自动化系统、通信自动化系统、计算机网络系统、结构化综合布线系统、商业服务系统、饮食服务系统、酒店管理系统。

在实际应用中，上述 3 项服务功能可根据大厦拥有者的需求、投资力度等因素进行适当裁剪，构建一个实用、有效、先进的智能大厦。

总之，可以把智能大厦理解为：为提高楼宇的合理性与效率，配置舒适的建筑环境系统与楼宇自动化系统，办公自动化与管理信息系统以及先进的通信网络系统，并通过结构化综合布线系统集成为智能化系统的大厦。

5.8.2 智能大厦的基本组成

智能大厦系统的典型技术组成包括结构化布线系统（SCS）和3A系统。其中SCS是构成智能大厦的基础，3A系统是构成智能大厦的基本三要素。智能大厦的核心是以计算机为主的控制管理中心，它通过大厦结构化综合布线系统SCS与各种信息终端（如通信终端和传感器终端等）连接起来“感知”大厦内各个空间的信息，并通过通信或控制终端作出相应反应，使大厦显示出某种“智能”。同时，SCS使3A不再是孤立的一个模块，而是构成智能大厦的一个有机的整体。SCS可以说是智能大厦的基础和先决条件。

1. 楼宇自动化系统的基本组成

楼宇自动化系统负责完成大厦中的空调制冷系统、变配电系统、照明系统、供热系统及电梯等的计算机监控管理。

楼宇自动化系统由计算机对各子系统进行监测、控制记录，实现分散节能控制和集中科学管理，为大厦中的用户提供良好的工作环境，为大厦的管理者提供方便的管理手段，为大厦的经营者减少能耗并降低管理成本，为物业管理现代化提供物质基础。它的主要控制部件如下。

- 空调监控系统。
- 冷冻站监控系统。
- 给排水监控系统。
- 变配电监控系统。
- 热力站监控系统。
- 照明监控系统。
- 安全防范监控系统。

2. 通信自动化系统

通信自动化系统是智能大厦的“中枢神经”，它集成了电话、计算机、监控报警、闭路电视监视、网络管理等系统的综合信息网。智能大厦通信自动化系统的主要内容如下。

1）综合BAS、CAS、OAS、MAS、FAS的通信需要，统一考虑通信网络的设计与施工。

2）选择计算机网络的拓扑结构，对大厦进行综合布线。

3. 办公自动化系统

为了适应业主办公自动化的要求，智能大厦的系统设计目标应是简单、实用、方便、安全。办公自动化系统的主要内容如下。

人事、财务、固定资产、领导办公（公文管理系统、领导要事安排管理系统、文档管理系统、总经理查询系统、本行业国内外商情系统等）、管理（大厦大事记系统、楼层管理系统、大厦运行管理系统等）、公共服务及音乐、广播管理系统、电子布告管理系统等。

5.8.3 结构化布线

结构化布线系统与智能大厦的发展紧密相关，是智能大厦的实现基础。

1. 结构化布线的产生与发展

1984年，世界上第一座智能大厦产生。人们对美国哈特福特市的一座旧式大楼进行改造，对空调、电梯照明、防火防盗系统等采用计算机监控，提供话音通信、文字处理、电子邮件以及情报资料等信息服务。同时，多家公司转入布线领域，但各厂家之间产品兼容性差。

1985年初，计算机工业协会（CCIA）提出对大楼布线系统标准化的倡议，美国电子工业协会（EIA）和美国电信工业协会（TIA）开始标准化制订工作。1991年7月，ANSI/EIA/TIA568即《商业大楼电信布线标准》问世，与布线通道及空间、管理、电缆性能、连接硬件性能等有关的相关标准也同时推出。1995年底，EIA/TIA568标准正式更新为EIA/TIA/568A，同时，国际标准化组织（ISO）推出相应标准ISO/IEC/IS11801。

制订EIA/TIA568标准基于下述目的。

- 建立一种支持多供应商环境的通用电信布线系统。
- 可以进行商业大楼的结构化布线系统的设计和安装。
- 建立布线系统配置的性能和技术标准。

该标准基本上包括以下内容。

- 办公环境中电信布线的最低要求。
- 建议的拓扑结构和距离。
- 决定性能的媒体参数。
- 连接器和引脚功能分配，确保互通性。
- 电信布线系统要求有超过10年的使用寿命。

2. 结构化布线的概念

结构化布线系统是一个能够支持任何用户选择的话音、数据、图形、图像应用的电信布线系统。系统应能支持话音、图形、图像、数据多媒体、安全监控、传感等各种信息的传输，支持非屏蔽双绞线UTP、屏蔽双绞线STP、光纤、同轴电缆等各种传输载体，支持多用户、多类型产品的应用，支持高速网络的应用。

结构化布线系统具有以下特点。

1）实用性：能支持多种数据通信、多媒体技术及信息管理系统等，能够适应现代和未来技术的发展。

2）灵活性：任意信息点能够连接不同类型的设备，如微机、打印机、终端、服务器、监视器等。

3）开放性：能够支持任何厂家的任意网络产品，支持任意网络结构，如总线型、星形、环形等。

4）模块化：所有的接插件都是积木式的标准件，方便使用、管理和扩充。

5）扩展性：实施后的结构化布线系统是可扩充的，以便将来有更大需求时，很容易将设备安装接入。

6）经济性：一次性投资，长期受益，维护费用低，使整体投资达到最少。

3. 布线系统的构成

按照一般划分，结构化布线系统主要包括以下6个子系统：工作区子系统、水平支干线子系统、管理子系统、垂直主干子系统、设备间子系统和建筑群主干子系统。

1）工作区子系统：工作区由信息插座延伸至站设备。工作区布线要求相对简单，这样就容易移动、添加和变更设备。

2）水平支干线子系统：连接管理子系统至工作区，包括水平布线、信息插座、电缆终端及交换。指定的拓扑结构为星形拓扑。

水平布线可选择的媒体有 3 种（100 Ω UTP 电缆、150 Ω STP 电缆及 62.5/125 μm 光缆），最远的延伸距离为 90 m，除了 90 m 水平电缆外，工作区与管理子系统的接插线和跨接电缆的总长可达 10 m。

3）管理子系统：此部分放置电信布线系统设备。

4）垂直主干子系统：它连接通信室、设备间和入口设备，包括主干电缆、中间交换和主交接、机械终端和用于主干到主干交换的接插或插头。主干布线采用星形拓扑结构。

5）设备间子系统：EIA/TIA569 标准规定了设备间的设备布线。它是布线系统最主要的管理区域，所有楼层的资料都由电缆或光纤电缆传送至此。通常，此系统安装在计算机系统、网络系统和程控系统的主机房内。

6）建筑群主干子系统：提供外部建筑物与大楼内布线的连接点。EIA/TIA569 标准规定了网络接口的物理规格，实现建筑群之间的连接。

5.9 习题

1）简述局域网硬件的基本组成部分以及各部分的基本功能。

2）什么是 FDDI 标准？FDDI 标准的特点是什么？

3）简述媒体访问控制策略的相关技术。

4）媒体访问控制方法有哪几种？试简述每种媒体访问控制方法的工作过程。

5）简述千兆以太网的概念及其特点。

6）什么是共享媒体局域网？

7）简述虚拟局域网的概念及其特点。

8）简述无线局域网的概念及其特点。

9）什么是蓝牙技术？蓝牙技术的特点有哪些？

10）简述网络操作系统的功能及其特点。

11）为什么要对局域网采用容错技术？

12）智能大厦的基本组成包括哪几部分？各部分功能是什么？

第6章　通信网络基础

随着计算机网络应用的普及，人们对计算机网络的认识越来越深刻，而随之出现的问题是对通信网概念的忽略和误解。一方面计算机网络系统属于通信网，是通信网中的一种；另一方面，计算机网络不是孤立的，与其他各种通信网络有密切的联系，所以有必要从整体上对通信网进行认识和理解，通过认识通信网来进一步认识计算机网络。

本章将介绍通信网的有关基础知识及几种典型的通信网络，包括典型计算机广域通信网方面的知识。

6.1　通信网概述

从数据传输过程的角度看，通信网是由用户驻地网（CPN 或 SPN）、接入网（AN）和转接网（TN 或核心网 CN）3 类网构成的，如图 6-1 所示。

图 6-1　通信网的基本构成

从图 6-1 中可以看出，通信网是将地理位置上相距较远的多个功能实体通过通信线路按照网络协议连接起来，实现实体之间相互通信的集合。从现代信息技术的角度看，通信网包括计算机广域通信网和各种非计算机广域通信网两大类。在计算机网络技术中，是将在地理位置上相距较远的计算机系统，按照网络协议，通过通信线路连接起来，实现计算机之间相互通信和资源共享的通信系统，称之为广域网。也就是说，在计算机网络技术中所介绍和描述的广域网，实际上是计算机广域通信网的简称。而把除计算机广域通信网之外的所有广域通信网都称为通信网。广域网和通信网之间有着密不可分的关系，因为广域网是依赖通信网的通信基础设施实现其通信和资源共享的。通信网与广域网之间的关系如图 6-2 所示。

随着通信技术和计算机网络技术的发展，通信网与广域网之间的联系越来越紧密，使得通信网和广域网之间的差距越来越小。通信网和广域网很难划分，例如 ISBN 和 DDN，它们既是通信网又是广域网。

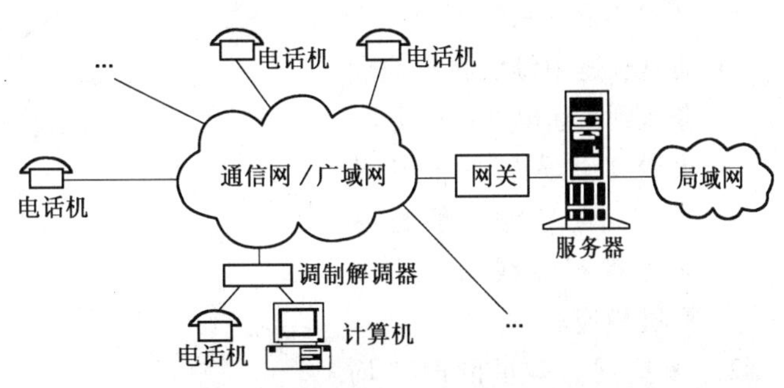

图 6-2　通信网与广域网之间的关系

在这里特别要说明的一点：局域网也是通信网，但由于局域网在地理范围上不是广域的，其采用的技术、标准、结构等都与广域的通信网有很大的差别。所以，对局域网技术进行专门介绍，不把局域网包括在通信网中。

6.1.1 电话通信网

电话通信网是最早建立起来的一种通信网。自从 1876 年贝尔发明电话以来，随着先进通信手段的不断出现，电话网已成为人们日常生活、工作所必需的传信媒体。

1. 电话通信网的基本组成

一个电话通信网由以下几个部分组成。

(1) 传输媒体

一个电话通信网必须拥有供传输所使用的有线（电缆、光缆）和无线（卫星、地面无线电）通信媒体，并由此构成一个完整的传输系统。在这个完整的传输系统中，不同的传输媒体之间能够交错使用。

(2) 交换设备

交换设备对于一个电话通信网来说是不可缺少的设备，交换设备反映并决定了电话通信网的接续能力。

(3) 用户设备

用户设备是电话通信网系统的信源和信宿设备。用户直接接触和使用的就是用户设备。

(4) 信令系统

信令系统是为实现用户间通信，在交换局间提供以呼叫建立、释放为主的各种控制信号的系统。

2. 电话通信网的分类和基本结构

电话网的结构，按通信覆盖面的大小，可分成市话网、国内长话网和国际网 3 类。

(1) 市话通信网

市话通信网有单星网、多星网和分区集中汇接多星网 3 种基本结构。

1) 单星网。单星网即单局制市话网，是一种适用于小城镇或县局的市话网。单星结构市话通信网的基本结构如图 6-3 所示。

单星网具有如下特点。

- 单星网中只有一个位于市中心的市话局。
- 通过用户线用户话机与中心交换机相连。
- 通过中继线将用户小交换机或市郊小交换机接到中心交换机上。
- 通过长途中继线将长途业务送到长途电话局送出。
- 火警等优先特殊业务及天气、查号等一般特殊业务都有专线与中心交换机相连。

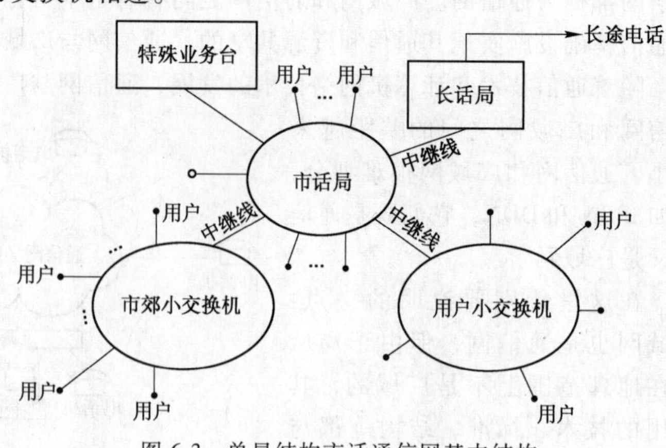

图 6-3　单星结构市话通信网基本结构

2) 多星网。多星网即多局制市话网，是适用于中等城市的市话网。多星网基本结构如图 6-4 所示。

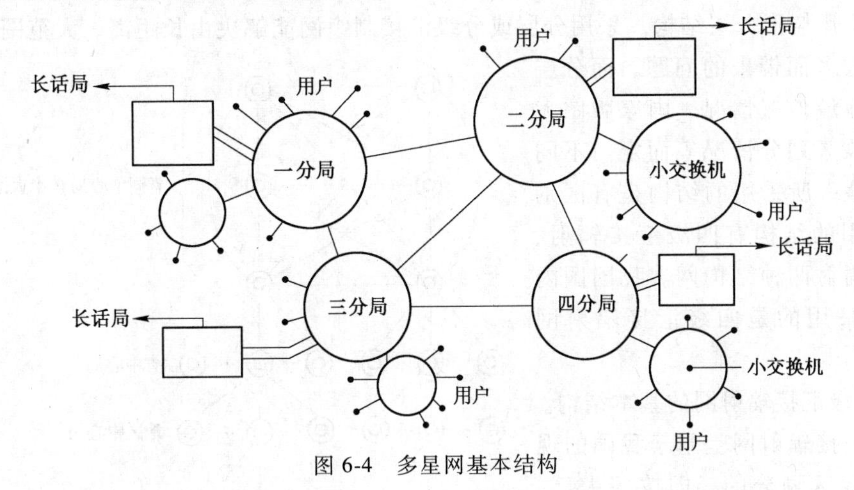

图 6-4 多星网基本结构

多星网结构中设置了许多分布在业务量集中、距离用户较近的独立分局，这些独立的分局用局间中继线互联起来，互联按约束最小树原则实施。所以，多星网具有如下特点。

- 单局（分局）容量可降低，用户线平均长度缩短，从而提高了资源利用率，节省了投资。
- 改善了业务通过量和传输时延，提高了传输质量指标。

3）分区集中汇接多星网。分区集中汇接多星网即汇接制市话网，是适用于大城市的市话网。

由于大城市的电话分局数量多，如若各分局间实行个个相连，势必使局间中继线群数量剧增，中继效率不高。汇接制是将整个城市电话网分成为若干个汇接区，每个汇接区设置一个汇接局，每个汇接局下属数个市话分局。不同汇接区的用户通话时，两者均需经过各自所在的汇接区内的汇接局。分区集中汇接多星网基本结构如图 6-5 所示。

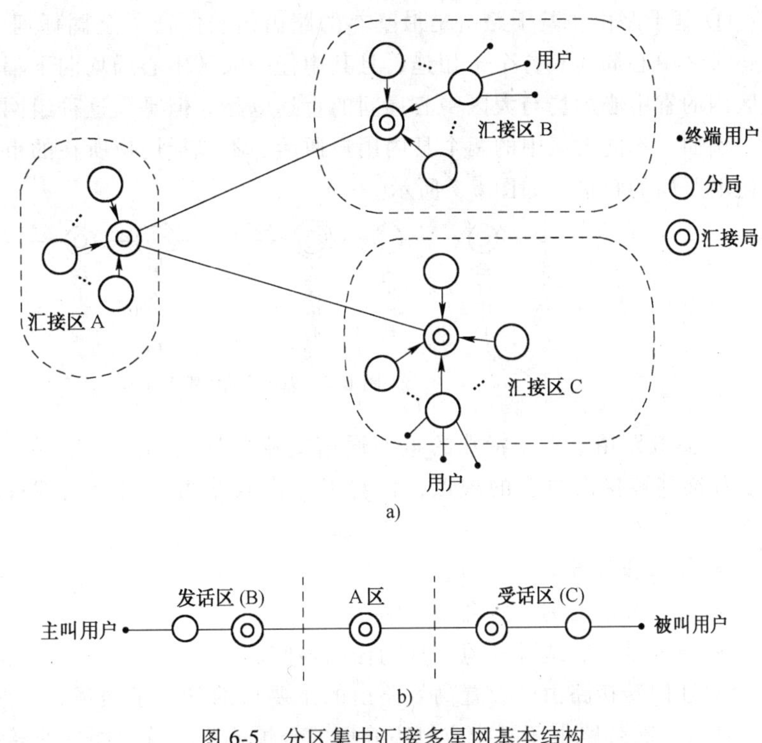

图 6-5 分区集中汇接多星网基本结构
a）汇接区 b）通话路由

图 6-5 描述了具有 A、B、C 三个汇接区的汇接制市话网，以及由 B 区用户发话到 C 区用户受话的路由图。

(2) 长途电话通信网

长话网是一个长距

离、大范围的电话通信网，其覆盖面扩大，因而其用户数和交换局数也会增多。国内长途电话通信网采用树形分层结构。采用分层或分级汇接制组网能解决由长距离、大范围、用户数和交换局数多而带来的问题。而分层多少要视地域位置情况、国家版图大小以及行政区划分情况等而定。不同的国家和地区所采用的结构是有区别的，常采用的结构有四级汇接辐射、五级汇接辐射两种结构网。我国国内长话网所采用的是四级汇接辐射网制式。

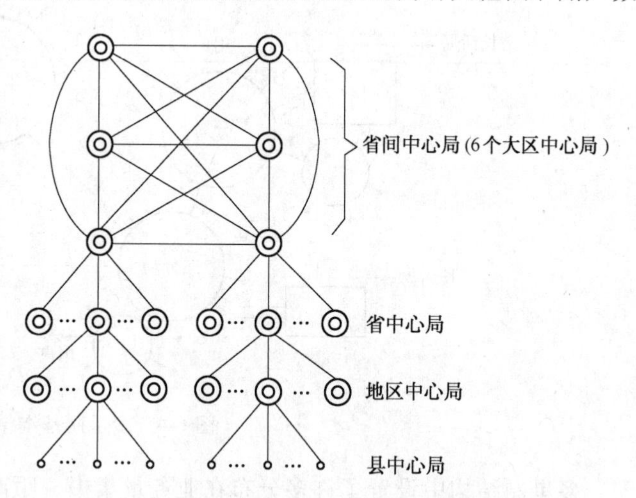

图 6-6　四级分层汇接辐射长途电话网基本结构

1）四级汇接辐射网的基本结构。

四级汇接辐射网是基于我国的现行四级行政区划分的，即按照大区、省、地区、县四级行政体制划分。四级分层汇接辐射长途电话网基本结构如图 6-6 所示。

除县局外，每层结构皆具有彼此两两相连，即同层局间皆有直通电路和同层中的任一局都向下辐射相连等特点。

2）四级分层汇接辐射网路由。

四级分层汇接辐射长途电话网中两两用户通话，有如下 3 种路由。

① 基干路由。基干路由是最基本的路由，它保证了全国任何两地间用户的通话。其特点：大区中心局间实行个个相连，且其中任一大区中心局均向下辐射相连，这样就构成了各大区内的省中心局均与大区中心局间的直达电路。但是，这种组网方式存在转接次数多的缺点。例如，不同大区中的两个县内用户通话，不包括用户所在的市话局在内，需要经过 8 个长途电路局的转接，如图 6-7 所示。

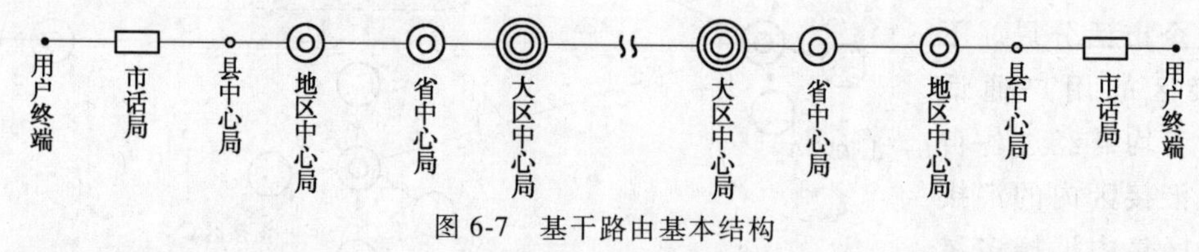

图 6-7　基干路由基本结构

② 高效路由。对于特殊的重要通信或业务量大的通信来说，基干路由已不符合要求。为了弥补其转接次数多的缺点，设置了“高效路由”。目前，我国高效路由仅在以下地区建立。

- 北京和各省会城市间。
- 同一大区内的各省会城市间。
- 业务量大、地理环境合理的任两地间。

③ 迂回转接路由。设置高效路由的主要目的是为了缓解话务量大的矛盾。但如果在极发达地区，高效路由还不能应付高峰期的繁忙业务，就只能迂回转接。选择迂回路由应该遵循以下规则。

- 所选的任一转接长话局，都应该在发送端长话局与接收端长话局所构成的基干路由上。
- 在受话汇接局一边，自下而上选择后，再在发话汇接局一边，自上而下地选择。
- 为了增加接通机会，可以在发话汇接局一边的地区中心局、省中心局和大区中心局的每一级进行一次同级迂回转接。

（3）国际电话通信网

1）国际电话通信网的基本结构。

国际电话网是一个距离更长、覆盖面更大的电话通信网。由于国际网实际上是由各国长话网互联而成，因此其结构仍然是树形分层的。按照 CCITT 规定，将各国长话网进行互联构成国际电话通信网是通过三级国际转接局 CT1、CT2、CT3 实现的，其主体结构如图 6-8 所示。

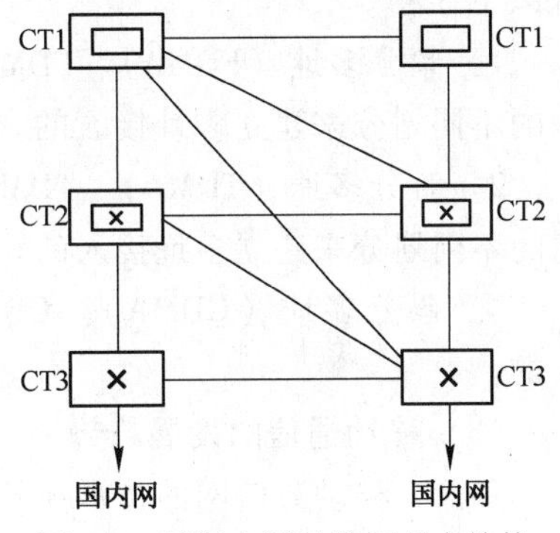

图 6-8　国际电话通信网基本结构

2）三级国际转接局。

① 一级国际中心局 CT1。全世界按地理区域，总共分设 7 个一级国际中心，分管各自范围内国家的话务。

② 二级国际中心局 CT2。CT2 是为在每个 CT1 所辖区域内的一些较大国家设置的中间转接局，即将这些较大国家的国际业务经 CT2 汇接后送到就近的 CT1 局。CT2 和 CT1 之间仅连接国际电路。

③ 三级国际中心局 CT3。这是设置在每个国家内，连接其国内长途网的转接局。任何国家均可有 1 至多个 CT3 局，国内长途网接到 CT3 上进行国际通话。

6.1.2　移动通信网

1. 移动通信网概述

移动通信网由于具有移动性、自由性，以及不受时间地点限制等特性，在现代通信领域中，已成为与卫星通信、光通信并列的 3 大重要通信手段之一。

早期的移动通信系统采用大区域的场强覆盖，即由一个基站覆盖一个较大的服务区，半径在 30~50 km 范围。其特点是网络结构简单，直接与市话交换局相连，不需要无线交换，但系统的容量受到严重的限制。因为，早期的移动通信系统中，基站采用频分多址方式分配信道，一个基站只能提供几个频道，所以仅能够供少数用户使用。另外，由于系统受地球曲率的影响，其最大覆盖面积有限。所以，要求要有较大的发射功率，并提高天线高度。但发射功率和天线高度是受限制的。

20 世纪 70 年代出现了蜂窝移动通信系统，它起源于美国贝尔实验室研制成功的先进的移动电话系统 AMPS。20 世纪 80 年代，数字移动通信开始发展起来，欧洲首先推出了泛欧数字移动通信系统，该系统在 1991 年 7 月开始投入商用。

现代的移动通信系统都采用蜂窝结构。蜂窝结构大大提高了系统的容量，在概念上解决了无线频率拥挤的问题。在技术上，现代的移动通信系统主要采用多址技术。

（1）蜂窝系统的概念

蜂窝系统是将一个大区覆盖的范围划分为若干小区，用小功率发射机覆盖每个小区，与用户移动台建立通信，许多小区就可以覆盖整个服务区，并通过在不同的小区使用相同的频率，使整个系统的容量提高。为了便于对系统进行分析，将小区抽象为正六边形，多个小区相邻排列就像蜂窝的结构，所以称为蜂窝移动通信系统。

(2) 多址技术

无限移动通信网是一种广播式传输系统，网内的任何一个用户所发出的信号都能够被网内的所有用户接收。所以，移动通信系统中的首要问题就是网内用户如何从播发出的信号中识别出发送给本用户地址的信号。多址技术就是使众多的客户共用公共通信信道而采取的一种技术，它是现代移动通信系统中的核心技术之一。实现多址的方法主要有以下 3 种。

1) 频分多址（FDMA）。FDMA 方式采用频分复用（FDM）原理，是以传输信号载波频率的不同划分来建立多址接入的。

2) 时分多址（TDMA）。TDMA 方式采用时分复用（TDM）原理，是以传输信号存在时间的不同划分来建立多址接入的。

3) 码分多址（CDMA）。CDMA 方式是以传输信号码型的不同划分来建立多址接入的。

(3) 移动通信的发展趋势

目前，移动通信网的技术还处在迅速发展之中，其发展趋势如下。

1) 陆续分配新的频率给数字移动通信网络和个人通信网络系统使用，频段由 450 MHz、800 MHz、900 MHz 频段扩展到微波波段。目前许多国家已开始把 1.8~2.3 GHz 的频段用于扩大将来的服务范围。移动通信还会向更高的频段发展，以满足将来的宽带多媒体网络业务。

2) 采用新的移动通信体制，如码分多址（CDMA），节省频谱开销。

3) 采用良好的拓扑结构，以提高频谱利用率。

2. 公共移动通信网

公共移动通信网是基于提高频谱利用率和减少相互干扰，增加系统容量考虑设计的，普遍采用蜂窝拓扑结构。目前的公共移动通信网主要采用小区制，其覆盖区半径在 10 km 以内，结构为六角形结构；从发展的角度看，将来要采用微蜂窝和微微蜂窝混合结构。微蜂窝半径一般为几米到几百米。

1) 模拟蜂窝网的拓扑结构。模拟蜂窝网选用拓扑结构的原则：在保证通信质量的前提下，要求尽可能提高频谱利用率和增加系统容量，且结构相对简单，成本相对较低。为此，模拟蜂窝网选用的是基站覆盖区半径等于 2~10 km 的六角形小区制拓扑结构。模拟蜂窝网的拓扑结构如图 6-9 所示。

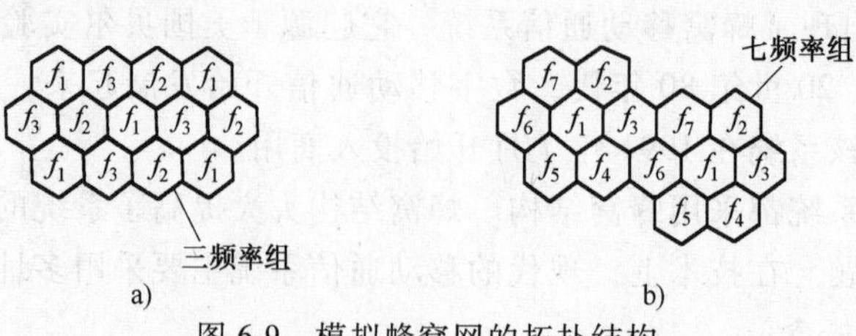

图 6-9　模拟蜂窝网的拓扑结构

a) 三频率组方式　b) 七频率组方式

图 6-9 描述的是两种正六角形小区群的构成实例。其中图 6-9a 描述的是三频率组方式，频率数为 3（f_1、f_2、f_3）的结构；图 6-9b 描述的是七频率组方式，频率数为 7（f_1、f_2、f_3、f_4、f_5、f_6、f_7）的结构。这种拓扑结构具有以下特点。

整个通信服务区由多个小区群构成，每个小区群中都包括若干个小区。各小区群中所用的频道，通过采取适当措施（采用定向天线，降低同频干扰），可重复使用。因此，在频道数不增加的情况下，整个服务区内的用户容量不仅将大大增加，而且频谱利用率也得到了提高。对于设计好的小区群，其信道数是不变的，即每个小区群中的六角型小区数是固定的（基站数不变）。通信服务区的大小决定整个通信服务区内所用的小区群数。

2）蜂窝式小区的频道配置。频率资源是移动通信赖以生存的基础。所以，分配频道资源要建立在用户按需分享原则的基础上，对资源进行合理的规划与管理，尽可能提高频谱利用率。

在蜂窝移动通信网中，辐射角的安排与一个群中小区数的选择有关。常用的群结构或频率复用结构按天线辐射角的大小来进行分类，分类如下。

- 360°全向天线，12 小区群，12 个频道配置方案。
- 120°定向天线，7 小区群，21 个频道配置方案。
- 60°定向天线，4 小区，24 个频道配置方案。

图 6-10 描述了 360°全向天线、12 小区群、12 个频道配置方案和 120°定向天线、7 小区群、21 个频道配置方案。

全向天线改成定向天线的目的是在有限频谱范围内，通过缩小同频复用距离增加在同一服务区内的可用频道数。这是满足业务量增加的需求的有效办法。但是，此时来自相邻区群的干扰也加大。

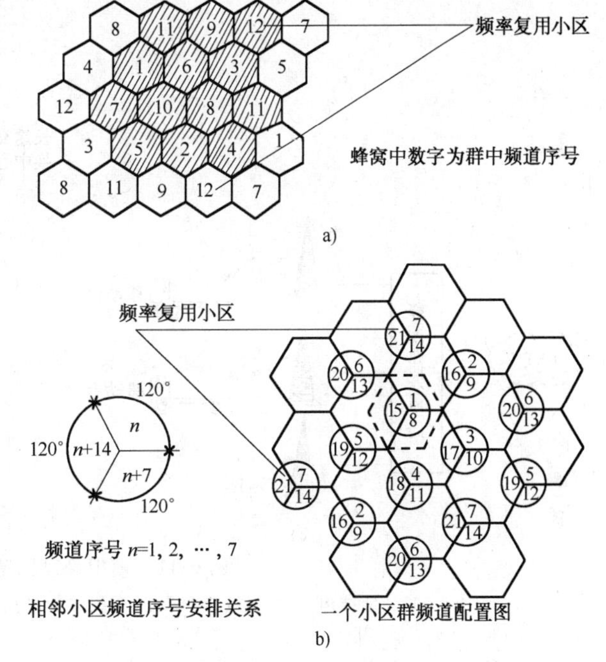

图 6-10　频道配置方案

a）360°全向 12 小区群 12 频道配置

b）120°定向 7 小区群 12 频道配置

3）模拟蜂窝网基本结构。模拟蜂窝网基本结构主要分为二、三和四级结构，如图 6-11 所示。

模拟蜂窝网各级结构的特点如下。

- 二级结构简单、但容量小，并且频谱利用率低。
- 三级分散式结构简单、使用方便，但结构分散不利于维护，并且费用相对较大；三级集中式结构便于维护，交换接续质量较高。
- 四级结构具有功能强大，结构易于发展升级。

3. 数字蜂窝网

数字移动通信网包括时分制的全球数字移动通信系统 GSM 系统和码分多址 CDMA 系统两类。这两类系统采用数字无线传输和蜂窝之间的切换方法，从而获得比模拟蜂窝系统好得

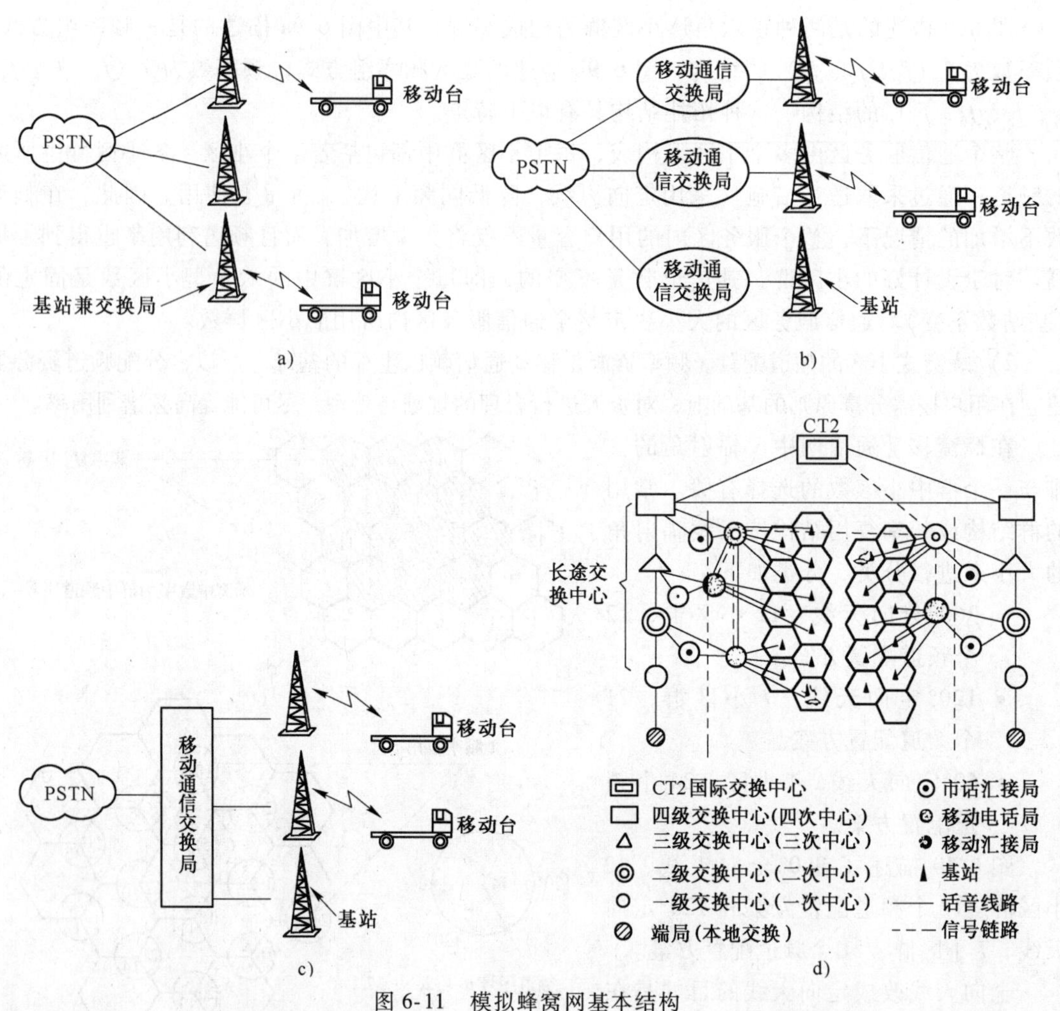

图 6-11　模拟蜂窝网基本结构

a）二级结构　b）三级结构　c）三级结构（集中文交换）　d）四级网络结构

多的频谱利用率，提高系统容量。

（1）GSM 数字蜂窝移动通信网

以欧洲开发的 CME20 型全球数字移动通信系统（GSM）为例，简单介绍时分制的全球数字移动通信系统 GSM 系统。

1）GSM 系统的基本组成。GSM 系统中，移动台（MS）用户和基地收发信机站间采用无线时分多址（TDMA）接口。每个可用载频能运载 8 个独立的物理 GSM 信道。信道中的数据，按时间顺序发送或接收。GSM 系统功能实体由交换系统（SS）、基站系统（BSS）、操作和支持系统（OSS）3 部分组成，SS 是 GSM 节点的核心。GSM 系统的基本组成如图 6-12 所示。

图中，ISDN 为综合服务数字网，PSPDN 为分组交换公共数据网，CSPDN 为电路交换公共数据网，PSTN 为公共交换电话网，PLMN 为公共陆地移动通信网。

移动业务交换中心（MSC）是蜂窝无线系统的心脏，负责将呼叫从信源点交换到信宿点。其作用是对来自固定网络（PSTN 或 ISDN）去往移动台的呼叫号码进行分析，然后，给网的母局位置登记器（HLR）送一个移动台漫游号码的请求，完成MSC服务区内移动台所需的所有交换功能。

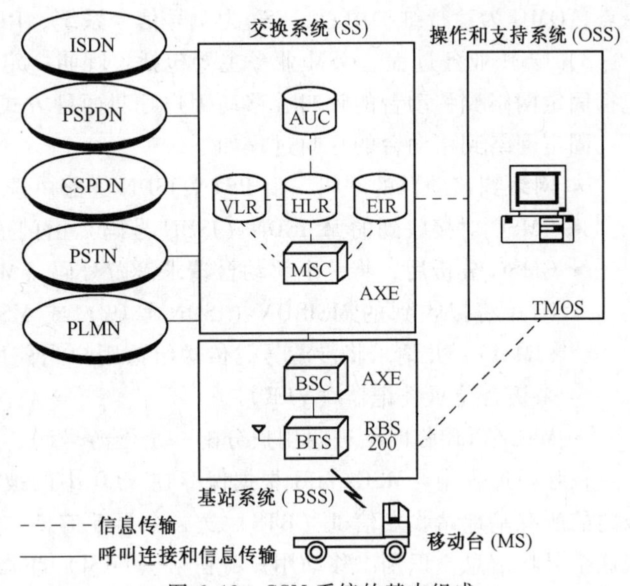

图 6-12　GSM 系统的基本组成

基站系统（BSS）是移动通信系统中的重要设备，包括基站收发子系统、基站控制器和基站管理器3部分。基站系统用于建立服务区内的无线电覆盖，提供移动用户与通信网络的无线连接。移动用户必须在所处的小区与相应基站建立联系，才能接入网络进行通信。

交换系统（SS）和基站控制器（BSC）都是以多应用程控系统（AXE）技术为基础的。AXE是用于公用交换电话网（PSTN）、公用移动电话网（PMTN）及其他公用通信业务中的程控交换机（多应用程控系统）。它由一组具有特定功能的功能块组成，功能块用软硬件共同实现其特定功能。

操作和支持系统（OSS）执行高等级（除本地网络节点中的操作维护基本功能外）的网络管理功能。它是建立在通信管理与操作支持系统（TMOS）基础之上的。

移动台（MS）是用户赖以获得所提供的电信业务的设备，GSM网络中可以有各种类型的移动台，如车载台、便携台和手持台。

来访者位置登记器（VLR）是用于保存当前位于MSC服务区内的所有移动台的动态信息的数据库。

母局位置登记器（HLR）是用于管理移动用户的数据库，GSM系统中可以设置多个HLR。

鉴别中心（AUC）为HLR提供鉴别参数和加密钥匙，用于特定的用户。

设备身份登记器（EIR）是用于识别设备物理身份的数据库。

基地站收发信机（BTS）的功能是提供基站对移动台的无线电收发。

2）GSM网络基本结构。GSM网络的基本设施与蜂窝无线网络非常相似，其基本结构如图6-13所示。

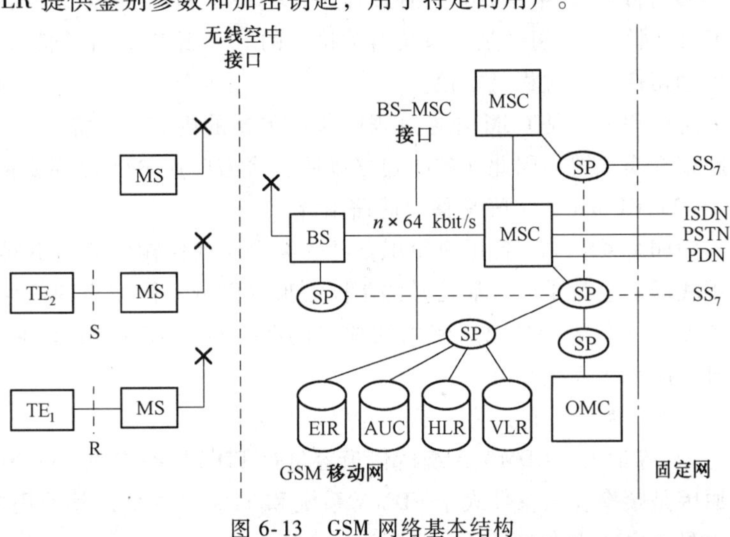

图 6-13　GSM 网络基本结构

图中，TE为终端设备，BS为基站，SP为信令点，OMC 为运行维护中心，SS_7 为 7 号信令系统，PDN 为公用数据网。

3）GSM 业务过程。GSM 业务主要包括：呼叫、定位和切换两部分内容。其中，呼叫又包括固定网络到移动台的呼叫、移动用户呼叫两种方式。

固定网络到移动台的呼叫过程如下。

- 网络到移动台的呼叫，由 PSTN/ISDN 经路由选择送往 GSM 网络的门道局（GMSC）。
- GMSC 对接收到的 MSISDN（ISDN 号码）由门道局（GMSC）进行分析。
- GMSC 分析后，将一个移动台请求漫游号码（MSRN）移交给网络的 HLR。
- HLR 将接收到的 MSISDN（ISDN 号码）或 MSRN 翻译成 GSM 的一个用户身份号（IMSI），并请求将漫游号码传送给该用户当前所登记的移动业务交换中心（MSC）/来访者位置登记器（VLR）。
- MSC/VLR 临时给被叫用户分配一个漫游号码，并通过 HLR 将它送回到 GMSC。

在呼叫过程中，MSC/VLR 根据保存在 VLR 中的被呼用户当前位置区域的信息，给该区域内的所有基地站收发信机（BTS）送一个寻呼信息。如果移动台处于空闲状态，就将接收到这个寻呼信息，识别出移动用户身份号（IMSI）或临时移动用户身份号（TMSI），并且对该寻呼信息进行反应。

移动用户呼叫的呼叫过程如下。

- 移动用户通过移动台输入所需的号码发出入网呼叫请求。
- 检查呼叫请求。即呼叫请求传递到 MSC/VLR 后，由 MSC/VLR 检查呼叫申请的移动台是否有权使用网络。
- 呼叫分析。如果往另一个移动台呼叫，MSC/VLR 将分析被呼号码，并在网络内启动一个呼叫建立过程；如果往一个公共电话交换网中的用户呼叫，呼叫号码将传递到那个网络中的一个汇接交换机中。
- 呼叫建立。当连到被叫用户的链路准备好后，将回答移动台，呼叫建立。同时移动台被分配到一个确定的业务信道，并在这个信道上等待被叫用户的确认，确认后即可进行通信。

移动台在呼叫建立或通话过程中，由一个 BTS 转换到一个新的 BTS 的过程称作切换。在 GSM 网络中，切换是由系统自动执行的。更新 BSC 有关信号质量的数据、分析数据和决定启动切换的全过程是定位。

定位和切换是 GSM 业务过程中非常重要的内容。这是由于移动台在一次通话期间可能不断地变换位置，因此在呼叫建立以后，将需要在 BTS 之间变换。

（2）CDMA 数字蜂窝移动通信系统

CDMA 系统中，各用户使用自己的编码序列传输信息，不同用户所使用的编码序列信号各不相同。也就是说，靠信号的不同波形来区分不同用户的信号。根据码型，接收机可以在多个 CDMA 信号中选出所使用的预定码型信号。从频域或时域的角度来观察，多个 CDMA 信号之间是相互重叠的。

CDMA 系统的优点主要表现在以下几方面。

1）容量大。CDMA 系统的信道容量是 FDMA 系统的 10~20 倍，是 TDMA 系统的 4 倍。其原因是频率复用系数大于 FDMA 系统和 TDMA 系统，其使用的话音激活技术和扇区化技术也是使之实现大容量的主要因素。

CDMA 系统话音激活技术是在通话过程中使用可变速扬声器，在不讲话时降低传输速率，以减轻对其他用户的干扰。例如，CDMA 话音激活技术中，利用全双工通话每次通话的话音存在时间小于 35%的特点，当话音停顿时停止发射信号，使系统容量提高到原来的 2.86 倍（1/0.35）。

2）软容量。软容量包括两方面内容：一是用户数目与服务质量之间相互折中，当用户数量为高峰状态，则可稍微降低服务质量，以提高话务量；二是动态的小区覆盖面积，即当相邻两个小区的负荷一重一轻时，负荷重的小区边缘可以切换到负荷轻的小区中，使负荷分担。

3）软切换。当移动台需要切换时，先与新的基站连通再与原基站切断联系，而不是先与原基站切断联系再与新的基站连通。软切换只能在同一频率的信道间进行。软切换有效地提高了切换的可靠性。

4）高话音质量低发射功率。CDMA 采用的是具有很强纠错能力的编码，系统功率控制能力也非常强，并且能够以非常节约的功率发射信号。

5）抗干扰性强。CDMA 对干扰信号表现为白噪音，使其固有抗干扰性。

CDMA 系统网络结构符合典型的数字蜂窝移动通信的网络结构。

6.1.3 卫星通信网

1. 概述

（1）卫星通信的概念

卫星通信是利用卫星上的微波天线来接收由地球发送站发出的无线电信号，然后将接收到的信号转发回地球接收端的通信。卫星通信过程如图 6-14 所示。

其中，上行链路是指由地面发送站向卫星发送信号；下行链路是指由卫星向地面发送站转发信号。

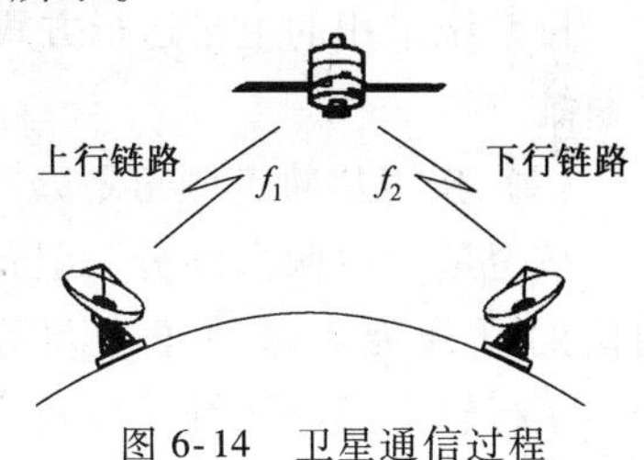

图 6-14 卫星通信过程

卫星的接收/发送能力由卫星上的一个工作在吉赫[兹]（GHz）范围内的中继装置转发器提供，这个中继装置称作转发器。一颗卫星上往往设有多个转发器以增大其传输能力。

（2）卫星通信的特点

1）接入特性。卫星通信是多址接入的一种方式。即处于不同地理位置的任何用户，都通过其所属地面站，直接利用卫星转发器这一公用信道进行各自通信。

2）传输特性。卫星通信采用广播通信方式。即下行链路信号可以被辐射范围内的任何地球站接收。

3）频率特性。卫星通信中，上、下行信号频率不同，这样设计的主要目的是为了防止信号之间的相互干扰。

4）容量特性。卫星通信传输容量大。由于卫星是宽带传输，所以一颗卫星就能提供几千路电话的传输能力。

5）覆盖范围特性。卫星通信覆盖面宽，例如，距离地面高度为 36000 km 的同步地球卫星，只需要 3 个就可以覆盖几乎整个地球。

6）费用特性。卫星通信信号传输费用与两地球站之间的距离无关。因为只要它们同用一个转发器服务，该转发器发送的信号可被不同距离的所有地球站接收，其传输费用总是固定不变的；另外，由于广播式通信比采用大量实体的通信线路和交换机经济得多，所以代价低。

卫星通信的不足之处：传输时延大；空间传播损耗比较严重；可能会和地面其他无线电系统信号发生干扰；保密性差。

（3）卫星通信网的拓扑结构

卫星通信网有星形和网形两种拓扑结构。

1）星形。星形结构是一种集中控制方式。其特点是各地球站之间不能直接通过卫星相互通信。

2）网形。网形结构是一种分散控制方式。各地球站之间不仅能通过卫星直接与中心站发生联系，它们之间可以通过卫星相互进行通信。

2. 卫星通信网的类型

（1）按接入方式划分

卫星通信网通信接入采用的是多址技术。按多址技术，卫星通信包括频分多址（FDMA）、时分多址（TDMA）、空分多址（SDMA）、码分多址（CDMA）和随机接入（TD-MA）等类型。其中，最简单最常用的类型是FDMA和TDMA。

（2）按应用划分

按应用划分，卫星通信网可分为海事卫星移动系统、航空卫星移动系统、陆地卫星移动系统。

（3）按系统采用的卫星运行方式划分

按系统采用的卫星运行方式划分，卫星通信网可分为同步轨道卫星系统和非同步轨道卫星系统。

（4）按卫星轨道倾角划分

按卫星轨道倾角划分，卫星通信网可分为赤道轨道卫星系统、顺行轨道卫星系统、极轨道卫星系统和逆行轨道卫星系统，如图6-15所示。

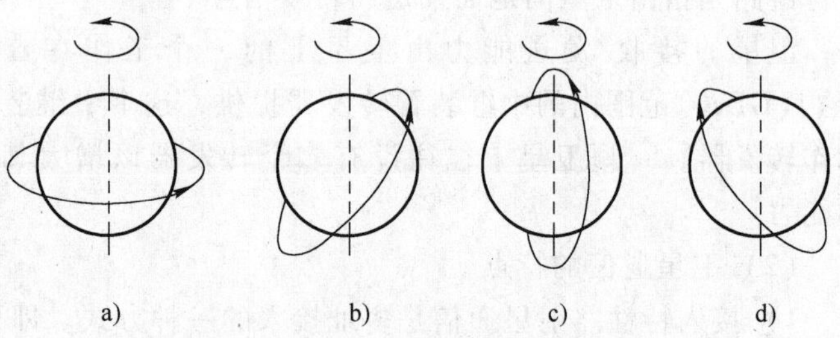

图6-15　按轨道倾角划分的卫星系统

a）赤道轨道　b）顺行轨道　c）极轨道　d）逆行轨道

（5）按卫星轨道偏心率划分

按卫星轨道偏心率划分，卫星通信系统可分为圆轨道、近圆轨道、椭圆轨道和双曲线轨道系统，如图6-16所示。

（6）按卫星轨道的高度划分

按卫星轨道的高度划分，卫星通信系统可分为低轨道（LEO）、中轨道（MEO）和高轨道（HEO）系统。它们的高度分别处于：LEO轨道低于2000 km；MEO轨道在2000~20000 km；HEO轨道高于20000 km。

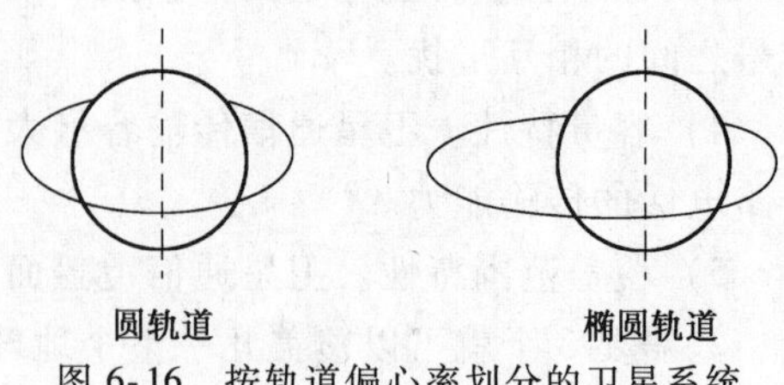

图6-16　按轨道偏心率划分的卫星系统

3. VSAT 概念

甚小口径天线地球站 VSAT（Very Small Aperture Terminal）是一种具有小口径天线的智能卫星通信地球站。VSAT 具有如下特点。

- 小（微）型化。该网的地球站无线口径为 1.2~1.8 m，架设便捷。
- 智能化。在 VSAT 中，信号处理、业务的自适应、网络结构和容量变更、控制与监测等，全部由计算机操作控制。整个网络和地球站都具有不同程度的智能。
- 提供双向综合电信业务。VSAT 能提供包括音频、数据、图像、电视等综合服务。

VSAT 系统由通信卫星转发器、天线口径较大的中枢站（主站）和许多小口径天线地球站组成。典型的 VSAT 系统是集中控制方式的星形结构系统。

VSAT 系统是卫星移动通信系统中重要的一个领域，其应用广泛。VSAT 技术在不断的发展和完善。其主要发展方向：

- 构造更小的超小型的小口径天线地球站，使其成本更低、天线更小。
- 使 VSAT 与地面通信网更好、更方便地连接起来，增加业务范围。

6.1.4 数字数据网

1. 数字数据网的概念

数字数据网（Digital Data Network，DDN）是利用数字信道传输信号的数据传输网，是利用数字通道提供半永久性连接电路，以传输数据信号为主的数字传输网络。DDN 的传输媒体有光缆、数字微波、卫星信道以及用户端可用的普通电缆和双绞线。

DDN 的特点如下。

- DDN 利用数字信道传输数据信号，数字信道与传统的模拟信道相比，具有传输质量高、速度快、带宽利用率高等一系列优点。
- DDN 向用户提供的是半永久性的数字连接，沿途不进行复杂的软件处理，因此延时较短，避免了分组网中传输延时大且不固定的缺点。目前，DDN 可达到的平均延时≤450 μs。
- DDN 采用交叉连接装置，可根据用户需要，在约定的时间内接通所需带宽的线路，信道容量的分配和接续在计算机控制下进行，具有极大的灵活性，使用户可以开通种类繁多的信息业务，传输任何合适的信息。
- DDN 将数字通信技术、计算机技术、光纤通信技术以及数字交叉连接技术有机地结合在一起，提供了高速度、高质量的通信环境。目前 DDN 可达到的最高传输速率为 150 Mbit/s。
- DDN 是同步数据传输网，不具备交换功能。但可根据与用户所订协议，定时接通所需路由。
- DDN 为全透明网，是可以支持任何规程、不受约束的全透明网，可支持网络层及其以上的任何协议，从而可满足数据、图像、声音等多种业务的需要。

2. 数字数据网的基本组成和结构

DDN 由数字通道、DDN 节点、网管控制和用户环路组成。

（1）DDN 节点类型

在新的“中国 DDN 技术体制”中将 DDN 结点分为 2M 节点、接入节点和用户节点 3 种类型。

1）2M 节点：DDN 网络的骨干结点，执行网络业务的转换功能。

2）接入节点：主要为 DDN 各类业务提供接入功能。

3）用户节点：主要为 DDN 用户入网提供接口并进行必要的协议转换。它包括小容量时分复用设备；LAN 通过帧中继互联的网桥/路由器等。

（2）DDN 的基本结构

DDN 网络实行分级管理，其网络结构按网络的组建、运营、管理、维护的责任地理区域，可分为一级干线网、二级干线网和本地网 3 级。各级网络应根据其网络规模、网络和业务组织的需要，参照前面介绍的 DDN 节点类型，选用适当类型的节点，组建多功能层次的网络。即可由 2M 节点组成核心层，主要完成转接功能；由接入节点组成接层，主要完成种类业务接入；由用户节点组成用户层，完成用户入网接口。

1）一级干线网。一级干线网由设置在各省、自治区和直辖市的节点组成，它提供省间的长途 DDN 业务。一级干线节点设置在省会城市，根据网络组织和业务量的要求，一级干线网节点可与省内多个城市或地区的节点互联。

在一级干线网上，根据国际电路的组织和业务要求考虑设置国际出入口节点，负责对其他国家或地区之间的出入口业务。国际电路应优先使用 2048 kbit/s 的数字电路。

在一级干线上，选择适当位置的节点作为枢纽节点，枢纽节点的数量和设置地点由邮电部电信主管部门根据电路组织、网络规模、安全和业务等因素确定。网络各节点互联时，应遵照下列要求。

- 枢纽节点之间采用全网状连接。
- 非枢纽节点应至少保证两个方向与其他节点相连接，并至少与一个枢纽节点连接。
- 出入口节点之间、出入口节点到所有枢纽节点之间互联。
- 根据业务需要和电路情况，可在任意两个节点之间连接。

2）二级干线网。二级干线网由设置在省内的节点组成，它提供本省内长途和出入省的 DDN 业务。根据数字通路、DDN 网络规模和业务需要，二级干线网上也可设置枢纽节点。当二级干线网在设置核心层网络时，应设置枢纽节点。

省内发达的地、县级城市可以组建本地网。省内没有组建本地网的地、县级城市，根据本省内网情况和具体的业务需要，设置中、小容量的接入节点或用户节点，可直接连接到一级干线网节点上，或者经二级干线网其他节点连接到一级干线网结点上。

相邻二级干线网节点之间可以酌情设置直达数字电路。经准许，二级干线网节点也可以设置地区性国际直达数字电路。

3）本地网。本地网是指城市范围内的网络，在省内发达城市可以组建本地网。本地网为其用户提供本地和长途 DDN 业务。根据网络规模、业务量要求，本地网可以由多层次的网络组成。本地网中的小容量节点可以直接设置在用户的室内。

DDN 网络的结构如图 6-17 所示。

3. 数字数据网的管理控制和业务

（1）数字数据网的管理控制

1）网络控制中心的设置。全国和各省网管控制中心包括：DDN 网络上设置的全国和各省两极网管控制中心（NMC），全国 NMC 负责一级干级网的管理和控制，各省 NMC 负责本省、直辖市或自治区网络的管理和控制。

在节点数量多、网络结构复杂的本地网上，也可以设置本地网管控制中心，负责本地网的管理和控制。

2）网管控制终端（NMT）。根据网络管理和控制的需要，以及业务组织和管理的需要，可以分别在一级干线网上和二级干线网上设置若干网管控制终端（NMT）。NMT 应能与所属的 NMC 交换网络信息和业务信息，并在 NMC 的允许范围内进行管理和控制。NMT 可分配给虚拟专用网（VPN）的责任用户使用。

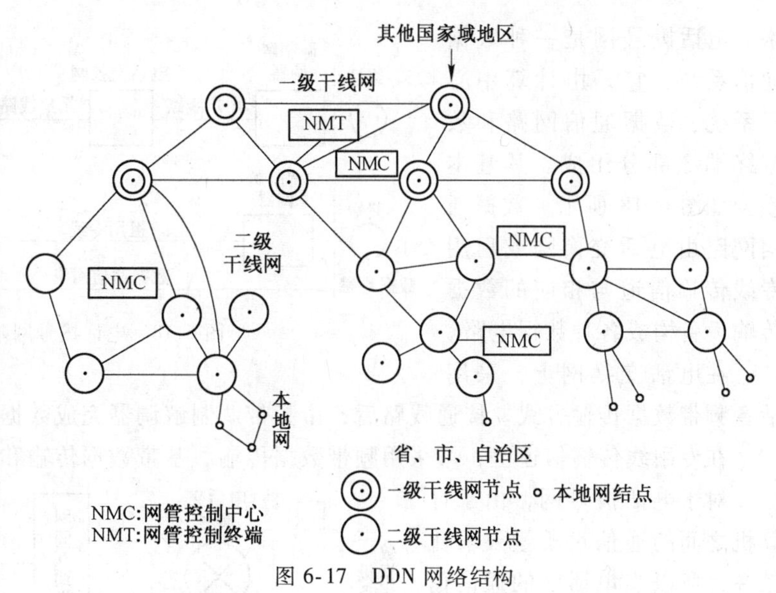

图 6-17　DDN 网络结构

3）节点管理维护终端。DDN 的节点应能配置本节点的管理维护终端，内容主要包括负责本节点的配置、运行状态的控制、业务情况的监视指示和对本节点的用户线进行维护测量。

4）上级网管能逐级观察下级网络的运行状态，告警、故障信息应能及时反映到上级网管中心，以便实现统一网管。

5）网管控制功能。DDN 网络通过 NMC 和 NMT，应能方便地进行网络结构和业务的配置；实时地监视网络运行；对网络进行维护、测量并定位故障区段；进行网络信息的收集、统计报告。

（2）数字数据网的业务

DDN 提供的业务又称数字数据业务（DDS）。主要业务如下。

1）专用电路业务。DDN 提供中、高速度，高质量点到点和点到多点的数字专用电路，供公用电信网内部使用和向用户提供租用电路业务。具体用于如信令网和分组网上的数字通信；提供中、高速数据业务以及会议电视业务等。

2）虚拟专用网（VPN）业务。它是把网上的节点和数字通道中一部分资源划给一个集团用户，该用户自己可以在划定的资源网范围内进行网络管理。

3）帧中继业务。这是用于业务量大的主机之间互联、LAN 互联等。

4）压缩话音/传真业务。这是用于话机和 PBX 或 PBX 之间互联。

6.2　电话拨号网、X.25 网与 ISDN 网

6.2.1　电话拨号网

电话拨号网是利用公用电话系统实现终端与计算机、终端之间或计算机之间通信的网

络。电话拨号网是一种数据通信系统，它是由计算中心子系统、数据通信网路和数据终端3部分组成。其基本模型如图6-18所示。数据通信网路由电话交换网或租用专线传输信道与相应的数据传输设备构成各种数据电路。

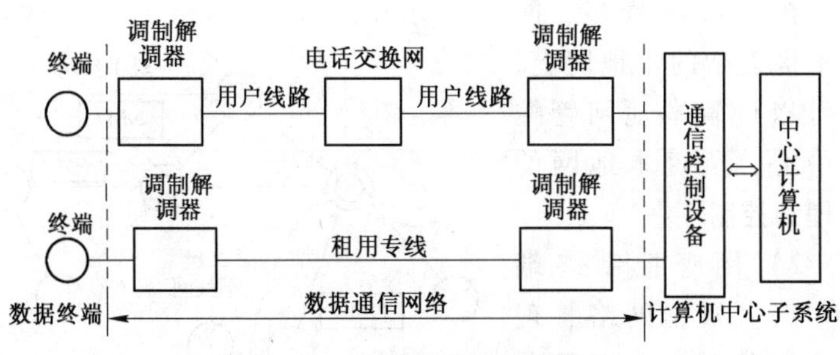

图6-18　电话拨号网基本模型

在电话交换网上，采用话音频带数据传输方式。接通线路后，由频带调制解调器完成数据传输。

在专用线传输信道上，可采用频带数据传输、基带数据传输和数字数据传输3种方式。

对于电话拨号网，由于计算机之间的通信对质量要求比较高，所以当电话网的通信信道难以适应质量要求时，可以利用分组数据网作为传输通路，如图6-19所示。

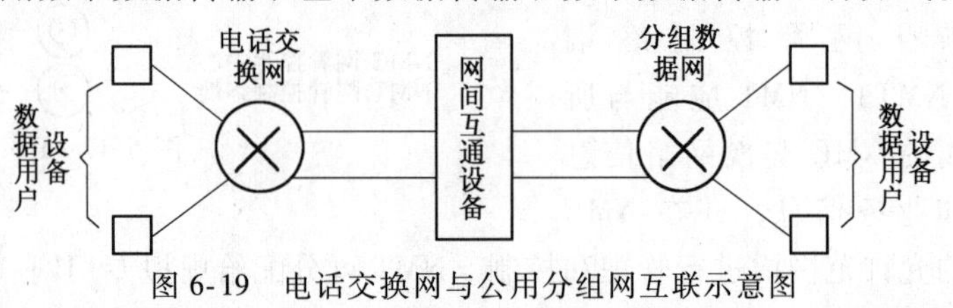

图6-19　电话交换网与公用分组网互联示意图

电话拨号上网的用户除一条可用的电话线外，还需要有一台能够满足上网要求的计算机、一个Modem以及相应的通信软件。

6.2.2　X.25网

X.25网是采用X.25标准建立的网。X.25标准是在1976年建立的，是联网技术的标准和一组通信协议，它是所有分组交换技术的“鼻祖”。当初建立X.25标准的目的是为了使用标准的电话线建立分组交换网。

X.25网的服务是接收从终端用户来的数据包，并将数据包经过计算机网络传输后，送到指定的终端用户。在X.25网中，有许多差错检查功能，用以保证数据的完整性。这是因为X.25网是利用电话线进行数据传输的，而电话线传输的可靠性是没有保证的。现在，由于有许多X.25网已不再使用电话线为传输的基础，而且X.25网过多的差错检查占用了系统的许多开销，从而造成X.25网的性能不高，使X.25网不适合大多数的实时局域网到局域网的操作。但是，X.25成熟的协议，仍然是远程终端或计算机访问的非常好的方法。

X.25网中主要包括本地访问设备、信息包组合/拆包装置、交换节点、网路链路、网管系统等几部分，各部分的基本功能如下。

- 本地访问设备（LAC）：提供计算机或终端设备和X.25网络之间的接口。
- 信息包组合/拆包装置（PAD）：是把非X.25网的数据流转换成X.25网数据包，或将X.25网的数据包转换成非X.25的数据流；它提供对LAC或者X.25网设备的网路的访问；它还具有完成建立、协议转换、仿真、调整速率等功能。
- 交换节点（PN）：它是X.25网的基本组成部分，它接收来自PAD的数据包，并把所接收的数据包送到特定的目的PAD处。它还具有平衡通信、性能分析、收集账单等功能。

- 网路链路（NL）：两个 PN 之间的连接称之为网路链路。在 X. 25 网中 NL 是永久的连接。
- 网管系统（NMS）：它是监督 PN 和 PAD 的总体。

X. 25 网的基本组成如图 6-20 所示。

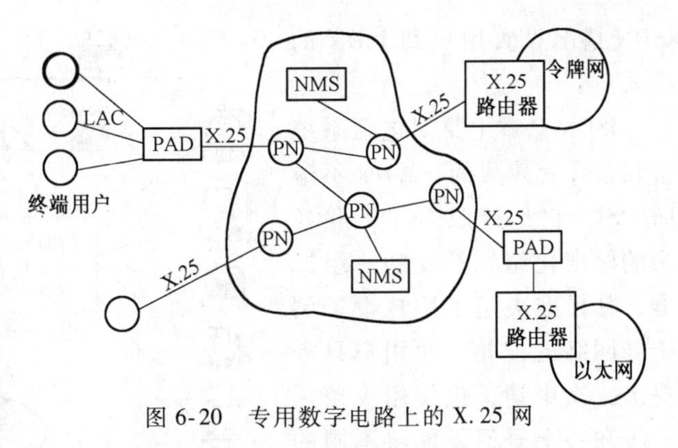

图 6-20　专用数字电路上的 X. 25 网

X. 25 网支持 2400 kbit/s 到 64 kbit/s 的网路接口速率。X. 25 网能够保证可靠传输。在系统中，数据包（数据分组）的整个路径在每个节点上都要求应答，并采用重发措施来纠正差错。X. 25 网数据包安全传送过程如图 6-21 所示。

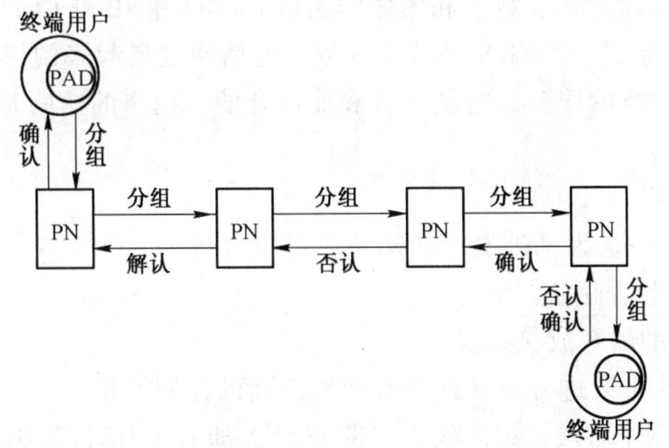

图 6-21　X. 25 网数据包安全传送过程

6.2.3　ISDN 网

国际上的主要通信基础设施一直是电话系统，这种系统对话音的传输采用模拟传输，而对诸如数据传输、传真、电视传输等现代通信不能提供合适的服务。用先进的数字系统取代世界范围内的电话系统的主要部分是遵照用户对现代通信服务的要求而产生的一项国际任务。综合业务数字网（Integrated Services Digital Network，ISDN）的主要目标就是提供适合于声音和非声音的综合通信系统来代替模拟电话系统。

1. ISDN 的概念

传统的电话网、分组交换网、电路交换网、移动电话网等都是各自独立的系统，这种系统不易引入新的通信业务；不易实现多种信息交换服务；用户线利用率低，扩展性和适应性都比较差。因此，20 世纪 70 年代初期，CCITT 提出了将语音、数据、图像等信息综合在一个通信网的设想，即建立综合业务数字网（ISDN）。ISDN 系统基本模型如图 6-22 所示。

CCITT 提出建立 ISDN 的基本原则：用有限的多用途的用户-网络接口提供一条端到端的数字链路，以支持电话和非电话业务；要适用于电路交换、分组交换和非交换专线业务；要满足 64 kbit/s 数字交换连接的条件；要具有智能功能，以提高业务性能；要具有维护和网络管理功能；用户出入口要以 OSI 为基准的分层协议结构表示；可根据业务要求和本国

ISDN 情况设置用户到 ISDN 的出入口。

ISDN 基本上是对电话系统重新设计后建成的，ISDN 不遵照 OSI，它是遵照 CCITT 和各国的标准化组织开发的一组标准，其标准决定了用户设备到全局网络的连接，使用户只需提出一次申请，仅使用一条用户线和一个号码就能将不同的业务类型的终端接入网内，并按统一的规范进行通信。ISDN 能方便地用数字形式处理声音、数字和图像的通信。1984 年 10 月 CCITT 推荐的 CCITT ISDN 标准中给出了 ISDN 的定义："ISDN 是由综合数字电话网发展起来的一个网络，它提供端到端的数字连接以支持广泛的服务，包括声音和非声音的。用户的访问是通过少量、多用途的用户网络标准实现的"。

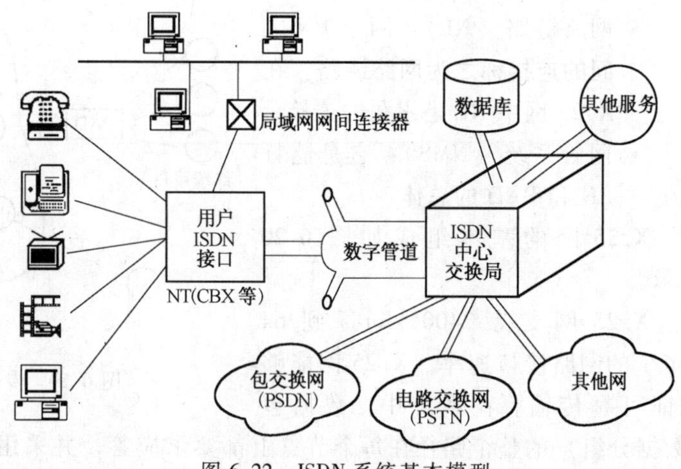

图 6-22　ISDN 系统基本模型

ISDN 概念中包含以下几个要点。

- ISDN 是以电话系统为基础发展起来的数据通信网。
- 支持电话和非电话业务。
- 为用户提供标准的开放接口。
- 用户通过 ISDN 可以进行灵活的具有智能方面的控制操作。

ISDN 的发展分为两个阶段：第一代为窄带 ISDN，即 N-ISDN，简称 ISDN。它是只能提供一次群速率在 1.5~2 Mbit/s 电信业务的 ISDN；第二代 ISDN 为宽带 ISDN，即 B-ISDN。

2. ISDN 的特点

1）ISDN 具有 WAN 类型的通信业务，它不同于局域网技术。由于 ISDN 属于 WAN，所以，它对用户和设备有一定的限制，用户通常受安装和管理这种网络的营运商制订的规则和规定的影响。

2）ISDN 是在数字线路上进行通信的，它是一种按需拨号业务，它具有使公共网络的一部分供用户内部通信使用的功能。ISDN 的电话终端可以连接到计算机上，随着呼叫的到来，呼叫者数字库的记录信息就被显示出来。如当在电话振铃发出响声的同时，显示器上马上就显示出呼叫者的电话号码、名称和地址等，ISDN 的这种特性使得 ISDN 非常适于交换应用。当它采用交换类型的线路时，用户先付给连接网络的预约费用，这样用户就可以随时拨一个特定的号码与相应的用户连接起来。

3）ISDN 是根据呼叫持续时间确定费率的，费率与发送什么和发送多少数据无关。由于大多数分组交换网都采用 X.25 协议标准，而 X.25 协议传输又是根据传输量确定的，为了使用户可以通过任何一个连接的 ISDN 设备传送采用 X.25 标准的数据信息，或是用 X.25 标准的设备传送 ISDN 数据信息，就要实现 ISDN 和 X.25 互联。

4）由于异步传输模式（ATM）是高速网的核心技术，所以 ATM 也是宽带 ISDN 的核心技术。

5）ISDN 数据传输服务，允许用户把他们使用的 ISDN 服务终端或计算机连到世界上任何一台计算机上。但由于各国的电话系统或其他通信系统互不兼容，因此，这种联接通常是行不通的。

6）ISDN 的数据传输是采用建立封闭或用户组方式进行的，组内成员只能呼叫组内的成员，组外的呼叫是进不来的。这种特性可使一个组织或团体在使用计算机系统时，就像使用电话网一样。因此，ISDN 具有很好的安全保密性。

7）ISDN 把电话转变成电话/终端工作站，这不仅能用于可视数据，还能对电子邮件进行合成、编辑、发送、接收、归档及打印，从而减少了邮政系统的负荷。

3. ISDN 的功能

（1）线路交换

在终端之间进行通信时，通信双方通信期间，ISDN 网内交换机在发收终端之间建立一条通信信道，这条建立在通信双方之间的通信信道犹如专线一样，直至双方通信结束。

（2）分组切换

分组切换采用的是动态分配信道技术，系统在终端之间不建立固定的通道，只有信息被传入时才分配和占用信道。

（3）专用线路

专用线路是在终端之间建立固定或半固定的通信线路，可以从电信部门租用专线把分散在各地的 CBX 互相连接起来，构成专用网络。

（4）公共通道信令

为了在线路交换网中建立通信通路，在线路交换机之间传送控制信息，即信令。这种利用单独一个通道传送信令的功能就是公共通道信令功能。

（5）通信处理功能

ISDN 将终端发来的信息暂时保存在网内通信处理节点的存储器中，并进行信息传输速率的变换或通信媒体的变换等。

4. ISDN 业务

ISDN 促进了计算机网络的迅速发展，个人计算机与 ISDN 的密切结合是 ISDN 应用和发展的关键。无论从业务类型还是业务范围看，ISDN 的应用都是很广泛的。ISDN 的业务和应用归纳如表 6-1 和表 6-2 所示。

表 6-1　ISDN 图像业务和应用

静态图像	动态图像	
传输系统	监视和存取系统	会议系统
图像数据库	远程自动讲话人监视	公司内 远程咨询
分类销售数据库 产品数据库	远程商店监视	公司内 多点电视分配
新闻照片 购物信息	无人停车场 舞台图像传输	公司内
远程彩色图像校正 基于图像的股票管理	过程控制监视	公司内/国际

（续）

静态图像	动态图像	
设计调整 城市指示信息	远程房屋设计显示 现场监视 车辆交通监督	增值用户小交换机的用户分群电视会议远程讲座 自动化警察局
联机基于图像的间接销售	存取多媒体资源	公司内
远程存取基于图像的共同资源	存取共同资源	公司内
存取 Internet 图像	生动的多媒体显示	视频合用线
X 光照片	等候房间监视	由视频支持的 PC 会议

表 6-2　ISDN 业务和应用

应用范围	声频系统	数据系统	传真系统
金融业	专用小交换机 同时广播，电话会议	监视（也有称自动取款机的） 联机证券和信息业务 账务信息	市场营运信息传递 联机证券信息发布 汇票传送
配销业	专用小交换机 电话会议	销售点 订货和资信调查 盘存管理	市场营运信息传送 证券信息发布
服务业	专用小交换机 自动电话呼叫指示器 调幅/调频广播中继 免费拨号	销售点 订货 预计票和票的发售 数据传送 远程软件维护	市场营运信息发送 电子简报服务 文章复印
制造业	专用小交换机 电话会议	销售点 订货 计算机辅助设计数据传送 印制板数据传送	市场营运信息传送 远程打印校样 设计图审查
建筑业、房地产	专用小交换机 电话会议	计算机辅助设计数据传送 账务数据传送	房地产信息传送 设计图传送
公共事业	专用小交换机 电话会议	电子应用 账务会议 个人教育	远程家庭登记打印输出 信息更新系统
小型办公室/家庭办公室	电话会议 智能呼叫控制	电子邮件、文件传递	传真邮件 “传真返回”信息
远程交换	上述两项加上被叫方付费	远程连接（数据、文件应用）	远程传真编辑
娱乐	联机记费信息	Internet 和免费商品存取	远程打印
其他	完善的电话服务	交通管制 局域网之间的连接	基于 PC 的传真传输

5. ISDN 结构

从一开始 ISDN 就受到了市话线路、语音网络、报文分组网络及 CCIS 的限制。CCIS 即公共信道局间信令，它是与主要公共交换网分开的一个报文分组交换网。对市话线路来说，用 ISDN 这个高投入的庞大的系统来取代是不可想像的。

传统的电话网，系统中传输和交换这两个功能是分开的。在模拟网中，进来的音频信号在终端局被调制和频分复用后，沿传输线进行传输。沿途到达每个交换中心，信号都必须先由频分复用单元进行分路和解调，然后再由交换机进行交换、调制和频分复用，此过程在传输过程中不断重复，直到到达终端局进行分路和解调。

当传输和交换都采用数字式时，可以实现综合方式，即将频分复用后的音频信号用时分复用方式复合后传输。在传输过程中，信号无须进行解调。

传统的无综合电信网与综合的电信网传输过程如图 6-23 所示。

图中，PBX 为专用小型电话交换机；PABX 为专用自动小型电话交换机；FDM 为分频复用；TDM 为时分复用；PCM 为脉冲编码调制。

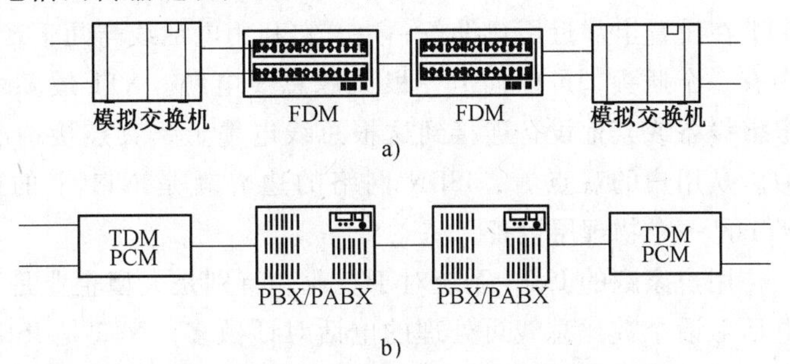

图 6-23 传统的无综合电信网与综合电信网传输过程
a）无综合电信网 b）综合电信网

ISDN 中的一个非常重要的概念是数字位流管道（Digital Bit Pipe）。数字位流管道是在用户设备和传输设备之间通过比特流的载体之间的一条概念管道。不管这些数字位流来自数字电话、数字终端、数字传真机，还是来自其他设备，这些比特流都能双向通过管道。数字位流的特点是可以支持多条彼此独立的信道，这些信道对位流进行时分多路复用。数字位流管道的接口规范对比特流的确切格式及比特流的复用进行了定义，已经开发定义的两个位流管道的标准如下。

1）窄频带标准，用于家庭。

2）宽频带标准，用于企业。支持多条信道，其中，每条信道与家庭使用的信道相同。

用于家庭和用于企业单位带有 PBX 的 ISDN 系统如图 6-24所示。

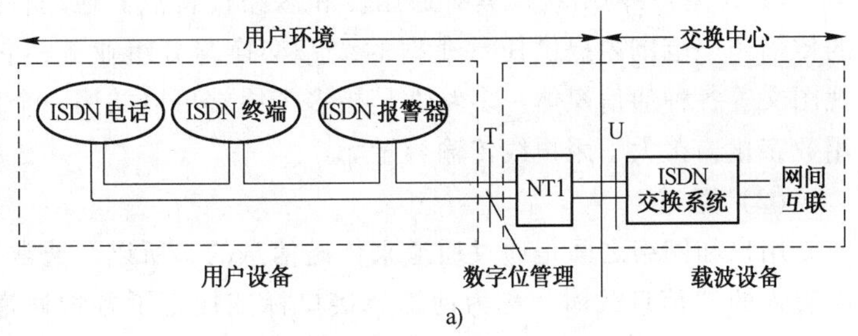

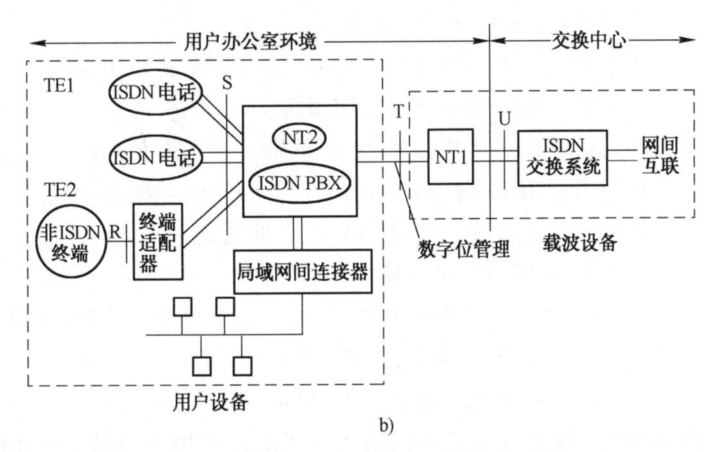

图 6-24 用于家庭和用于企业单位带有 PBX 的 ISDN 系统
a）用于家庭的 ISDN 系统 b）用于大企业单位，带有 PBX 的 ISDN 系统

图 6-24 中，NT1 是网络终端设备；NT2 是用户 CBX；TE1 是 ISDN 终端；TE2 是非 ISDN 终端；PBX（Private Branch Exchange）是专用小交换机；TA 是终端适配器。R、S、T、U 是 CCITT 在各种设备间定义的 4 类参考点。明确用户、网络分担的功能和各结构单元的功能，并明确终端与网络的分界点是参考点。其中：U 是用来连接 ISDN 交换系统和 NT1 的，目前

采用铜双绞线，它将被光纤取代；T 是 NT1 提供用户的连接器；S 是 ISDN 的 CBX 和 ISDN 终端的接口；R 是用于连接终端适配器和非 ISDN 终端的接口，由于终端适配器和非 ISDN 终端种类繁多，所以 R 使用多种不同类型的接口。

图 6-24 中，NT1 是一种比临时接线板复杂一些的设备，它起接插板的作用，NT1 还包括一些电子线路，供网络管理、本地与远程回路测试、维护、性能监测等方面的使用。NT1 在设置上靠近用户设备一边，它利用电话线与几千米以外的交换机系统相连接。在 NT1 中有一个插头，可以插上一根无源总线电缆。NT1 最多可以允许把 8 台 ISDN 电话、终端、报警设备或其他设备连接到这根总线电缆上，其连接情况与设备和局域网连接的方式相类似。从用户的观点看，ISDN 网络的边界就是 NT1 上的插头，从 OSI 参考模型的角度看，NT1 是一个物理层设备。

用户家庭的 ISDN 系统对于企业、特别是大型企业是不适用的。因为企业要同时处理的电话对话个数比总线可处理的电话对话数多。NT2 是 ISDN 的一个 PBX，它与 NT1 相连接，为电话、终端及其他设备提供真正的接口。ISDN 交换机与 ISDN PBX 之间没有本质上的差别，只不过后者比前者能同时处理更多的电话对话。

6. ISDN 接口

（1）用户-网络接口

ISDN 的目标是通过参考点 S 和 T 向用户提供一个数字管道。用户-网络接口就是电信公司的设备与用户设备之间的接口。

ISDN 用户-网络接口具有通用性和多路性特点。通用性是指用户-网络接口能够在接口的传输速率范围内提供任意速率的线路交换与分组业务，它综合了语音、数据、FAX 及可视图文等各种通信媒体。多路性是指多个终端可以共用一个用户—网络接口，从而有效地利用数字化，扩大了用户线传输容量。

（2）通道

用户和网络之间是通过通道来传送信息的，所以，通常把在接口上和网络内为传送信息而置入的“信息载体”称为通道。接口标准规定了各种通道，使通道上传送的信息与通道的容量和能力相适应。标准化通道主要包括以下几种。

A 通道：4 kHz 模拟电话通道。

B 通道：用于声音或数字的 64 kbit/s 数字 PCM 通道。

C 通道：8 或 16 kbit/s 数字通道。

D 通道：用于传送信号的 16 kbit/s 数字通道。

E 通道：用于 ISDN 内部信号的 64 kbit/s 数字通道。

H 通道：主要用于传送用户信息的通道。

（3）接口标准与接入形式

1）接口标准。ISDN 用户-网络接口是从接入形式和速率两方面进行标准化的，CCITT 规定了基本速率接口 BRI 和一次群速率接口 PRI 两种接口。

BRI 是由两条传输速率为 64 kbit/s 的 B 通道和一条传输速率为 16 kbit/s 的 D 通道组成，即 2B+D。两条 B 通道可以独立地用来传送用户信息，D 通道用来传送信号。

PRI 中规定：一次群的 D 通道传输速率为 64 kbit/s，通道结构的标准为 23B+D 或 30B+D。

2）ISDN 接入。ISDN 接入是指用户接入网络时所使用的通道类型和通道数量。标准的接入形式主要有以下几种。

- 基本接入：由两条 B 通道和一条 D 通道组成的最低速率的接入形式，它是 ISDN 中最基本的接入形式。
- 多路接入：以多条 B 通道和一条 D 通道组成的接入形式。
- 高速接入：以一条或多条 H 通道和 D 通道组成的接入形式。
- 混合接入：由多条 B 通道、多条 H 通道和 D 通道组成的接入形式。

7. ISDN 用户室内布线方式

ISDN 用户室内布线有多种方式，其共同的特点：在规定的参考点 S 和 T 上用插座连接终端，使终端能够自由移动。典型的用户室内布线有多种方式，如图 6-25 所示。

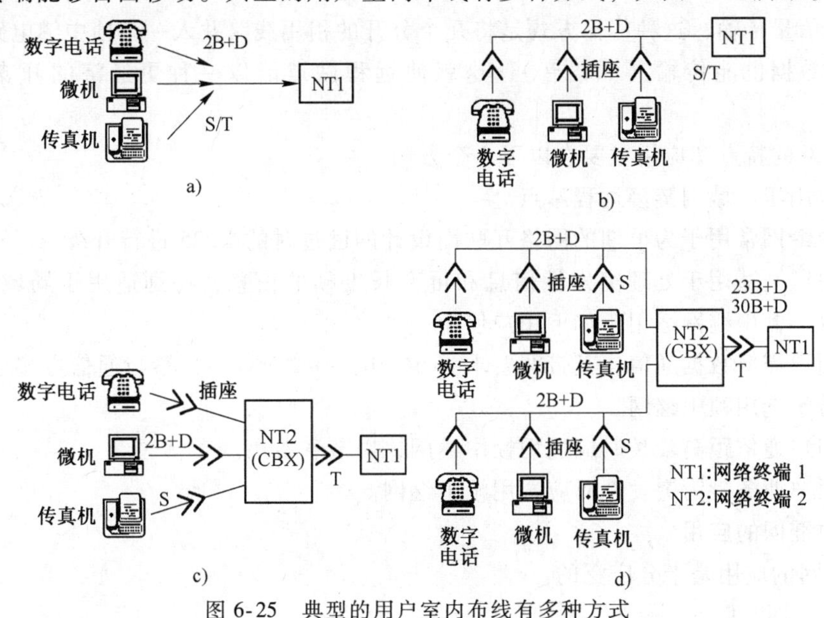

图 6-25 典型的用户室内布线有多种方式

a) 1 对 1 布线 b) 总线布线 c) 星状布线 d) 混合式布线

8. ISDN 传输方式

(1) 高速分组交换

高速分组交换采用的是面向连接的服务，它集中了分组交换和同步时分交换的优点，在链路上无流量控制和差错控制等操作，大大简化了 X.25 协议。

(2) 高速电路交换

高速电路交换主要采用多速时分交换技术，信息管理和控制非常复杂。

(3) 光交换

光交换技术主要是通过利用光交换机实现数字信号的高速传输和交换。

(4) 异步传输 ATM 交换

导步传输 ATM 交换技术是 ISN 传输的基础和核心技术。

6.3 帧中继网、ATM 网与 B-ISDN 网

帧中继网是利用帧中继技术建立起来的网络系统，由于其优越的性能，目前得到了广泛

的应用。

6.3.1 帧中继网

1. 帧中继网概述

帧中继是为新一代网络互联设计的，它是一种以快速分组技术为基础的分组交换网络设施。帧中继网使用持久虚拟电路 PVC 来模拟电路交换网。帧中继只存于 OSI 模型的最低两层，链路的各个终端使用路由器将各自的网络连到帧中继网络上。

帧中继网是基于数字传输和光纤传输介质的，它删除了不必要的开支以得到速度上的提高，帧中继网可在单条链路上（如租用线路）实现多个连接。近年来，帧中继越来越多地用作多路通信量传输，这种传输方式是将几个分开的租用线路并入一条帧中继电路上，甚至传统的模拟数据也能传输（如语音），这就使远程站点能以一种更经济的开支取代长途费用。

帧中继网的特点和应用主要在以下 3 个方面。

- 通常用于广域网链接远程站点。
- 帧中继网常用于为早期的网络互联而设计的已过时的 X.25 进行升级。
- 帧中继网适用于处理突发性信息和可变长度帧的信息，特别适用于局域网的互联。所以，帧中继网适用于如下用户使用：
- 当用户需要数据通信，其带宽要求为 64 kbit/s~2 Mbit/s，参与通信方多于两个的时候适于选用帧中继网。
- 当用户通信距离较长时应选用帧中继网，以节省费用。
- 当用户业务量为突发性时应选用帧中继网。

2. 帧中继网的应用

帧中继网的应用是十分广泛的。

（1）局域网互联

由于需要互联的局域网用户，常常产生大量的突发数据，用户之间争用带宽资源。帧中继网具有对带宽进行动态分配、平衡通信、保证数据可靠传输，并具有既节省费用又可以充分利用网络资源等功能，所以，利用帧中继网进行局域网互联是帧中继最典型的一种应用。

利用帧中继网进行局域网互联，可以使局域网中的任一个用户与任一个主机、服务器或局域网中所需的其他资源相连接。如图 6-26 所示是利用帧中继网进行局域网互联示意。

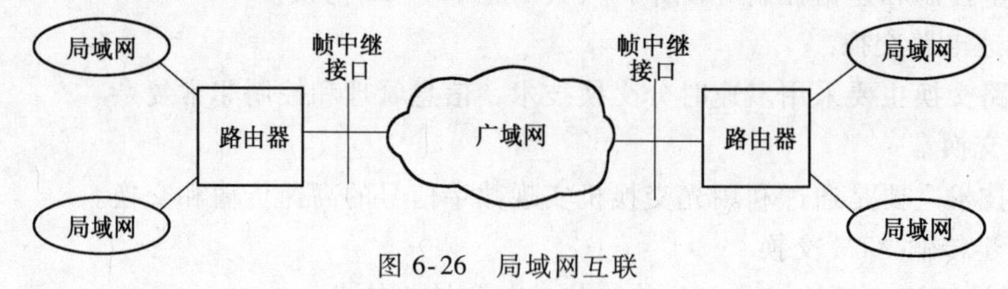

图 6-26　局域网互联

（2）图像文件传送

帧中继网由于其具有足够的带宽、高速率、低延时、带宽动态分配等特点，所以，它非常适于图像、图表等数据传送业务。利用帧中继网传送图像文件示意如图 6-27 所示。

（3）虚拟专用网

帧中继网可以将系统中的节点根据需要划分为若干个区，每个区设置相对独立的网络管理机构。各相对独立的网络管理机构只对其管辖范围内的资源进行管理，每个区内的各节共享区内资源，它们之间的数据处理和数据传送相对独立，从而构成虚拟专用网路。利用帧中继网建立虚拟专用网络示意如图 6-28 所示。

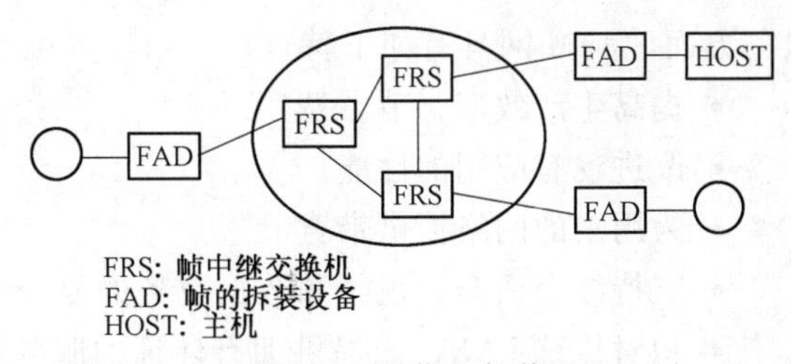

图 6-27　图像文件传送

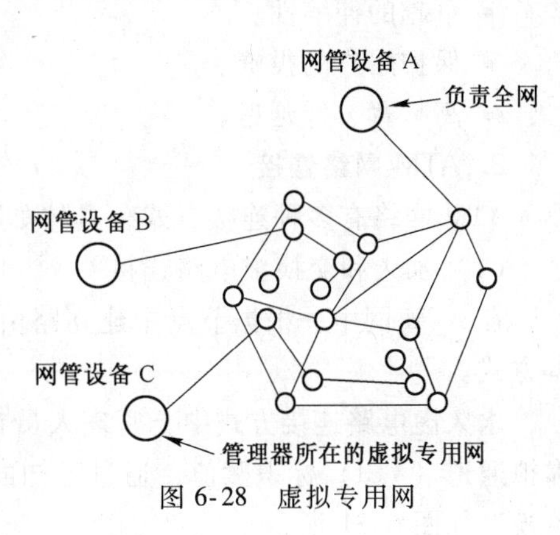

图 6-28　虚拟专用网

（4）帧中继网与其他网络的互联

帧中继网通过一些必要的措施，能够使不同的网络之间兼容，实现不同网络之间的互联。如图 6-29所示是帧中继网与 ATM 网组成的 B-ISDN 网络的一个模型。

（5）帧中继网之间的互联

通过把各帧中继网互联，能够实现把不同国家的帧中继网络以及各个国家内部的帧中继网络都互联起来。帧中继网之间互联示意如图 6-30 所示。

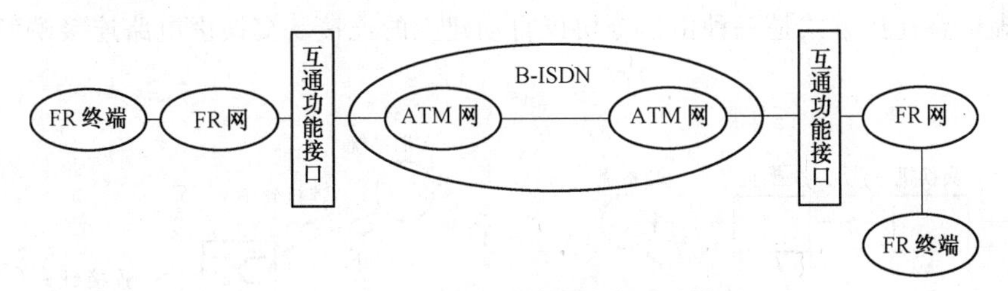

图 6-29　帧中继网与其他网络互联模型

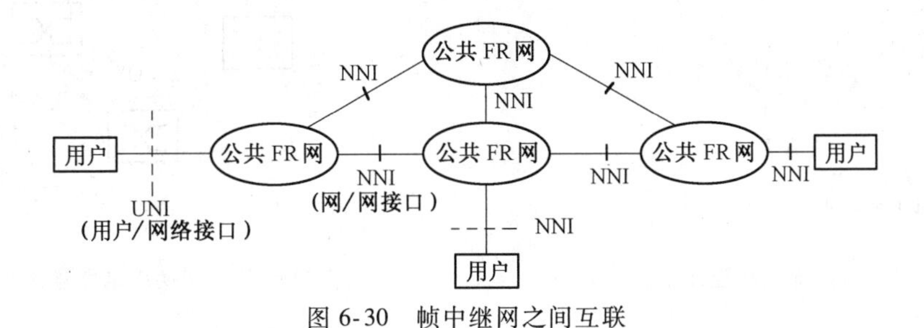

图 6-30　帧中继网之间互联

6.3.2　ATM 网

ATM 是信元中继技术（一种快速分组交换技术）的国际标准。ATM 网完全基于信元结构，是新一代的网络，它是一种能将数据、话音、视频信号进行传输的系统。

1. ATM 网络应用

ATM 网是一种提供对时间敏感型数据、话音和视频的突破性网络。ATM 网允许用户对话音、视频和数据进行无间断的发送，提供有保证的服务质量，支持广泛的速率。在应用和服务方面，ATM 网具有如下特点。

- 提高生产效率，节省费用。
- 改进现有应用的性能。
- 为用户的网络提供带宽。
- 支持综合话音、视频和数据业务的复杂多媒体应用的技术。
- 相对传统 LAN，能提供拥有保证的服务质量。
- 卓越的伸缩性。
- 保护用户的投资。
- 高频宽、低延迟。

2. ATM 网络连接

ATM 网络有多种连接方式，具体如下。

（1）永久和交换虚电路连接

在 ATM 网中，根据节点中建立路由表方式的不同可分为永久和交换虚电路连接两种基本方式。

永久虚电路连接方式中，管理人员在信源和信宿节点中，先为虚拟路径（VPI）标识和虚拟通道（VCI）标识赋值，通过已知的虚拟路径链路接收信元，转发信元。永久虚电路连接模型如图 6-31 所示。

交换虚电路连接方式是一种由信令协议自动建立的连接。交换虚电路连接模型如图6-32 所示。

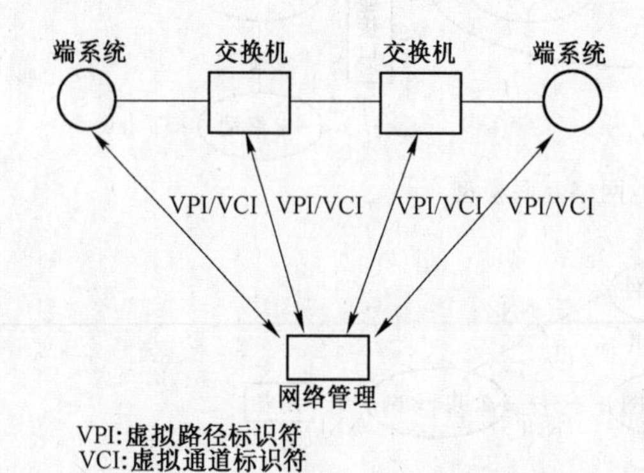

图 6-31　永久虚电路连接模型

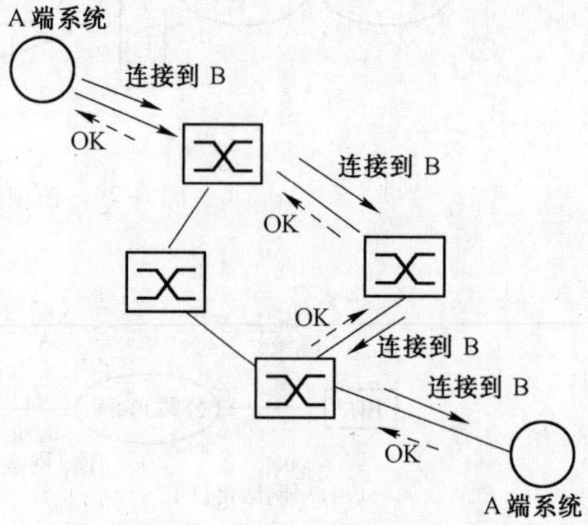

A 端系统
连接到 B
OK
连接到 B
OK
OK
连接到 B
连接到 B
OK
A 端系统

图 6-32　交换虚电路连接模型

（2）ATM 点对点连接和多点连接

根据连接结构，ATM 网络连接分点对点连接和多点连接两种。点对点连接可以是单项的或多向的，多点连接只能是单向的。点对点连接和多点连接模型如图 6-33 所示。

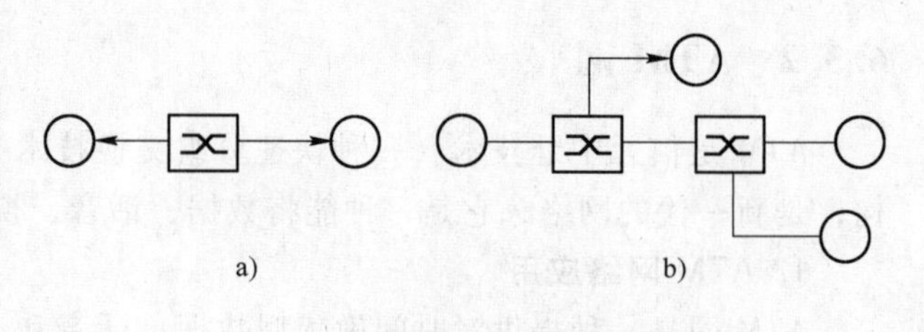

图 6-33　点对点连接和多点连接模型
a）点对点连接　b）多点连接

3. ATM 互联技术

ATM 互联技术既适合局域网之间的

互联，又适合局域网与广域网之间的互联，互联形式和互联产品多种多样。如图 6-34 和图 6-35 所示分别描述集线器、路由器、多路复用器连接模型、局域网主干网和广域连接模型。

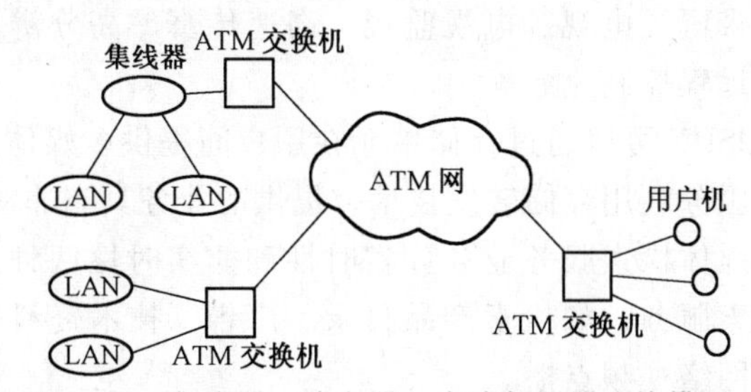

图 6-34　集线器、路由器、多路复用器连接模型

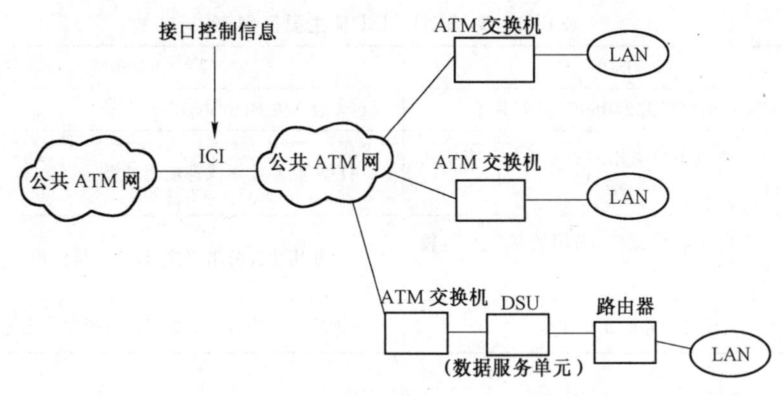

图 6-35　局域网主干网与广域网连接模型

6.3.3　B-ISDN 网

B-ISDN 网是典型的宽带网。它不仅提供高速宽带业务，还支持电话网、DDN 网、ISDN 网。

B-ISDN 网络具有方便、有效地支持可变码速业务；提供多种质量等级服务业务和各种连接，如点对点、点对多点、多点对多点的连接等功能。B-ISDN 能实现语言、数据、图像等各种业务的通信。作为 B-ISDN 的用户，网络接口应支持不低于 134 Mbit/s 的速率，并且接口应能方便、有效地提供小于接口最大速率的任何速率的业务。B-ISDN 的功能结构如图 6-36 所示。

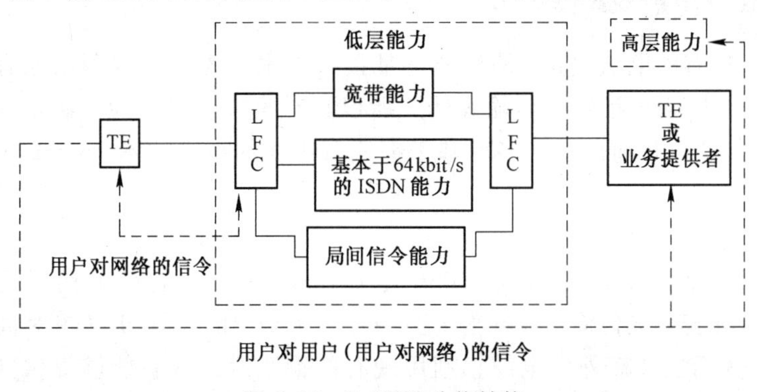

图 6-36　B-ISDN 功能结构

B-ISDN 业务通常是指传输速率超过一次群速率的业务，其主要业务如下。

- 实时性服务。实时性服务业务信息的流向分单项和双向两种，信息传输无存储转发。业务主要包括宽带可视电视、电视监视、高速传真、高分辨率图像传输、实时远程教学和各种实时远程控制业务等。
- 多媒体传输。B-ISDN 可以通过存储单元在用户间提供多媒体化的电子邮件、报文处理等服务，这些服务利用存储转发技术，提供的业务具有非实时性特点。
- 多媒体检索。多媒体检索服务业务分实时性和非实时性两种。其业务服务是为用户提供各种信息检索服务，如检索产品目录、广告、技术资料等。通过多媒体检索服务用户可以进行网络视频点播。

B-ISDN 与 ISDN 之间存在一些重要区别，主要区别见表 6-3。

表 6-3　B-ISDN、ISDN 主要区别表

项　目	ISDN	B-ISDN
带宽	只能向用户提供 2 Mbit/s 以下业务	可支持 130 Mbit/s 业务
基础设施	用户环路主要采用双绞线，主干线使用光纤	用户环路和主干线都使用光纤
交换方式	主要使用电路交换，采用的是同步传输模式	主要使用快速分组交换，采用的是异步传输 ATM 模式
速率分配	预先规定各通路的比特速率	根据用户网络接口的物理比特速率决定通路的比特速率

6.4　宽带接入技术

由于窄带通常只能支持传统的 64 kbit/s 以内的电路交换业务，而对以 IP 为主流的高速数据业务支持能力明显力不从心。因此产生宽带接入技术，以构建宽带网络，满足高速数据业务的服务需要。

宽带接入系统以分组交换为基础，具有统计复用功能，能够保证传输质量。目前，在宽带接入技术方面，最广泛使用的技术为 xDSL、Cable Modem、FTTH、LMDS 及以太网/园区网技术、无线接入等。

6.4.1　任意数字用户线路 xDSL

xDSL 是基于现有的电话线路 PSTN 的宽带接入技术。为了充分利用现有电信网络铜线双绞线的资源，xDSL 以电话线为传输媒体，所以具有很多优势。为了满足电信应用中传统业务和新业务的需要，目前出现了多种基于铜线双绞线的接入技术，xDSL 是这些接入技术的统称。

1. HDSL

高数据传输速率数字用户线路 HDSL 是在两对或三对全双工铜线上得到 E1 速率（2.048 Mbit/s）的电路，其传输距离可达 4~5 km。HDSL 中的 SHDSL（单对高数据传输速率数字用户线路）无需安装额外的电缆，利用现有的铜线双绞线就能够提供同步、高速的数据传输，数据传输速率可达 19.2~23.12 Mbit/s。HDSL 可以传输 T1、E1、ISDN、ATM、IP

等不同的信号。

HDSL技术广泛适用于移动通信基站中继、无线寻呼中继、视频会议、ISDN基群接入、远端用户线单元（RLU）中继以及计算机局域网互联等业务。由于它要求传输介质为2~3对双绞线，因此常用于中继线路或专用数字线路，一般终端用户线路不采用该技术。

2. ADSL

非对称数据传输速率数字用户线路ADSL是目前最广泛使用的一种宽带接入技术。ADSL通过使用普通的电话双绞线向用户提供高速率数据服务，在一对双绞线上提供下行2~8 Mbit/s和上行160 kbit/s~1 Mbit/s速率的全双工通信。

ADSL采用非对称调制技术，提高了接入速率和抗干扰能力；ADSL上行和下行的不对称性非常适合服务器和客户机之间进行信息传输；ADSL使用现有铜线资源使通信公司能够充分利用现有的投资和资源。ADSL将数据业务从公用电话交换网上转移到数据网中，消除了大量由因特网业务涌入电话网而引起电话网阻塞问题。ADSL非常适合用于高速因特网接入。

ADSL的技术标准有两种：一种是全速率（Full-rate）的ADSL标准——G. dmt，支持640（kbit/s）/8（Mbit/s）的高速上行/下行速率；另一种是简化的ADSL技术标准——G. lite，最高上行速率降为512 kbit/s，最高下行速率降为1.5 Mbit/s。

就ADSL用户来说，应根据工程实际情况采用不同配置的方案。高档社区和小型办公室，由于对智能化程度要求较高，可以采用高配置方案，使用全速率的ADSL宽带网接入技术。对于普通家庭用户，适合推广简化的ADSL技术方案——G. lite。虽然速率有所降低，但也降低了用户端设备的购置费用和安装成本，性价比有一定优势。

3. VDSL

超高速数据传输速率数字用户线路VDSL是利用一对用户电话线传输对称或不对称的超高速信号。不对称VDSL的下行速率为12.96~55.2 Mbit/s，上行速率为1.6~2.3 Mbit/s；对称VDSL速率则更高；VDSL的接入距离依速率不同在0.3~1.5 km。

当前，xDSL技术成为宽带接入网中非常活跃、热门的技术，除上述几种比较典型的技术以外，目前还存在其他一些数字用户环路技术，如IDSL、UDSL、CDSL、EDSL等。

6.4.2 HFC与Cable Modem

HFC与Cable Modem是利用有线电视网实现用户宽带数据接入的一种方法，该方案是利用光缆作空间分割上下行信号独立传输，光接点后同轴电缆采用频分制共缆传输，系统终端CM完成数据信号的上下行信号处理。

1. HFC

HFC网络是宽带传输网络，一般采用上、下行不对称的频率分割。在前端，各种业务信号，如模拟电视信号、数字视频信号、计算机数据信号、电话信号和各种控制信号等通过副载波复用（SCM）方式调制到下行频段的不同频道，经电光转换后用光纤传送到光节点，在光节点进行光电转换后用同轴电缆广播方式传送至用户。用户的上行信号采用多址技术（如TDMA、FDMA、CDMA或它们的组合）复用到上行信道，由同轴电缆传送到光节点进行电光转换，然后经光纤传至前端。虽然从整个网络来看，HFC网是频分复用的，但某一频率上的信道则是被数以百计的用户共享，因此向同轴电缆网上的用户分配带宽和对信道争用进行仲裁就成为 Cable Modem 系统的关键技术之一。

HFC 是宽带接入技术中最早成熟和进入市场的一种，具有宽带和相对经济的特点。HFC 在一个 500 户左右的光节点覆盖区可以提供 60 路模拟广播电视、每户至少 2 路电话、速率高达 10 Mbit/s 的数据业务，具有以单个网络提供各种类型的模拟和数字业务的功能。其优点是电缆调制器不依赖 ATM 技术，而是直接采用 IP 技术。

由于 HFC 具有经济地提供双向通信业务的能力，因而不仅对住宅用户有吸引力，而且对企事业用户也有吸引力，例如 HFC 可以使得 Internet 接入速度和成本优于普通电话线，可以提供家庭办公、远程教学、电视会议和 VOD 等各种双向通信业务。

2. Cable Modem

Cable Modem 是基于有线电视网的宽带接入技术。从原理上，Cable Modem 与普通的 Modem 相类似。而不同的是，普通的 Modem 在用户与交换机之间是独立的，用户独享通信媒体。而 Cable Modem 是一种共享媒体系统，它通过有线电视的某个传输频带进行调制解调，其他空闲频段仍然可以用于有线电视信号的传输。

Cable Modem 的最大优点是接入速度快，并且只占用有线电视系统可用频谱中的一小部分。所以，上网时不影响使用电话和看电视。但利用 Cable Modem 接入，由于在下行带宽会经常出现过多的分享，从而导致阻塞的产生和服务质量下降。

6.4.3 无线接入

1. 区域多点传输服务（LMDS）

区域多点传输服务（Local Multipoint Distribution Services，LMDS）是一种工作于毫米波段的运用无线光纤技术实现固定的宽带无线接入系统。LMDS 提供宽频及双向的语音、数据与视信等传输，有别于传统点对点（Point to Point）的微波传输。LMDS 采用较高的频率（通常为 10~43 GHz）为传输介质，是一个快速、有弹性且具效益性的宽频网路。

（1）LMDS 的特点

LMDS 工作在 24~38 GHz 频段，通常处于毫米波附近的频段位置。而普通的无线接入系统只工作在 450 GHz、800 GHz 等频段，都是窄带系统。

LMDS 可用频谱能够达到 1 GHz 以上，并利用高容量的点对多点微波传输和通过毫米波进行传输。

LMDS 能够提供多种业务的综合接入，能够实现 64 kbit/s~2 Mbit/s，甚至是 155 Mbit/s 的用户接入速率。LMDS 具有很高的可靠性。

LMDS 一般采用蜂窝式的小区结构，每个蜂窝站的覆盖区为 3~5 km。如果采用高发射功率，系统的覆盖范围可达 10 km。

LMDS 是为固定用户服务的，特别适合突发型数据业务和高速因特网接入。如高密度用户地区，包括城市商贸区、技术开发区、写字楼群等。

（2）LMDS 的基本组成

LMDS 网络主要由本地光纤骨干网、网络运营中心（NOC）、基站系统、用户端设备（CPE）4 部分组成。

1）光纤骨干网络：负责将数据送入主干网，完成话音交换、ATM 交换、IP 交换等工作的基站系统；用于管理服务区设备和用户的网络运行中心和服务区中的用户端设备。

2）网络运营中心：网络运行中心以软件平台为基础，它负责管理多个区域的用户网络。网管系统负责完成警告与故障诊断、系统配置、计费、系统性能分析和安全管理等功能。与传统微波技术不同的是，LMDS系统还可以以组成蜂窝网络的形式运作，向特定区域提供业务。当由多基站提供区域覆盖时，需要进行频率复用与极化方式规划、无线链路计算、覆盖与干扰的仿真与优化等工作。

3）基站系统：基站系统是移动通信系统中的重要设备，基站负责进行用户端的覆盖，并提供骨干网络的接口，包括PSTN、Internet、FR、ATM、ISDN等。基站实现信号在基础骨干网络与无线传输之间的转换。基站设备包括与基础骨干网络相连的接口模块、调制与解调模块以及通常置于楼顶或塔顶的微波收发模块。

4）用户端设备：用户端设备是用户获得电信业务的设备。用户端设备的配置差异较大，不同的设备供应商有不同的选择。一般说来用户端设备包括室外安装的微波发射和接收装置以及室内的网络接口单元（NIU），NIU为各种用户业务提供接口，并完成复用/解复用功能。P-COM的LMDS系统可提供多种类型的用户接口，包括电话、交换机、图像、帧中继、以太网等。

2. VSAT

VSAT（Very Small Aperture Terminal）直译为“甚小孔径终端”，通常指卫星天线孔径小于3 m（1.2~2.8 m），具有高度软件控制功能的地球站。VSAT已广泛应用于新闻、气象、民航、人防、银行、石油、地震和军事等部门以及边远地区通信。

地球站通信设备结构紧凑牢固，全固态化，尺寸小、功耗低，安装方便。VSAT通常只有户外单元和户内单元两个机箱，占地面积小，对安装环境要求低，可以直接安装在用户处（如安装在楼顶，甚至居家阳台上）。由于设备轻巧、机动性好，尤其便于移动卫星通信。

由于VSAT能够安装在用户终端，不必汇接中转，可直接与通信终端相连，并由用户自选控制，不再需要地面延伸电路。这样，大大方便了用户，并且价格便宜。

VSAT系统综合了诸如分组信息传输与交换、多址协议、频谱扩展等多种先进技术，可以进行数据、语音、视频图像、图文传真等多种信息的传输。通常情况下，星形网以数据通信为主兼容话音业务，网状网和混合网以话音通信为主兼容数据传输业务。与一般卫星通信一样，VSAT的一个基本优点是可利用共同的卫星实现多个地球站之间的同时通信。

6.4.4 FTTH接入

随着视频点播、网络游戏和IPTV等高带宽业务的出现，用户对接入带宽的需求将进一步增加，现有的以ADSL为主的宽带接入方式已经很难满足用户对高带宽、双向传输能力以及安全性等方面的要求。面对这一困境，各国电信运营商把关注的目光投向了FTTH，计划利用光纤这一迄今为止最好的传输媒质来突破接入的“瓶颈”，FTTH被视为下一代宽带接入技术的代表，是未来“最后一公里”的最终形式。

在十多年的发展历程中，FTTH技术不断推陈出新，从有源接入方式到无源接入方式，从点到点（P2P）方式的MC（媒体转换器）发展到点到多点方式的APON、EPON和GPON等PON（无源光网络）技术等。PON技术已经成为当前实现FTTH的首选方案。

多家国际研究咨询机构均对 FTTH 的前景保持相当乐观的态度，均认为 2005 年~2008 年是 FTTH 技术快速应用和推广的几年。FTTH 目前在我国还处于市场启动阶段，离大规模商业部署还有一段距离。

6.5 习题

1）简述通信网的基本组成和基本结构。

2）简述电话通信网的分类和基本结构。

3）移动通信系统采用的技术有哪些？

4）DDN 网的特点是什么？

5）DDN 网络管理和控制包括哪些内容？

6）CDMA 系统的优点主要表现在哪些方面？

7）X.25 网包括哪几部分？各部分的基本功能是什么？

8）简述 ISDN 的概念及其特点。

9）ISDN 有哪几种传输方式？

10）简述帧中继网的概念及其应用范畴。

11）ATM 网的特点是什么？

12）B-ISDN 网拥有哪些业务？

第7章　因特网技术

随着计算机网络的不断发展，因特网在人类社会政治、经济、军事、文化、教育和科学研究等各个领域都起着极其重要的作用。从某种意义上说，没有因特网，人们就无法正常工作，社会就无法正常运转。本章将以网络互联为基础，详细介绍因特网的相关技术。

7.1　网络互联

随着计算机及网络技术的日益成熟，网络互联（Internetworking）技术也在不断发展完善。如今，在实际网络应用中，网络互联已成为网络的基本结构模式。

7.1.1　网络互联的概念

所谓网络互联就是指人们在原有计算机网络的基础上（包括局域网、城域网、广域网等），利用一定的网络连接设备和计算机通信协议，将不同的网络连接起来，形成一个更大更广的计算机网络，即互联网，以实现更大范围的数据通信和资源共享的网络服务功能。

互联网是一个具体的网络实体，没有一个特定的网络疆界，泛指通过网关连接起来的网络集合，是一个由各种不同类型和规模的独立运行与管理的计算机网络组成的全球范围的计算机网络。

互联网包括局域网（LAN）、城域网（MAN）以及大规模的广域网（WAN）等。这些网络通过普通电话线、高速率专用线路、卫星、微波和光缆等通信线路，把不同国家的大学、公司、科研机构和政府等组织的网络资源连接起来，从而进行通信和信息交换，实现资源共享。

互联网具有许多强大的功能，其中包括电子邮件（E-mail）、远程登录（Telnet）、交互式信息查询（WWW、Gopher）、文件传送（FTP）、电子论坛（BBS）和交互式多用户服务（Talk、Chat）等。

互联网的出现，既改变了计算机的使用方式，同时又改变了计算机网络的使用方式。利用互联网，人们可以轻松地获取各个网络和各种计算机上的信息资源。

7.1.2　网络互联的特性与要求

1. 网络互联的特性

由于网络互联是将分布在不同地理位置的网络、设备联接在一起，形成更大规模的互联网络系统，以实现更为广泛的资源共享，因此具有以下几个特性。

（1）编址方案各异

由于不同的网络拥有不同的网络地址编写方法以及地址目录保持方案，因此，如果要实现网络互联，需要为整个互联网络提供全局的编址方法和目录服务。

（2）网络分组大小不同

在互联网络中，每个网络的分组（即网络分段）不同，因此分组从一个网络传到另一个网络时，往往需要分成几部分。

（3）多种网络访问机制并存

对于不同的网络，网络的访问控制机制可以相同，也可以不同。

（4）数据传输超时差异

在网络互联中，数据传输有时需要经过多个网络，这需要较长的时间，而每个网络的超时设定不同，因此需要设定合适的超时值来防止在互联网中不必要的超时重传。

（5）差错检测差异

每一个网络都有各自的错误检测、恢复以及拥塞控制技术，因此网络互联应具有在不同网络之间进行路由选择的控制能力。

2. 网络互联的要求

在互联的网络中，每个网络中的网络资源都可以成为该互联网络中的资源。但是，由于网络互联中的共享服务和网络互联的物理网络结构是分离的，如要实现互联网络中的资源共享，就必须做到以下几点。

1）在互联的网络之间提供链路，至少有物理线路和数据线路。

2）在不同的网络节点的进程之间提供适当的路由服务，以便交换数据。

3）提供网络日志服务，方便记录网络资源的使用情况。

4）尽可能在不改变互联网的结构的情况下，提供各种互联服务。

7.1.3 网络互联方案

在计算机网络应用中，通常将计算机网络按类型分为局域网、城域网和广域网3类。在进行网络互联时，城域网一般视为大型局域网，因此网络互联方案主要分为以下几种。

1. 局域网-局域网互联

局域网-局域网是网络互联中最常见的一种，它是由两个或两个以上的局域网网络通过网络连接设备组成的一个新的计算机网络。一般情况下，局域网-局域网互联又细分为以下两类。

（1）同类型局域网的互联

同种局域网的互联是指两个或多个具有相同类型的局域网进行的互联，例如两个Ethernet网络的互联。这类的网络互联比较简单，通常可以利用简单的连接设备（如网桥或交换机）将处在不同地理位置的两个或多个局域网连接起来。

（2）异型局域网的互联

异型局域网的互联是指两个或多个具有不同类型的局域网进行的互联，如一个Ethernet网络和一个Token Ring网络的互联。这类网络互联虽然可以通过连接设备（如网桥或交换机）进行网络互联，但是需要针对不同的网络解决好相应的互联问题。例如，ATM局域网与传统共享局域网进行网络互联时需要解决局域网仿真问题。

2. 局域网-广域网互联

在网络互联中，局域网-广域网的互联也是常见的一种方案，它是为实现某个具体区域内的计算机与外界网络进行信息通信而建立的网络互联。例如，某校的校园网与Internet的连接。

在局域网-广域网互联中，需要一定的连接设备来满足数据通信。一般情况下，可以利用路由器（Router）或网关（Gateway，也称网间协议变换期）来实现局域网与广域网互联。

3. 局域网-广域网-局域网互联

局域网-广域网-局域网互联是局域网-广域网互联方案的扩张，它主要是利用广域网将两个或两个以上的局域网连接起来，以达到更具目的性的数据通信。例如，国内某高校校园网通过 Internet 与国外某高校校园网实现的数据通信。

在局域网-广域网-局域网互联中，同样需要路由器或是网关来进行网络连接。

4. 广域网-广域网互联

广域网-广域网的互联是将不同区域的广域网通过路由器或网关等网络连接设备将其连接起来，以实现真正意义上的跨区域资源共享。例如，我国国内网络与美国网络的互联。

7.2 因特网（Internet）概述

因特网是由 ARPANET 发展起来的。1973 年，英国和挪威加入了 ARPANET，实现了 ARPANET 的首次跨洲连接。20 世纪 80 年代，随着个人计算机的出现和计算机价格的大幅度下跌，加上局域网的发展，各学术和研究机构希望把自己的计算机连接到 ARPANET 上的要求越来越强烈，从而掀起了一场 ARPANET 热，可以说，20 世纪 70 年代是因特网的孕育期，而 20 世纪 80 年代是因特网的发展期。

7.2.1 因特网概念与结构

1. 因特网的概念

因特网是指通过网络互联设备把不同的多个网络或网络群体互联起来形成的大网络，也称网际网、全球网、万维网等。现在人们通称的因特网一开始首先是由美国人建立起来的，目前，已连接世界各国，是一个特定的、被国际社会认可和广泛使用的网络。

因特网与大多数现有的商业计算机网络不同，它不是为某些专用的服务设计的。因特网能够适应计算机、网络和服务的各种变化，它能够提供多种信息服务。因此，因特网成为一种全球信息基础设施。

2. 因特网对人类产生的影响

因特网为人类带来的各种利益中首先是经济利益。经济利益主要包括：促进经济增长和提高生产率；创造就业机会；保持技术领先地位；推动区域性、地方经济的发展；推动电子商业等。此外还包括：推动医疗保健制度的改革；改善为公众利益服务的网络；促进科学研究；推动教育事业发展等多个方面的利益。

因特网给人类带来各种利益，就必然对人类产生重要影响，主要体现在如下几个方面。

（1）传播媒介

通信网络有利于一些非常个人化的和越来越交互的媒体使用。通过这些“离开大众”的媒体，能使用户有更多的自由选择和安排节目。如有线电视、小型磁盘、计算机电子公告板、电子邮政、电子报纸、传真、大型传媒装置、音乐合成装置、联机数据库、卫星转播的远距离电视教学、电子游戏和录像节目等。

（2）数据检索

各种数据库的联机使一般公民的事务信息量不断扩大，使人们有可能迅速而便利地检索到大量的数据资料，包括医学、人口统计、政治和社会事务等，这类数据库可帮助人们控制流行病和正确收集广泛的社会学数据资料等。

（3）推进变革

通信网络加快了信息传播，使政治、经济、组织结构的变革加快，地理位置也不再像共有文化利益那样重要。

（4）超越国籍

正如信息超越国界将改进政治结构一样，信息也将改变社团、宗教制度和文化传统。

（5）在家办公

工作人员能够通过他们的个人计算机在家里工作，文书和专业人员将成为在家里工作的主要劳动力。

（6）电信社会

网络通信增多意味着人们更少进行面对面的交往。然而，随着出现高清晰度、交互性更强的视频通信，网络交互作用的质量将会提高。

3. 因特网的负面影响

因特网给人类带来各种利益的同时也产生了一些负面影响，如数据失真。各种信息能够便利地传输和复制，为选出的数据材料进行重新加工开辟了道路。计算机编辑功能使人们能够改变数字数据和电文数据，以及改变声频数据，结果造成令人烦恼的安全问题，不能确保信息的准确性。

还有计算机犯罪。随着网络的扩大，相互连接也越来越复杂，这就增加了犯罪机会。此外，计算机病毒造成的危害也使人们头疼。在现有的法律中，对这样的犯罪行为的惩治规定还不完备。

4. 因特网的基本结构

因特网是一种分层网络互联群体的结构。从直接用户的角度，可以把因特网作为一个单一的大网络来对待，这个大网可以认为是允许任意数目的计算机进行通信的网络，如图 7-1 所示。

事实上，因特网的结构是多层网络群体结构，如图 7-2 所示。

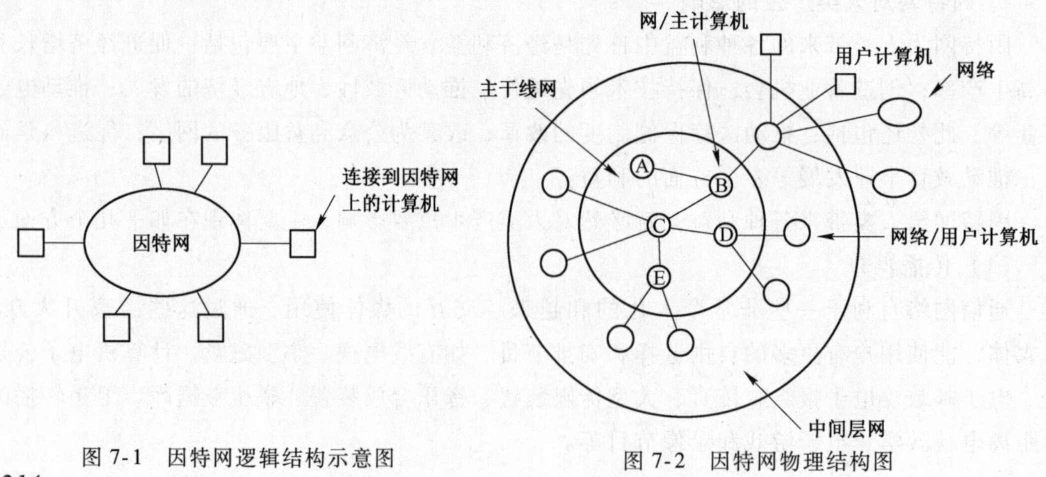

图 7-1　因特网逻辑结构示意图　　图 7-2　因特网物理结构图

在美国，因特网主要是由如下3层网络构成的。

1）主干网：主干网是因特网的最高层，它是由国家科学基金会（NSFNET）、国防部（Milnet）、国家宇航局（NSI）及能源部（ESNET）等政府提供的多个网络互联构成的。主干网是因特网基础和支柱网层。

2）中间层网：中间层网是由地区网络和商业用网络构成的。

3）底层网：它处于因特网的最下层，主要是由大学和企业的网络构成。

7.2.2 因特网关键技术和需要解决的问题

1. 因特网关键技术

（1）分组交换

由于因特网中的各用户共享传输路径，所以，因特网采用分割总量、轮流服务这种分组交换思想传输数据。

（2）协议

因特网使用IP将全球多个不同的各种网络互联起来，IP详细规定了计算机在通信时应遵循的全部具体细节，对因特网中的分组进行了精确定义。所有使用因特网的计算机都必须运行IP。

IP使计算机之间能够发送和接收分组，但不能解决传输中出现的问题。TCP与IP配合，使因特网工作得更可靠。TCP能够解决分组交换中分组丢失、按分组顺序组合分组、检测分组有无重复等问题。

IP与TCP相互配合，协同工作，使因特网实现了数据的可靠传输。

（3）客户/服务器模式

因特网所提供的服务都采用客户/服务器模式，这种模式把提供服务和用户应用分开。用户学习和使用因特网实际上是学习和使用客户程序。

2. 因特网需要解决的关键问题

（1）物理连接

网络的物理连接要根据连接的距离、地理环境来采取不同的结构、不同的方案进行实施。因特网是一个在全球范围内的计算机之间连接以进行数据通信的系统。物理连接是其要解决好的最关键问题之一。

（2）通信协议

因特网将不同结构的计算机和不同类型的计算机网络连接起来，除物理连接问题要解决好外，必须解决好不同计算机之间的通信问题。解决这个问题的关键就在于通信协议，TCP/IP很好地解决了这个问题。

（3）计算机的主机号与域名

因特网连接着无数台计算机和无数个网络（包括局域网、城域网和广域网），在它们之间传输数据就必须能正确无误地识别出每个网络和每台计算机。这就是计算机的主机号和域名问题。

（4）数据安全与防病毒

数据安全与计算机病毒是众所周知的并具有普遍性的问题，其对因特网的影响是不言而明的。

7.2.3 因特网管理机构

因特网中没有绝对权威的管理机构。接入因特网的各国独立管理内部事物。全球具有权威性和影响力的因特网管理机构主要是因特网协会（Internet Society，ISOC）。

ISOC 是由各国志愿者组成的组织。该协会通过对标准的制定、全球的协调和知识的教育与培训等工作，实现推动因特网的发展，促进全球化的信息交流。ISOC 本身不经营因特网，只是通过支持相关的机构完成相应的技术管理。

因特网体系结构委员会（Internet Architecture Board，IAB）是 ISOC 中的专门负责协调因特网技术管理与技术发展的。IAB 的主要任务是根据因特网发展的需要制定技术标准，发布工作文件，进行因特网技术方面的国际协调和规划因特网发展战略。

因特网工程任务组 IETF 和因特网研究任务组 IRTF 是 IAB 中的两个具体部门，它们分别负责技术管理和技术发展方面的具体工作。

因特网的运行管理由因特网各个层次上的管理机构负责，包括世界各地的网络运行中心（NOC）和网络信息中心（NIC）。其中，NOC 负责检测管辖范围内网络的运行状态，收集运行统计数据，实施对运行状态的控制等。NIC 负责因特网的注册服务、名录服务、数据库服务，以及信息提供服务等。

因特网域名注册机构（ICANN）于 1998 年 10 月成立。此前，网络解决方案公司 NSI 在 1993 年与美国政府签订独家域名注册服务接管“因特网号码分配机构 LANA”，其垄断了 . COM、. NET、. ORG 域名。

7.2.4 因特网协议——TCP/IP 协议簇

互联协议是用于实现各种同构计算机、网络之间，或异构计算机、网络之间通信的协议。

各种计算机或网络通常都有各自环境下的网络协议，例如 IBM 的 SNA、DEC 的 DECNet 以及 NetWare 的 IPX/SPX 等。它们一般只适合于特定范围内的计算机之间通信，或者说它们都是专用的网络协议。各专用网络协议互不相同，这会使不同计算机与计算机、不同的网络之间难以互联通信。从用户角度看，最好是在其计算机联网后就能透明地访问所有与该网相连的资源，包括异构的网络和主机上的资源。这就需要有一种公共的网际协议，把各个异构网络或主机连接成可以相互通信和资源共享的网际网。

TCP/IP 成功地解决了不同网络之间难以互联的问题，实现了异网互联通信。TCP/IP 是当今网络互联的核心协议，可以说没有 TCP/IP 就没有今天的网络互联技术，就没有今天的以互联技术为核心建立起来的因特网。

1. TCP/IP 的产生与发展

（1）TCP/IP 的产生与发展

TCP/IP 是基于美国国防部（Department of Defense，DoD）坚持其购买的计算机应能在某一种公共协议上进行通信的观点产生的。

ARPANET 作为其研究成果于 1969 年投入使用，ARPANET 解决了异种计算机之间互操作的基本问题，当时在美国得到了广泛的应用，并构成了当今因特网的主体。

ARPA 于 1971 年改为 DARPA，DARPA 主要致力于研究分组交换，其强调数据传输通过卫星和无线电技术完成。

ARPANET 于 1975 年由 DCA（Defense Communications Agency）接管。其间，提出了一些新的协议，这些协议构成了 TCP/IP 的基础。到 1978 年，TCP/IP 取得了网络领域内的主导地位。

DoD 于 1982 年创建了 DDN（Defense Data Network）协议，它是一个包含因特网在内的分布式网络协议。1983 年，TCP/IP 作为网络节点协议接入因特网的网络协议。

TCP/IP 使各种单独的网络有了一个共同的可参考的网络协议，实现了不同设备间的互操作。虽然 TCP/IP 不是 OSI 标准，但 TCP/IP 已被公认为当前的工业标准。

（2）TCP/IP 的特点

- 协议标准具有开放性，其独立于特定的计算机硬件及操作系统，可以免费使用。
- 统一分配网络地址，使得整个 TCP/IP 设备在网中都具有唯一的 IP 地址。
- 实现了高层协议的标准化，能为用户提供多种可靠的服务。

2. TCP/IP 的体系结构

（1）TCP/IP 体系结构

TCP/IP 的核心思想是把千差万别的下两层（网络层和数据链路层）协议的物理网络，在传输层/网络层建立一个统一的虚拟的“逻辑网络”，屏蔽或隔离所有物理网络的硬件差异。TCP/IP 逻辑网络与上、下层的关系如图 7-3 所示。

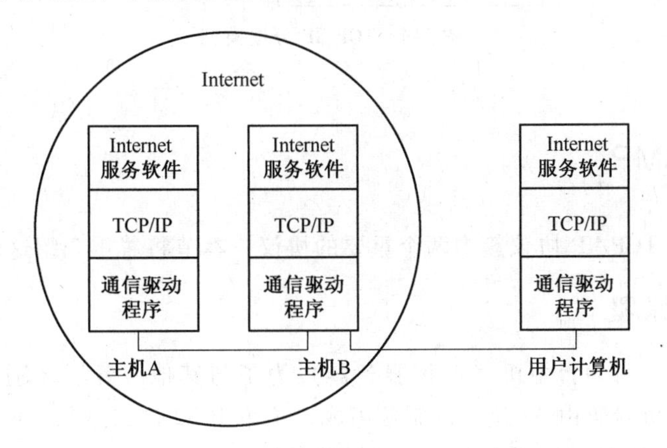

图 7-3　TCP/IP 逻辑网络与上、下层的关系

（2）TCP/IP 分层结构

TCP/IP 是由一系列协议组成的，它是一套分层的通信协议。TCP/IP 模型包括 4 个层次。

1）网络接口层（Network Interface Layer）。网络接口层是 TCP/IP 的最底层，负责网络层与硬件设备间的联系。这一层的协议非常多，包括逻辑链路控制和媒体访问控制。

2）网际层（Internet Layer）。网际层解决的是计算机到计算机间的通信问题，它包括以下 3 个方面的功能。

① 处理来自传输层的分组发送请求，收到请求后将分组装入 IP 数据报，填充报头，选择路径，然后将数据报发往适当的网络接口。

② 处理数据报。

③ 处理网络控制报文协议，即处理路径、流量控制、阻塞等。

3）传输层（Transport Layer）。传输层解决的是计算机程序到计算机程序之间的通信问题。计算机程序到计算机程序之间的通信就是通常所说的“端到端”的通信。传输层对信息流具有调节作用，提供可靠性传输，确保数据到达无误。

4）应用层（Application Layer）。应用层提供一组常用的应用程序给用户。在应用层，用户调节访问网络的应用程序，应用程序与传输层协议相配合，发送或接收数据。每个应用程序都有自己的数据形式，它可以是一系列报文或字节流，但不管采用哪种形式，都要将数据传送给传输层以便交换。

TCP/IP 分层模型如图 7-4 所示。

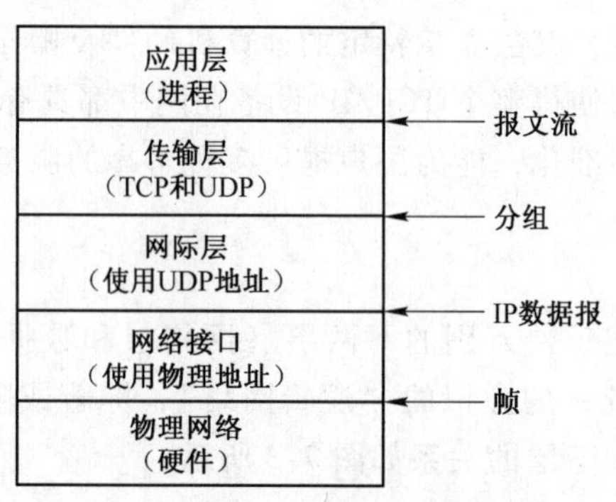

图 7-4 TCP/IP 分层模型

7.3 IP 与 ICMP

IP 与 ICMP 是 TCP/IP 协议簇中两个重要的协议，本节将着重介绍这两个协议。

7.3.1 IP 地址原理

在因特网上面，每一台主机（或称服务器）为了与其他服务器区别开来，都有一个唯一的主机号码。主机号码由 32 位二进制数组成，这个由 32 位二进制组成的主机号码就是主机的 IP 地址。IP 地址是因特网中识别主机的唯一标识。

为了便于记忆，在因特网中把 IP 地址分成 4 组，每组 8 位，组与组之间用“.”分隔开。

二进制：11001010011000110110000010001100

十进制：202 . 99 . 96 . 140

缩 写：202.99.96.140

IP 地址分网络号码和当地号码两部分，其中当地号码为某一个特定网络上的某一个主机的号码。根据网络中主机数量的多少分为大型（A 类）、中型（B 类）、小型（C 类）。在 A 类网络中，4 组号码中的第一组号码为网络号，剩下的 3 组号码为本地主机号；在 B 类网络中，4 组号码中的前两组号码为网络号，剩下的两组号码为本地主机号；在 C 类网络中，4 组号码中的前 3 组号码为网络号，剩下的一组号码为本地主机号。各类 IP 地址结构如图 7-5 所示。

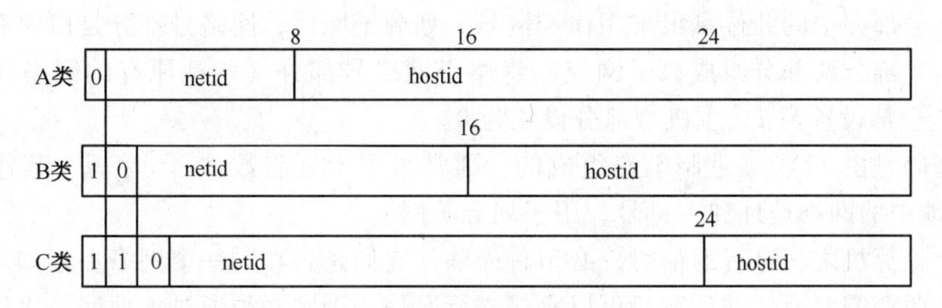

图 7-5　各类 IP 地址基本结构

IP 地址的使用要遵守一定的规则，如表 7-1 所示。

表 7-1　A、B、C 网络地址的取值范围

网络类型	网络起始地址	网络终止地址	网 络 个 数	主 机 个 数
A	001. X. Y. Z	126. X. Y. Z	126	大约 1700 万个
B	128. 0. Y. Z	191. 255. Y. Z	16384	65000 个
C	192. 0. 0. Z	223. 255. 255. Z	大约 200 万个	254 个

IP 地址中主机编号的使用规则如下。

- IP 地址中主机编号的各位不能全为“0”。
- IP 地址中主机编号的各位不能全为“1”。
- 127. 0. 0. 1 代表本地主机地址，不能将其分配给网络上的任何计算机。

另外，在 A、B、C 3 类地址中，还各保留了一些地址，这些地址是用于网内用户内部使用的，它们不能用于与其他网络连接。这是因为不同的网络内部都可以使用这些地址。这部分地址如下。

A 类：10. 0. 0. 0~10. 255. 255. 255；

B 类：172. 16. 0. 0~172. 31. 255. 255；

C 类：192. 168. 0. 0~192. 168. 255. 255。

7. 3. 2　子网与子网掩码

随着 Internet 的不断发展，IP 地址逐渐变得稀有而且珍贵。在 Internet 中，一方面为了防止发生广播风暴而要求限制网络规模，另一方面又因网络地址类别划分而产生部分 IP 地址的浪费。为了解决以上两个问题，在网络中引入了子网和子网掩码的概念。

1. 子网

所谓子网就是指在网络中，通过将 IP 地址的主机号部分进一步划分成子网号和主机号的方法，把一个拥有大量主机的网络划分成许多小的网络。对于网络中的子网，每一个都是一个独立的逻辑网络，它可以隔离广播信息，缩小广播域，以提高网络的性能。

通过划分子网，不但可以使网络便于管理和隔离故障，提高网络的安全和可靠性，而且还可以更加有效地使用 IP 地址。

2. 子网掩码

在实际应用中，经常遇到网络地址不够使用的问题。利用子网掩码划分子网就是将 IP

地址中主机号部分中的几位拿出来用作子网号。划分子网后，网络号部分是由原有的网络号部分和子网号部分两部分组成，子网掩码将整个网络号部分（包括原有的网络号部分和子网号部分）全部设置为1，主机号部分设置为0。

子网掩码是由32位二进制编码组成的，通常采用十进制数“.”标识，其作用是用于区分IP地址中的网络地址和主机号，用于划分子网。

在两台计算机之间进行通信时，必须首先确认它们是否在同一个网络上，如果是在同一个网络上，两台需要通信的计算机可以直接进行通信，否则必须通过本地网络出口，由路由器负责转发。

不同类型的网络，子网掩码不同，如表7-2所示。

表7-2　各类网络默认的子网掩码

网络类型	子网掩码(以二进制表示)	子网掩码(以十进制表示)
A	11111111.00000000.00000000.00000000	255.0.0.0
B	11111111.11111111.00000000.00000000	255.255.0.0
C	11111111.11111111.11111111.00000000	255.255.255.0

在实际应用中，对子网掩码的处理包括判断网络类型、求网络地址和求网内主机编号3个方面的内容。下面通过一个实例进行介绍。

如图7-6所示的系统中，X、Y、A三台主机之间需要进行通信，网络地址和主机地址识别过程如下。

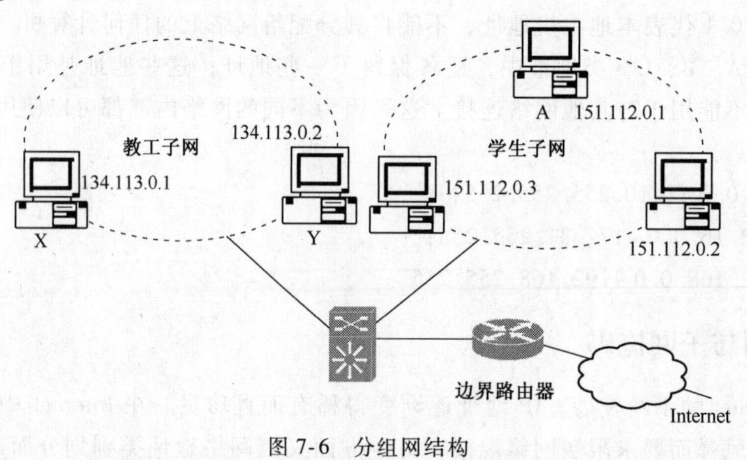

图7-6　分组网结构

首先是根据IP地址的第一段判断网络类型。由于其值分别为134，136，151，所以这3台计算机处于B类网络之中。

然后，利用子网掩码计算网络地址步骤如下。

- 将IP地址转化为32位二进制数。
- 将子网掩码转化为32位二进制数。
- 用二进制IP地址与二进制子网掩码进行逻辑与（AND）运算。
- 确定主机号码，即除去网络地址部分后的其余部分值。

计算结果汇总如表7-3所示。

表 7-3 IP 地址划分示例分析计算结果

网络类型	计算机名称	逻辑与结果	网络地址	计算机编号	主机编号
B	A	151.112.0.1	151.112	000.001	1
B	X	134.113.0.1	134.113	000.001	1
B	Y	134.113.0.2	134.113	000.002	2

根据上述处理结果，可以判断 A、X、Y 三台计算机是否在一个子网中，由于 X、Y 的网络地址同为 134.113，所以 X、Y 处于同一个子网之中，A 的网络地址为 151.112，处于另外的子网之中。

7.3.3 地址解析与域名系统

1. 地址解析

在因特网中，利用 IP 地址将各计算机的物理地址隐藏起来，而使用统一的 IP 地址。但实际上，统一的 IP 地址只是在 IP 层之上使用了统一的地址格式，各种物理地址并未改动，在物理网络内部所使用的仍然是各自原来的物理地址。因此，在 IP 地址和物理地址之间存在映射关系，就是所谓的地址解析。

地址解析包括从 IP 地址到物理地址映射和物理地址到 IP 地址映射两方面内容，它们分别由 ARPH 和 RARP 完成。

在因特网中，进行地址解析之前，首先要进行域名解析，即利用域名服务器 DNS 将域名解析成 IP 地址。

2. 域名系统

（1）域名系统的基本组成

域名系统由域名解析器和域名服务器两部分组成。

1）域名解析器处于客户端，其功能是与应用程序连接，负责查询域名服务器，解析从域名服务器返回的应答和把信息传给应用程序。

2）域名服务器完成从域名到 IP 的转换，它采用 C/S 模式工作。一个域名服务器可以管理一个或多个域。通常情况下，一个域可能有多个域名服务器，这种管理方式更有利于主机之间的通信。

域名服务器有主域名服务器和转发域名服务器两种。主域名服务器用于保存域名信息，负责存储和管理一个或多个区。域名区是按某种方式划分的一组组域名的集合，一组域名为一个区。通常情况下，为了提高系统的可靠性，每个区的域名信息至少由两个主域名服务器来保存。用于保存备份域名的域名服务器称为备份域名服务器或第二域名服务器。

转发域名服务器的主要作用是查询。在转发域名服务器中保存有一个“转发域名服务器”表，表中记载着它的上级域名服务器。服务器接到地址映射请求时，就将请求送到上一级服务器中，而不是送到根。服务器依次在表中向上一级查询，直到查询到数据为止。如果没有查询到数据，则返回查询失败信息。

（2）域名系统的工作过程

简单地说，域名系统的工作就是利用 DNS 查找计算机的 IP 地址。在因特网中，这项工作完全是自动的。利用 DNS 查找计算机 IP 地址的基本过程如图 7-7 所示。

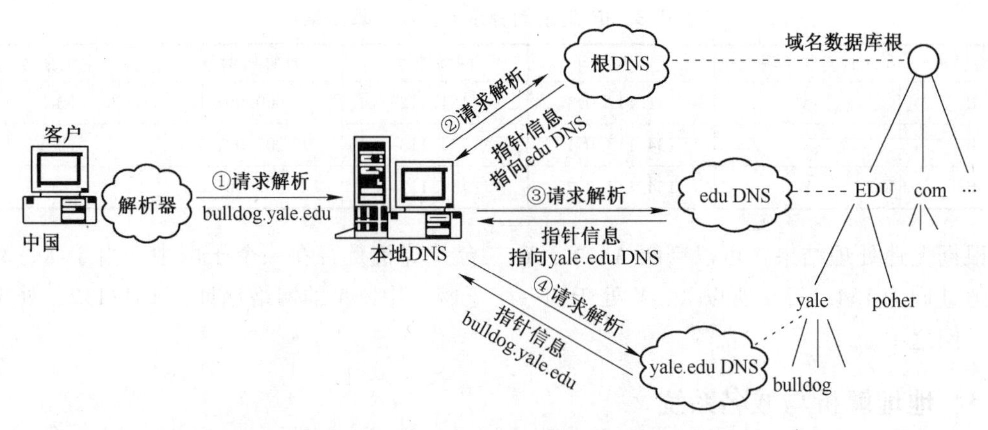

图 7-7　DNS 查找计算机 IP 地址的基本过程

7.3.4　构造超网

1. 超网的概念

所谓超网，就是将网络上多个连续的网络号合并在一起形成的一个地址块，它类似于路由聚合，与子网的划分相反。子网是把一个大网络分成若干小网络，而超网则是使用位掩码将若干小网络组合成一个大网络。

2. 超网的使用

通常在一个网络区域内拥有多个 IP 地址段，例如高校校园网，有的拥有连续多个 C 类地址，有些甚至拥有几个 B 类地址。在这样的情况下，就需要使用网络的超网功能来将网络区域内的各地址段的计算机合并在一起。

假设现在某高校拥有 64 个 C 类网络，从 202. 203. 208. 0 到 202. 203. 272. 0。若要将该高校的网络地址构建成一个超网，可以利用子网掩码对这些网段进行设置。设置方法与子网设置相同：使用子网掩码 255. 255. 192. 0 统一表示为网络 202. 203. 208. 0。

值得注意的是，并不是任意连续的地址段都可以构建超网，只要使用和策略得当，就能够实现超网。

7.3.5　ICMP

1. ICMP 的概念

Internet 控制消息协议（Internet Control Message Protocol，ICMP）是 TCP/IP 协议簇的一个子协议，主要用于在 IP 主机、路由器之间传递控制消息。控制消息是指网络通不通、主机是否可达、路由是否可用等网络本身的消息。这些控制消息虽然并不传输用户数据，但是对于用户数据的传递起着重要的作用。

ICMP 在网络中经常会使用到，例如，人们使用 Ping 命令来检查网络是否畅通，这个“Ping”的过程实际上就是 ICMP 工作的过程。

2. ICMP 的消息类型

ICMP 消息被装载在 IP 数据报里，用来发送错误和控制消息。IMCP 使用以下消息类型。

- 目的端不可到达消息。

- 超出生存时间消息。
- 参数错误消息。
- 源端抑制消息。
- 重定向消息。
- 回送消息。
- 时间戳请求消息。
- 时间戳应答消息。
- 信息请求消息。
- 信息应答消息。
- 地址掩码请求消息。
- 地址掩码应答消息。

7.4 RIP、OSPF 和 BGP 协议

在因特网中，路由器是连接各网络之间最主要也是最重要的设备，通过对路由器的设置可以实现各网络的互联。RIP、OSPF 和 BGP 等协议为路由器的使用提供了相应的技术支持，实现网络互联。

7.4.1 RIP

RIP 是一个内部网关协议，用来计算由源地址（或设备）到目标地址（或设备）的距离，即两者间的路由器数量（也就是通常所说的“跳计数”）。在同一个区域内的路由器中，RIP 是最常用的路由选择协议。

使用 RIP 的路由器会自动定期更新路由选择表，以保持对整个网络的路由选择的正确和快速。通常情况下，路由器每隔 30 s 更新一次路由表。

如果在源地址（或设备）与目标地址（或设备）之间有多条路径可以选择，路由器就会使用 RIP 选择从源地址（或设备）到目标地址（或设备）之间拥有最少跳数的路径。由于 RIP 以跳计数的方式来选择最佳路径，因此不能保证所选择的是最快的路径。

在目标地址（或设备）因距离太远而无法到达时，RIP 会提示该目的地址（或设备）不可到达。通常情况下，RIP 要求在一条路径上跳计数的最大个数是 15。如果目标地址或设备超过了 15 个路由器的距离，那么 RIP 就认为这个目标地址（或设备）不可到达。

7.4.2 OSPF 协议

OSPF 路由协议是一种典型的、基于开发标准的链路状态路由选择协议，通常在同一个路由域内使用。所谓路由域是指一个网络自治系统（Autonomous System，AS），是一个通过统一的路由政策或路由协议互相交换路由信息的网络。

在这个自治系统中，所有的 OSPF 路由器都维护一个相同的描述这个自治结构的数据库，该数据库中存放的是路由域中相应链路的状态信息，OSPF 通过路由器之间通告网络接口的状态来建立链路状态数据库，生成最短路径树，每个 OSPF 路由器使用这些最短路径构造路由表。

7.4.3 BGP

BGP 是一个外部网关协议，是 ARPANET 所使用的 EGP 的取代品。通过 BGP 可以使在不同自治系统（即 AS）的路由器之间进行通信，这些信息包括数据到达这些网络所必须经过的自治系统中的所有路径。

BGP 是一种基于策略的路由选择。首先，由自治系统管理员制订策略，然后通过配置文件将策略指定给 BGP，最后再通过 BGP 来实现对多个可选路径的具体选择，并控制信息的重发送。

BGP 是一个距离向量协议，BGP 与 RIP 和 OSPF 的不同之处在于 BGP 使用 TCP 作为其传输层协议。两个运行 BGP 的系统之间建立一条 TCP 连接，然后交换整个 BGP 路由表。

7.5 IP 多播与 IGMP

随着因特网技术的不断发展，人们开始利用网络实现多种形式的数据传输，例如网络视频等。为了进一步提高网络的使用效率，IP 多播和 IGMP 等新型协议随之产生，从而满足了人们对因特网技术的新需要。

7.5.1 IP 多播

1. IP 多播技术的概念

IP 多播技术（也称多址广播或组播）是一种允许一台或多台主机（多播源）同时一次性发送单一数据包到多台主机的 TCP/IP 网络技术。多播作为一点对多点的通信，是节省网络带宽的有效方法之一。

IP 多播技术能使一个或多个多播源只把数据包发送给特定的多播组，而只有加入该多播组的主机才能接收到数据包。这样在网络中能够提高网络使用率，进一步减少网络带宽使用的浪费。目前，IP 多播技术广泛应用在网络音频/视频广播、AOD/VOD、网络视频会议、多媒体远程教育、“push” 技术和虚拟现实游戏等方面。

2. IP 多播的类型

IP 多播应用大致可以分为 3 类：点对多点应用，多点对点应用和多点对多点应用。

（1）点对多点应用

点对多点应用是指一个发送端与多个接收端的应用形式，包括媒体广播、媒体推送、信息缓存、事件通知和状态监视，这是最常见的多播应用形式。

点对多点应用通常需要一个或多个恒定速率的数据流，当采用多个数据流（例如语音、视频）时，需要点对多点同步，并且相互之间有不同的优先级。它们往往要求较高的带宽、较小的延时抖动，但是对绝对延时的要求不是很高。

（2）多点对点的应用

多点对点应用是指多个发送端与一个接收端的应用形式，包括资源查找、数据收集、网络竞拍、信息询问和 Juke Box，通常是双向请求响应应用，任何一端（多点或点）都有可能发起请求。

（3）多点对多点的应用

多点对多点应用是指多个发送端和多个接收端的应用形式，包括多点会议、资源同步、并行处理、协同处理、远程学习、讨论组、分布式交互模拟（DIS）、多人游戏和 Jam Session 等。每个接收端都可以接收多个发送端发送的数据，同时，每个发送端可以把数据发送给多个接收端。

3. IP 多播技术的现实

（1）IP 多播地址

IP 多播通信必须依赖于 IP 多播地址。在 IPv4 中，它是一个 D 类 IP 地址，范围为 224.0.0.0~239.255.255.255，并划分为局部链接多播地址、预留多播地址和管理权限多播地址 3 类。

① 局部链接多播地址范围为 224.0.0.0~224.0.0.255，该范围是为路由协议和其他用途保留的地址，路由器并不转发属于此范围的 IP 包。

② 预留多播地址范围为 224.0.1.0~238.255.255.255，该范围主要用于 Internet 或网络协议。

③ 管理权限多播地址范围为 239.0.0.0~239.255.255.255，该范围主要供组织内部使用，类似于私有 IP 地址。

（2）多播组

多播组是指使用同一个 IP 多播地址接收多播数据包的所有主机构成的一个集合。一个多播组的成员是随时变动的，一台主机可以随时加入或离开多播组，多播组成员的数目和所在的地理位置也不受限制，一台主机也可以属于几个多播组。

（3）多播分布树

多播分布树是描述 IP 多播在网络中传输的路径，主要分为有源树和共享树两个基本类型。

有源树是以多播源作为有源树的根，有源树的分支形成通过网络到达接收主机的分布树，因为有源树以最短的路径贯穿网络，所以也常称为最短路径树（SPT）。

共享树以多播网中某些可选择的多播路由中的一个作为共享树的公共根，这个根称为汇合点（RP）。共享树又可分为单向共享树和双向共享树。单向共享树指多播数据流必须经过共享树从根发送到多播接收机；双向共享树指多播数据流可以不经过共享树。

（4）逆向路径转发

逆向路径转发是指在进行多播信息通信时，多播路由器检查、判定、执行多播数据包的传输过程，以确定该多播数据包所经过的接口是否在有源的分支上。如果在，则 RPF 检查成功，多播数据包被转发；如果 RPF 检查失败，则丢弃该多播数据包。

（5）Internet 多播主干网络

Internet 多播主干网络类似于一个在 Internet 物理网络上层的虚拟网，它是由一系列相互连接的子网主机和相互连接支持 IP 多播的路由器组成。在这个虚拟网中，多播源的多播信息流可直接在支持 IP 多播的路由器组之间传输，而在多播路由器组和非多播路由器组之间要通过点对点隧道技术才能进行传输。

7.5.2　IGMP

1. IGMP 的概念

Internet 组管理协议（即 Internet Group Management Protocol，IGMP）IP 主机用来报告多址广播组成员身份的协议。它主要运行于主机和与主机直接相连的组播路由器之间，能够解决网络上广播时占用带宽的问题。

2. IGMP 的功能

① 通过 IGMP 主机通知本地路由器希望加入并接收某个特定组播组的信息。

② 路由器通过 IGMP 周期性地查询局域网内某个已知组的成员是否处于活动状态。

3. IGMP 的应用

在网络中，当源设备（服务端）给所有目标设备（客户端）发出广播信息时，支持 IGMP 的交换机或路由器会将广播信息不经过滤地发给所有客户端。

7.5.3　隧道技术

1. 隧道技术的定义

隧道技术是一种特殊的网络通信协议，在网络中，利用隧道技术可以使一种不受支持的外来协议通过该网络。

使用隧道传递的数据可以是不同协议的数据帧或包。在网络信息数据传输中，隧道技术先将其他协议的数据帧或包重新封装，然后通过隧道发送。新的帧头提供路由信息，以便通过互联网传递被封装的负载数据。例如，IP 等协议通过 IP 数据包的“数据”部分可以发送另一种协议。

2. 隧道技术的特点

隧道技术有以下几个特点。

- 可以将数据流强制送到特定的地址。
- 能够隐藏私有的网络地址。
- 在 IP 网上传递非 IP 数据包。
- 提供数据安全支持。

3. 隧道技术的类型

（1）点对点隧道协议

点对点隧道协议（Point to Point Tunneling Protocol，PPTP）主要是提供对客户机和服务器之间的加密通信。点对点隧道协议是点对点协议的一种扩展，它提供了一种在互联网上建立多协议的安全虚拟专用网（VPN）的通信方式，远端用户能够通过任何支持点对点隧道协议的 ISP 访问公司的专用网。

（2）第二层转发协议

第二层转发协议（Layer Two Forwarding protocol，L2F）是一种可以在多种介质上建立多协议的安全虚拟专用网的通信协议，例如 ATM、帧中继、IP 网等。

远端用户能通过任何拨号方式接入公用 IP 网，首先按常规方式拨到 ISP 的接入服务器（NAS），建立点对点连接；NAS 根据用户名等信息，建立直达 HGW 服务器的第二重连接。在这种情况下，隧道的配置和建立对用户是完全透明的。

（3）第二层隧道协议

第二层隧道协议（Layer Two Tunneling Protocol，L2TP）是一种结合了 L2F 和 PPTP 的优点，并允许用户从客户端或访问服务器端建立 VPN 连接的协议。L2TP 是把链路层的点对点帧装入公用网络设施，如 IP、ATM、帧中继中进行隧道传输的封装协议。

4. 隧道技术的应用

（1）虚拟专用网络

VPN 是 Internet 技术迅速发展的产物，其简单的定义是，在公用数据网上建立属于自己的专用数据网。也就是说不再使用长途专线建立专用数据网，而是充分利用完善的公用数据网建立自己的专用网。它的优点是既可连到公网所能达到的任何地点，享受其保密性、安全性和可管理性，又降低网络的使用成本。

VPN 依靠 Internet 服务提供商（ISP）和其他的网络服务提供商（NSP）在公用网中建立自己的专用“隧道”，不同的信息来源可分别使用不同的“隧道”进行传输。

新出台的标准 ISE CHEIP6 版保证用户数据的安全加密。由于用户对企业网传输个人数据很敏感，因此集成度更高的 VPN 技术不久将会流行起来。

（2）Linux 中的 IP 隧道

Linux 为了实现与 TCP/IP 网络的数据通信而采用一种 IP 隧道技术，IP 隧道技术是将源协议数据包上再套上一个 IP 帽来实现网络数据通信。例如，移动 IP（Mobile-IP）和 IP 多点广播（IP-Multicast）。

（3）GPRS 隧道协议

GPRS 隧道协议是 GSM 提供的分组交换和分组传输方式的新的承载业务，可以应用在 PLMN（Public Land Mobile Network）内部或应用在 GPRS 网与外部互联分组数据网（IP、X.25）之间的分组数据传送，GPRS 能提供到现有数据业务的无缝连接。在 GSM 网络中，GPRS 隧道协议增加了服务 GPRS 支持和网关 GPRS 支持两个节点。

7.6 IPv6

IPv6 是继 IPv4 之后的一个新的互联网协议，它的提出是随着互联网的迅速发展，在原有 IPv4 的基础上重新定义产生的。IPv6 进一步扩大了地址空间，并恢复了原来因地址受限而失去的端到端连接功能，为互联网的普及与深化发展提供了基本条件。

新的 IPv6 的具有扩大地址空间、提高网络的整体吞吐量、改善服务质量（QoS）、安全性有更好的保证、支持即插即用和移动性、更好实现多播等功能。

7.6.1 IPv6 数据报格式

1. IPv6 数据报的结构

IPv6 的 IP 数据报格式如图 7-8 所示。每一个 IP 数据报由基本首部和有效载荷两部分组成。

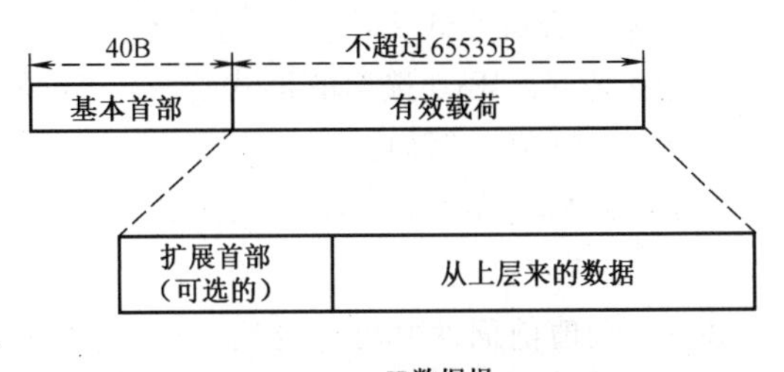

图 7-8 IPv6 的 IP 数据报格式

在 IPv6 中，基本首部拥有 40 B，通常用来存储版本、优先级、流标号、有效载荷长度、下一个首部、跳数限制、源站 IP 地址和目标站 IP 地址等数据传输信息。有效载荷可容纳 65535 B 的数据信息，由扩展首部和从上层来的数据两部分组成，如图 7-9 所示。

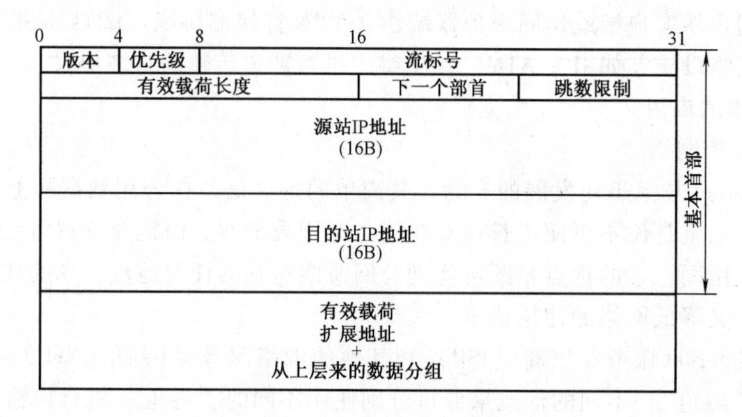

图 7-9　基本首部示意图

2. IPv6 数据报的优点

IPv6 报头格式在 IPv4 的基础上进行了优化，从而有助于提高处理效率，它具有以下优点。

1）重新定义了数据报的首部，有助于进一步规范数据报头。在 IPv6 中，有些不必要的域被削减，有些域则定义为可选报头。例如，IPv4 中的报头长度域由于在 IPv6 中采用下一报头域将可选报头或上层协议报头连起来而显得没必要。

2）IPv6 报头中每个多字节的域都按照自然边界对齐，从而方便程序处理。

3）在 IPv6 中取消了校验和功能。在当前网络传输中，计算校验和对于传输速度有一定影响，而对于可靠的数据链路层和传输层的传输能力，校验和在网络层中运用就显得有些得不偿失。

4）IPv6 对扩展报头或可选项的支持十分灵活。这些扩展报头紧跟在基本报头后面，由下一报头域串联起来形成一个链。

7.6.2　IPv6 地址空间

基于对效率、功能、灵活性和应用性等多个方面因素的综合考虑比较，IETF 机构决定在 IPv6 中采用 128 位固定长度的地址方案。

1. IPv6 地址的表示形式

用文本方式表示的 IPv6 地址有以下 3 种规范的形式。

（1）基本表示形式

一般情况下，IPv6 选用的形式是 X：X：X：X：X：X：X：X，其中 X 是 1 个 16 位地址段的十六进制值。例如，

204F：5B62：CFF7：3267：AD2F：3367：8BFC：5555

3CCB：9A57：0：2408：0：0：9：573C

每一组数值前面的 0 可以省略，例如 0009 写成 9。

（2）特殊表示形式

在分配某种形式的 IPv6 地址时，会发生包含长串 0 位的地址。为了简化包含 0 位地址

的书写，可以使用“::”符号简化多个0位的16位组。

请注意，“::”符号在一个地址中只能出现一次。该符号也可以用来压缩地址中前部和尾部的0。例如，

FF09: 0: 0: 0: 0: 0: 0: 2C36

0: 0: 0: 0: 0: 0: 0: 1

0: 0: 0: 0: 0: 0: 0: 0

可以使用“::”符号将其编成以下的压缩形式。

FF09:: 2C36

:: 1

::

(3) 交叉表示形式

在涉及IPv4和IPv6节点混合的这样一个节点环境时，需要采用另一种表达方式，即X: X: X: X: X: X: D. D. D. D，其中X是地址中1个高阶16位段的十六进制值，D是地址中低阶8位字段的十进制值（按照IPv.4标准表示）。例如，下面两种嵌入IPv.4地址的IPv.6地址。

0: 0: 0: 0: 0: 0: 202. 203. 208. 175

该地址表示一个嵌入有IPv.4地址的IPv.6地址，其压缩形式：

:: 202. 203. 208. 175

2. IPv6的寻址方式和功能

(1) 单播地址

单播地址（Unicast）主要用来标识一个单接口，其是将一个单播地址的包传递到由该地址标识的接口上。

(2) 任意点播地址

任意点播地址（Anycast）一般分配给属于不同节点的多个接口，其传输信息发送给一个任意点播地址的包传送到该地址标识的、根据选路协议距离度量最近的一个接口上。

(3) 组播地址

组播地址（Multicast）通常用来标识不同节点的一组接口，其传输信息发送给一个组播地址的包传送到该地址所标识的所有接口上。

与IPv4相比，IPv6中没有广播地址，它的功能正在被组播地址所代替。在IPv6地址格式中，任何全“0”和“1”的字段都是合法值。特别是前缀可以包含“0”值字段或以“0”为终结。其中“:: 1”表示回返地址，“ ::（即全0）”表示未指定地址。

回返地址（“:: 1”）：表示回返地址包中有一个目的地址，IPv6路由器也不会转发这样的包。

未指定地址（“ ::”）：当移动节点返回家乡链路时，用这个未指定地址作为源地址来发送邻居请求获得家乡代理的链路层地址。

7.6.3 IPv4与IPv6

1. IPv4

随着互联网的迅速发展，IPv4定义的有限地址空间将被耗尽。IPv4采用32位地址长

度，只有大约 43 亿个地址，已在 2005~2010 年分配完毕。此外，IPv4 还存在以下几点不足。

1）IPv4 是两级地址结构（NETID 和 HOSTID）的编制方式，分为 5 类（A，B，C，D，E），从而使得地址空间的使用效率很低，浪费较大。

2）虽然分子网策略可以减轻编址所遇到的困难，但却使路由选择变得更为复杂了。

3）因特网必须能适应实时音频和视频的传输。这种类型的传输需要最小时延的策略和预留资源。在 IPv4 的设计中并没有对这些传输提供相应的协议。

4）对于某些应用，因特网必须能够对数据进行加密和鉴别，IPv4 不提供数据的加密和鉴别。

正是因为 IPv4 在计算机网络发展运用中逐渐暴露出各种局限与不足，才促使人们设计新的网络协议版本来满足日益增长的网络传输需求。

2. IPv6

作为新版本的 IPv6，相对于版本 4，新版本的最大改进在于将 IP 地址从 32 位改为 128 位，这一改进是为了适应网络快速的发展对 IP 地址的需求，也从根本上改变了 IP 地址短缺的问题。同时，克服了 IPv4 所存在的不足，并拥有以下优点。

1）更大的地址空间：IPv6 地址为 128 位长，与 32 位的 IPv4 地址相比，其地址空间要增大很多倍。

2）更灵活的首部格式：IPv6 使用了新的首部格式，其选项与基本首部分开，并且插入到（当需要时）基本首部与上层数据之间。简化和加速了路由选择过程，且允许与 IPv4 在若干年内共存。

3）简化协议：加快分组的转发。如取消了首部检验和字段，分片只在源站进行。

4）允许对网络资源的预分配：支持实时音频与视频等要求，保证一定的带宽和时延的应用。

5）允许扩充：若新的技术或应用需要时，IPv6 允许协议进行扩充。

6）支持更多的安全性：在 IPv6 种的加密和鉴别选项提供了分组的保密性和完整性。

如今，IPv6 的使用将有利于整个互联网的持续和长久发展。

7.7 TCP 与 UDP

TCP/IP 传输层中包含两个独立并行的协议：TCP 和 UDP，它们都向上提供多端口服务。

7.7.1 TCP

TCP 即传输控制协议，是网络第 4 层的一个连接协议，可提供全双工数据传输。TCP 是 TCP/IP 的一部分，是建立在 IP 之上的面向连接的端到端的通信协议。由于 IP 是无连接的不可靠协议，不能提供任何可靠性保证机制，所以，TCP 的可靠性完全由自身实现。

TCP 采取了确认、超时重发、流量控制等各种保证可靠性的技术和措施。TCP 和 IP 两种协议结合在一起，实现了传输数据的可靠方法。

TCP/IP 的应用是十分广泛的。TCP/IP 分别定义了操作及相应的操作方法。这些操作主要如下。

- 远程登录。
- 文件传输。
- 经 WWW 完成信息的传输和浏览。
- 电子邮件。
- 定制程序对用户提供支持。
- 提供经网络传输数据的机制。
- 经网络完成数据的路由选择。
- 对分布式窗口系统提供支持。

7.7.2 UDP

UDP 即用户数据报协议，是建立在 IP 之上的无连接的端到端的通信协议。UDP 不提供任何可靠性保证机制，提供的是不可靠传输，但 UDP 增加和扩充了 IP 接口能力，具有高效传输，协议和协议格式都简单等特点。

在网络中，UDP 所能提供的协议如下。

- 简洁文件传输协议（TFTP）。
- 简单网络管理协议（SNMP）。
- 动态主机控制协议（DHCP）。
- 域名系统（DNS）。

7.8 因特网基本服务

在因特网高速发展的今天，因特网为人们提供着上万种的服务，其中多数服务是免费提供的。随着因特网商业化的发展趋势，它将为人们提供更多更优质的服务。通常，因特网的基本服务有远程登录服务（Telnet）、文件传输服务（FTP）、电子邮件服务（E-mail）和 WWW 超文本连接服务。

7.8.1 远程登录 Telnet

1. 远程登录的概念

在分布式计算机与分布式计算环境中，常常需要调用位于远程计算机中的计算资源，协同本地计算机中的作业或进程之间的工作，使多台计算机共同完成一个较大的任务。远程登录就是一个在网络通信协议 Telnet 的支持下，使自己的计算机暂时成为远程计算机终端的过程。远程登录服务是普通的分时计算机系统中登录机制的一种扩展。

Telnet 是人们为网络系统开发的一种能够使本地计算机暂时成为远程计算机终端的通信协议。它允许用户在本地计算机上与远地计算机上的服务器建立通信连接，然后将本地计算机上输入的字符串直接送到远地计算机上执行，用户可以实时使用远程计算机对外开放的相应资源。

2. 远程登录的特点

1）远程登录提供了一种通用访问服务。当用户登录成功后，远程计算机允许用户通过键盘输入或通过鼠标进行交互。用户可以用任何能够激活或运行普通分时系统终端的命令或应用程序来激活或运行远程计算机。

由于进行远程登录无需修改计算机上的程序，因此，远程登录适用于多种类型的计算机，使得任意厂商或品牌的计算机之间能够进行通信，这种通用性使远程登录功能非常强大。

2）远程登录允许运行在远程计算机上的程序接收本地计算机用户的输入，对输入作出响应，然后把输出结果送回本地计算机用户。

3）远程登录使用户能依靠远程登录来完成他们在自己计算机上不能完成的工作，远程登录还允许有许多人使用它。

4）提供开放式远程登录服务的计算机不需要事先取得账户及口令。

5）远程登录依赖位于用户发起远程登录请求的计算机上的远程登录客户机程序和位于提供远程登录服务的计算机上的远程登录服务器程序的协同工作。

3. 远程登录的工作过程

用户首先在远程登录命令中给出对方计算机的域名或IP地址，在远程呼叫成功后键入自己的用户名和口令，有时还要回答自己所用的仿真终端类型。

7.8.2 文件传输FTP

当用户不希望在远程联机的情况下浏览存放在与因特网联网的某一台计算机上的文件时，需要先将这些文件传送到自己在本地用的联网计算机中，这样不但能为用户节省实时联机的长时间通信费用，还可以让用户从容地阅读和处理这些取来的文件。

1. 文件传输的概念

文件传输就是利用网络将一台计算机磁盘上的文件传输到另一台计算机的磁盘上。文件传输服务使用文件传输协议（File Transfer Protocol，FTP)，完成文件传输功能。

2. 文件传输的工作过程

文件传输服务是由TCP/IP的文件传输协议支持的，所以无论两台加入因特网的计算机在地理位置上相距多远，只要二者都支持FTP，因特网上的用户就能将一台计算机上的文件传送到另一台上。

文件传输服务是一种实时的联机服务，它使用的是客户/服务器模式。用户在本地计算机上激活FTP程序，连接到远程计算机上，然后传输一个或多个文件。本地FTP程序作为一个客户与远程计算机上的FTP服务器通信，客户和服务器相互配合来完成文件传输工作。客户程序接收到数据后，将数据写到用户本地磁盘中，从而文件传输完成，并终止客户与服务器之间的文件传输连接。

3. 文件传输的特点

1）由于绝大多数的各类型的计算机上都有FTP客户软件，所以，FTP软件很容易得到，文件传输服务也就得到了广泛的应用。

2）文件传输可以传送任何类型的文件：正文文件、二进制可执行程序文件、图像文件、声音文件、数据压缩文件等。

3）用户可以不署名，不通过口令来获得各类开放文件。

4）由于文件传输不进行复杂的转换，所以，文件传输的效率非常高。

5）由于文件传输服务是通过计算机程序实现的，因而任何计算机只要能激活 FTP 软件就可以得到文件传输服务。

7.8.3 电子邮件 E-mail

1. 电子邮件与电子邮件系统

电子邮件，顾名思义就是让计算机充当“邮递员”，通过网络帮助用户传送电子表格、信件、计算机图形、会议时间表、声音以及视像等。为此，可以把电子邮件定义为：一台计算机到另一台计算机的信件和备忘录的传输，它是两个人通过计算机进行通信的一种机制。《Macmilan 计算机百科全书》把电子邮件定义为：用于非交互式传输的一种通信工具，它在发送者和指定接收者之间传输文本、图形或者音、视频报文。

自从 20 世纪 70 年代电子邮件问世以来，主要的工业专家们普遍认为“邮件”这个词用得不大贴切，于是“报文传送”逐渐代表更大范围的电子邮件，电子邮件联合会 EMA（Electronic Mail Association，EMA）则更名为电子报文传送联合会（Electronic Messaging Association，EMA）。

电子邮件是通过电子邮件系统进行传送的。电子邮件系统是一种利用电子手段进行信息的转移、存储、实现非实时的人与人之间的通信系统。电子邮件系统主要由如下几部分组成。

1）报文存储器。报文存储器也称为中转局，是存放电子邮件的地方，一般它是文件服务器或电子邮件服务器的硬盘。

2）报文传送代理。报文传送代理的作用是把一个报文从一个邮箱转发到另一个邮箱，从一个中转局到另一个中转局，或从一个电子邮件系统转发到另一个电子邮件系统。

3）用户代理。用户代理是简单的基本电子邮件软件包，是用来实现用户与邮件系统接口的程序，它包括前端应用程序、客户程序、邮件代理等。通过用户代理，实现编制报文、检查拼写错误和规格化报文、发送和接收报文，以及把报文存储在电子文件夹中等工作。

4）网关。通过网关进行报文转换，以实现不同电子邮件系统之间的通信。

2. 电子邮件的管理

电子邮件存在着随机性和突发性问题。所以，对电子邮件管理员要求有更多、更特殊的技能，而这些技能是普通网络管理员所不要求的，同时又是难以明确的。

电子邮件的管理一般划定为电子邮件行政管理和电子邮件管理两方面。

1）电子邮件行政管理。电子邮件行政管理的功能包括在系统中增加用户、建立分发表、产生有关电子邮件和有关电子邮件的使用等。网络管理员或有资格的末端用户通过使用电子邮件软件包的各种功能来行使上述职责。

2）电子邮件管理。电子邮件管理包括驻留在大型机、小型机和 PC 局域网上的各中转局，它需要将不同系统同网关、网桥及交换设备连接起来。电子邮件管理需要有管理员负责目录管理、进行各种技术综合，如扫描、传真、语音及视像邮件等。因此，要求电子邮件管理员必须熟悉电子邮件的各种技术，精通联网标准和协议。

3. 电子邮件的工作过程

电子邮件的工作是遵循客户/服务器结构的，电子邮件系统通过客户计算机上的程序与服务器上的程序相互配合，将电子邮件从发信的计算机传送到收信人信箱。电子邮件系统是一种存储-转发系统，简单的存储-转发系统工作原理如图 7-10 所示。

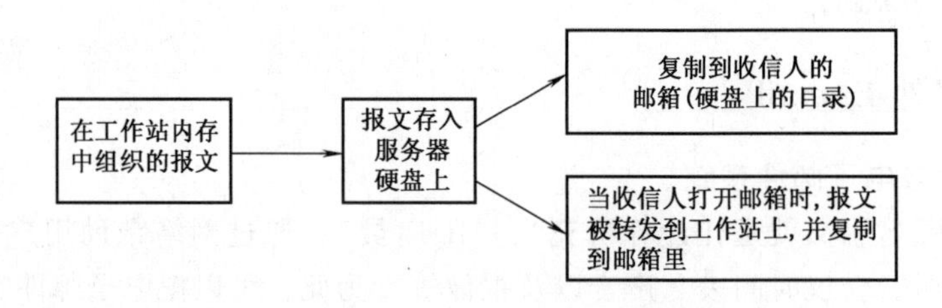

图 7-10 简单的存储-转发系统工作原理

当用户发送电子邮件时，发信方的计算机就成为一个客户。该客户与收信人计算机上的服务器程序联系，发信人通过其客户计算机上的软件，使用收信人的电子邮件地址来确定要与哪一台计算机联系。当服务器收到电子邮件时，就将其存放到收信人的信箱中，并且通知收信人有信到来。由于电子邮件发出与接收要经历客户与服务器交互这个复杂的过程，所以，为了保证电子邮件的可靠递交，客户计算机在传送过程中保留着邮件的副本，只有当服务器通知客户信件已经收到，并且已存放到磁盘上后，客户才能将信件的副本删除，电子邮件的发送与接收过程如图 7-11 所示。

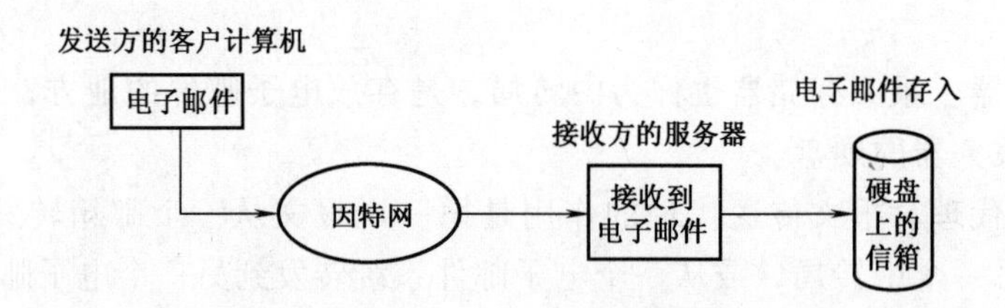

图 7-11 电子邮件的发送与接收过程

由此可知一个电子邮件的正确传递至少要包括如下几个操作。

- 发送电子邮件。
- 通知用户电子邮件到来。
- 阅读电子邮件。

电子邮件的每一个用户必须有一个信箱，每一个信箱具有独自的地址，这种地址是一种电子地址，并且要求格式是固定的。

4. 电子邮件的特点

由于电子邮件在高速传输的同时允许收信人自由决定在什么时候回复，因而电子邮件将即时通信的优点和自由中断的优点组合在一起。

信件传送清单允许任意一个组内的成员交换信笺，提供了具有共同利益的一组成员进行互相讨论的方法。

由于大多数计算机网络提供了一种能够与因特网上的电子邮件互通的电子邮件服务，因而与任何其他的因特网服务相比，使用电子邮件可以与更多的人进行通信。

由于电子邮件的内容可以包括文字、图形和声音，因此，电子邮件可以用来传送文本或录音信息。

由于计算机程序能够自动回复电子邮件，并自动发出回信，因而因特网上建立了许多通过电子邮件提交请求并且接收响应的服务。

5. 电子邮件的关键问题

电子邮件系统是一个复杂的系统，其目标是要使不同的电子邮件产品能够平稳地协同工作，电子邮件管理员能够做到在不同的硬件平台间发送电子邮件和管理多个中转局。

集成。为了使不同电子邮件产品平稳地协同工作，节省软件、硬件和培训上的投资，就要寻求连接各种不同电子邮件系统和把它们同各种应用程序集成在一起的方法。

电子邮件管理。为了使电子邮件的管理员能够从系统中心位置进行简单的电子邮件管理，电子邮件系统就应该满足电子邮件管理员的需求。电子邮件管理员的主要需求如下：图形的，用户友好的界面；自动登记和错误追踪；远程配置；网络管理的集成；报告和统计生成器；系统安全保障等。此外还要求系统能够做到：全球寻址和目录同步；系统具有良好的可扩充性和可靠性等。

6. 电子邮件软件的选择

电子邮件系统软件主要有两种：电子邮件软件包和管理工具软件。

不同的电子邮件软件包的差别可能是非常大的，这些差异主要表现在：用户界面；出错信息；自理报文难易程度；报文编辑、搜索功能强弱；邮件回执处理能力；加密能力；盲复制、技术支持水平和为用户提供的管理功能等。

所以，选择电子邮件软件时要考查软件的标准特性，这些特性如下。

- 读取网络文件标准。
- 网络引导和驱动的兼容性。
- 定义邮件发送清单和通知邮件到达的功能。
- 帮助功能。
- 支持网关的功能。
- 支持 EDI、移动通信的功能。
- 可靠性和安全性特性。
- 费用特性。

电子邮件管理工作是一项极其复杂的工作。选择电子邮件管理工具软件应考查如下软件特性。

- 为报文传送选择路由，把报文及其附加部分从一个平台传送到另一个平台的能力。
- 把报文的格式从一种格式转换到另一种格式的能力。
- 在电子邮件系统间能否采用一致的寻址方法。
- 能否提供报文跟踪功能，以保证报文投递。
- 监视延迟和部件失效能力。
- 帮助电子邮件管理员分析联机的网络服务和生成网络的统计报告能力。

7. 电子邮件系统的安全性

由于电子邮件处于开放的环境中，它是多层次通信，实现的是广域连接。为此，电子邮件系统在为电子邮件的用户提供各种服务的同时，也带来了严重的安全危机。如何在一个开放的环境中，保证电子邮件的数据安全呢？

对电子邮件系统来说，电子邮件管理员必须强调安全性，以防范电子窃贼、计算机病毒、断电和其他自然因素对系统造成的破坏。电子邮件系统应采用如下一些预防措施，以保障系统安全。

- 把安全作为电子邮件实现计划的一个完整部分。
- 对必需的安全性硬件和软件进行预算。
- 向终端用户进行安全教育。
- 防止有人利用操作系统的某一些缺陷侵入系统。
- 实现对系统的监视。
- 建立口令机制。
- 为拨入呼叫建立回呼系统。
- 对电子邮件进行数据加密。
- 防范计算机病毒。
- 保护计算机的基本设施。

文件传输服务是因特网最主要的、最基本的服务。E-mail、Telnet 和 FTP 也是互联网络应具备的最重要的功能。因特网的其他各种服务事实上都是由上述服务演变派生出来的。

7.8.4 WWW 超文本链接

1. WWW 的概念

WWW 是 World Wide Web 的简称，常译为环球网或万维网，WWW 提供的是一种高级浏览服务。WWW 不是传统意义上的物理网络，而是在超级文本的基础上形成的信息网。WWW 可以想像为世界上最大的大百科全书，而且查找起来特别方便。

2. 超文本（Hypertext）

超文本是这样的文本文件，其中的某些字、符号或短语起着“热链路”（Hotlink）的作用，在显示出来时其字体或颜色变化，或者标有下画线，以区别于一般的正文。当鼠标器的光标移到某个热链路上，并且单击之后，鼠标器光标便沿着这条链路跳到该文件的另一处或另一个文件。超级文本中可能包含图形和图像，其中有些图像可能是“热”的。鼠标器对着图像单击，也会跳到另一个文件。

3. WWW 工作过程

目前因特网上约有几千个 WWW 服务器站点，这个数字还在不断增多。每个站点提供各种超级文本信息，其中有各个有关站点的地址信息。

WWW 服务器一般都有一张主控菜单，相当于一本书的目录，称为主页或首页（Home Page）。所有单位、个人，如果需要通过 WWW 提供信息，必须在自己的计算机，或所在局域网的主机上装有 Web 服务器软件。这些信息出现在安装了 Web 浏览器的用户面前，便是一幅 Web 页面。每个提供信息的单位或个人都有一个主页，这些主页多种多样，丰富多采，但总地来说，主页就像一本书的封皮加上总目录，可以使网上的人们对提供主页的单位或个人有一个总体的了解。

主页上有一个叫通用资源定位器（URL）的方框，用以表示当前显示的文档是通过哪一条路径得来的。只要选择了主页上提供的有关站点或在 URL 方框内输入其他站点的地址，就可以查找相应站点提供的信息。

要在 WWW 服务器上检索和显示超级文本，就必须使用浏览器。第一个浏览器是欧洲核研究中心的 Tim berners-lee，它是在 1989 年开发出来的。1993 年 1 月，美国国家超级计算应用中心的 Marc Andreeasen 开发了第一个图形化的浏览器 mosaic。

4. 浏览器浏览的文件类型

绝大多数浏览器除了能够利用超级文本传输协议（Http）来浏览和显示超级文本之外，还支持各种因特网基本功能，包括 Telnet、FTP、Gopher 和 Wais 等。浏览器具有能够向后兼容于以前的 Telnet、FTP、Gopher 和 Waes 服务器的特点。因此，在使用浏览器时，必须在主页的 URL 中注明要连接哪一类服务器，这称为连接模式。

WWW 上的文件格式很多。标准的文件类型及相应的文件名后缀包括以下 5 种。

1）HTML 文件（*.html 或 *.htm）：由超级文本置标语言（HTML）写成的文本文件，其中含有标志（特殊格式的命令）、锚（热链路的一端）、插图以及连往其他文档的远程链路。这是 WWW 浏览器浏览的基本文件类型。

2）GIF 文件（*.gif）：这是图形交换格式（GIF）的位映式图像文件，经过了无损耗压缩。解压后的图像将与原图像完全一样，一点也不失真。

3）JPEG 文件（*.jpg）：这是 JPEG 格式的位映式图像文件，经过了有损压缩。解压后的图像与原图像不完全一样。

4）MPEG 文件（*.mpg）：这是 MPEG 格式的数字化视像文件，经过了有损压缩。

5）SOUND 文件（*.snd 或 *.au）：这是经过压缩的数字化声音文件。

WWW 上还有以下两种常见的文件类型。

1）ASCII 文件（*.txt）：这是 ASCII 标准的纯文本文件。

2）postscript 文件（*.ps）：这是发往 postscript 打印机的图形与文本文件。

因为浏览器本身不能浏览所有类型的文件，为了能浏览 WWW 上的所有文件，就要具有以下一套软件。

1）HTML 浏览器（Netscape、Mosaic、Cello、MacWEB、WinWEB）。

2）GIF/JPEG 收视器（JPEGView、WinGIF）。

3）SND 放唱器（Sound Machine、Mediaplayer）。

4）MPEG 放像器（Movie Player、MediaPlayer）。

WWW 服务是一种对多信息源进行一体化访问的机制，支持其用户进行如下操作：

1）以交互方式查寻并访问存放于远程计算机的信息。

2）显示来自某台远程计算机的文件、图形或相片图像。

3）获取存放于某台远程计算机上的记录信息，播放其中的声音并显示其中的视像。

4）为多种因特网浏览与检索服务提供一个单独的、一致性的访问机制。

7.9 因特网接入方法

用户计算机与因特网的连接方式是多种多样的。用户选择入网方式时需要考虑自己所处的地理位置和通信条件、使用者数量、通信量、希望访问的资源、要求响应的速度、设备条件以及资金的投入等因素。不同的连入方式，所要求的硬件配置、软件配置各不相同。其中，软件配置很大程度上取决于用户所采用的访问方式。下面仅介绍几种广泛使用的连接方式。

1. 利用 Modem 接入

利用 Modem 连接是最主要、使用最多的一种连接因特网的方式。利用 Modem 连接，用户只需要一台计算机，一条电话线，一个 Modem 以及相应的上网软件、网络连接支持软件，通过拨号（电话号码）即可实现与因特网的连接。利用 Modem 连接因特网结构如图 7-12 所示。

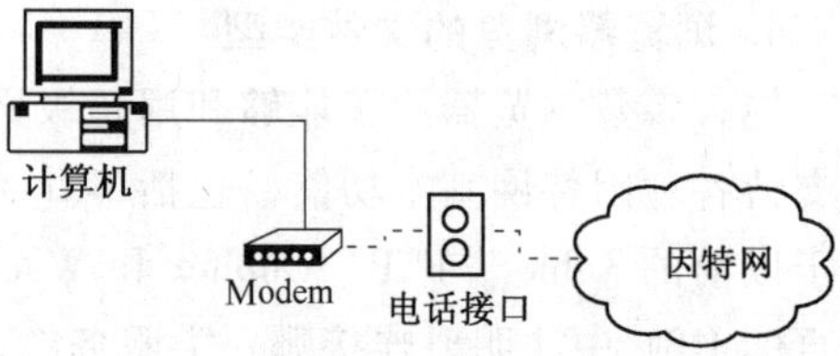

图 7-12　利用 Modem 连接因特网结构

2. 通过局域网接入

通过局域网连接是用户的计算机通过局域网服务器与因特网进行连接。局域网服务器作为一个中转节点，为用户和因特网之间提供信息交换服务。通过局域网连接因特网的基本结构如图 7-13 所示。

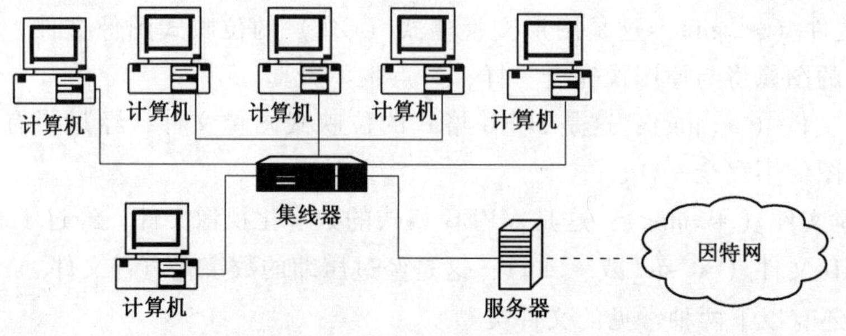

图 7-13　利用局域网连接因特网基本结构

3. 利用 ISDN 接入

ISDN 采用多路复用技术，使通过 ISDN 连接因特网的用户能够同时享受多项服务。例如，用户一边上网，一边打电话，两不耽误。利用 ISDN 连接因特网的基本结构如图 7-14 所示。

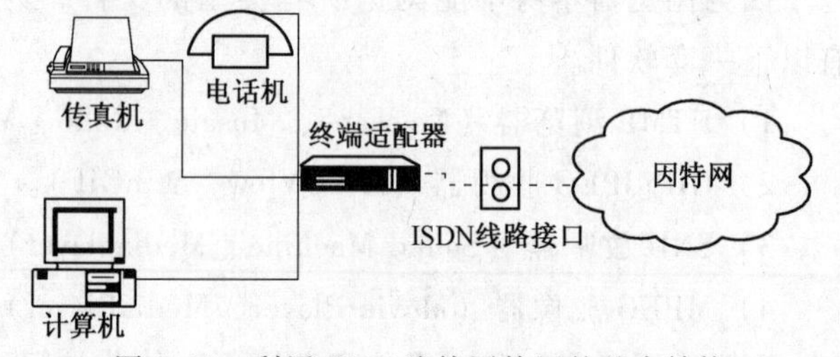

图 7-14　利用 ISDN 连接因特网的基本结构

4. 利用 ADSL 接入

ADSL 接入方式是高速、宽带接入方式的一种，其连接基本结构如图 7-15 所示。

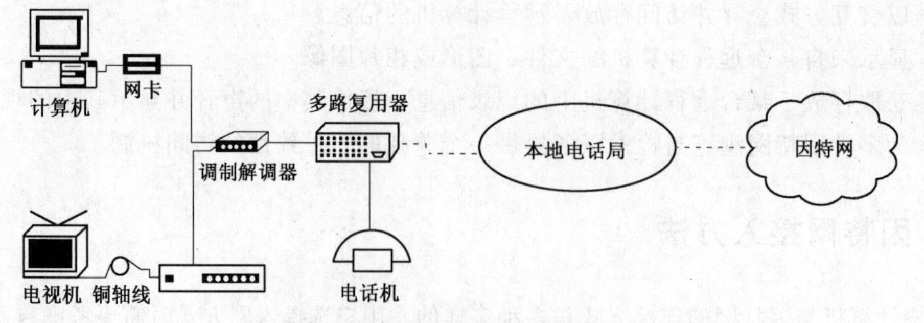

图 7-15　利用 ADSL 连接因特网基本结构

5. 利用 Cable Modem 接入

Cable Modem 采用的是视频信号格式来传输因特网信息技术。通过 Cable Modem，用户可以使用有线电视网与因特网接入并进行数据交换。利用 Cable Modem 接入因特网的基本结构如图 7-16 所示。

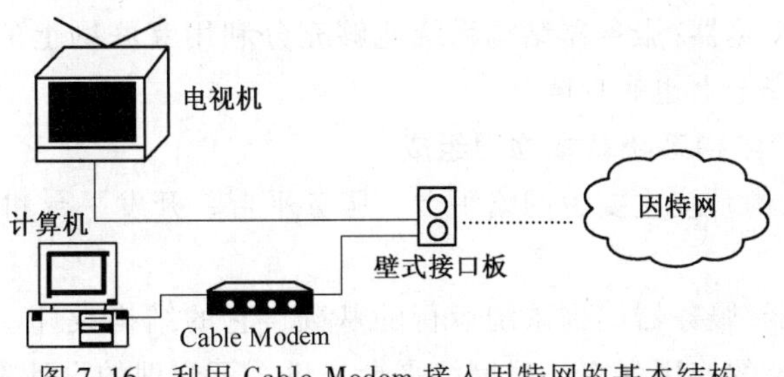

图 7-16　利用 Cable Modem 接入因特网的基本结构

7.10　因特网应用技术

如今，因特网是一个综合多种应用技术为一体的超级实用型网络，人们可以利用因特网实现各种功能，例如信息浏览、网上购物、音视频通信等。

7.10.1　B/S 结构

1. 浏览器/服务器系统基本结构

浏览器/服务器（Browser/Server，B/S）结构是以 Intranet 技术建立起来的网络系统。在 B/S 结构下，用户界面完全通过 WWW 浏览器实现，一部分事务逻辑在前端实现，主要事务在服务器端实现，形成所谓 3-tier 结构。B/S 结构主要利用不断成熟的 WWW 浏览器技术，结合浏览器的多种 Script 语言（VBScript、JavaScript……）和 ActiveX 技术，用通用浏览器实现原来需要复杂专用软件才能实现的强大功能，并节约开发成本，是一种全新的软件系统构造技术。随着 Windows 2000/Windows XP 将浏览器技术植入操作系统内部，B/S 结构更成为当今应用软件的首选体系结构。

B/S 系统是以 Web 为中心，采用 TCP/IP、HTTP 传输协议，客户端通过浏览器浏览访问 Web 以及与 Web 相连的后台数据库，是一种 3 层 C/S 结构网。

2. 浏览器/服务器结构系统基本特点

与传统的客户机/服务器结构相比，浏览器/服务器结构具有许多方面的优点。

由于浏览器/服务器结构系统用户仅需使用浏览器软件即可访问文本、图像、声音、电影及数据库等信息，所以，浏览器/服务器结构系统的用户界面简单易用。

由于浏览器/服务器结构采用标准的 TCP/IP、HTTP，能够与遵循这些标准协议的信息系统及其网络很好地结合在一起，所以，浏览器/服务器结构具有良好的开放性。

由于浏览器/服务器结构用户接口、应用程序和数据 3 部分相对独立，系统用户端无须专用的软件，所以，浏览器/服务器结构系统的维护和升级工作简单。

由于浏览器/服务器结构系统采用的是目前信息系统均支持的一种开放的标准数据格式（HTML 数据格式），同时，浏览器软件通常都能够访问多种格式的文件，所以，浏览器/服务器结构系统信息共享度高。

由于浏览器/服务器结构系统采用 TCP/IP、HTTP 的标准，系统可直接接入 Internet，并且能适应PSTN、DDN、帧中继、X.25、ISDN、CATV、ADSL等各种环境，所以，浏览器/服务器结构系统具有良好的扩展性和网络适应性。

在安全性方面，浏览器/服务器结构系统能够充分利用互联网上的各种安全技术，如防火墙技术，使系统在安全上也有保障。

3. 浏览器/服务器结构系统基本物理组成

浏览器/服务器结构系统主要由网络平台、服务平台、开发平台和用户平台4部分组成。

(1) 网络平台

网络平台是浏览器/服务器结构系统运行的基础，它的结构设计、设备选型、网络性能等将直接影响信息系统的使用效率。对网络平台来说，不合理的设计将使网络出现延迟、瓶颈甚至网络故障等现象，网络的服务质量及效率将大大降低。

浏览器/服务器结构系统中，网络平台涉及的主要问题包括以下几点。

1）带宽问题。带宽反映了网络内部设备的处理能力和网络通信中设备之间的端口交换能力。系统带宽的选择要综合系统主干数据吞吐能力，数据交换能力；系统端口数量与设备处理能力匹配情况；系统设备之间的交换能力；网络拓扑结构以及虚网管理能力等各因素。带宽的选择与设计还要根据整个网络的规模大小及使用情况（如网络节点个数、节点分布情况、应用程序的选择、数据流量等）来决定。

2）虚网组网和管理问题。虚网组网和管理的水平对网络的带宽和网络的服务质量具有直接影响。通过虚网使系统能够达到同一种应用的用户可以分布在不同的网段上；同一个用户可以属于多个网段（如一些特殊的用户、领导、系统管理员等）；系统管理员可以根据组织机构管理要求对网络进行设定，使不同虚网之间可以相互通信的水平。

网络平台中，高质量、高水平的虚网可以达到帮助网络有效地利用带宽、降低网络开销、简化管理程序、提高网络的安全保密性能的目的。

3）浏览器/服务器结构系统中，网络平台的可靠性和可扩展性也是系统要重点考虑的问题。

(2) 服务平台

服务平台是为系统提供各种服务的部分。浏览器/服务器结构系统中，服务平台主要包括文件服务、应用服务、数据服务等。

在浏览器/服务器结构系统中，服务平台不仅能够提供传统的文件服务、打印服务、传真等服务，还能够提供如电子邮件服务、FTP服务、WWW服务、DNS服务等完整的互联网服务以及数据库服务等。

(3) 开发平台

开发平台是指开发系统的软件部分。浏览器/服务器结构系统的开发可选用的软件系统和工具种类繁多，例如，建立一些较为固定又比较复杂的应用系统可选择Oracle、Sybase、SQL、Server等专用数据库系统；也可以选择基于数据库的开发工具，如VB、VC++、VJ++、VFP等；对于简单开发，可采用FrontPage等。

(4) 用户平台

用户平台是指用户和系统进行对话交互的部分。用户平台是直接面对普遍用户的，所以，要求界面具有简单、易用、单一的特点。目前主要是采用可视化界面设计。

4. 构建B/S系统

构建B/S系统的关键是实现Web与后台数据库服务器之间的紧密集成。下面将介绍几种目前常用的技术。

（1）CGI 技术

通用网关接口（Common Gateway Interface，CGI）是 Web 服务器与外部应用程序之间的标准接口，可在 HTTP 服务器和可执行源程序之间建立直接对话，以创建动态 HTML。利用 CGI 在因特网上构建 B/S 系统的基本模型如图 7-17 所示。

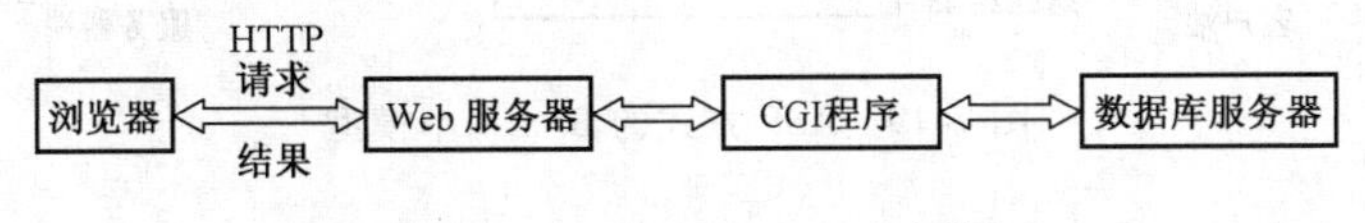

图 7-17　CGI 方式的 B/S 基本模型

利用 CGI 构建 B/S 系统时，对每一个用户的请求服务器都要创建一个事务或激活一个 CGI 进程，一个复杂的应用或多个用户访问时，就会大量挤占系统资源，如内存、CPU 时间等；另外就是 CGI 接口不支持用户与数据之间的持续互操作。具体地说，首先，每次请求时 CGI 程序都需重新启动，执行其处理任务，然后退出，因此 CGI 程序不能持久，也就大大影响了响应速度；其次，CGI 的效率较低，因为 CGI 程序不能由多个客户机请求共享，即使新的请求到来时 CGI 程序正在运行，也会启动另一个 CGI 应用程序，随着并行请求数量的增多，服务器将生成越来越多的并行进程，为每个请求生成一个应用程序，既费时又需大量内存，并挤占系统资源，造成效率低下。

（2）JDBC 方式

为了满足 Java 语言对数据库访问的需求，SUN 公司于 1996 年 6 月推出了 JDBC 规范，它可以使 Java 应用程序通过一致的界面来访问多种数据库。JDSC（Java Database Connectivity）是一种用于执行 SQL 语句的 Java API，是一个标准的 SQL 数据库访问接口，可以为多种关系数据库提供统一访问。JDBC API 中定义了一系列 Java 类和界面、SQL 语句、结果集合、数据库数据等，Java 程序通过使用这些与 JDBC 相关的类和界面，完成数据库的连接、发出数据访问请求和接收数据结果等任务。使用 JDBC API 时，Java 程序首先同负责加载和调用具体的 JDBC 数据库驱动器类的 JDBC 驱动器管理者（Driver Manager）交互，通过驱动器管理者实现对不同数据库的访问。JDBC 访问数据库支持 3 层或两层模型，浏览器将嵌入 HTML 文档中的 Java 应用程序下载到能够运行 Java 程序的本地浏览器中加以运行，即与数据库服务器的交互是由浏览器直接完成的，JDBC 方式在因特网上构建 B/S 系统的基本模型如图 7-18 所示。

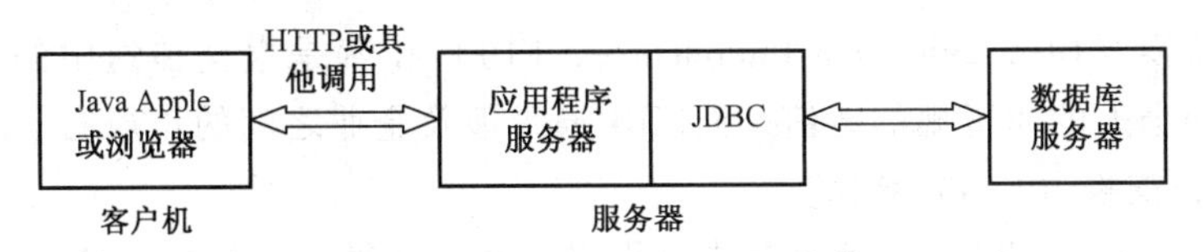

图 7-18　JDBC 方式的 B/S 基本模型

（3）ASP

ASP（Active Server Pages）是一个 Web 服务器端的开发环境，利用 ASP 可以产生和运行动态的、交互的、高性能的 Web 服务应用程序。ASP 是动态网页开发方案，可以将可执行的 Script 直接嵌入到 HTML 文件，HTML 开发和 Script 开发在同一开发过程就可完成；后台可与 NT 系统上配套的 SQL 等数据库连接，只需编写很少的代码，即可在页面上执行一系列的访问数据库操作；通过 ActiveX 构件，针对不同使用者使用不同画面，可以实现非常复杂的 Web 应用程序。ASP 方式在因特网上构建 B/S 系统的基本模型如图 7-19 所示。

图 7-19　ASP 方式的 B/S 基本模型

7.10.2　虚拟专用网 VPN

1. VPN 的概念

虚拟专用网络是一个数据通信环境，是一个在互联网基础设施之上构建的专用网络。在该网络环境中，信息访问受到相应的控制，只有在满足预先定义好的条件下，才能实现数据共享。

VPN 是通过对下层的通信介质进行某种形式的划分来组建和实现的，对数据通信具有一定的保密作用。

2. VPN 的特点

与其他形式的信道加密技术相比，VPN 有如下几个特点。

1） VPN 技术能为多个 TCP/IP 应用提供保密性。

2） 能够为客户端和 VPN 服务器之间提供所有的 TCP/IP 加密服务。

3. VPN 的类型

根据 VPN 使用范围的不同，可以分成以下 3 种类型。

1） 远程访问 VPN：利用专用网络的基础设施，为单位或个人提供外部网对内部网的远程访问。例如，综合业务数字（ISDN）、数字用户（DSL）等。

2） 内部网 VPN：利用专用网络的基础设施，在保证信息安全的情况下，把在一个区域内的特定数量的计算机或网络连接起来。

3） 外部网 VPN：利用专用网络的基础设施，在保证信息安全的情况下，把不在一个区域内的特定数量的计算机或网络连接起来。

7.10.3　电子数据交换技术与电子商务系统

电子数据交换（Electronic Data Interchange，EDI）技术是报文传送中的一项重要技术。电子邮件是面向个人的非正规的通信，而 EDI 通常涉及企业之间的正规通信。

1. 电子数据交换（EDI）技术

EDI 技术起源于 20 世纪 60 年代末的西欧和北美。早期 EDI 技术只是在两个贸易伙伴之间，依靠计算机间的直接通信来传递具有特定内容的商业文件，而到目前为止，EDI 技术已成为一种全球性的、具有战略意义和巨大商贸价值的手段。由于使用 EDI 技术可以使用户减少甚至消除贸易过程中的纸面单证，因而 EDI 也称为“无纸贸易”。

EDI 技术是以计算机能处理的数据格式在企业间相互交换事务数据的技术。EDI 技术中涉及与数据交换有关的标准主要包括安全性、系统管理信息、合同、技术说明书和贸易伙伴数据等。EDI 技术通常用到的应用程序所提供的服务主要包括查询、规划、购买、通知、报价、订单、预约时间、测试结果、发货、收货、货物托运、付款、财务报表等。

EDI 技术的应用包括两个方面的标准：一是经济信息的格式标准，另一个是网络通信的协议标准。

经济信息是 EDI 处理的对象，如订货单、船运单、报关单等，它们的格式标准是至关重要的，EDI 的报文之所以能被不同的商业伙伴的计算机识别和处理，其奥妙全在于标准。经济信息的格式标准有美国的 ANSI 标准和联合国欧洲经济委员会推荐使用的 EDIFACT（行政、商业、运输用电子数据交换）标准。

使用 EDI 技术有如下许多好处。

- 可以检查特定表单的当前状态，避免由于文档遗失造成的时间浪费。
- 能够与所有的合作伙伴进行统一途径的通信。
- 有效的生产周期。
- 节省邮资。
- 数据具有一致性，即一次性的数据输入避免了重复性的数据输入有可能产生的错误。
- 联机存储可以使记录内容易于访问，并节省存储空间。
- 完全整体化的 EDI 清单，不需要打印输出。
- 文档兼容性好，与硬件、操作系统平台无关。
- 可以与贸易伙伴、客户进行高效的实时通信。

但是，EDI 技术还存在着安全性和费用两大潜在的障碍。

2. 电子商务系统的概念和特点

（1）电子商务系统的产生

电子商务系统是以 EDI 技术为依托发展起来的，它是当代信息社会中网络技术、电子技术、数据处理技术在商贸领域中应用的产物。电子商务系统是一个以电子数据处理、环球网络、数据交换等技术为基础，集订货、发货、运输、报关、保险、商检和银行结算为一体的综合商贸信息处理系统。

电子商务系统的产生和发展主要有以下 3 方面的原因。

- 全球区域性贸易的发展是电子商务系统产生的内在动力。
- 电子数据处理系统和管理信息系统为电子商务提供了技术基础。
- 因特网和 EDI 为电子商务奠定了物质基础。

（2）电子商务系统的特点

电子商务系统的实现极大地方便了商贸业务的手续，加速了商贸业务开展的全过程，电子商务系统的实现有效规范了商贸业务从发生、发展到结算的全过程。

与传统的商务活动相比，电子商务具有如下特点。

- 成本低。交易双方通过互联网络进行信息传递、宣传产品、处理有关文件、交易双方直接沟通，从而减少和降低了使用信件、传真、电话传输信息的费用；减少和降低了传统方式下进行广告宣传的费用；减少了中间环节，降低了费用。
- 效率高。在上述降低了交易成本的同时提高了交易效率。另外利用互联网络能够把地理分布广泛的子公司、分公司等联系在一起，从而能够及时快速地对市场情况作出反应，高速有效地进行交易。互联网贸易文件的标准化，使其交易操作具有通用性，也极大地提高了交易的效率。

- 可靠性高。由于电子商务的交易过程自始至终交易双方都在网络上进行，系统为双方核对信息提供了保障，从而有效地防止了虚假、伪造信息的使用，保证了交易的可靠性。

(3) 电子商务系统的发展

电子商务作为互联网络的一种应用，其存在和发展必须具备一定的社会环境，受一定的社会环境的限制。发展和应用电子商务应考虑的因素主要包括：

- 法律。电子商务的运作必须要具有一套完备的法律体系以保障其运作的合法性、有效性、规范性，防止犯罪。
- 控制与监督。互联网络是一个开放的系统，为用户提供的是一个开放环境，作为贸易行为必须在有关管理部门的控制和监督下合法进行。所以，电子商务的运作必须是在一个完整、有效的对电子商务的运营进行控制和监控的环境中进行。
- 标准化。电子商务的运营需要建立起一个标准化体系，它是电子商务正常、有效运营的基本保障。
- 互联网络性能。电子商务运营涉及交易双方许多方面的秘密，系统要具有保证双方的秘密、双方的权益不受侵害。因此，互联网在技术方面要能提供这方面的支持，具有保障。另外，系统的可靠性、系统响应时间、通信速率以及有关技术标准方面的性能也要求能够达到电子商务运作的要求。

3. 电子商务系统的分类

电子商务系统是一种综合性强、涉及范围广的系统。不同的电子商务系统所采用的技术、结构、规模、运行方式、解决的问题等都是不同的，所以电子商务系统有多种分类方法。

电子商务系统分类如图 7-20 所示。

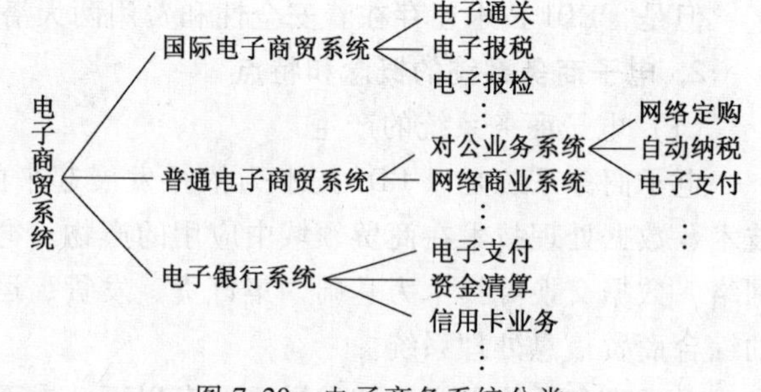

图 7-20 电子商务系统分类

4. 电子商务系统基本结构

电子商务系统结构复杂多样，规模大小不一。但作为一个电子商务系统至少要涉及到商户、持卡人、企业、银行和认证中心等方面。电子商务网络系统的基本模型和电子商务消费基本模型如图 7-21 和图 7-22 所示。

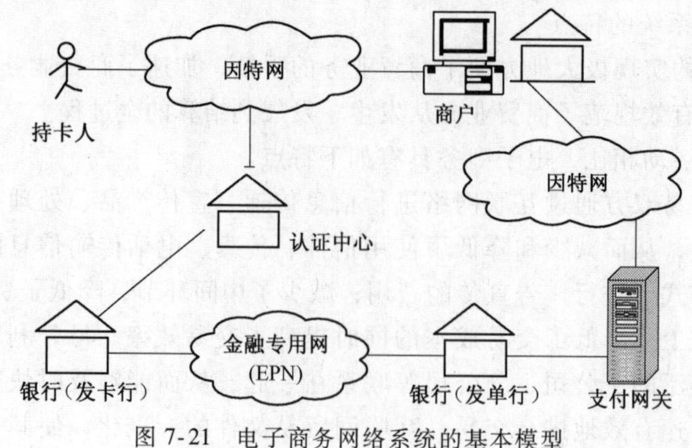

图 7-21 电子商务网络系统的基本模型

7.10.4 视频和多媒体网络系统

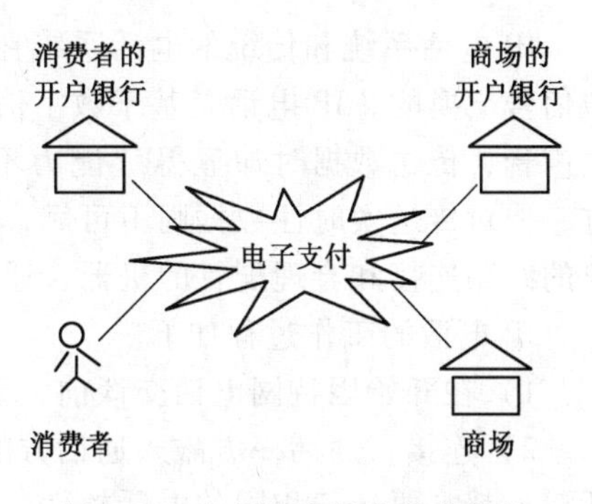

图 7-22 电子商务消费基本模型

近年来，视频会议技术发展非常迅速，许多的视频会议系统已在世界各地投入使用。利用视频会议系统，各用户能够进行“面对面”地交谈。视频会议系统技术复杂，一般是通过电话线拨号或数字专线进行数据传输，价格昂贵。

视频会议系统是一种可视图文业务系统，该系统是能同时传输声音、数据、传真及图像的多媒体网络。

CCITT 于 1990 年末制订了编码器标准方式的推荐标准“PX64”。它由 H. 261、H. 221、H. 230、H. 242、H. 320 5 个推荐标准构成。标准中规定了适用于 64 kbit/s~2 Mbit/s 的高质量画面编码方式及通用格式、不同计算机型号与公共网的连接、不同电视制式的转接等标准。视频会议的特点主要表现在：节约费用；安全；适于召开紧急会议；会议参加人数不受限制；可利用丰富多彩的图像资料等。

电视电话的使用方法与普通电话相同，系统所支持的视频与普通电视兼容。

因特网为视频会议提供了一个崭新的廉价解决方案。在因特网视频会议系统中，系统使用标准的视频照相机和声卡，主要采用点对点传输方式。

视频会议系统需要用户有较高带宽的因特网连接，比如说是专线连接，而不是使用 Modem。

视频会议系统的基本结构如图 7-23 所示。

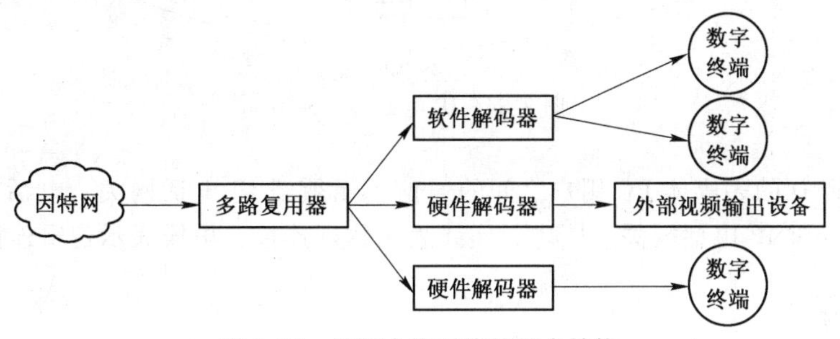

图 7-23 视频会议系统的基本结构

7.10.5 IP 电话系统

IP 电话又称网络电话，狭义上指通过因特网打电话，广义上则包括语音、传真、视频传输等多项电信业务。因特网的 IP 电话采用“存储—转发”的方式传输数据，传输数据过程中通信双方均不独占电路，并对语音信号进行了大比例的压缩处理，所以，网络电话所占用的通信资源大大减少，节省了长途通信费用。

网络电话的一种通话方式是从计算机到计算机通话，用户双方通过在计算机里安装软件，在因特网上实现端对端实时的通话，但话音质量较差。另一种方式是利用电话和计算机两种工具通话，此方式包括 3 种通话形式：电话到计算机、计算机到电话、电话到电话。其中，最后一种由于与传统电话相连接的是普通电话线路，能够实现传统电话的各项功能，是目前最有前途和市场的一种方式。

IP 电话系统和传统的电话系统在性能特性方面有许多本质的不同：电话系统是基于模拟信号交换的，IP 电话是基于数字信号交换的；电话系统的“长处”是可以连续实时地传送声音，传送数据时却显得“能力不足”；IP 则相反，它适合传送不同步的数据到任何地方，但对传送实时性数据则不可靠，其主要是受传输带宽和机器性能的限制。如果有一个快速的线路连接和合理配置的机器，通过因特网交谈也可以很容易地达到长途电话的质量。

IP 电话的工作过程如下。

1）在开始因特网电话交谈前，要求交谈双方均在线。

2）连接。通话一方敲入通话方的 E-mail 地址，软件便会自动连接。需要注意的是，通话双方都需要运行相同的电话软件。

3）通话。连接成功后，每个人所说话的声音通过扩音器，立刻被记录、转换为数字数据，并通过因特网传送。

IP 电话转发模型如图 7-24 所示。

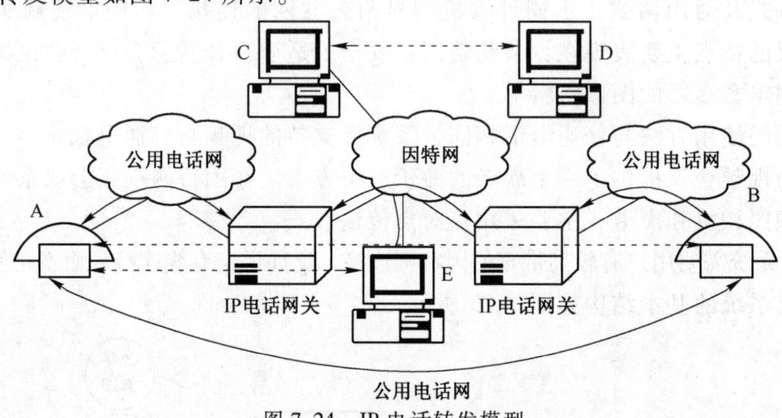

图 7-24　IP 电话转发模型

图中：C 到 D 的多媒体 PC 用户之间的通信，无须经 IP 电话网关；电话 A 和电话 B 之间的通话必须经过 IP 电话网关。图中，实线表示物理连接，虚线表示逻辑连接。

7.11　习题

1）简述网络互联的概念及其特点和要求。

2）接入 Internet 有哪几种常用的方法？

3）简述 Internet 的正面影响和负面影响。

4）因特网需要解决的关键问题有哪些？

5）什么是 TCP/IP？TCP/IP 的特点是什么？

6）为什么要使用地址解析服务？

7）简述 RIP 的工作过程。

8）如何实现 IP 多播技术？

9）如何进行 IPv4 与 IPv6 之间的地址转换？

10）简述电子邮件系统的基本组成部分。

11）简述文件传输的工作过程。

12）因特网接入方法有哪些？试简述各种方法的接入过程。

第8章 网络安全与管理

计算机网格是重要的信息基础设施，是一种虚拟计算环境，它将分布异地的计算、存储、网络、软件、信息、知识等资源连成一个逻辑整体，而实现网络上资源共享，消除信息孤岛和资源孤岛。计算机网络给网络通信带来了极大的好处，但随着网络通信的发展，其动态性、多样性、广阔性的环境，以及开放性、用户的复杂性等特点使网络安全形势与挑战日益严峻复杂，安全问题已成为事关国家安全的重要问题。因此，要保证网络能够持续、稳定和安全、可靠、高效地运行，使网络能够充分发挥其作用，就需要各种安全技术方案解决，实施一系列的安全和管理措施。

8.1 网络安全概述

随着通信技术、信息技术和网络的发展，信息的传播已经超越地理空间的限制，网络安全威胁的范围和内容不断扩大和演化，网络安全的内涵及其安全技术伴随着安全威胁的变化也在不断地延伸、扩展和深入。本节主要介绍一些网络安全方面的基本概念和基本知识。

8.1.1 网络安全的概念及基本要素

1. 网络安全的概念

网络安全涉及计算机科学、网络技术、通信技术、密码技术、信息安全技术、应用数学、数论、信息论等多种学科，是一个非常复杂的问题，安全问题不仅是技术方面的问题，还涉及人的心理、社会环境以及法律等多方面内容。在计算机网络系统中，多个用户共处在一个大环境中，系统资源是共享的，用户终端可以直接访问网络和分布在各用户处理机中的文件、数据和各种软件、硬件资源。随着计算机和网络的普及，政府、军队的核心机密和重要数据、企业的商业机密，甚至是个人的隐私都存储在互联的计算机中，由于系统原因和不法之徒千方百计地“闯入”、破坏，使有关方面蒙受了巨大的损失。

网络安全是指通过各种技术手段和管理措施，使网络系统正常运行，防止网络系统中共享的软件、硬件和数据等各种资源受到有意和无意的各种破坏，或被非法侵用等。

网络安全的具体含义对不同用户来说是有区别的，例如：对个人来说，网络安全的含义是希望涉及个人隐私或商业利益的信息在网络上传输时受到机密性、完整性和真实性的保护；对企业来说，网络安全的含义是通过加密措施来实现内部信息的机密性、完整性和真实性的保护。

2. 网络安全的基本要素

网络安全的基本要素包括保密性、完整性、可用性、可控性及可审查性，这些特性是衡量信息网络安全的标准。

（1）保密性

保密性也称机密性，是指按规定要求，数据信息不泄露给非授权用户、实体或过程，或供授权用户、实体或过程利用的特性。保密性强调的是有用信息只被授权用户使用的特性。

（2）完整性

完整性是指数据信息未经授权不能进行改变的特性，即信息在存储或传输过程中保持不被修改、不被破坏和丢失的特性。

（3）可用性

可用性是指数据信息可被授权实体访问并按需求使用的特性，即当需要时能否存取所需的数据信息，即使系统遭受攻击与破坏时，也能迅速恢复并被使用。

（4）可控性

可控性是指对系统中数据信息的传播及内容具有控制、稳定、保护、修改的能力，即对网络中的信息在一定传输范围和存储空间内可控。可审查性主要确保网格环境中的用户不能否认对网格发出的行为；审计主要用于记录网格环境中的用户行为和资源的使用情况，通过对审计日志进行分析，可完成报警功能。此外，网格环境的特点使网格环境有特殊的安全需求。

（5）可审查性

可审查性又称不可否认性，是系统出现安全问题时能够提供依据的方法和手段。可审查性是指确保网格环境中的用户不能否认对网格发出的行为，即记录、审查、确认在网络信息交换过程中，信息交换双方所提供的信息是否真实，能够用于审计使用。在计算机网络中，审计主要用于记录网络环境中的用户行为和资源的使用情况，通过对审计日志进行分析，可完成跟踪、查询、报警等功能。

3. 网络安全的基本内容

计算机网络安全的内容包括硬件设备、网络中的各种软件和数据等多方面的内容。

（1）网络实体安全

网络实体安全是对网络中的各种物理设备进行安全保护，防止网络中物理设备被损坏、盗窃和破坏所采取的安全措施。实体安全是网络信息安全的基础，包括环境安全、设备安全和传输媒体安全3方面的内容。环境安全，如机房的温度、湿度、电磁、噪声，以及防尘、防静和防振动情况等；设备安全，如场地防盗、防水灾、放火、防有害气体，以及建筑物、电源等方面的安全；传输媒体的安全，如防盗、防破坏、防自然环境所造成的损伤等。

（2）软件及数据安全

软件和数据是网络中最核心的资源，也是网络中的共享资源。软件和数据安全就是要保护网络系统不被非法侵入，系统软件与应用软件不被非法复制、篡改、不受病毒的侵害等；保护数据不被非法存取，确保其完整性、一致性、机密性等。

数据安全侧重于保护信息的保密性、真实性和完整性。避免攻击者利用系统的安全漏洞进行窃听、冒充、诈骗等有损于合法用户的行为。其本质是保护用户的利益和隐私。数据安全可采用用户口令鉴别，用户存取权限控制，数据存取权限、方式控制，安全审计，安全问题跟踩，计算机病毒防治，数据加密等技术手段实现。

（3）安全管理

保障网络安全，除技术手段外，管理是保证网络安全不可缺少的重要部分。要保证系统的安全性就必须实施有效的安全管理。如在运行期间对突发事件的安全处理，包括采取计算机安全技术、建立安全管理制度、开展安全审计、进行风险分析等。

(4) 系统运行安全

系统运行安全是保证系统正常运行的方法和手段，如避免因为系统的崩演和损坏而对系统存储、处理和传输的消息造成破坏和损失；避免由于电磁泄翻产生信息泄露，干扰他人或受他人干扰；内外网的隔离机制的设置；运行检测、检查、评估、跟踪、审计、补丁处理、灾难恢复、系统升级改造等。

(5) 信息传播安全

网络上信息传播安全即信息传播后果的安全，包括信息过滤等。它侧重于防止和控制由非法、有害的信息进行传播所产生的后果，避免公用网络中传输的信息失控。

(6) 系统和应用安全

系统安全主要是指为保证系统正常运行，对操作系统、数据库系统、网络系统实施的安全措施，包括技术的、管理的等；应用安全主要是确保应用软件开发平台的安全、应用系统的数据安全。

8.1.2 网络安全等级

不同系统有不同的安全性要求，需要有标准的安全等级标准支持。

1. DOD 标准

《DOD 可信计算机系统评估标准》是美国国防部于 1985 年正式颁布的安全标准。标准中将计算机安全等级划分为 D、C1、C2、B1、B2、B3、A 共 7 个等级。其中 D 级为最小保护。在 D 级中，几乎没有专门的安全保护机制，DOS、Windows 等都属于这一级别，在 D 级后的各级别中，逐步加强对用户访问权限的控制。

(1) D 级

D 级不具备安全特征，保护措施很小，没有安全功能。D 级的系统对用户没有验证，系统不要求用户登记，任何人都可以随意使用。所以，D 级系统是不可靠的，系统很容易被侵袭。

(2) C 级

C 级中包括 C1 和 C2 两个级别。

C1 级又称有选择性安全保护系统。C1 级具有选择存取控制，用户与数据分离，以用户组为单位对数据保护的功能。C1 级要求硬件有一定的安全级，用户在使用前必须登录到系统，并设置访问文件和目标的权限。典型的系统如 UNIX。C1 级提供自主式安全保护，它通过将用户和数据分离满足自主需求。C1 级将各种控制组合在一起，对不同用户给予不同的访问权，用户能够保护个人信息。由于 C1 级处于用户直接访问操作系统的根部，无法控制进入系统访问的级别和权限，所以 C1 级系统存在硬件受到损害、系统不足以保护敏感信息等缺点。

C2 级与 C1 级相比，增加了受控访问环境设置。环境设置具有进一步限制用户执行某些命令或访问控制的权限，增加了身份验证。系统还增加了审计功能，对发生的事件进行日志记录处理。

(3) B 级

B 级中包括 B1、B2 和 B3 三个级别。

B1 级为标记安全防护级。其中，标记是指网络系统中的一个对象在安全防护计划中是受保护的和可识别的。B1 级支持多级安全，并提供对敏感信息的保护。B1 级要求系统必须对主要数据结构加载敏感度标签，系统必须给出有关安全策略的模型、数据标签，以及精确标识输出信息的能力。

B2 级为结构化保护级，它要求系统有特殊的系统管理员和操作员，以及严格的配置管理控制能力。B2 级还要求系统中的所有对象都加上标签，给设备分配安全级别。

B3 级系统为安全域级，对系统结构做了进一步的限制。B3 级要求支持安全管理员功能，需要可信系统恢复过程，以将审计机制扩充到信号的安全相关事件。

（4）A 级

A 级为验证设计级，是最高安全级。A 级系统具有非常全面的安全机制。A1 级在具有其他各级所有特性的基础上，增加了安全系统受监功能。A1 系统要求所有系统部件必须具有安全保证。

2. 欧洲标准

欧洲的信息技术安全评测标准定义了 E0~E6 共 7 个评估级别，各级别在安全特征和安全保证之间具有明显区别，具体如表 8-1 所示。

表 8-1 欧洲的信息技术安全评测标准基本特征

级别	特　性
0	安全保障不充分
1	有一个安全目标，一个对产品或系统体系结构设计的非形式描述。功能测试用于测试安全目标达到的情况
2	在 1 级基础上，有对详细设计的非形式的描述，对功能测试的结果必须进行评估。要求系统有配置控制系统和认可的分配过程
3	在 2 级基础上，对与安全机械制相对应的源代码、硬件设计图等进行评估，并评估测试证据
4	在 3 级基础上，有支持安全目标的安全策略的基本形式模型。要求说明安全加强功能、体系结构、详细的设计等情况
5	在 4 级基础上，要求详细的设计和源代码、硬件设计图之间有密切的对应关系
6	在 5 级基础上，要求正式说明安全加强功能和体系结构设计，使其与安全策略的基本形式模型一致

8.1.3 网络威胁与安全风险

1. 威胁产生的主要原因

威胁是指对资产构成损失威胁的人、物、事、想法等因素。其中，资产是进行风险分析的核心内容，它是系统保护的对象，网络系统中的资产主要是数据。威胁会利用系统所暴露出的弱点和要害之处对系统进行攻击，威胁包括有意和无意两种。

计算机网络与通信技术的快速发展与广泛应用，使其安全性也开始下降，给非法用户、犯罪分子提供了机会。对计算机网络来说，产生威胁的原因有多种，但归纳起来主要有以下几种。

（1）环境

计算机网络通过有线链路或无线电波连接不同地域的计算机或终端，线路中经常有信息传输，因此，自然环境和社会环境对计算机网络都会产生巨大的不良影响。对于自然界，恶劣的温度、湿度、防尘条件、地震、风灾、火灾等天灾以及事故都会对网络造成严重的损害和影响；强电、磁场会毁坏传输中和信息载体上的数据信息；计算机网络还极易遭雷击，雷电能轻而易举地穿过电缆，损坏网络中的计算机，使计算机网络瘫痪。对于社会，社会不安定，没有良好的社会风气也会增加对网络的人为破坏，给系统带来毁坏性的打击。

（2）资源共享

计算机网络中的资源共享，包括硬件共享、软件共享、数据共享。各个终端可以访问主计算机的资源，各个终端之间也可以相互共享资源，这样为异地用户提供了方便，同时也给非法用户窃取信息、破坏信息创造了条件，非法用户有可能通过终端或节点进行非法浏览、非法修改。此外，由于硬件和软件故障也会引起泄密。同时，大多数共享资源（如网络打印机）同它们的许多使用者之间有相当一段空间距离，这样就给窃取信息在时间和空间上留下了可乘之机。

（3）数据通信

计算机网络要通过数据通信来交换信息，这些信息是通过物理线路、无线电波以及电子设备进行的，这样，在通信中传输的信息极易遭受损坏，如搭线窃听、网络线路的辐射等都对信息的安全造成威胁。

（4）计算机病毒

计算机网络可以从多个节点接收信息，因而极易感染计算机病毒，病毒一旦侵入，在网络内再按指数增长进行再生和传染，很快就会遍及网络各节点，在短时间内就可能造成网络的瘫痪。

（5）网络管理

网络系统的正常运行离不开系统管理人员对网络系统的管理。由于对系统的管理措施不当，会造成设备的损坏、保密信息的人为泄露等。而这些失误，人为的因素是主要的。

2. 威胁的基本类型

（1）设置后门/陷阱门

后门是进入系统的一种方法，通常是由设计者有意建立起来的。陷阱门是后门的一种形式。后门/陷阱门一般用户是不知道的。

（2）错误处理

错误处理是指由于有意或无意的输入错误造成的对网络安全的威胁。

（3）异常运行

异常运行是指在正常操作下，系统中的信息无法使用的计算机错误行为。它包括无端废弃某系统、使端口处于停顿状态、文件被删除和修改、关键程序丢失等。

（4）辐射

辐射是指电磁信号辐射对安全构成的威胁。辐射能导致密码泄露或由于产生巧合电磁信号肇事。

（5）篡改运行

篡改运行是指非授权人修改计算机程序，使它在某种特殊条件下按某种不同的方式运行。篡改常用于盗用或随机改变某些数据。

（6）错误处理

错误处理是指系统没有按用户指定的方向传递信息，或系统处理方式不正确。

（7）利用废弃信息

利用废废弃信息是指在废弃信息中寻找可用来对系统产生威胁的信息。

(8) 截获/篡改

截获/篡改是指未经授权利用某些实用程序去截获传输中的信息，并对所截获的信息进行修改、破坏、复制、泄露等。

(9) 偷窃资源

偷窃资源包括偷窃设备、偷窃信息和偷用服务等。

(10) 特洛伊木马

特洛伊木马是指系统在执行任务过程中，执行的任务不是所指定执行的任务。

(11) 版本控制

版本控制是用于对文件内容唯一性和对文件新旧版本的控制。

(12) 服务欺骗

服务欺骗是指欺骗合法用户或系统，骗取合法用户财产或进行其他一些犯罪活动。

(13) 其他

除上述威胁外，威胁还包括冒名顶替、行为否认、资源耗尽、窃听、伪造信息等多种。

3. 安全风险的概念及特点

风险是指事件发生的可能性，安全风险是指危险发生的可能性，即对网络造成破坏、产生威胁，给网络造成损失的可能性。

对网络系统来说，如果它是安全的，就应具有如下特点。

- 保持各种数据的机密。
- 保持所有信息、数据及系统中各种程序的完整性和准确性。
- 保证合法访问者的访问和接受正常的服务。
- 保证各方面的工作符合法律、规则、许可证、合同等标准。

就安全风险来说，其特点主要表现在如下几点。

- 不同的系统环境风险不同。
- 风险不会自行组织，它产生的主要因素是人。
- 不同的风险对网络安全的威胁与造成的后果不一样。
- 各种风险性的可能性和严重性是不同的。

4. 安全风险产生的因素

安全风险来自于威胁。之所以在环境、资源共享、数据通信、计算机病毒、网络管理等方面产生威胁，存在安全风险，主要是由于网络系统本身存在缺陷，软件系统存在漏洞和隐患、安全防护措施存在缺陷和不到位，以及法律及管理的不完善等问题，这些问题为窃听信息、截获信息、服务欺诈、篡改发送、物理破坏等提供了可能性，是安全风险产生的重要因素。

8.2 网络安全保障体系与网络安全基本模型

计算机网络安全需要有相应的体系作为保障，了解计算机网络安全保障体系，有助于构建安全的计算机网络系统，并进行网络安全方案的规划、设计和实施。

8.2.1 网络安全保障体系

1. 网络安全保障体系的作用

目前，我国除企事业各部门的网络系统应用外，仅网民规模及手机用户规模多达数亿人。随着计算机网络技术与通信技术的发展，网民及手机用户的的规模每天都在增加。网络系统中存有庞大的信息，其中很多信息是需要保密的，不能被窃取的，不能被篡改和被破坏的，不能被丢失的。而网络上信息又不能被存到银行的保险箱里，以保其万无一失，只要黑客技术够厉害，就能轻而易举地得到。

虽然网络与通信技术，以及信息安全技术在高速发展和不断完善，技术不是一切，只靠技术不能够完全实现保证网络的安全。网络安全保障体系的作用和意义就是在系统中，通过对整个系统的风险分析，制订并执行相应的安全保障策略，从技术、管理、工程和人员等方面提出安全保障要求，确保系统的保密性、完整性和可用性，降低安全风险到可接受的程度，从而保障系统实现组织机构的使命。

早在2003年，国家信息化领导小组就网络安全保障工作发布了《国家信息化领导小组关于加强信息安全保障工作的意见》（[2003] 27号），简称“27号文”的文件。“27号文”总体要求：坚持积极防御、综合防范的方针，全面提高信息安全防护能力，重点保障基础信息网络和重要信息系统安全，创建安全健康的网络环境，保障和促进信息化发展，保护公众利益，维护国家安全。“27号文”给出了建立网络安全保障体系的主要原则和任务，是我国信息安全保障工作总体纲领。

“27号文”对建设建立网络安全保障体系所提出的主要原则：立足国情，以我为主，坚持技术与管理并重；正确处理安全与发展的关系，以安全保发展，在发展中求安全；统筹规划，突出重点，强化基础工作；明确国家、企业、个人的责任和义务，充分发挥各方面的积极性，共同构筑国家信息安全保障体系。

网络安全保障体系的主要任务是重点加强网络的安全保障工作。具体来说主要包括实行信息安全等级保护；加强以密码技术为基础的信息保护和网络信任体系建设；建设和完善信息安全监控体系；重视信息安全应急处理工作；加强信息安全技术研究开发，推进信息安全产业发展；加强信息安全法制建设和标准化建设；加快信息安全人才培养，增强全民信息安全意识；保证信息安全资金；加强对信息安全保障工作的领导，建立健全信息安全管理责任制。

综观世界各国信息安全保障工作情况，由于各国之间历史、国情、文化不同，所以在网络安全保障方面，具体的重点保护对象有所差异，但共同特点都是将信息安全视为国家安全的重要组成部分；重视对基础网络和重要信息系统的监管和安全测评；重视信息安全事件应急响应，并普遍认识到公共私营合作伙伴关系的重要性，积极推动信息安全立法和标准规范建设，将与国家安全、社会稳定和民生密切相关的关键基础设施作为信息安全保障的重点。

2. 网络安全保障体系的基本内容

网络安全保障体系的基本内容主要包括网络安全策略、网络安全管理、网络安全运作、网络安全技术4个方面。

网络安全策略主要包括网络安全战略、网络安全政策、网络安全标准等，网络安全策略是网络安全保障体系的核心。

网络安全管理主要包括网络安全意识、网络安全管理的组织结构、网络安全管理的审计和监督等。网络安全管理属于企业和部门的行为。

网络安全运作包括网络安全实施的流程、网络安全对象（包括人、物理设备、软件、数据等）等。网络安全运作属于日常管理行为。

网络安全技术包括密码技术、识别与鉴别技术、认证技术、防火墙技术、备份技术、审核与跟踪技术等各种用于保障网络安全的技术，以及网络安全服务、用于保障网络安全的各种物理设施、软件等。网络安全技术是网络安全保障体系的基础。

8.2.2 网络安全机制与安全攻防

1. 网络安全机制

机制，原指机器的构造和动作原理，指有机体的构造、功能及其相互关系。把机制的本义引申到不同的领域，就产生了不同的机制。将“机制”一词引入网络安全的研究，用“网络安全机制”一词来表示。网络安全机制用于提供安全服务，是指网络系统内用于保障网络安全的运作方式。如加密机制、数字签名机制、访问控制机制、数据完整性机制、认证机制、公证机制、网络安全管理机制、安全预警机制等。网络安全机制是实现网络安全的基本保障。

作为机制，应该是完善和长效的。对于网络系统来说，网络安全机制的制订方针：积极防御，综合防范。

2. 网络安全攻防

实现网络安全的最基本的一个原则：积极防御、综合防范。为了实现有效的防御就要有好的防御技术，而好的、有效的防御技术是建立在了解和掌握攻击技术基础上的，这就叫作“知己知彼，百战不殆”。

研究网络攻击技术并不意味着用于主动攻击网络，其意义在于：当一个新技术出现时，为保证网络安全，应立即去研究这个新技术会带来什么安全性问题，以及如何应对可能出现的安全性问题。所以，针对网络安全问题，尽量减少做“亡羊补牢”的事，而是要尽量在安全问题出现之前做好应对方案，使攻击无计可施，这就是所谓的防御。因此，建立网络安全功防体系对网络安全来说是非常重要的。

目前，主要的网络攻击技术有网络蠕虫攻击、网络协议层的攻击、网络入侵、网络后门、网络隐身、网络监听、网络扫描等。网络防御技术主要有加密技术、防火墙技术、入侵检测技术、操作系统安全配置技术，以及用于保障网络安全的各种安全机制等。

8.3 保密技术

保密技术是数据处理系统和通信系统中的一个重要研究课题，它涉及物理方法、存取数据的管理和控制、数据加密等数据安全保护机构。密码技术是实现保密与安全的有效方法。

密码技术分加密和解密两部分。加密是对信息进行编码实现对信息隐藏的技术，把需要加密的报文按照以密码钥匙（简称密钥）为参数的函数进行转换，产生密码文件。解密是对密码进行分析和破译的技术，按照密钥参数进行解密还原成原文件。利用密码技术，在信源发出与进入通信信道之间进行加密，经过信道传输，到信宿接收时进行解密，以实现网络通信保密。加密/解密模型如图 8-1 所示。

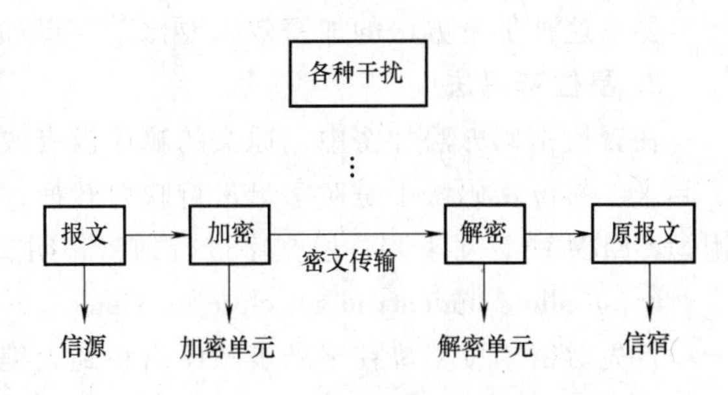

图 8-1　加密/解密模型

对于密码系统，可以从将明文转换成密文的操作方式、对明文的处理方法、使用密码钥匙（简称密钥）和传输加密方式 4 个方面进行研究。

8.3.1　置换密码和易位密码

将明文转换成密文的操作方式主要包括置换和易位两种。置换是将明文的每个元素转换成其他另一个元素，易位是对明文中的元素进行重新排布。

1. 置换密码

置换密码方式包括单字母加密和多字母加密两种方法，它是用一个字母代替另一个字母，或用一组字母代替另一组字母。

（1）单字母加密

置换进行单字母转换的方法很多，比如移位映射法、倒映射法、步长映射法等，如图 8-2 所示。

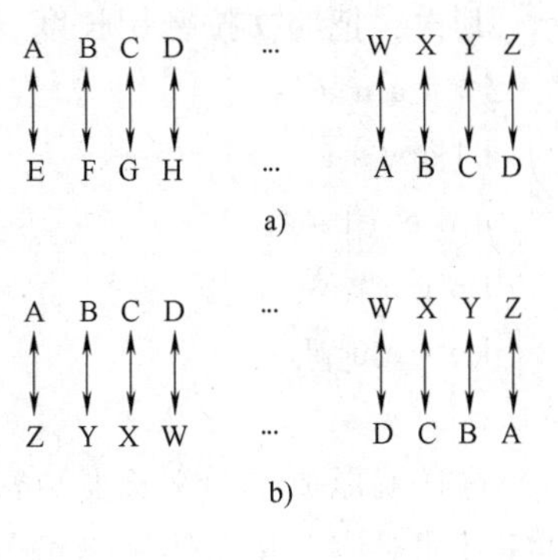

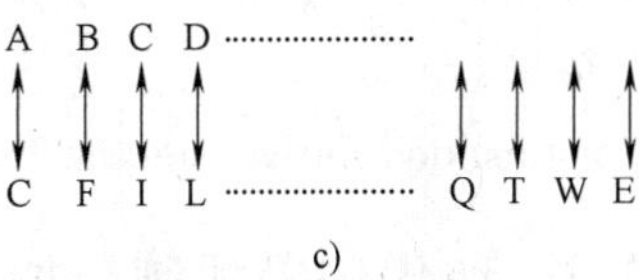

图 8-2　单字母加密
a）移位映射法
b）倒映射法　c）步长映射法

（2）多字母加密

在单字母代换方法中，密钥是对应于全部 26 个英文字母的字符串，而多字母加密方法，密钥是一个简短且便于记忆的词或短语。比如费杰尔（Vigenere）密码，它设有一个含有 26 个凯撒字母的方阵，如图 8-3 所示。

其加密方法是选择一个简短的单词做密钥，例如选用 GOODBYE 做密钥，重复密钥在原文上方，则原文每个字母上方所对应的字母在方阵中所在的行就是原文中各字母在字母方阵中所处的行，各字母在正常字母序列中的顺序号就是其在字母方阵中所处的列。处在方阵中被映射位置上的字符就是密码符，例如：明文中的字符“C”，其与密钥中的“K”对应，则“C”在方阵中被确定为第 16 行，即由“K”为首字符的行；由于“C”字符在英文字母表的正常顺序号为 3，所以“C”在方阵中被确定为第 3 列。此时，方阵中的字符“M”就是明文“C”字符的密码符号。

第一行　A B C D E F G H I J K L M N O P Q R S T U V W X Y Z
第二行　B C D E F G H I J K L M N O P Q R S T U V W X Y Z A
第三行　C D E F G H I J K L M N O P Q R S T U V W X Y Z A B

⋮　　⋮　　⋮

第二十四行　X Y Z A B C D E F G H I J K L M N O P Q R S T U V W
第二十五行　Y Z A B C D E F G H I J K L M N O P Q R S T U V W X
第二十六行　Z A B C D E F G H I J K L M N O P Q R S T U V W X Y

图 8-3　凯撒字母方阵

显然这种加密方法的加密效果要比单字母加密方法好，并且密钥越长效果越佳。

2. 易位密码法

在置换密码方法加密中，原文的顺序没有改变，而是通过各种字母映射关系把原文隐藏了起来。易位密码法不是对字母进行映射转换，而是重新安排原文字母的顺序。例如，设密钥为GERMAN，对下列一段文字进行加密，明文（原文）如下：

it can allow students to get close up views

首先对密钥按字母在字母表顺序由小到大编号，结果为

G E R M A N

3 2 6 4 1 5

其次，把明文按密钥长度，按原文顺序排列，结果为

i t c a n a

l l o w s t

u d e n t s

t o g e t c

l o s e u p

v i e w s

这样就形成了明文长度与密钥长度相同的新的明文格式。明文各列与密钥中的各字母及其编号相对应。按密钥字母编号由小到大顺序，把明文以此顺序按列重新排列就形成了密文，结果：

nsttustldooiilutlvawneewatscpcoegse

8.3.2 现代密码体制与加密算法

1. 对称型加密

对称密码体制是从传统的简单易位代替密码发展而来的，自1977年美国颁布DES密码算法作为美国数据加密标准以来，对称密钥密码体制得到了迅猛发展，在世界各国得到了关注和使用。对称密码体制从加密模式上可分为序列密码和分组密码两大类。对称算法是传统、常用的算法，其主要特点是加解密双方在加解密过程中要使用完全相同的密码。

(1) 序列密码

序列密码一直是作为军事和外交场合使用的主要密码技术之一，它的主要原理是通过有限状态机产生性能优良的伪随机序列，使用该序列加密信息流（逐位加密）得到密文序列，所以，序列密码算法的安全强度完全决定于它所产生的伪随机序列的好坏。序列密码的优点是错误扩展小，速度快，利于同步，安全程度高。序列密码的缺点是明文扩散性差，插入信息的敏感性差，需要密钥同步。

(2) 分组密码

分组密码的工作方式是将明文分成固定长度的组（块），如64位一组，用同一密钥和算法对每一块加密，输出也是固定长度的密文。例如DES密码算法的输入为64位明文，密钥长度56位，密文长度64位。

DES算法加密时把明文以64位为单位分成块，而后用密钥把每一块明文转化成同样64位的密文块。DES可提供72,000,000,000,000,000个密钥，用每微秒可进行一次DES加密

的机器来破译密码需两千年。采用 DES 的一个著名的网络安全系统是 Kerberos，是网络通信中身份认证的工业上的事实标准。

在对称算法中，尽管由于密钥强度增强，跟踪找出规律破获密钥的机会大大减小了，但由于加解密双方要使用相同的密码，在发送接收数据之前，就必须完成密钥的分发。因此，密钥的分发成了该加密体系中的最薄弱的环节。例如，有 n 方参与通信，若 n 方采用同一对称密钥，一旦密钥被破解，整个体系就会崩溃；若采用不同的对称密钥则需 n（n-1）个密钥，密钥与通信方平方数成正比。这就使对大系统密钥的管理几乎成为不可能。

另外，由于上述弱点，密码更新的周期加长，给其他人破译密码提供了机会。

常用对称加密算法如表 8-2 所示。

表 8-2 常用对称加密算法

DES 数据加密标准(Data Encryption Standard)	是一种块密码,使用 54 位的密钥对 64 位数据块进行操作
IDEA 国际数据加密算法(International Data Encryption Algorithm)	是一种块密码,使用 128 位长的密钥;IDEA 是一种欧洲标准,它在执行速度和反解密的加密安全性上都优于 DES

总之，因为对称密钥密码系统具有加解密速度快、安全强度高等优点，在军事、外交以及商业应用中的使用越来越普遍。

2. 非对称密钥密码技术

非对称密钥算法也称公钥加密算法，用两对密钥：一个公共密钥和一个专用密钥。用户要保障专用密钥的安全；公共密钥则可以发布出去。公共密钥与专用密钥是有紧密关系的，用公共密钥加密的信息只能用专用密钥解密，反之亦然。由于公钥算法不需要联机密钥服务器，密钥分配协议简单，所以极大地简化了密钥管理。除加密功能外，公钥系统还可以提供数字签名。公共密钥加密算法中使用最广的是 RSA。

RSA 是由 Receive、Shamir、Adelman 等提出的第一个公钥密码体制。RSA 使用两个密钥，一个公共密钥，一个专用密钥。如用其中一个加密，则可用另一个解密，密钥长度从 40~2048 位。用 RAS 算法，加密时把明文分成块，块的大小可变，但不能超过密钥的长度，RSA 算法把每一块明文转化为与密钥长度相同的密文块。密钥越长，加密效果越好，但加密解密的开销随密钥大小成正比，所以要在安全与性能之间折中考虑。

RSA 的一个比较知名的应用是 SSL（SSL 的中文含义是安全套接字层协议，是美国 Netscape 公司与 1996 年推出的一种安全协议，建立在 TCP/IP 之上的提供客户和范围器服务器双方网络应用安全通信的开放式协议）。在美国和加拿大，SSL 用 128 位 RSA 算法，由于出口限制，在其他地区（包括中国）通用的则是 40 位版本。

公用密钥的优点在于，在用户不知道实体是谁的情况下，只要服务器认为该实体的认证（CA）是可靠的，就可以进行安全通信。公用密钥的特性在 Web 商务中具有重要的应用价值，例如信用卡购物。信用卡购物中，服务方对自己的资源可根据客户 CA 的发行机构的可靠程度来授权。

公共密钥方案较保密密钥方案处理速度慢，因此，通常把公共密钥与专用密钥技术结合起来实现最佳性能，即用公共密钥技术在通信双方之间传送专用密钥，而用专用密钥来对实际传输的数据加密解密。另外，公钥加密也用来对专用密钥进行加密。

3. 不可逆转算法

不可逆转算法是一种不需要密钥进行加密，经加密的数据无法被解密，只有当同样的输入数据经过同样的不可逆加密算法时，才能够得到相同加密数据的加密技术。不可逆转算法的特点：系统无密钥保管和分发问题。不可逆转算法适合在分布式网络系统上使用。典型的不可逆转算法：

- RSA 公司的 MD5 算法。
- SHS 标准，美国国家标准局建议的可靠不可逆转加密标准。

8.3.3 通信加密

1. 通信加密方式

利用密码技术实现数据加密，对网络系统十分重要。数据加密方式的划分如图 8-4 所示。

通信加密是对通信过程中传输的数据加密。

(1) 节点加密

节点加密是相邻节点之间对传输的数据进行加密。节点加密的原理：在数据传输的整个过程中，传输链路上任意两个相邻的节点，一个是信源，一个是信宿。除传输链路上的头节点外，每个相对信源节点都先对接收到的密文进行解密，把密文转变成明文，然后用本节点设置的密钥对明文进行加密，并发出密文，相对信宿节点接到密文后重复信源的工作，直到数据达到目的终端节点。在节点加密方式中，如果传输链路上存在 n 个节点，包括信息发出源节点和终止节点，则传输路径上最多存在 n-1 种不同的密钥。节点加密过程如图 8-5 所示。

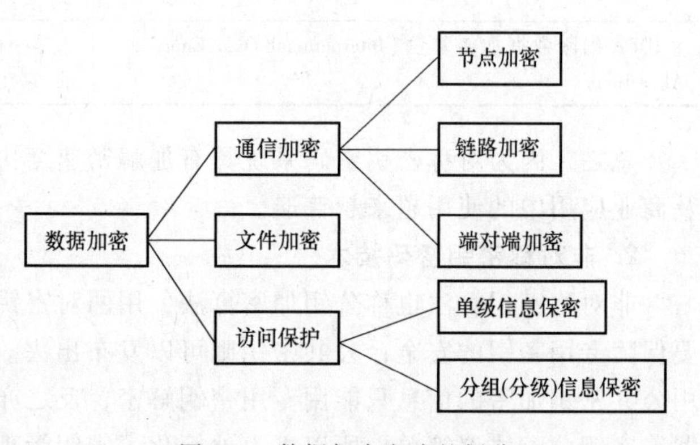

图 8-4　数据加密方式的划分

(2) 链路加密

链路加密是在通信链路上对传输的数据进行加密，这种加密方法主要是通过硬件来实现。其加密原理是明文每次从某一个发送节点发出，经过通信站时，利用通信站进行加密形

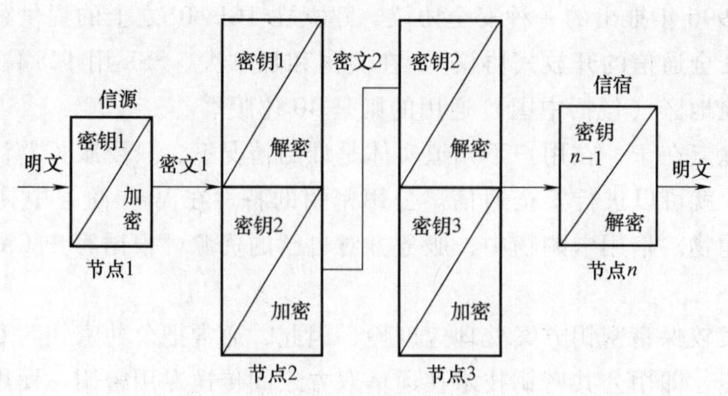

图 8-5　节点加密过程

成密文，然后再进入通信链路进行传输；当密文经链路传输到达某一个相邻中继节点或目的节点时，先经过通信站对密文进行解密，然后节点接收明文。链路加密过程如图 8-6 所示。

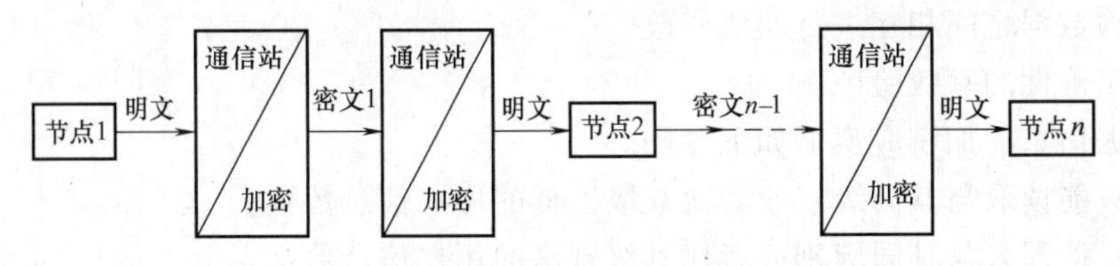

图 8-6 链路加密过程

(3) 端对端加密

这种加密方式的加密是在报文传输初始节点上实现的，在数据传输整个过程中，报文都是以密文方式传输，直到报文到达目的节点时才进行解密。端对端加密过程如图 8-7 所示。

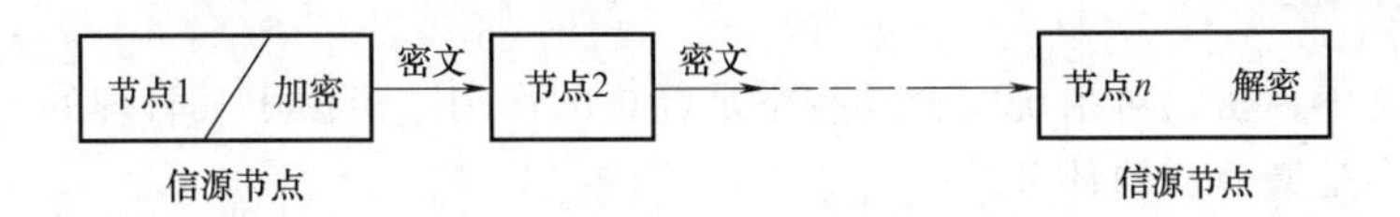

图 8-7 端对端加密过程

上述 3 种加密方式的特点及适用范围如下。

节点加密方式中，通信信道中的任一个中继节点在传送报文到达目的节点的过程中，都需要进行路由选择。因此，加密只能对报文加密，而不能对报头信息进行加密。这就使得报务分析很容易对通信传输中的数据进行分析、获取信息。

链路加密方式对整个报文进行加密（包括报头信息和报文数据）。由于这种方式的加密是物理加密，所以容易泄密。在网络链路中中继节点较少的情况下比较适用。

端对端加密方式中，数据加密是在会话的各终端由进程来处理的，加密时报头仍为明文形式。它对防止线路“串扰”各种搭线窃听，以及防止网络软件泄漏等情况非常有效。端对端加密方式属于表示层的功能，它有效地提高了系统灵活性，但却增加了主机的负担，所以，不十分适合非智能终端。

2. 访问保护

文件加密是对存储数据进行的加密，它主要是通过访问控制实现的。文件加密分单级加密和多级（或称分级）加密两种，在控制上一方面与用户或用户组相关，另一方面与数据有关。

(1) 单级数据信息保密

单级数据信息保密是指对需要进行保密的数据信息一视同仁，不对这些数据信息进行保密级别划分的保密方式。

(2) 多级数据信息保密

多级数据信息保密是指对需要进行保密的数据信息按数据信息的重要程度，分成若干个保密等级的保密方式。

在文件保密中，对用户或用户组的访问控制称为特权。许多实际的局域网系统都采用两级特权方式实现加密。

单级数据信息加密的实现比较简单，而多级数据信息的加密较为复杂。一般多级数据信息的加密应具有如下特征。

- 每次访问都遵循绝对保密的规则。
- 不允许数据之间相互进行非法修改。
- 访问正确性的有效验证。

多级数据信息的加密应遵循如下原则。

- 用户只能读取与其同级别或者比其级别低的用户信息数据。
- 用户只能写入与其同级别或者比其级别高的用户信息数据。

在多级数据信息保密方式中，可以实行可变级别的数据信息保密。可变级别的数据信息保密是终端或主机可以在不同的时刻工作在不同的保密级别上。多级数据信息保密是在接收点允许传送主机最高级以下的各种保密级别的数据信息。

8.3.4 密钥管理

在安全系统中，密钥对系统安全具有举足轻重的作用。但由于其管理的复杂性，密钥管理在安全系统中是最薄弱的环节之一。

1. 密钥的生命周期

密钥的生命周期是指密钥被授权使用的周期。对任何一个密钥来说，如果使用时间太长或使用次数过多，就会受到分析的威胁，并增加密文被攻击的威胁。为了限制危险的发生，减少危险，就必须限定密钥使用期，对密钥设置生命周期。

密钥的生命周期是从密钥产生开始到终止其使用的整个期间。在密钥的整个生命周期中，密钥随时都有可能被入侵者修改或替代。所以，除公匙外所有密钥在其生命周期内都需要加强保护，使密钥的完整性得到保护并保密。

密钥的生命周期主要包括如下 5 个阶段。

1）密钥的创建和注册。

2）密钥分发。

3）密钥启用到停用。

4）密钥撤销。

5）密钥销毁。

保证密钥安全的方法很多，根据实际情况采取不同的措施，使用不同的方法。

密钥保存主要采用物理方法。物理方法是将密钥保存在物理上最安全的地方。

密钥传输可采用由可信、可靠者分发，将密钥分解成几个部分，由不同的分发者分发或对密钥加密等方法。

2. 公匙和密钥分发

公匙和密钥分发是指将公匙或密钥发给进行数据交换的双方。在分发过程中，为了保证公匙或密钥的安全，防止公匙或密钥受损，必须采取有效手段对其加以保护。公匙与密钥是不同的，公匙和密钥所采用的分发方式、需要注意的问题和采取的措施也是不同的。

（1）公匙分发

公匙分发是不需要保密的，因为公匙是公开的。但公匙分发需要解决的问题是公匙的完整性问题，要防止冒用公匙和公匙被非法替代。目前，分发公匙主要采用数字证书方式进行，利用数字证书来证明某个实体公匙的有效性。

数字证书是一条数字签名的消息，它是一个数据结构，具有公共格式。数字证书数据结构由某一证书权威机构的成员进行数字签名，将某一成员的识别符号和一个公匙值绑定在一起。

数字证书有很多种类，如 x.509 公匙证书、简单 PKI（Simple Public Key Infrastructure）证书、PGP（Pretty Good Privacy）证书和属性（Attribute）证书等。

数字证书要求使用可信任的证书权威机构，即第三方。证书权威机构用于保证证书的有效性，负责注册证书、分发证书，通过相关的信任签名来验证公匙的有效性。

（2）密钥分发

密钥分发有很多种方法。例如在使用对称密码时，对 M 和 N 交换双方来说，可以采用的方法：

- 由 M 或 N 选择密钥，并实际传送给 N 或 M。
- 由第三方选择密钥，并实际传送给 N 或 M。
- M、N 其中一方可以用它们之间已经使用过的密钥加密新密钥，把加密后的密钥传给另一方。

8.4 认证技术

认证和保密是信息安全的两个重要方面。保密是防止明文信息的泄露，认证则主要是为了防止第三方的主动攻击，比如，冒充通信的发送方或者篡改信道中正在传输的消息。认证与保密是两个独立的问题，认证无法自动提供保密性，而保密也不能自然提供认证性。在一个安全的认证系统中，发送者通过一个公开信道将消息发送给接收者，接收者不仅要接收消息本身，而且还要验证消息是否来自合法的发送者，该消息是否被篡改过。假定黑客不仅能截获和分析信道中的密文，而且还可以伪造密文发送给接收方进行欺骗，认证系统不再像保密系统中的密码分析者那样始终处于消极被动的地位，可以进行主动攻击。

8.4.1 认证技术概述

1. 认证系统

认证系统（Certificate Authority，CA，又称证书）的目的有两个：第一，信源识别，即验证发信人确实不是冒充的；第二，检验发送信息的完整性，也就是说，即使信息确实是经过授权的信源发送者发送的，也要验证在传送过程中是否被篡改、重放或延迟。在认证理论中一般将信源识别和发送信息的完整性检验两者作为一个整体进行讨论。

开放的 CA 体系结构是一种支持交叉的树型结构，如图 8-8 所示。

图中，大写字母（圆圈内）表示 CA，小写字母（方框内）表示用户。最上面的 A 是该 CA 构架中的根 CA。从上到下相邻 CA 之间为父子 CA 关系，例如 A、B 之间，F、G 之间等。

现假设有 CA1 和 CA2，CA2 将自己的公钥（签发证书时所用私钥对应的公钥）提交 CA1，并向 CA1 提出申请，为 CA2 签名。对于这份申请，CA1 签发一份证书，最终用户只要安装这份证书，任何信任 CA1 的用户都可验证 CA 签发的所有证书。这就实现了 CA1 到 CA2 的交叉认证，同样，也可以实现 CA2 到 CA1 的交叉认证。上述实例所描述的就是交叉认证。

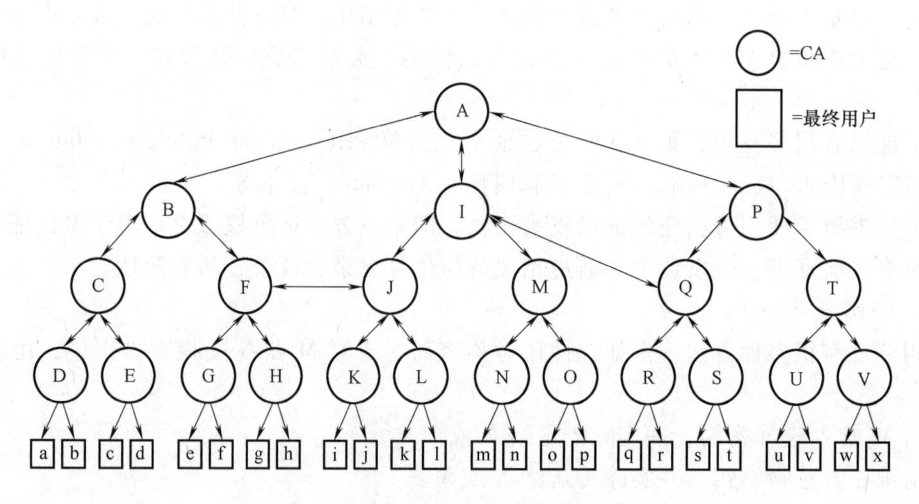

图 8-8 开放的 CA 体系结构

交叉认证的缺点：CA1 对 CA2 没有完全的控制权，而 CA1 的用户又必须信任 CA2。

CA 不仅可实现由其自己创建的根 CA 辖内的交叉认证，还可和其他符合国际标准的 CA 实现交叉认证。不同根 CA 之间的交叉认证实现了相互信任问题，而在同一个根 CA 之内实现交叉认证则是为了缩短验证路径。通常用户之间的身份认证是通过 CA 的树型途径进行的。如图 8-8 所示，用户 e 的证书由 G 签发，而用户 m 的证书由 N 签发。当用户 e 要证明用户 m 的身份时，其通过 CA 树型体系的认证途径应是 N-M-I-A-B-F-G。若通过 CA 间的交叉认证，则可以选择较短的途径 N-M-F-G。

2. 相关国际标准

认证系统相关的国际标准主要包括如下几种。

- PKI（Public-Key Infrastructure），公钥体系基础框架。
- PKIX（Public-Key Infrastructure Using X. 509），使用 X. 509 的公钥体系基础框架。
- X. 500，由 ISO 和 ITU 提出的用于为大型网络提供目录服务的标准体系。
- x. 509 ，为 X. 500 提供验证（Authenticating ）体系的标准。
- PKCS（Public Key Cryptography Standards），公钥密钥标准，其为 PKI 提供一套完善的标准体系。

对于任何基于公钥体系的安全应用，必须确立其 PKI，而电子签证机关（CA）是 PKI 中的一个关键的组成部分，它主要涉及两方面的内容，即公钥证书的发放和公钥证书的有效性证明。在 PKIX 中，CA 遵循 X. 509 标准规范。

X. 509 最早的版本 X. 509v1 是在 1988 年提出的，到现在已升级到 X. 509v3，它所涉及的主要内容与之前版本相比，有了很大改进。

8. 4. 2 消息认证

消息认证又称完整性校验，在 OSI 模型中称为封装。消息认证是一种对意定的接收者能够检验收到的消息是否真实的方法。

（1）消息认证的内容

消息认证主要包括如下内容。

- 证实消息的信源和信宿。
- 证实消息内容是否受到过篡改。
- 确认消息的序号和时间性。

(2) 消息认证的特点

消息认证的特点如下。

- 消息认证只能在通信双方进行。
- 消息认证可以不是实时的。

(3) 消息认证的方法

消息认证采用的主要方法如下。

- 采用多次输入和多次传输比较，进行校验的方法。
- 采用冗余等各种校验方法。

(4) 消息认证一般过程

1) 消息发送者使用所有的消息产生一个附件。

2) 消息发送者将消息和附件一起传给接收者。

3) 接收者在接收消息之前用附件和消息进行对比检验，验证消息内容和附件是否一致。

其中，为了避免出现入侵者先修改数据内容，用修改后的数据生成附件的情况发生，通常需要对附件进行保护，即利用密钥生成附件。只有知道密钥的人员才有权产生附件。

8.4.3 身份认证

身份认证（Identification and Authentication）的定义：为了使某些授予许可权限的权威机构满意，而提供所要求的身份认证的过程。

在大多数系统中，用户在他们被允许注册之前必须为其账号指定一个口令，口令的目的就是认证该用户就是他声明的那个人。换句话说，口令充当了认证用户身份的机制，但口令很有可能被窃取，别人就会假扮用户。所以，除了口令之外，人们开始研究和使用更为可靠且更为复杂的认证技术。

1. 用本身特征进行鉴别

人类生物学提供了几种方法去鉴别一个人，如指纹、声音等，但这些技术应用到计算机是不可行的。例如，不可能要求每台机器都配有话筒以用于声音认证，况且人在感冒时声音就会发生变化，这样人在感冒时就无法使用他的计算机了，显然这是不合适的。

2. 采用所知道的事进行鉴别

口令可以说是其中的一种，但口令容易被偷窃，于是人们发明了一种一次性口令机制，如挑战/反应机制（Challenge/Response）。这种机制要求用户提供一些由计算机和用户共享的信息，如用户的祖父的名字和生日，或其他一些特殊信息。计算机每次会根据一个种子（Seed）值、一个迭代（Iteration）值和该短语信息计算出一个口令，其中种子值和迭代值是发生变化的，所以每次计算出的口令也不一样，这样即使入侵者通过窃听手段得到密码也不能闯入系统。

8.4.4 数字签名

RSA 公钥体系可用于对数据信息进行数字签名。所谓数字签名就是信息发送者用其私钥，对从所传报文中提取出的特征数据（或称数字指纹）进行 RSA 算法操作，以保证发信人无法抵赖曾发过该信息（即不可抵赖性），同时也确保信息报文在经签名后没有被篡改（即完整性）。当信息接收者收到报文后，就可以用发送者的公钥对数字签名进行验证。

在数字签名中有重要作用的数字指纹是通过一类特殊的散列函数（HASH 函数）生成的，对这些 HASH 函数的特殊要求如下。

- 接收的输入报文数据没有长度限制。
- 对任何输入报文数据生成固定长度的摘要（数字指纹）输出。
- 根据报文能方便地算出摘要。
- 难以对指定的摘要生成一个报文，而由该报文能够推算出该指定的摘要。
- 两个不同的报文难以生成相同的摘要。

公开密钥的加密机制虽提供了良好的保密性，但难以鉴别发送者，即任何得到公开密钥的人都可以生成和发送报文。数字签名机制提供了一种鉴别方法，以解决伪造、抵赖、冒充和篡改等问题。

数字签名一般采用不对称加密技术（如 RSA），通过对整个明文进行某种变换，得到一个值，作为核实签名。接收者使用发送者的公开密钥对签名进行解密运算，如其结果为明文，则签名有效，证明对方的身份是真实的。数字签名普遍用于银行、电子贸易等。

数字签名不同于手写签字：数字签名随文本的变化而变化，手写签字反映某个人个性特征，是不变的；数字签名与文本信息是不可分割的，而手写签字是附加在文本之后的，与文本信息是分离的。

8.5 防火墙技术

互联网虽然为人们提供了广泛的信息资源共享环境，但同时也带来了信息被破坏等不安全因素。防火墙的创建就是为了保护互联网中数据等信息资源的安全。

8.5.1 防火墙的概念

由于互联网中的数据和信息被共享，所以它们需要保护。对于需要保护的数据都具有保密性、完整性和可用性等特点。然而，在互联网中随时存在被入侵者冒充合法用户的身份数据进行各种非法操作的危险。

防火墙可以定义为：限制被保护网络与互联网之间，或其他网络之间信息访问的部件或部件集。防火墙实际上是一种保护装置，防止非法入侵，以保护网络数据。防火墙服务在互联网的多个目的：

- 限定访问控制点。
- 防止侵入者侵入。
- 限定离开控制点。
- 有效阻止破坏者对计算机系统进行破坏。

总之，防火墙在互联网中是分离器、限制器、分析器。防火墙通常是一组硬件设备配有适当软件的网络的多种组合。在互联网中，防火墙的物理实现方式是多种多样的。

8.5.2 防火墙的功能

防火墙能够确保在互联网中系统间信息交换的安全，如电子信件、文件传输、远程登录等。防火墙的主要功能如下。

1. 隔离

作为互联网的分离器，隔离是防火墙最主要的功能。为保证数据安全，防火墙这个互联网上的“安全检查站点”通过执行站点的安全策略，仅仅容许认可的和符合规则的请求通过，而将可疑的访问拒绝于门外。

2. 活动记录

在互联网中，由于所有进出的信息都要通过防火墙，所以防火墙具有记录被保护的网络和外部网络之间进行的所有活动的功能。

3. 网段控制

防火墙能够有效地对网段进行控制，隔开网络中一个网段与另一个网段。

8.5.3 防火墙的作用和缺陷

1. 防火墙的作用

1）网络管理员利用防火墙定义一个中心“扼制点”，来防止非法用户进入内部网络，如黑客、网络破坏者等，从而有效地抗击来自各种路线的攻击。

2）互联网防火墙能够简化安全管理，使防火墙系统上网络安全性得到加固。

3）防火墙通过过滤存在的安全缺陷来降低内部网络遭受攻击的威胁，对网络脆弱性进行了有效的保护。

4）由于网络受到的攻击具有随机性，利用防火墙可以很方便地监视网络的安全，并产生报警。

5）安全集中。通常情况下，一个内部网络的所有或大部分需要改动的程序以及附加的安全程序都能集中地放在防火墙系统中，而不是分散到每个主机中，因此防火墙的保护范围具有相对集中性。

6）防火墙能够用来缓解地址空间短缺的问题，并可以隐藏内部网络的结构。

7）防火墙能够封锁外部网络主机获取有利于攻击系统的信息，从而增强系统的保密性。

8）防火墙能够根据机构的核算模式提供部门级的计费。

在互联网中，防火墙对系统的安全起着极其重要的作用，但对于系统的安全问题等，防火墙无法解决。

2. 防火墙的主要缺陷

1）由于很多网络在提供网络服务的同时都存在安全问题，防火墙为了提高被保护网络的安全性，就限制或关闭了很多有用但又存在安全缺陷的网络服务，从而限制了有用的网络服务。

2）由于防火墙通常情况下只提供对外部网络用户攻击的防护，而对来自内部网络用户的攻击只能依靠内部网络主机系统的安全性能，所以，防火墙无法防护内部网络用户的攻击。

3）互联网防火墙无法防范通过防火墙以外的其他途径对系统的攻击。

4）因为操作系统、病毒的类型，编码与压缩二进制文件的方法等各不相同，防火墙不能完全防止传送已感染病毒的软件或文件。所以，防火墙在防病毒方面存在明显的缺陷。

总之，随着网络的发展以及应用的普及，各种网络安全问题不断出现，因为防火墙是一种被动式的防护手段，所以，网络的安全问题不可能只靠防火墙来完全解决。

8.5.4 防火墙的关键技术

1. 包过滤技术

（1）数据包

数据包是互联网上信息传输的基本单位，它由各层连接的协议组成，其基本结构：在每个层，数据包都由包含与所在层相关的协议信息的包头和包含所在层的数据信息的包体两部分组成。各层数据包中的数据都包含其上层的全部信息。对每一层来说，对数据包的处理：把从上层获取的全部信息作为包体，然后依本层的协议再加上包头。

数据包的打包和解包过程如图 8-9 所示。

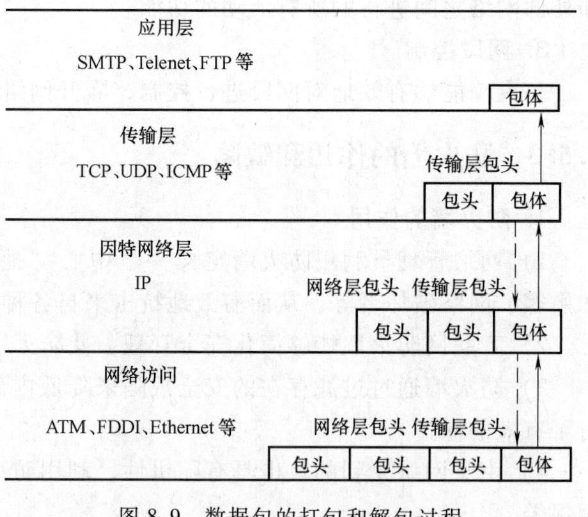

图 8-9　数据包的打包和解包过程

（2）包过滤系统

数据包过滤简称包过滤，它是一个设备所采取的有选择地控制与操作进出网络的数据流的行动，通常是在数据包由一个网络传输到另一个网络时进行。包过滤系统就是对系统中传输的数据包进行过滤、筛选和控制的系统。实现包过滤操作的技术为包过滤技术。

通过对数据包过滤可以控制站点与站点、站点与网络、网络与网络之间的相互访问。这里要特别强调的一点：包过滤控制的只是“访问”，而不是所传输的“数据和内容”，因为数据本身不是包过滤系统所能辨认的。

包过滤通常由包检查模块实现。包检查模块深入到操作系统的核心，在操作系统或路由器转发包之前拦截所有的数据包。把包过滤防火墙安装在网关上，包过滤检查模块深入到系统的网络层和数据链路层之间。通过检查模块，防火墙能拦截和检查所有出站和进站的数据。

检查模块对数据包的验证工作是从验证这个包是否符合过滤规则开始的，对于所有被验证的数据包，包括符合或不符合过滤规则的，防火墙通常都记录下数据包的情况。

对数据包验证的结果有以下两种情况。

1）符合规则的数据包，系统放行。

2）不符合规则的数据包，系统要进行报警或通知管理员。如果需要将不符合规则的数据包丢弃，防火墙可以给发送方一个消息。而是否给发送方一个消息要慎重并取决于包过滤策略，因为如果返回一个消息，攻击者可能会根据拒绝包的类型猜测包过滤规则的大致情况。

包过滤的原则基于如下几个重要原因：

1）因为IP分段字段中只有第一个段有高层协议的报头，而其他的段中没有，所以，数据包过滤器通常仅对第一个分段进行过滤，对非首段数据包不进行过滤验证。利用这一点，攻击者向目标主机发送非第一个分段的数据包，防火墙因为对这种数据包不进行处理而直接让其通过，当目标主机收到大量这种非第一个分段数据包时，它需要占用大量的CPU时间来进行处理。在达到一定极限之后，目标主机就不能处理正常的服务，而造成拒绝服务攻击。另外，当目标主机得不到第一个分段来重组数据包时，会放弃非首段数据包，同时网间控制报文协议（ICMP）发给源主机一个“数据组装超时”的包。有时，ICMP也会泄露一些有用的信息。

2）TCP是面向连接的可靠传输协议，TCP通过对错误的数据重发来保证数据可靠到达，并且事先要建立起连接才能传输。如果要阻止TCP的连接，仅阻止第一个连接请求包就够了。因为没有第一个数据包，接收端不会把之后的数据组装成数据流，且不会建立起连接。所以，过滤TCP的序列号、确认号等方面的内容对系统的安全性是非常重要的。

3）UDP数据包有源端口和目标端口，但没有确认号、序列号、ACK位。包过滤系统无法检查UDP包是客户到服务器的请求，还是服务器对客户的响应。因此，要对UDP数据包进行过滤，需要防火墙记住流出的UDP数据包，当一个UDP数据包要进入防火墙时，防火墙要验证它是否和流出的UDP数据包相匹配，若相匹配则允许它进入，否则阻塞该数据包。

UDP返回包的特点：目标端口是请求包的源端口，目标地址是请求包的源地址，源端口是请求包的目的端口，源地址是请求包的目标地址。

4）ICMP数据包的功能是响应请求、应答、超时、无法到达目标和重定向等。ICMP数据包还用于主机之间、主机和路由器之间的路径、流量控制、差错控制和阻塞控制等。为了保护系统数据的安全，需要利用包过滤系统根据ICMP的类型来进行过滤。

包检查模块通常检查数据包中的如下几项内容。

- IP源地址。
- IP目标地址。
- 协议类型（TCP包、UDP包、ICMP包）。
- TCP或UDP的源端口。
- TCP或UDP的目标端口。
- ICMP消息类型。
- TCP报头中的ACK位。
- TCP的序列号、确认号。

（3）包过滤的特点

1）包过滤对用户来说有以下优点。

- 保护整个网络，减少暴露的风险。
- 对用户完全透明，不需要对客户端作任何改动。

- 也不需要对用户作任何培训。
- 很多路由器可以作数据包过滤，因此不需要专门添加设备。

2）包过滤的缺点。

尽管包过滤系统有许多优点，但是它仍有缺点和局限性。因为包过滤不能提供防火墙所必需的防护能力，所以，即使是最基本的网络服务和协议，它也不能提供足够的安全保护，包过滤的缺点主要表现在：

- 在机器中配置包过滤规则比较困难。
- 对包过滤规则设置的测试很麻烦。
- 包过滤功能具有局限性，要找一个比较完整的包过滤产品很难。
- 包过滤规则难于配置。一旦配置，数据包过滤规则难于检验。
- 包过滤仅可以访问包头信息中的有限信息。

总之，包过滤对信息的处理能力非常有限，不能满足系统安全的需要。

2. 代理技术

包过滤系统本身存有某些缺陷，这些缺陷对系统安全性的影响要大大超过代理服务对系统安全性的影响。因为代理服务的缺陷仅仅会使数据无法传送，而包过滤的缺陷则会使一些平常应该拒绝的包也能进出网络，这对系统的安全性是一个巨大的威胁。即使在系统中安装了比较完整的包过滤系统，对有些协议使用包过滤方式也不太合适。

（1）代理服务

代理（Proxy）是一个提供替代连接并且充当服务的网关。代理在应用层实现防火墙的功能，其主要的特点是有状态性。代理能提供部分与传输有关的状态，能完全提供与应用相关的状态和部分传输方面的信息，还能处理和管理信息。

代理使得网络管理员能够实现比包过滤路由器更严格的安全策略。

代理服务或称代理服务器是运行在防火墙主机上的专门的应用程序，代理服务主要表现在：

1）应用层网关采用为每种所需服务而安装在网关上特殊代码（代理服务）的方式来管理互联网服务，而不是依赖包过滤工具来管理互联网在防火墙系统中的进出。

2）应用层网关能够让网络管理员对服务进行全面的控制，如果网络管理员没有为某种应用安装代理编码，那么该项服务就不支持其通过防火墙系统来转发。

提供代理服务的可以是双宿主机，也可以是一台堡垒主机。其中：双宿网关是具有至少两个网络接口的网关；堡垒主机是暴露在外部网上，同时又是内部网络用户主要连接点的计算机系统，易受到侵袭和损坏。

（2）代理服务系统

代理技术与包过滤技术完全不同。包过滤技术是在网络层拦截所有的信息流，代理技术是针对每一个特定应用都有一个程序。

代理服务系统中，代理只对单个或一部分主机提供互联网服务，对于无访问权限的主机来说只能通过具有访问权限的主机作为代理才能进行工作。

代理服务系统中，代理服务仅仅是网络安全的软件解决方案，而不是防火墙体系结构本身，当被结合到“防火墙体系结构”中后，代理服务便成为防火墙体系结构中的一个组成部分。

代理服务系统中，代理服务器能够决定处理的请求。它依据用户站点的安全策略，请求可以被允许也可以被拒绝。所以，代理服务器的作用不仅仅是转送用户的请求以得到互联网络的服务，还能控制用户可以进行哪些操作。一些先进的代理服务可以允许不同的主机有不同的代理能力，而不是在所有主机上都执行一样的限制。

代理服务位于内部网络用户和外部即互联网服务之间，在幕后处理所有用户和互联网服务之间的通信以代替相互间的直接交谈。

（3）代理服务的特点

1）代理服务的主要优点。

- 支持可靠的用户认证并提供详细的注册信息。
- 相对于包过滤路由器来说，用于应用层的过滤规则更容易配置和测试。
- 代理工作在客户机和真实服务器之间，完全控制会话，所以可以提供很详细的日志和安全审计功能。
- 提供代理服务的防火墙可以被配置成唯一的可被外部看见的主机，这样可以隐藏内部网的 IP 地址，可以保护内部主机免受外部主机的进攻。
- 通过代理访问互联网可以解决合法的 IP 地址不够用的问题，因为互联网所见到的只是代理服务器的地址，内部不合法的 IP 通过代理可以访问互联网。

2）代理服务的主要缺点。

- 有限的连接性。代理服务器一般只具有解释应用层命令的功能，所以代理服务器就只能用于某一种服务，所能提供的服务和可伸缩性就非常有限。
- 有限的技术。应用层网关不能为某些基于通用协议族的服务提供代理。
- 性能下降。应用层实现的防火墙会造成明显的性能下降。
- 每个应用程序都必须有一个代理服务程序来进行安全控制，每一种应用升级时，一般代理服务程序也要升级。
- 应用层网关要求用户改变自己的行为，或者在访问代理服务的每个系统上安装特殊的软件。
- 此外，代理对操作系统和应用层的漏洞是脆弱的，不能有效检查底层的信息，传统的代理也很少是透明的。

8.5.5 防火墙的基本结构

建造防火墙时，一般很少采用单一技术，通常是采用多种解决不同问题的技术的组合。这种组合主要取决于网管中心向用户提供的服务，以及网管中心能接受的等级风险。采用哪种技术还取决于投资的大小、设计人员的技术、时间等因素。

防火墙的控制主要包括服务控制、方向控制、用户控制和行为控制等。根据安全需要，在不同的系统环境下，防火墙可以设计成多种形式，但总体上，防火墙可以设计成双宿主机体系结构、屏蔽主机体系结构和屏蔽子网体系结构 3 种基本结构，其他各种结构和形式基本上都是上述 3 种基本结构的变形。

1. 防火墙的基本结构

（1）双宿主机体系结构

双宿主机体系结构是让双宿主机充当与双宿主机上接口相连的网络之间的路由器构造起

来的，其作用是能够把 IP 数据包从一个网络发送到另一个网络。双宿主机结构中，防火墙内部的网络系统和外部的网络系统都与双宿主机通信。由于双重宿主主机位于内、外系统两者之间，互联网和内部的网络被双宿主机隔离，所以，防火墙内外的系统不能直接互相通信，它们之间的 IP 通信被完全阻止。

双宿主机的防火墙体系结构是非常简单的一种防火墙体系，其体系结构如图 8-10 所示。

（2）屏蔽主机体系结构

屏蔽主机体系结构使用一个单独的路由器提供来自仅仅与内部的网络相连的主机的服务。这种体系结构中，堡垒主机位于内部的网络上，主要的数据安全由数据包过滤提供。屏蔽主机结构如图 8-11 所示。

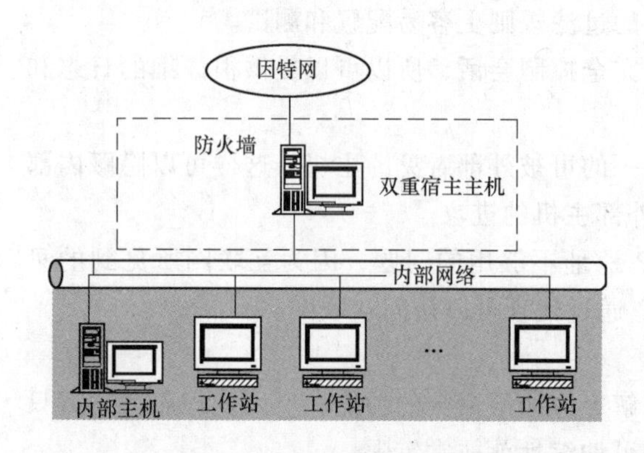

图 8-10　双宿主机体系结构

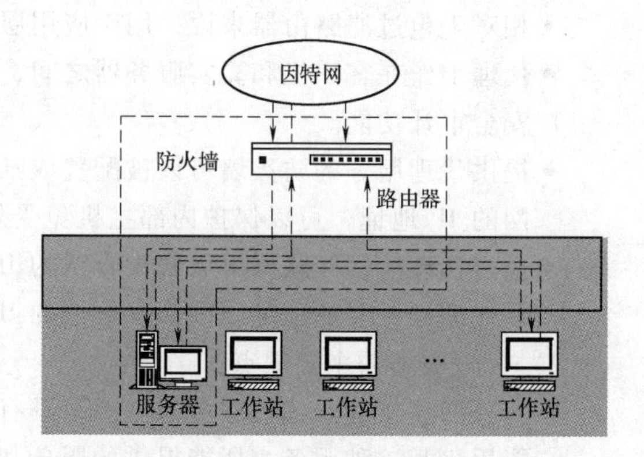

图 8-11　屏蔽主机体系结构

屏蔽主机结构中，堡垒主机是互联网上的主机连接到内部网络上的系统的桥梁，任何外部的系统试图访问内部的系统或者服务，都必须连接到这台堡垒主机上，只有确定类型的连接被允许，从而达到数据包过滤的目的。在多数情况下，屏蔽主机体系结构提供比双宿主机体系结构更高的安全性和可用性。

屏蔽主机体系结构的缺点主要表现在：如果堡垒主机被入侵，则在堡垒主机和其余的内部主机之间没有任何网络安全措施的保护，路由器会出现一个单点失效。如果路由器被损害，整个网络对侵袭者就全面开放了。

屏蔽主机结构中，屏蔽的路由器进行数据包过滤配置可以按下列方法之一执行：

1）允许其他的内部主机为了某些服务与互联网上的主机连接，即允许那些已经由数据包过滤的服务。

2）不允许来自内部主机的所有连接。

（3）屏蔽子网体系结构

屏蔽子网体系结构添加了额外的安全层到屏蔽主机体系结构中，即通过添加周边网络更进一步地把内部网络与互联网隔离开。

堡垒主机是用户网络上最容易受侵袭的主体。虽然用户尽最大努力进行保护，它仍是最有可能被侵袭的。因为堡垒主机的本质决定了它是最容易被侵袭的对象。如果在屏蔽主机体系结构中，用户的内部网络在没有其他的防御手段时，一旦入侵者成功地侵入屏蔽主机体系结构中的堡垒主机，那就可以毫无阻挡地进入内部系统。

在周边网络上隔离堡垒主机能减少堡垒主机被侵入的影响。屏蔽子网体系结构的最简单的形式为两个屏蔽路由器，每一个都连接到周边网，一个位于周边网与内部的网络之间，另一个位于周边网与外部网络之间，其结构如图 8-12 所示。

如果想侵入用这种类型的体系结构构筑的内部网络，侵袭者必须要通过两个路由器。即使侵袭者设法侵入堡垒主机，他仍然需要通过内部路由器。在此情况下，网络内部的单一的易受侵袭点便不会存在了。

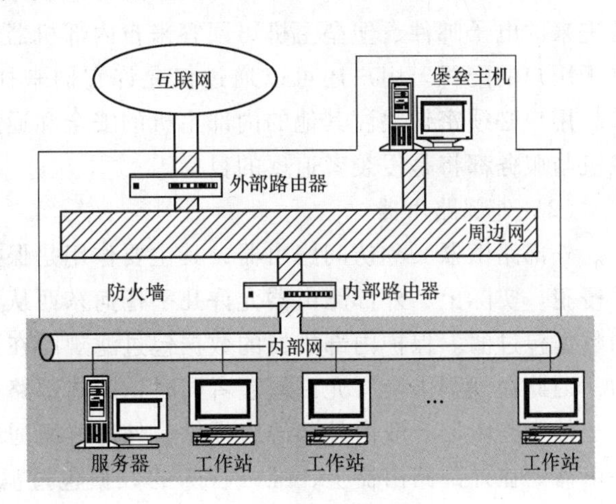

图 8-12　屏蔽子网体系结构

1）周边网络。周边网络是在外部网络与用户的被保护的内部网络之间的附加网络，是一个安全层。如果侵袭者成功地侵入用户的防火墙的外层领域，周边网络在侵袭者与用户的内部系统之间提供了一个附加的保护层。

对于周边网络，如果某人侵入周边网上的堡垒主机，他仅能探听到周边网上的通信。所以，即使堡垒主机被损害，内部的通信仍是安全的。

2）堡垒主机。在屏蔽的子网体系结构中，用户把堡垒主机连接到周边网，这台主机便是接收来自外界连接的主要入口。例如：

- 接收进来的电子邮件，传送电子邮件到站点。
- 将进来的文件传输协议的连接，转接到站点的匿名文件传输服务器。
- 对进来的域名服务（DNS）站点查询等。

而出站服务，即从内部的客户端到互联网上的服务器按如下任一方法处理。

- 在外部和内部的路由器上设置数据包过滤，以允许内部的客户端直接访问外部的服务器。
- 如果用户的防火墙使用代理软件，设置代理服务器在堡垒主机上运行，以允许内部的客户端间接地访问外部的服务器。也可以设置数据包过滤允许内部的客户端或外部系统在堡垒主机上同代理服务器交谈。

不论哪一种情况，数据包过滤允许堡垒主机连接到互联网上的主机，并且接受来自互联网上主机的连接。但是，哪一台主机允许什么服务，由站点的安全策略决定。

许多堡垒主机可以为各种各样的服务充当代理服务器。

2. 内部路由器和外部路由器

（1）内部路由器

内部路由器（也称为阻塞路由器）的作用主要是保护内部的网络，使之免受外部网和周边网的侵犯。

内部路由器为用户的防火墙执行大部分的数据包过滤工作，它允许从内部网到互联网的有选择的出站服务。用户允许的服务完全取决于自身需要和业务。

内部路由器所允许的堡垒主机（在周边网上）和用户的内部网之间的服务，可以不同于内部路由器所允许的外部网和用户的内部网之间的服务。限制堡垒主机和内部网之间服务是为了当堡垒主机受到侵袭时，减少内部网上受到侵犯机器的数量及服务的数量。

用户应将堡垒主机和内部网之间所允许的服务限制在实际所需的范围，如堡垒主机可传送进来的电子邮件、堡垒主机可回答来自内部机器的查询，或接受外部网络的访问等，这取决于用户的配置。用户还可以通过仅允许它们来往于特定的内部主机，进一步限制这些服务。用户必须密切关注其他的内部主机的安全和通过堡垒主机联系的服务的安全，因为那些主机与服务都将是侵袭者追逐的目标。

（2）外部路由器

外部路由器又称访问路由器，其主要作用是保护周边网和内部网，使之免受来自外部网的侵犯。实际上，外部路由器允许几乎任何东西从周边网出站，并且它们通常只执行非常少的数据包过滤。保护内部机器的数据包过滤规则在内部路由器和外部路由器上基本上是一样的，因此在规则中会有允许侵袭者同时访问内部路由器和外部路由器的错误情况出现。

外部路由器一般由外部群组提供，外部群组通常放入一些通用型数据包过滤规则来维护路由器。在外部路由器上，唯一特殊的数据包过滤规则是那些在周边网上保护机器（即堡垒主机和内部的路由器）的规则。但因为在周边网上的主机主要是通过主机安全被保护的，所以许多的保护是冗余的。

用户可以放在外部路由器上的其余的规则是内部路由器规则的复制。它们是防止内部主机与互联网之间不安全通信的规则。为了支持代理服务，内部路由器将让内部的主机发送一些协议使它们能与堡垒主机交谈，外部路由器可以让所有来自堡垒主机的协议通过。这些规则对额外的安全等级是理想的，由于数据包已经被内部路由器阻止，所以，外部路由器仅仅是阻止了不存在的数据包。如果数据包的确存在，那就是路由器失效，或者有主机连接到了周边网络。

8.6 网络管理概述

随着计算机网络日益扩大，大型、复杂和异构型网络的管理复杂性强，其复杂性主要表现在网络节点、网络用户越来越多，覆盖面越来越大；网络通信量和共享数据量剧增；网络软件类型和数量不断增加，系统对软件兼容性要求不断提高等方面。所以，人工方式已无法实现对网络进行有效的管理。

8.6.1 网络管理的概念

1. 网络管理定义

网络管理，简单地说就是为保证网络系统能够持续、稳定、安全、可靠和高效地运行，对网络系统实施的一系列方法和措施。

2. 网络管理的任务

网络管理的任务就是收集、监控网络中各种设备和设施的工作参数、工作状态信息，将结果显示给管理员并进行处理，从而控制网络中的设备、设施，工作参数和工作状态，以实现对网络的管理。

3. 网络管理目标

网络管理的主要目标是减少系统停机时间，改进系统响应时间，提高设备利用率；提高系统效率；减少系统瓶颈；降低系统运行费用；提高系统适应性，以及通过管理保证系统安全等。

8.6.2 网络管理的基本内容

网络管理所涉及的内容主要包括实体安全管理、网络运行安全管理、网络系统安全管理、应用安全管理、综合安全管理等，其涉及机构、人员、软件、设备、场地设施、存储与传输媒介、信息，以及政策、法规、技术等。下面将对网络管理部分内容进行简单的介绍。

1. 数据通信网中的流量控制

计算机网络传输容量是有限的，当在网络中传输的数据量超过网络容量时，网络中就会发生阻塞，严重时会导致这个网络系统瘫痪。所以，流量控制是网络管理首先需要解决的问题。

2. 网络路由选择策略管理

网络中的路由选择方法不仅应该具有正确、稳定、公平、最佳和简单的特点，还应该能够适应网络规模、网络拓扑和网络中数据流量的变化。这是因为，路由选择方法决定着数据分组在网络系统中通过哪条路径传输，它直接关系到网络传输开销和数据分组的传输质量。

在网络系统中，数据流量总是在不断变化，网络拓扑也有可能发生变化，为此，系统应始终保持所采用的路由选择方法是最佳的，所以，网络管理必须要有一套管理和提供路由的机制。

3. 网络管理员的管理与培训

网络系统在运行过程中会出现各种各样的问题，网络管理员的基本工作是保证网络平稳运行，保证网络出现故障后能够及时恢复。所以，对于网络系统来说，加强网络管理员的管理与培训，受过良好训练的网络管理员对网络进行管理是非常重要的。

4. 网络的安全防护

计算机网络系统给人们带来的最大好处是，人与人之间可以非常方便和迅速地实现充分的资源共享，但网络系统中共享的资源具有完全开放、部分开放和非开放等特性，从而出现系统资源的共享与保护之间的矛盾。为了解决这个矛盾，网络中必须要引入安全机制，其目的就是用来保护网络用户信息不受侵犯。

5. 网络的故障诊断

由于网络系统在运行过程中不可避免地会发生故障，准确及时地确定故障的位置、产生原因便成为解除故障的关键。对网络系统实施强有力的故障诊断是及时发现系统隐患，保证系统正常运行所必不可少的。

6. 网络的费用计算

公用数据网必须能够根据用户对网络的使用情况核算费用并提供费用清单。数据网中的费用计算方法通常要涉及互联的多个网络之间的核算和分配费用的问题。所以，网络费用的计算也是网络管理中非常重要的一项内容。

8.6.3 网络管理系统模型

1. 网络管理系统基本模型

网络管理系统是用于实现对网络的全面有效的管理、实现网络管理目标的系统。在一个网络的运营管理中，网络管理人员是通过网络管理系统对整个网络进行管理的。概括地说，一个网络管理系统从逻辑上包括管理对象、管理进程、管理信息库和管理协议4部分。网络管理系统的逻辑模型如图8-13所示。

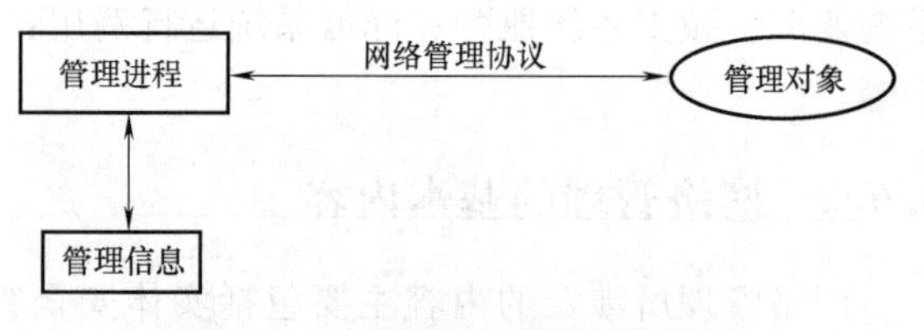

图8-13　网络管理系统的逻辑模型

（1）管理对象

管理对象是网络中具体可以操作的数据。例如：记录设备或设置工作状态的状态变量、设备内部的工作参数、设备内部用来表示性能的统计参数等；需要进行控制的外部工作状态和工作参数；为网络管理系统设置的和为管理系统本身服务的工作参数等。

（2）管理进程

管理进程是用于对网络中的设备和设施进行全面管理和控制的软件。

（3）管理信息库

管理信息库用于记录网络中管理对象的信息。例如，状态类对象的状态代码、参数类管理对象的参数值等。管理信息库中的数据要与网络设备中的实际状态和参数保持一致，达到能够真实地、全面地反映网络设备或设施情况的目的。

（4）管理协议

管理协议用于在管理系统与管理对象之间传递操作命令，负责解释管理操作命令。通过管理协议来保证管理信息库中的数据与具体设备中的实际状态、工作参数保持一致。

2. 管理-管理代理系统基本模型

网络管理通常利用“管理代理”对系统进行管理，如图8-14所示。

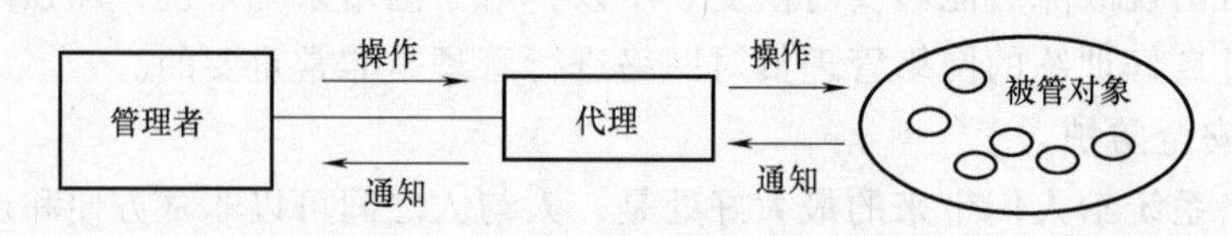

图8-14　管理-管理代理方式基本模型

管理代理位于管理者和被管对象之间，并处于被管对象设备的内部。利用代理进行管理的基本工作原理如下。

管理者将管理要求提交给管理代理，代理直接对设备进行管理或因某些原因拒绝接收管理者提交的管理要求。管理者从管理代理处收集管理信息进行处理，以达到管理的目的。

管理代理和管理者之间进行信息交换过程中，管理者到管理代理的信息为管理操作命令信息，管理代理到管理者的信息为事件通知信息。

利用管理代理进行管理方式中，一个管理者可以有多个管理代理，一个管理代理可为多个管理者提供服务。

总之，在管理-管理代理网络管理方式中，网络管理功能是通过管理者和管理代理之间进行管理信息交换实现的。

8.7　网络安全管理策略及保护功能

对网络系统来说，随着时间的推移，各种新的破坏手段不断出现，层出不穷。为此，系统要对症下药，发现一个问题解决一个问题，这就是所谓治疗。治疗是通过增加系统的管理功能，监控系统的运行状态，在一定范围内对所发现的不正常活动予以禁止，因此，具有极大的被动性。为了掌握主动权，就必须采取一系列的预防措施，通过健全的系统安全功能，使系统得到有效的保护。

8.7.1 网络安全管理策略

要保证计算机网络系统的安全，首先要确立保证安全的策略，即：预防为主，对症下药，消除隐患。

1. 安全策略的概念

网络安全策略是指在一个特定的环境下，为保证提供一定级别的安全保护所必须遵守的规则。

安全策略环境主要由法律、技术、管理3方面组成。其中，法律是用于建立安全管理的标准和方法；技术和管理是实现信息安全的根本保障。

2. 基本安全策略

（1）加强计算机安全立法

随着计算机犯罪日益增加，特别是在经济领域中的计算机犯罪非常严重，要约束计算机犯罪首先是立法。

（2）制订合理的网络管理措施

法律并不能从根本上杜绝犯罪，法律制裁只能是一种外在的补救措施，提供一种威慑，而且法律总有一个界线。所以，除了进一步加强立法外，还必须从管理的角度采取措施，增加网络系统的自我防范能力。

1）应该对网络中的各用户及有关人员加强职业道德、事业心、责任心的培养教育以及技术培训。

2）要建立完善的安全管理体制和制度，要有与系统相配套的有效的和健全的管理制度，起到对管理人员和操作人员的鼓励和监督的作用。

3）管理要标准化、规范化、科学化。例如，对数据文件和系统软件等系统资源的保存要按保密程序、重要性复制多个备份，并分散存放，分派不同的保管人员管理，系统重地要做到防火、防窃；要特别严格控制各网络用户的操作活动；对不同的用户，终端分级授权，禁止无关人员接触使用终端设备；要制订预防措施和恢复补救办法，杜绝人为差错和外来干扰，保证运行过程有章可循，按章办事。

（2）采用安全保密技术，保证系统安全

对于不同性质、不同类型、不同应用领域的网络，应采取不同的安全保密技术。

对局域网来说，由于其主要由一个部门、一个或几个单位共享，数据传输率高，要做好系统的安全可以采用如下技术。

1）实行实体访问控制：做好计算机系统的管理工作，严格防止非工作人员接近系统，这样可以避免入侵者对系统设备的破坏，如安装双层电子门、使用磁卡身份证等。

2）保护网络介质：网络介质要采取完好的屏蔽措施，避免电磁干扰，对系统设备、通信线路应定期做好检查、维修，确保硬件环境安全。

3）数据访问控制：通过数据访问控制，保证只有特许的用户可以访问系统和系统的各个资源，只有特许的成员或程序才能访问或修改数据的特定部分。

4）数据存储保护：网络中的数据都存储在磁盘上，因此，首先要作好磁盘的安全保管；其次对于磁盘上的数据要根据重要性制作多个备份，以便网络系统损坏时能及时进行数据恢复；再次，要实行数据多级管理，如把文件分为绝密级、机密级、秘密级和普通级，然后分给不同的用户实现；最后，将数据加密后存储。

数据加密后再存储，这样即使磁盘丢失，窃取者也很难明白数据的真正意义，从而达到安全的功效。

5）计算机病毒防护：计算机病毒由于具有传染性、潜伏性、可触发性和破坏性，所以，一旦出现在网络中，破坏性非常大。对计算机病毒的防护工作应该作为对系统进行安全性保护的一项重要内容来抓。

对付计算机病毒必须以预防为主，所以，应采取消除传染源、切断传播途径、保护易感源等措施，增强计算机对病毒的识别和抵抗力。为此，系统应具有建立程序特征值档案的功能，系统能够对计算机内存进行严格的管理，系统还应该具有中断向量表恢复功能，使计算机病毒不能进入系统；切断传染源，一旦病毒入侵，系统能够迅速做出反应，阻止病毒进行破坏的任何企图和恢复被病毒破坏的系统。

对广域网络来说，其数据通信的安全工作是系统正常运行的基础，它主要包括数据通信保密和通信链路安全保护两方面工作。

1）数据通信加密：采用数据加密技术，使用各种算法对通信中数据加密。网络通信中的加密包括节点加密、链路加密、端对端加密等。窃听者即使采用搭线窃听等非法手段浏览数据，甚至修改数据都很难达到目的，使数据具有通信安全保障。

2）通信链路安全保护：广域网中通信链路是引起泄密的主要原因，因而应该选取保密性好的通信线路、通信设备。如选取屏蔽性好的电缆，光纤是较好的选择对象。又如一些重要的信息网络不要采用无线电来传输，以免电磁窃听等。除以上所述之外，还可采用局域网络的各种安全措施。

3. 安全管理

面对网络安全的脆弱性，安全管理问题是保证网络安全的基本问题。

（1）安全管理的基本原则

网络系统安全管理的基本原则如下。

- 多人负责制原则。用于这个原则的主要活动：各种访问、控制使用的证件的发放和回收；保密信息、重要程序和数据的处理；系统软件的设计、修改；设备维护等。
- 有限任期原则。对于与安全有关的岗位，通过不定期的轮换来保证系统安全。
- 职责分离原则。用于这个原则的主要活动：机密的接收和传送；数据存储的管理；系统和应用程序的编制；证件管理等。

（2）安全管理的实现

安全管理的实现是在安全管理原则的基础上，根据系统的实际情况制定出相应的管理规范，具体工作如下。

- 根据安全性要求设置安全等级。
- 明确安全管理范围。
- 实施区域控制，进行严格的身份、证件等识别。

- 严格各种操作规程。
- 制定完备的系统维护制度和应急措施。

8.7.2 网络系统安全保护功能

任何网络系统都必须具有一套非常有效的安全保护功能，科学工作者通过对网络系统不安全因素的分析和对网络安全机制的研究认为，安全保护功能主要包括实体保护功能、数据保护功能、通信过程保护功能、处理过程控制功能及系统安全管理功能5方面。

1. 实体保护功能

实体保护功能主要包括实体鉴别功能，实体识别功能，对等层的双向连接鉴别功能，数字签名功能，数字邮戳功能，安全的电子邮件功能，非重复服务的处理功能，报文的鉴别功能，多向连接鉴别等。

2. 数据保护功能

数据保护功能主要包括数据库内容的保护功能，分布式数据库的存取机制控制，对分布式数据库中数据流组成的控制，对统计数据库的保护与存取控制功能，数据产生的控制功能等。

3. 通信过程保护功能

通信过程保护功能主要包括防止流量分析的功能，数据报文内容的保护，通信过程连续性的控制功能，通信过程完整性的控制功能等。

4. 处理过程控制功能

处理过程控制功能主要包括非共享性的控制功能，对共享的复制及文件、程序来源的控制，对共享的编程系统或子系统的控制，允许相互不信任的双方工作的子系统提供被监控的子系统，对矛盾的处理序列流程控制等。

5. 系统安全管理功能

系统安全管理功能主要包括网络系统使用情况的监督功能，系统管理员日志文件，系统管理员对用户权限的分配及管理等。

8.8 OSI网络管理标准与管理功能

为了实现不同网络管理系统之间互操作的要求，支持各种网络的互联管理的要求，国际上有许多机构和团体都制订了管理标准。在国际上最具权威的国际标准化组织ISO和国际电报电话咨询委员会CCITT为开放系统的网络管理系统制订了一整套网络管理标准体系。这个网络管理标准体系是一种开放系统的网络管理系统，它是由体系结构标准、管理信息的通信标准、管理信息的结构标准和系统管理的功能标准等组成。

在ISO网络管理标准体系中，把开放系统网络管理功能划分成以下5个功能域，它们分别完成不同的网络管理功能。被定义的5个功能域只是网络管理最基本的功能，它们都需要通过与其他开放系统交换管理信息来实现。其他一些管理功能，如网络规划、网络操作人员的管理等都不在这5个功能域之内。

8.8.1 故障管理

故障管理是用来维护网络正常运行的。在网络运行过程中，由于故障使系统不能达到它们的运营目的。故障管理主要解决的是与检测、诊断、恢复和排除设备故障有关的网络管理功能，通过故障管理来及时发现故障，找出故障原因，实现对系统异常操作的检测、诊断、跟踪、隔离、控制和纠正等。故障管理提供的主要功能包括故障报警，事件报告，日志控制，测试管理功能。

8.8.2 配置管理

网络配置是指网络中各设备的功能、设备之间的连接关系和工作参数等。由于网络配置经常需要进行调整，所以，网络管理必须提供足够的手段来支持系统配置的改变。配置管理就是用来支持网络服务的连续性而对管理对象进行的定义、初始化、控制、鉴别和检测，以适应系统要求。配置管理提供的主要功能如下。

- 资源与其名字对应。
- 收集和传播系统当前资源的状况及其现行状态。
- 设置和控制系统日常操作的参数。
- 修改系统属性。
- 更改系统配置，初始化或关闭某些资源。
- 监控系统配置的重大变化。
- 管理配置信息库。
- 设备的备用关系管理。

8.8.3 性能管理

性能管理用于对管理对象的行为和通信活动的有效性进行管理。性能管理通过收集统计数据，对收集的数据应用一定的算法进行分析以获得系统的性能参数，以保证网络的可靠、连续通信的能力。性能管理由用于对网络工作状态信息的收集和整理的性能检测部分、用于改善网络设备的性能而采取的动作和操作的网络控制两部分组成。性能管理提供的主要功能如下。

- 检测工作负荷，收集和统计数据。
- 判断、报告和报警网络性能。
- 预测网络性能的变化趋势。
- 对性能指标、操作模式和网络管理对象的配置进行评价和调整。

8.8.4 安全管理

安全管理包括安全特征的管理和管理信息的安全管理。

安全特征的管理提供安全的服务以及安全机制的变化的控制，直至物理场地、人员的安全，病毒防范措施，操作过程的连续性，灾难时恢复措施的计划与实施等内容；管理信息的安全是保障管理信息自身的安全。安全管理提供的主要功能包括安全报警，安全审计跟踪，访问控制。

8.8.5 记账管理

记账管理是用来对使用管理对象的用户进行核算费用、收取费用，计费的。

记账管理提供的主要功能如下。

- 通知用户缴纳费用。
- 设置用户费用上限。
- 在必须使用多个通信实体才能完成通信时，能够把使用多个通信实体的费用结合起来。

计费管理提供的主要功能如下。

- 收集、总结、分析和表示计费信息所用格式和手段的标准化。
- 选取计算费用所需的数据。
- 根据资源使用情况调整价目表，根据选定的价目、算法计算用户费用。
- 能为用户提供用户账单、用户明细账和分摊账单。
- 账单可以根据需要改变格式而无须重新编程。
- 便于检索、处理，费用可以再分配。

8.9 简单网络管理协议 SNMP

国际上的网络协议有很多，除专门的标准化组织制订了一些协议外，一些网络发展比较早的机构和厂家，如 IBM 公司、Internet 组织和 DEC 公司，也制订了一些应用在各自网络上的管理协议。其中，著名的和应用广泛的是 Internet 组织的网络管理协议 SNMP。

8.9.1 SNMP 的概念

简单网络管理协议（SNMP）的体系结构是从早期的简单网关监控协议（SGMP）发展而来的，SNMP 是 Internet 组织用来管理采用 TCP/IP 的互联网和以太网的。

SNMP 的第一个版本 SNMPv1 是 20 世纪 80 年代中期由 IETF 制订的。SNMPv1 协议简单，易于实现，但 SNMPv1 在安全和数据组织等方面存在很大的缺陷，所以，IETF 又推出了 SNMPv2。最新版本的 SNMPv3 是于 1999 年发布的。SNMP 的两个最显著的特点如下。

- SNMP 是为在 TCP/IP 之上使用而开发的，但它的监测和控制活动是独立于 TCP/IP 的。
- SNMP 仅仅需要 TCP/IP 提供无连接的数据包传输服务。

正是因为上述特点，才使得 SNMP 很容易应用到其他网络上去。

SNMP 的目标是管理互联网 Internet 中众多厂家生产的软、硬件平台，其提供了以下 5 类管理操作。

- get 操作：用于提取特定的网络管理信息。
- get-next 操作：通过遍历活动来提供强大的管理信息提取能力。
- set 操作：用来对管理信息进行控制。
- get Response 处理：用于响应 get、get-next 及 set 操作，返回它们的操作结果。
- trap（陷阱）操作：用来报告重要事件。

SNMP 的体系结构是围绕以下 4 个概念和目标进行设计的。

- 保持管理代理 agent 的软件成本尽可能低。
- 最大限度地保持远程管理的功能，以便充分利用 Internet 的资源。

- 体系结构必须能在将来需要时有扩充的余地。
- 保持 SNMP 的独立性，不依赖于具体的计算机、网关和网络传输协议。

8.9.2 SNMP 的基本组成

SNMP 管理模型中有 3 个基本组成部分：管理进程（Manager）、管理代理（Agent）和管理信息库（MIB），如图 8-15 所示。

1. 管理代理

管理代理（Agent）是一种软件，在被管理的网络设备中运行，负责执行管理进程的管理操作。管理代理直接操作本地信息库（MIB），如果管理进程需要，它可以根据要求改变本地信息库或提取数据传回到管理进程。

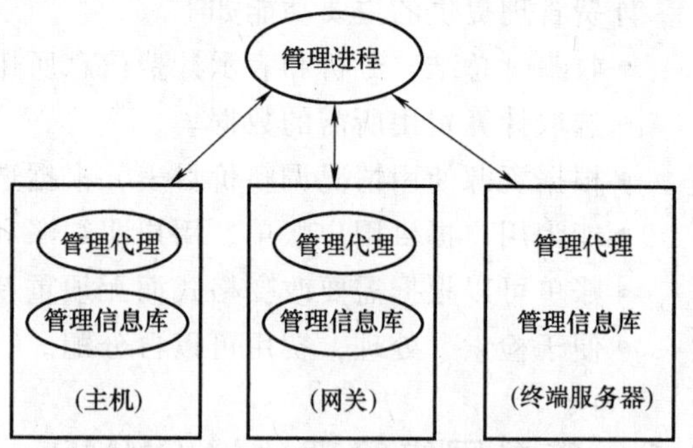

图 8-15 SNMP 的基本组成

每个管理代理拥有自己的本地 MIB，一个管理代理管理的本地 MIB 不一定具有 Internet 定义的 MIB 的全部内容，而只需要包括与本地设备或设施有关的管理对象。管理代理具有两个基本管理功能，一是从 MIB 中读取各种变量值；二是在 MIB 中修改各种变量值。这里的变量也就是管理对象。

2. 管理进程

管理进程（Manager）是一个或一组软件程序，一般运行在网络管理站（或网络管理中心）的主机上，它可以在 SNMP 的支持下命令管理代理执行各种管理操作。

管理进程完成各种网络管理功能，通过各设备中的管理代理对网络内的各种设备、设施和资源实施监测和控制。另外，操作人员通过管理进程对全网进行管理。因而管理进程也经常配有图形用户接口，以容易操作的方式显示各种网络信息，如给出网络中各管理代理的配置图等。有时管理进程也会对各管理代理中的数据集中存档，以备事后分析。

3. 管理信息库 MIB

管理信息库 MIB 是一个概念上的数据库，由管理对象组成，每个管理代理管理 MIB 中属于本地的管理对象，各管理代理控制的管理对象共同构成全网的管理信息库。

管理信息库 MIB 的结构必须符合使用 TCP/IP 的 Internet 的管理信息结构（SMI），这个 SMI 实际上是参照 OSI 的管理信息结构制订的。尽管两个 SMI 基本一致，但 SNMP 和 OSI 的 MIB 中定义的管理对象却并不相同。Internet 的 SMI 和相应的 MIB 是独立于具体的管理协议（包括 SNMP）的。

8.10 习题

1）网络管理包括哪些基本内容？
2）简述网络管理系统的基本模型。
3）什么是 OSI 网络管理标准？
4）OSI 网络管理标准包括哪几种管理功能？

5）简述 SNMP 的概念及其基本组成。

6）网络不安全因素有哪些？

7）保护网络系统的基本要素有哪些？

8）网络系统安全保护功能包括哪几方面？

9）网络安全风险的特点是什么？

10）常见的网络风险有哪些？

11）网络风险管理包括哪些基本内容？

12）防火墙具有哪些特点？

第9章　移动互联网与物联网

移动互联网与物联网是计算机网络技术与通信技术，以及应用需求发展到一定阶段所呈现出的必然产物。移动互联网技术和物联网技术及其应用的程度和水平对国家政治、经济、军事、社会稳定和发展产生着重要影响。移动互联网与物联网也是计算机网络与通信技术发展的趋势。因此，了解和掌握移动互联网与物联网方面的基础知识和相关技术原理是十分必要的。

9.1　无线移动互联网概述

无线移动互联网是在无线网络技术基础上发展起来的。了解和掌握无线移动互联网首先要了解无线移动互联网的概念、特点及其发展过程，以此对无线移动互联网的概念有最基本的认识。

9.1.1　无线移动互联网的概念

从字面上讲，无线是与有线相对应的，即在通信技术中，有线和无线都是指通信媒体。有线是指同轴电缆、双绞线、光缆等需要通过架设或铺埋的信号传输媒体，无线是指微波、红外线、光波等通过大气进行信号传输的通信媒体。移动是指信息的发送方和接收方的位置关系可以随时改变。互联网就是网络与网络之间互联而构成的网络系统。所以，简单地说，无线移动互联网就是以无线传输媒体为通信传输媒介，通信双方的位置关系可以随时改变的互联网。其中，移动与无线是两个不同的概念。移动所描述的是网络系统的拓扑结构属性；无线描述的是传输媒体属性。无线不意味着移动，移动也不一定就是无线。例如，楼宇无线局域网，其采用无线连接构成无线通信网络，但网络中所连接的计算机等实体的地理位置是相对固定的，因此，此网络系统虽然是无线的，但不是移动的。又如，一个带笔记本式计算机办公的人，不论他在那里，只要他将计算机接入ADSL网络，并与其办公系统连接起来，办公就如同在办公室一样。虽然是有线连接，但实现的是移动。

9.1.2　移动互联网的发展

无线互联网比移动互联网出现得早，无线互联网只是互联网体系中的无线接口部分。移动互联网更强调终端为Pad、手机等，通信技术的发展促进了移动互联网的发展。

1. 第一代移动通信技术

第一代移动通信技术（First Generation，1G），是以模拟技术为基础的蜂窝无线电话系统，制定于20世纪80年代，采用的是模拟技术和频分多地址（FDMA）技术，受到网络容量的限制，不能进行移动通信的长途漫游，只能是一种区域性的移动通信系统。1G系统只能传输语音流量。高级移动电话系统（Advanced Mobile Phone System，AMPS）是1G网络的典型代表，它是一个模拟标准，很容易受到静电和噪音的干扰，没有安全措施阻止扫描式的偷听。

2. 第二代移动通信技术

第二代移动通信技术（Second Generation，2G）是以数字语音传输技术为核心的，其特点：频谱利用率有所提高，系统容量扩大，能够提供语音和数据通信，如发送手机短信。第二代手机通信技术的主要规格标准：基于 TDMA 的系统，包括源于欧洲的 GSM 系统；美国独有的 IDEN 系统；用于美洲的 IS-95 系统；仅在日本普及的 PDC（Personal Digital Cellular）系统。基于 CDMA 的系统，主要用于美洲和亚洲一些国家，美国最简单的 CDMA 系统。其中：移动通信特别小组（Group Special Mobile，GSM）是欧洲邮电管理联合会（CEPT）为开发第二代数字蜂窝移动系统而在 1982 年成立的机构)，是当前应用最为广泛的移动电话标准。GSM 制订了适用于泛欧各国的一种数字移动通信系统的技术规范，且逐步成为欧洲乃至全球数字蜂窝移动通信系统的代名词。GSM 后被重新命名为“Global System for Mobile Communications”，即“全球移动通信系统”，也就是人们熟知的 2G 网络。

3. 第三代移动通信技术

第三代移动通信技术（3rd-generation，3G）是指支持高速数据传输的蜂窝移动通信技术。3G 服务能够同时传送声音及数据信息，速率一般在几百 kbit/s 以上。在室内、室外和行车的环境中，3G 网络能够分别支持至少 2 Mbit/s、384 kbit/s 以及 144 kbit/s 的传输速率，它能够处理图像、音乐、视频流等多种媒体形式，提供包括网页浏览、电话会议、电子商务等多种信息服务。目前，主要的 3G 标准有 CDMA2000（电信 3G）、WCDMA（联通 3G）、TD-SCDMA（移动 3G）。

4. 第四代移动通信技术

第四代移动通信技术（4rd-generation，4G）是以正交频分复用（OFDM）为技术核心，集 3G 和 WLAN 于一体的通信系统。4G 系统能够为用户提供与固网宽带一样的网速，下载速度和上传速度分别达到 100 Mbit/s 和 20 Mbit/s，能够传输高质量视频图像，满足几乎所有用户对于无线服务的要求。

4G 标准主要有 3G 系统的长期演进（TD-SCDMA Long Term Evolution，TD-LTE/4G）技术标准；全球微波互联接入（Worldwide Interoperability for Microwave Access，WiMax/4G）技术标准；增强型高速分组接入技术（High-Speed Packet Access+，HSPA+）技术标准和 WirelessMAN-Advanced（WiMax 的升级版）技术标准。

5. 第五代移动通信技术

第五代移动通信技术（5rd-generation，5G）是下一代通信技术，其具有连续广域覆盖、热点高容量、低功耗大连接、低时延高可靠性等特点。5G 的最高理论传输速率可达几十 Gbit/s，比 4G 的传输速度快数百倍，整部超高画质电影可在 1s 之内下载完成。采用 5G 移动通信技术的移动通信网络，能够灵活地支持各种不同的设备，除了支持手机和平板电脑外，5G 网络可支持可佩戴式设备，如：健身跟踪器、智能手表、智能家庭设备等，可实现智能终端分享 3D 电影、游戏以及超高画质（UHD）节目等。多址技术、编码技术以及多天线技术是实现 5G 移动通信的关键技术。

当前全球多个国家已竞相展开 5G 网络技术开发，中国和欧盟正在投入大量人力、物力用于 5G 网络技术的研发。我国已于 2017 年展开 5G 网络第二阶段测试，2018 年将进行大规格试验组网，在此基础上，预计 2019 年将启动 5G 网络建设，最快 2020 年正式推出 5G 的规模商用。

9.1.3 无线移动互联网的特点

1. 便捷性

从应用和使用者的角度看无线移动互联网，便捷性是其最突出的优点和特征。使用者利用移动设备（如智能手机、笔记本式计算机）可随时接入互联网，享受互联网所提供的服务。这个特点决定了使用移动设备获取信息、办公、人与人之间的沟通远比 PC 设备方便。

2. 通信和能量资源有限

为了达到使用便捷的效果，移动设备通常要求具有体积小、重量轻、耗能低的特点，并且，还能够在各种环境下稳定地工作。但正因如此，移动设备受到无线信道、通信等资源的制约，其在路径选择、安全支持、服务质量等方面受到限制和影响。又由于无线移动互联网中的移动设备基本上都是使用自带电池来供应能量。每个移动设备中的电池能量是有限的，这也使使用者在使用移动设备时必须顾及能量问题，以避免能量耗尽、失效、损毁而影响使用。

3. 系统和网络结构复杂

无线移动互联网是一个多用户通信系统和网络，要求能够随机选用无线信道进行频率和功能控制，并必须使用户之间互不干扰，能协调一致地工作，即为用户提供可靠有效的通信服务。因此，无线移动通信网整个网络结构复杂，技术综合性强。

4. 信号传播条件复杂

无线移动互联网信号传输的环境是复杂的，信号在各种环境中运动，信号波在传播时会产生反射、折射、绕射、多普勒效应等现象，产生多径干扰、信号传播延迟和展宽等效应。在城市环境中的汽车噪声、各种工业噪声，移动用户之间的互调干扰、邻道干扰、同频干扰等，都会造成信号衰变。所以，提高系统的抗干扰能力非常重要。

9.1.4 无线移动互联网的应用

1. 资讯查询

无线移动互联网为用户查找、浏览各种信息、消息提供了极大的便利，用户可以根据需要，随时上网查找所需的资料，浏览新闻，查询股票、天气、商品、保险、体育、娱乐、交通等信息。利用无线移动互联网还可以随时随地查询相关信息、收发电子邮件和传真，以及电话增值业务等。

2. 移动电子商务

所谓移动电子商务就是指手机、掌上电脑、笔记本电脑等移动通信设备与无线上网技术结合所构成的一个电子商务体系。移动商务包括电子购票、移动付款、预订服务、股票交易、银行业务、网上购物、机票及酒店预订、旅游及行程和路线安排、产品订购等。

3. 交互沟通

无线移动互联网提供了各种方式的交互沟通手段，如可视电话、视频聊天、语音聊天、图文传输，以及个体与个体之间、群之间的实时通信。通信可以是双向的，也可以是单向的，并提供安全保障设置、识别机制。

4. 多媒体与娱乐

不论在公交车上，还是在地铁上、在公园里、街道上，用户可随时看娱乐节目、娱乐短信、娱乐视频、玩游戏等，视频点播、交互式游戏等数字娱乐业务现在已经成为最被看好的无线移动互联网业务。

9.2 无线移动互联网系统

从技术的角度讲，无线移动互联网系统有多种，不同的无线移动互联网系统所采用的技术、运用的原理以及特点是不同的。本节将对典型的几种无线移动互联网系统进行介绍。

9.2.1 无线分组通信网络

1. 无线分组通信网络的概念

无线分组通信网络（Packet Radio Communications）是利用无线信道以分组方式传送数据信息的通信网络。无线分组通信网络中传送的信息同分组交换一样是以“分组”（或者称“信元”）为传输的基本单元。在分组无线通信中，数据信息被分成由若干比特组成的分组。分组的长度取决于业务类型，一般为 100~1000 bit，每个分组包含“分组头”和“正文”两部分。分组头中含有该分组的源地址、宿地址、用于差错控制的校验字段和有关路由等信息。

2. 无线分组通信网络的基本结构及信道分配策略

分组无线网有集中式和分布式两种基本结构。在集中式结构中，系统中有一个中心接收/发送机作为中心节点，中心节点与网络中各节点直接连接，并实施通信。中心节点之外的所有节点之间的通信只能通过中心节点进行。集中式结构也即星形结构。分布式结构中，各节点之间能够直接交换信息，各节点共用同一信道。分布式结构类似于对等结构。对于无线分组通信网络来说，不论哪一种结构中的节点，每个节点一般都包含一个通信机及终端节点控制器，用于完成 OSI 模型的低 3 层功能，即物理层、链路层和网络层功能。

在信道分配方面，分组无线网有非争用型（如时分多址 TDMA）及争用型（随机接入）两种公用信道分配信道方式。在路径选择方面，分组无线网采用固定路由、动态路由等多种算法，以此保证可靠、有效的通信。

3. 无线分组通信网络的特点

无线分组通信网络易于建网、扩网、可移动、抗毁性强，速率高，这对移动环境下的通信是非常重要的，所以无线分组通信网非常适合于移动用户的通信。

无线分组通信网与分组交换网相比有多方面的优势。第一，信道利用率高。无线信道具有广播通信的性能，可以同时把分组交换数据发送给多个用户，多个用户能够共用一个信道来进行通信。第二，用户能够随机地访问信道，实现多个用户之间的会话型通信。第三，传输速率高。无线分组网的数据传输速率可以很高，如通过卫星转发，传输速率可达 8 Mbit/s，但数据传输时延也较大，如通过卫星进行点到点通信。第四，互联方便。无线分组网可以构成城域范围的无线数据通信网，可以通过网间连接器与有线分组交换网相连，可以通过网关与无线局域网或无线终端网络系统连接，并能与其他通信系统进行语音通信。第五，应用广泛。无线分组通信网可用于汽车、轮船等移动数据用户，以及不易架设有线传输媒体的群山、岛屿之间，或采用有线通信方式不经济的地方。

4. 无线分组通信网络面临及需要解决的问题

无线分组通信网面临厄待解决的问题：分组无线网中的节点通信距离有限，一个分组到达目的节点可能需经过多达十余个节点的转发。在无线信道环境下，众多节点能够有效共享信道是一件十分困难的事情。另外，节点移动产生网络连接的动态变化，从而要求系统具有快速的动态适应能力。所以，信道共享问题和动态适应性是分组无线网必须解决的主要问题。

9.2.2 移动自组织网络

1. 移动自组织网络的概念

移动自组织网络（Mobile ad-hoc Network）是一个由几十到上百个节点组成的、采用无线通信方式的、不依赖任何固定基础设施的（如基地站）、动态组网的多跳的移动性对等网络。也就是说，一个无线自组织网络是不需要借助基站等基础设施进行集中控制，网络中的节点主要由一些移动的节点组成，而且是自行组网。

2. 移动自组织网络数据信息传输

移动自组织网络数据的信息传输，是由每个移动节点承担的。网中的每个移动节点同时承担着主机和路由的功能，即：移动节点既作为主机收发数据，又作为路由器在网络中搜寻、维护另一节点的路由，完成数据转发。因此，每个移动节点需要同时拥有通信装置和计算装置。在进行数据转发过程中，由于节点能量和无线信号覆盖范围有限，数据传输需要经由一个或多个节点转发才能实现两节点之间的通信。这些参与数据传送的中转节点，则作为路由器为信源和信宿提供路径选择和数据转发服务。由于网络中移动节点的位置是动态变化的，因此在移动自组织网络中路由技术比非自组织的网络复杂得多，以适应自组织网络分布计算、高效及时、自适应、安全，以及耗能等方面的需求。

3. 移动自组织网络的特点

首先，移动自组织网络的无中心化和节点之间的对等性，突破了传统无线蜂窝网络的地理局限性。网络节点是终端，也是路由器，能够更加快速、便捷、高效地部署，适合于一些紧急场合的通信需要。其次，移动自组织网络具有自发现、自动配置、自组织、自愈特性，这些特性是移动自组织网络的核心特征。另外，由于移动自组织网络的自发性、无线移动性，致使无线传输带宽有限，对移动终端有节能要求以及网络存在安全性问题。

9.2.3 无线移动传感器网络与无线 Mesh 网络

1. 无线移动传感器网络

无线移动传感器网络（Wireless Mobile Sensor Network，WMSN）是在移动自组织网络基础上发展起来的，可以说，无线移动传感器网络是移动自组织网络的发展，或是移动自组织网络的一种。建立无线移动传感器网络的目的在于：将传感器与移动自组织网络相结合，利用传感器的感知特性，把传感器配置在网络中的末梢节点位置上，用以感知现实世界不同物理信息。所以，简要地说，无线移动传感器网络是一种以静止或移动传感器为主要末梢节点的移动自组织网络。

无线传感器网络的基本组成单元是传感器节点。在网络中，传感器节点除了具有感知信号、收集和处理数据外，与移动自组织网络中的节点一样，要承担路由、转发、存储和管理等功能。无线传感器网络中的传感器节点协作地感知、采集、处理和传输网络覆盖地理区域内被感知对象的信息。

为了能够探测和感知多种物理信号，无线传感器网络中包括多种传感器，如温度、光线强度、机械波、电磁波、长度等，以收集到热量、视频、音频、压力、物体大小等信息。

无线移动传感器网络中有大量的静止或移动的传感器，节点布置一般比较密集，这些传感器通过无线方式通信，因此网络设置灵活，设备位置可以随时更改，还可以跟互联网进行有线或无线方式的连接。无线传感器网络具有自组织、微型化、感知各种物理信号、设置灵活等基本特征。

无线移动传感器网络与无线传感器网络比较，如表 9-1 所示。

表 9-1　无线移动传感器网络与无线传感器网络比较

比　较		传统的 WSN	WMSN
相同点		自组织、资源受限、监控环境复杂、无人值守等	
不同点	能耗分布	能耗低，主要集中在无线收发上	能耗较高，在多媒体信息采集、处理，无线收发上能耗相当
	处理任务	较简单，简单的加、减、乘、除、平均数据等	除了采集标量数据外，还要采集图像、音频、视频等多媒体信息
	QoS 要求	要求较低，牺牲 QoS 换取能耗最低	QoS 基于业务应用有所区别，多媒体信息需要高 QoS
	功能应用	功能简单，感知信息量优先，用于简单的环境监测等场合	感知信息丰富，实现细粒度、高精准的监控，除了增强一般场合的监控，可以完成追踪、识别等复杂任务
	传感模型	全向性，可以从任意方向感知数据	一般具有很强的方向性
	核心问题	能耗最低	满足 QoS 情况下，追求能耗最低

无线移动传感器网络广泛应用于军事、智能交通、环境监控、医疗卫生、航空、反恐、防爆、救灾等多个领域。

2. 无线 Mesh 网络

无线 Mesh 网络是在移动自组织网络和无线移动传感器网络的基础上发展起来的，最初的开发目的是为战场生存的需要。Mesh 的原意是网络中所有节点的互联，即无线 Mesh 网络所追求的目标是将网络中所有节点都能够连接起来。但在实际中，网络中的任一个节点不可能与网络中的所有节点都连接起来，一个节点都只能连接网中的一部分节点。无线网络有集中式和分布式两大类型。集中式，网络内必须有一个中心点，其有稳定的拓扑结构，中心点覆盖范围有限，且任意两个节点之间的通信必须经由中心节点，即使两个节点相距非常近也无法直接通信。分布式（如移动自组织网络），网络中节点之间可以进行对等数据传输，相对于集中式也扩大了地理覆盖范围，对移动用户提供了很好的服务，但移动自组织这样的分布式网络，网络的拓扑结构变化太快，实现比较困难，特别是在大地理范围环境下很难实现。

无线 Mesh 网络就是结合集中式和分布式各自的优点，使搭建出的网络有较稳定的拓扑结构，节点之间不论距离远近都能够得到快速的数据交换。无线 Mesh 网络的结构如图 9-1 所示。

Mesh 路由器之间通过互联网形成网络，构成无线 Mesh 网络的骨干，网络中，Mesh 路由器的位置一般是固定的，每个路由器配备有多个接口，并且有电源供应。Mesh 路由器除

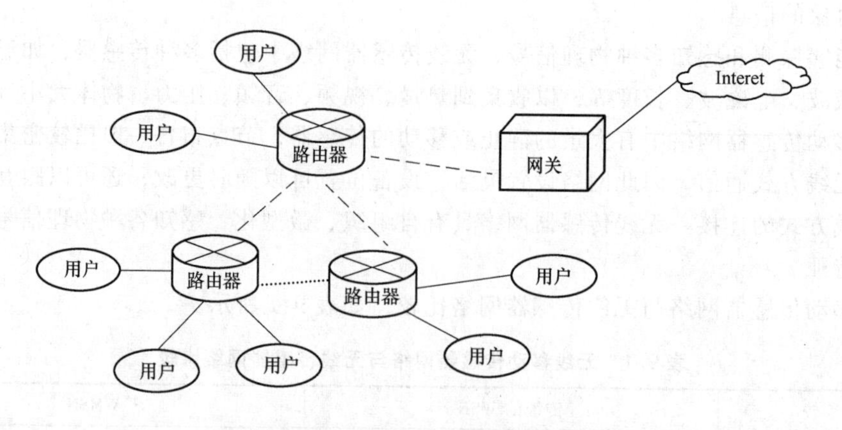

图 9-1　无线 Mesh 网络的结构

路由功能外，还有组织、维护 Mesh 连接等功能。无线 Mesh 网络不仅可以接入互联网，还能够将其他无线网络整合到一起，节点接入灵活、方便（因为每个路由器有多个接口），能够实现在大范围内的高速无线接入和数据传输，且具有相对稳定的拓扑结构。无线 Mesh 网络与无线局域网相比，其除了网关利用有线方式与互联网连接外，其余连接都采用的是无线方式连接，弥补了无线局域网地理覆盖范围有限和铺设电缆、组网、配置、维护复杂的缺陷。无线 Mesh 网络与移动自组织移动网络相比，路由软硬件简单，拓扑结构稳定，无须担心能量负载问题。无线 Mesh 网络与无线传感器网络相比，无线传感器网络末端节点一般处于静态，且末端节点受能量约束非常大，带宽也比较小；而无线 Mesh 网络末端客户端节点一般为非静态的，且不受能量限制，带宽相对也比较大。

总之，无线 Mesh 网络是一种与传统无线网络完全不同的无线网络技术，主要由 Mesh 路由器和 Mesh 客户节点组成，其中 Mesh 路由器构成骨干网络，并和有线的互联网相连接，负责为 Mesh 客户节点提供多跳的无线互联网连接，具有自组网、自管理、自动修复、自我平衡等特点，是未来无线移动网络发展的一种趋势。

9.3 常用无线通信技术介绍

无线移动互联网的应用越来越普及，并且已经成为现代社会人们生活和工作中不可缺少的重要组成部分。本节将对人们常用的无线通信技术进行介绍。

9.3.1 蓝牙技术

1. 什么是蓝牙

蓝牙（Bluetooth）是一种低成本大容量的短距离无线通信技术标准规范，可实现固定设备、移动设备和楼宇个人域网之间的短距离数据交换。爱立信公司于 1995 年最先提出蓝牙概念，并与诺基亚、IBM、Intel 等公司合作共同开发。蓝牙技术的本质是设备间的无线连接，工作范围通常不超过 10 m 半径范围。蓝牙技术是全球开放的，具有很好的兼容性，其不仅仅运用于计算机，而且像移动电话、数字式照相机、摄像机、打印机、传真机、家用电器等多种电子设备都可以采用蓝牙技术实现无线连接。

蓝牙技术采用跳频技术，数据包短，抗数据衰减能力强，可同时支持数据、音频、视频信号。蓝牙技术采用2.4 GHz ISM频段，无须进行许可申请；采用FM调制方式，设备复杂性不高。蓝牙技术以时分方式进行全双工通信，同步话音支持64 kbit/s的同步速率，异步通信支持最大速率为721 kbit/s，反向应答速率为57.6 kbit/s的非对称连接或是432.6 kbit/s的对称连接。

2. 蓝牙核心技术

蓝牙技术的核心技术是协议栈，这是因为，蓝牙技术要解决的主要问题是使不同协议的应用之间具有互通性。蓝牙技术是通过构建层次协议栈的方式来实现设备间互相定位，并建立连接，从而解决上述问题的。具体来说，蓝牙技术建立了物理层和数据链路层规范，使那些使用不同协议的应用和设备通过蓝牙协议栈提供的相应协议，将它们映射到蓝牙技术规范中。

3. 蓝牙网关

简单地说，蓝牙网关是蓝牙网的一道关口，是蓝牙移动终端连接局域网或另一个蓝牙移动终端的关键连接设备。蓝牙网关不仅具有支持不同协议之间的转换，实现蓝牙移动终端的无线上网功能，还具有对蓝牙地址与IP地址之间的地址解析功能；对蓝牙移动终端进行跟踪、定位，使蓝牙移动终端能够通过正确的路由来访问局域网或网中另一个匹配的移动终端功能；完成两个属于不同匹配网的蓝牙移动终端通信，以及充当蓝牙网中的中继（网桥）。

4. 蓝牙系统的基本组成

蓝牙系统主要由无线单元、链路控制单元和链路管理器3部分组成。其中，无线单元的主要功能是利用蓝牙天线接收和发送通信信号，无线传输以无线局域网IEEE 802.11标准技术为基础；链路控制单元主要完成建立物理链路、差错控制、验证和加密等功能，负责处理基带协议和其他一些底层常规协议，以及描述数字信号处理规范；链路管理器是一个软件模块，其功能包括链路的数据设置、鉴权、链路硬件配置等。链路管理器提供的服务包括发送和接收数据、设备信号请求、建立连接、链路地址查询等。

9.3.2 ZigBee技术

1. 什么是ZigBee

ZigBee是基于IEEE802.15.4标准的，主要由Honeywell公司组成的ZigBee Alliance制订的一种便宜的，短距离、低功耗的无线通信技术。ZigBee的特点是低复杂度、自组织；近距离，有效覆盖范围为10~75 m；低功耗，两节5号干电池在低电耗待机情况下可使用长达半年之久；低数据速率，传输速率只有10~250 kbit/s；低成本，ZigBee协议简单，传输速率低，成本随之降低；容量大，一个ZigBee网络可支持多达255个设备；工作频段灵活，ZigBee使用的频率包括2.4 GHz、868 MHz、915 MHz等几种频率，而所使用的这些频率均为免申请使用频率。

2. ZigBee的网络结构及数据传输方式

ZigBee支持多种网络结构，包括星形、树形、网状、全对等，以及复合型等网络结构。不论哪种结构，一个ZigBee网都必须配置有至少一个协调点。协调点具有较强大的功能，在ZigBee网中的作用至关重要。协调点是整个网络的主要控制者，负责网络建立、发送网络信标、管理网络中的节点、储存网络信息等。在星形、树形等结构的网络中，协调点与协调点之间，以及协调点与各终端之间可以直接通信，但非协调点与终端之间的通信必须经由协调点。协调点也可作为一般终端加入 ZigBee 网。

3. ZigBee 的应用

ZigBee 主要用于近距离无线连接，在多个领域有广泛的应用，如 PC 外设；DVD、TV、CD、玩具等设备上使用的遥控装置；智能家居控制；医护监控；医疗传感检测；工业控制等。特别是对物联网来说，ZigBee 是重要的组网技术之一。在物联网组网中，ZigBee 可实现在数千个微小的传感器之间相互协调，以很少的能量，实现高效的通信。

9.3.3 Wi-Fi 技术

1. 什么是 Wi-Fi

Wi-Fi 全称为 Wireless Fidelity，是一种允许电子设备连接到一个无线局域网（WLAN）的技术，由 Wi-Fi 联盟所持有，目的是改善基于 IEEE 802.11 标准的无线网络产品之间的互通性。Wi-Fi 核心的技术标准是 CSIRO 的无线网技术标准。CSIRO 为澳洲政府的研究机构，发明人是悉尼大学工程系毕业生 Dr John O´Sullivan 领导的一群由悉尼大学工程系毕业生组成的研究小组。

2. Wi-Fi 的特点

Wi-Fi 具有速度快、有效距离长和组网成本低等特点。具体来说，Wi-Fi 信号是由有线网提供的，其 Wi-Fi 传输技术的本质是将有线网络信号转换成无线信号，通常使用的是 2.4G UHF 或 5G SHF ISM 射频频段。从服务质量方面看，Wi-Fi 传输信号质量及数据安全性不如蓝牙，但 Wi-Fi 传输速度非常快，可以达到 5.5 Mbit/s；覆盖范围广，覆盖半径则可达 100 m，而蓝牙技术只能覆盖 10 m 内。特别是 Wi-Fi 信号的发射功率低于 100 mW，实际发射功率约 60~70 mW，而手机的发射功率约 200 mW~1W，手持式对讲机高达 5 W。所以，对人体来说，Wi-Fi 是一种安全健康的上网方式。

3. Wi-Fi 的网络结构和工作过程

Wi-Fi 有两种主要结构。一种是对等网结构。这种结构中各计算机终端只要接上相应的无线网卡，或者具有 Wi-Fi 模块的终端，如手机，即可实现相互连接。另一种结构是整合有线与无线局域网的模式。这种结构类似于星形结构，实现连接需要有接入点，接入点起集线器和网桥的作用。

Wi-Fi 网络主要包括站点、基本数据单元、分配系统、接入点、扩展服务单元、关口等几部分。站点是 Wi-Fi 网络的最基本组成部分；分配系统用于连接不同的基本服务单元；扩展服务单元由分配系统和基本服务单元组合而成；关口主要用于局域网和各种不同网络的连接。

9.4 异构网络互联

对互联网来说，不论是固定网络与移动网络连接，还是不同标准、不同结构、不同类型的网络之间的连接，异构网络互联问题是不可回避和必须解决好的问题。

9.4.1 异构网络互联需要解决的问题

异构网络是指由不同硬件设备、操作系统、协议等构建起来的网络系统。异构网络互联就是通过各种技术手段，并利用网络互联设备，使这些不能进行直接数据通信的网络之间能够实现连接，实现数据信息交换。为了实现这一目标，需要解决很多问题。

1. 设备之间的差异问题

不同网络所使用的设备之间差异是非常大的。例如，有线网传输媒介使用的是双绞线、光纤、同轴电缆等，而无线网、移动网的传输媒体使用的是电磁波、光波、红外线等。媒体不同，物理特性不同，使用环境不同，遵循的协议和标准也不同。如果要将有线网与无线网进行互联就需要解决好有线网与无线网地址分配冲突问题、设备之间的冲突问题、管理问题等。

2. 协议转换问题

不同网络之间在协议方面差别是非常大的。不同的网络，协议层次及每层协议的规范、标准是不同的。如果将不同协议结构、不同协议规范的网络互联，必须解决协议之间的转换融合问题。异构互联网互联的最主要、最核心要解决的问题是协议转换融合问题。

3. 访问控制问题

不同网络在访问控制方面差别也是非常大的，即使都是局域网。以太网、令牌总线、令牌环网，各自所采用的访问控制机制是完全不同的。若使这些采用不同访问控制的网络可以彼此协调，共存于一个网络中，也是异网互联必须解决的重要问题。

4. 其他问题

除上述问题外，异网互联还存在很多问题，如寻址（不同网络的命名方式、地质结构不同）问题、信息传送（不同网络的信息格式）问题、连接方式（不同网络采用不同的连接方式）问题等一系列问题。这些问题都是实现异网互联过程中需要解决的问题。

9.4.2 解决异构网络互联的基本方法

异网互联的本质是网络协议互联，所以异构网络互联需要解决的核心问题是协议互联问题。解决协议互联问题的方法主要有以下 3 种。

1）常见的解决方法是利用现有的网络互联设备，如集线器、网桥、路由器、网关等对所建立网络所遇到的特定的、已经明确的网络协议进行直接集成，其集成原理如图 9-2 所示。

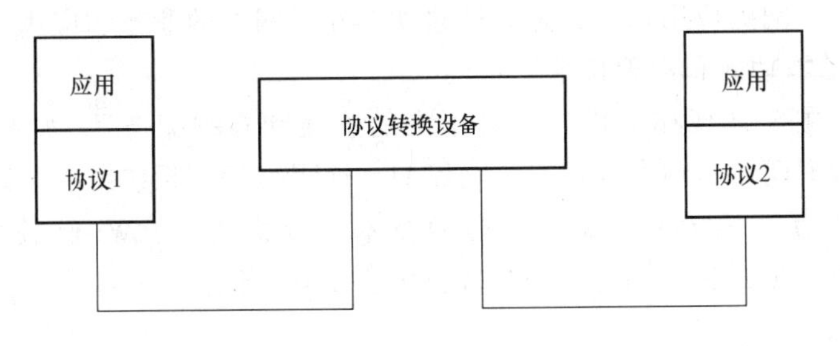

图 9-2 利用现有设备集成进行异构网协议转换的结构

2）解决的基本思路是将多种协议存储到一台设备上，根据需要运行相关协议，以达到协议转换融合的目的，如图 9-3 所示。

这种解决方式，本质上没有实现协议转换，只是根据实际情况调用相应的协议模块，但达到了协议“转换”的目的。

3）解决的思路是在第二种解决方法的基础上的扩展，是对不同协议层的协议进行集成。

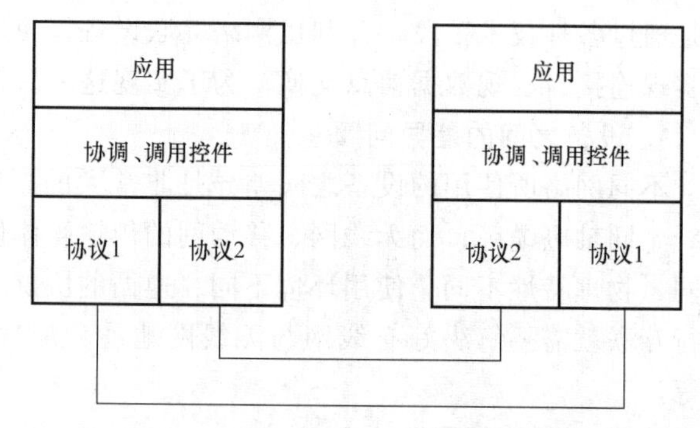

图 9-3 集中存储协议进行异构网协议转换结构

9.4.3 移动网与固定网的互联

移动网与固定网的最主要的差别在于：一方面是移动与非移动，另一方面是服务质量与业务之间的差别。移动网与固定网互联的目的就是要利用两类网络各自的优势提高服务质量，扩大业务范围。

移动网与固定网互联涵盖了业务层面、控制层面、传输层面、接入层面、终端层面、支持系统层面。涉及的技术广泛、复杂。

9.5 物联网概述

近年来，无线移动互联网的发展推动了物联网技术及应用的发展，并且伴随着其技术发展和应用的普及，它对社会的政治、经济、军事等各方面都产生着重要影响。所以，了解和掌握物联网的基本概念、有关原理和技术等是十分必要的。本节主要介绍物联网的概念、发展、战略意义和应用等关于物联网的最基本的知识。

9.5.1 物联网的概念

1. 什么是物联网

从字面上解释，互联网可以解释成是网络与网络相互连接起来的网络。按此理解，物联网就可以理解为是一种物与物相连接构成的网络。事实上其含义就是物物相连的网络（The Internet of things），其也是物物相连的网络之含义，由此可以分析出物联网是物物相连的互联网。物联网既然是物物相连的互联网，则物物相连的核心和基础是什么呢？答案就是：物联网的技术基础和核心是现实生活中人们广泛使用的因特网，也即网际网、互联网。因此，物联网应该说是互联网的应用拓展，是一种建立在互联网上的业务和应用。

2. 物联网的基本功能和实现技术

物联网的功能主要体现在提供“无处不在的连接和在线服务”，如在线监测、定位追溯、报警联动、指挥调度、预案管理、安全保护、远程维护、系统维护，以及统计分析预测决策等。物联网以互联网为基础，利用射频技术、传感技术、Wi-Fi 技术、ZigBee 技术、IPv6 技术、云计算、模式识别和虚拟技术等技术实现其功能。

3. 物联网定义

由于物联网涉及面广，内涵丰富，学术界视角不同，因此存在有多种定义。本书仅提供如下几种。

国际电信联盟（ITU）于 2005 年在《ITU 互联网报告 2005：物联网》给出的定义：通过二维码识读设备、射频识别（RFID）装置、红外感应器、全球定位系统和激光扫描器等信息传感设备，按约定的协议，把任何物品与互联网相连接，进行信息交换和通信，以实现智能化识别、定位、跟踪、监控和管理的一种网络。其含义是人类将利用射频识别技术（RFID）、传感器技术、纳米技术、智能嵌入技术等技术，获得新的沟通方式和渠道，人与人之间、人与物，以及物与物之间可以在任何时间及任何地点进行。

中国中科院基于传感网的物联网定义：随机分布的集成有传感器、数据处理单元和通信单元的微小节点，通过一定的组织和通信方式构成的网络，是传感网，又叫物联网。

中国物联网校企联盟将物联网定义：当下几乎所有技术与计算机、互联网技术的结合，实现物体与物体之间：环境以及状态信息实时的实时共享以及智能化的收集、传递、处理、执行。广义上说，当下涉及信息技术的应用，都可以纳入物联网的范畴。

活点网络科技公司将物联网定义为：利用局部网络或互联网等通信技术把传感器、控制器、机器、人员和物等通过新的方式连在一起，形成人与物、物与物相连，实现信息化、远程管理控制和智能化的网络。物联网是互联网的延伸，它包括互联网及互联网上所有的资源，兼容互联网所有的应用，但物联网中所有的元素（所有的设备、资源及通信等）具有个性化和私有化等特点。

总之，物联网是一个以互联网为基础，将信息传感设备，如射频识别（RFID）装置、红外感应器、全球定位系统、激光扫描器等设备与互联网相连结，以期实现物与物之间的互联，方便识别和管理的巨大网络。

9.5.2 物联网的发展概览

物联网的产生不是偶然的，它是在通信技术、互联网技术发展到一定的阶段下，以及在人的应用需求推动下产生的。关于物联网的起源，一般认定为是从施乐公司于1990年推出的网络可乐贩售机开始的。之后在1991年，美国麻省理工学院（MIT）的Kevin Ash-ton教授首次提出物联网的概念。1995年，比尔·盖茨（Bill Gates）在《未来之路》一书中提及物联网，但未引起广泛重视。

物联网受到高度重视是在美国总统奥巴马于2009年与美国工商业领袖举行的一次“圆桌会议”之后，会议上与会者IBM首席执行官彭明盛首次提出了“智慧地球”这一概念。但在此之前，人们已经从技术到应用等各方面对物联网做了大量的工作。1999年，美国麻省理工学院建立了“自动识别中心（Auto-ID）”，提出“万物皆可通过网络互联”，阐明了物联网的基本含义。2003年，美国《技术评论》提出传感网络技术将是未来改变人们生活的十大技术之首。2005年，国际电信联盟（ITU）在突尼斯举行的信息社会世界峰会（WSIS）上发布《ITU互联网报告2005：物联网》，引用了“物联网”的概念。物联网的定义和范围已经发生了变化，覆盖范围有了较大的拓展，不再只是指基于RFID技术的物联网。2008年11月，在北京大学举行的第二届中国移动政务研讨会“知识社会与创新2.0”上，对移动技术、物联网技术的发展、作用、意义等进行了阐述。

如今，“智慧地球”战略不仅被美国人认为是振兴经济、确立竞争优势的关键战略，其已经成为世界各国为了促进科技发展、寻找经济新的增长点、振兴经济和确立竞争优势的关键战略。《2015-2016年中国物联网发展年度报告》中显示，2015年全球物联网市场投资高达7万亿美元。我国物联网整体市场规模为7500亿元，较2014年增长24.59%，预计，2018年，我国物联网市场规模有望较2015年翻一番，达到15000亿元（数字来源《2015-2016年中国物联网发展年度报告》）。参考前瞻产业研究院《中国物联网行业细分市场需求与投资机会分析报告》显示，到2020年，来自应用和服务的产值将占物联网总产值的70%，远超半导体、通信技术和云端平台的产值。

9.5.3 物联网的战略意义

作为信息技术前沿领域的物联网，对国家安全、经济和社会发展等都产生着重大影响。世界各国政府都努力推进其建设，特别是在世界范围内有重要影响力的国家纷纷制订了各自与物联网相关的战略性发展规划，并先后公布了相关政策和措施。这是由于物联网在社会、经济、安全、环境等多方面具有重要战略意义。

1. 经济方面

要实现人类社会的可持续生存和发展，就要实现绿色经济、低碳经济，就要最大限度地减少对自然资源的挥霍浪费，最大限度地降低对环境的污染与破坏。然而，伴随着工业文明的发展，人类面临环境恶化、资源过度开发的困境和危机，人类的可持续生存和发展受到了极大的威胁。物联网的经济价值及其战略意义在于：物联网着眼于节省能源消耗、减少资源浪费、保护自然生态环境等关系人类生存发展方面的应用，如智能楼宇、智能城市、智能环保等，为发展绿色经济、低碳经济提供重要的技术支持，提供具有参考价值的应用示范和具有借鉴意义的操作模式。

由于物联网跨多个学科，应用领域广泛，其综合利用各种先进信息技术，为信息产业和信息新技术的发展和创新提供了平台，为推动信息新技术发展注入了新的活力。因此，物联网在经济方面的战略意义还包括促进信息产业，如芯片、集成电路、计算机的硬件和软件、光纤光缆、卫星通信和移动通信、数据传输技术的发展和创新，推进信息网络与信息服务、新材料、新能源、生物工程、环境保护、航天与海洋等领域的建设和发展，促进科技、教育、文化、艺术等进步。

2. 社会方面

从物联网提供的“无处不在的连接和在线服务”，如在线监测、定位追溯、报警联动、指挥调度、预案管理等功能可以明显显现出其所具有的社会战略意义，如基于物联网技术的智能医疗保健，可以为老人提供及时、准确、有效的医疗救治服务的要求，这就是常说的“智能医疗”。基于物联网技术的智能交通系统，通过准确地收集、发布交通信息，从宏观上对交通进行动态调节，为人们出行提供多样性的服务。智能医疗保健与智能交通，不仅为人们提供多样性的服务，还为相关产业带来了巨大的商机，促进相关产业有序和可持续发展。此外，智能环保、智能家居、智能安保等各领域的应用都对社会稳定和发展具有重要战略意义。

3. 国家安全方面

对一个国家来说，国家安全是人民安居乐业的基础，是人民自身生命、财产以及正常的政治、经济、文化、社会生活不会受到威胁和侵害的保障。由于国与国之间的竞争重点越来越向经济、文化、信息等领域转移，国界安防、反恐维稳、机场入侵防范、轨道交通安全、经济信息安全等对国家安全具有重要意义的安全活动，都可以利用物联网完善。因此，物联网在保障国家安全方面的也具有重要意义。

9.5.4 物联网应用领域

物联网是以计算机及通信技术为基础建立在互联网上的应用平台，其应用领域及应用范围非常广泛。表 9-2 所示的是物联网的部分应用。

表 9-2 物联网的部分应用

应用领域	主要功能及用途
智能交通	自动调配红绿灯、预告拥堵路段、推荐行驶路线、公交运营调度、电子站牌发布、IC 卡收费、公交到站预告、停车位预告、停车调度等
智能建筑	照明控制与调节、内部监控、安全检测、人流疏导等
智能电网	机组监控、厂区安全监控、能耗监控、功率检测、储能监控、输电线路监控、智能电源接入、业务量预测与监控等
智能安保	生产安全、灾难防护、社会治安、反恐、检疫等
智能家居	智能家电控制、智能照明、防盗报警、门禁对讲、消防报警、煤气泄露探测、网络通信、视频点播等
智慧医疗	对病人不间断地监控、会诊；共享医疗记录、对医疗器械的追踪、病人身份识别、防盗、突发事件监控与预防等
智慧物流	物流过程中的货物追踪、信息自动采集、仓储应用、物流全过程的统一调动、多钟运输方式（海运、航空、铁路、公路、邮政、快递等）一体化智能管理等
智慧环保	环境信息处理、空气检测、气候监测、水质检测、地址灾害检测、污染源检测等
食品安全	食品生产过程监控、质量跟踪、安全事故预防、食品保鲜监控等
其他	数字图书馆及档案管理、零售、文物保护、动物识别与保护、营销管理、身份识别与定位导航、军事、防伪、国防等

9.6 物联网体系的基本结构

在物联网出现之前，物理基础设施和 IT 基础设施是分离的。构建物联网的目的就是要将物理基础设施和 IT 基础设施整合为统一的一个整体。因此，构建或研究物联网体系结构首先要了解和明确构建物联网体系结构的基本原则。

9.6.1 物联网体系结构构建的基本原则

物联网是一个以互联网为基础的应用平台，是从应用出发，利用互联网、无线通信技术进行业务数据的传送，已达到实施检测、追踪，实现实时的高效、精确管理、控制等目的。只有当物联网概念与近程通信、信息采集、网络技术、用户终端设备结合之后，其功能才能逐步得到展现。因此，物联网体系结构的构建应该遵循以下几条原则。

1）多样性原则。物联网是一种服务平台，其服务类型和应对的节点是有差别的，所以构建物联网体系结构必须根据物联网不同的服务类型、节点，分别设计构建多种类型的体系结构。

2）时空性原则。物联网体系结构的构建应能满足在时间、空间和效能等方面的需求。

3）互联性原则。物联网体系结构的构建应该使构建起来的平台能够与互联网实现平滑地互联互通。

4）扩展性原则。对于物联网来说，扩展性是非常重要的，所以，构建出的物联网体系结构应该具有一定的扩展性，以便最大限度地利用现有网络通信基础设施，推动物联网应用。

5）安全性原则。物联网的体系结构应该具有更加安全的保障体系，能够防御大范围的网络攻击，有更可靠的安全和及时的运营恢复能力。

6）健壮性原则。物联网与互联网一样，体系结构需要具备相当好的健壮性和可靠性。

9.6.2 实用的层次性物联网体系结构

就物联网体系结构而言，目前还没有一个广泛认同的体系结构。比较有代表性的物联网体系结构：物联网自主体系结构、欧美支持的 EPC Global 物联网体系结构、日本的 UID（Ubiquitous ID）物联网系统，以及实用的层次性物联网体系结构。本书仅简要介绍实用的层次性物联网体系结构。

根据物联网的服务类型和节点等情况，实用的层次性物联网体系结构划分有两种：一种是由感知层、网络层和应用层组成的 3 层物联网体系结构，一种是由感知层、接入层、网络层和应用层组成的 4 层物联网体系结构，如图 9-4 所示。

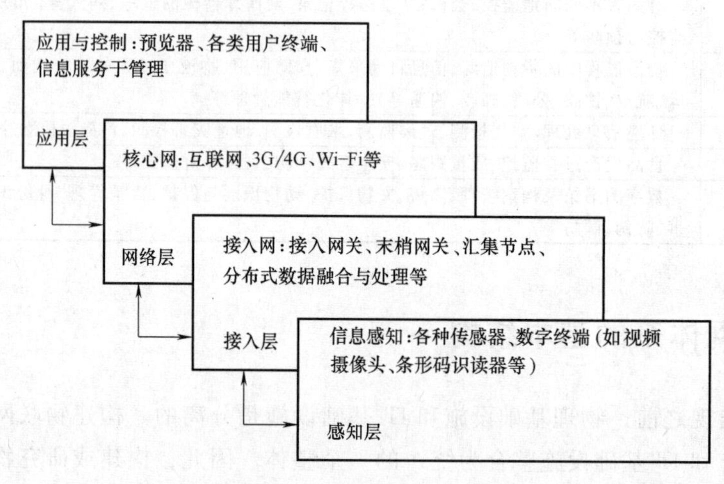

图 9-4　4 层物联网体系结构

1. 感知层

在物联网体系中，感知层处于层次结构中的最低层，是物联网系统中最基本的一层，用于解决人类社会和物理世界的数据获取问题。这一层的主要功能：感知与采集信息，完成物联网应用的数据感知和设施控制。主要设备包括二维码标签和识读器、RFID（无线射频识别）标签和读写器、摄像头、各种传感器（如温度感应器、声音感应器、振动感应器、压力感应器等）等。

2. 接入层

当末梢节点之间完成组网后，如果末梢节点需要上传数据，则需要将数据发送给基站节点，基站节点收到数据后，再通过接入网关完成和承载网络的连接；当应用层需要下传数据时，接入网关收到承载网络的数据后，需要由基站节点将数据发送给末梢节点，从而完成末梢节点与承载网络之间的信息转发和交互。接入层的主要功能就是完成应用末梢节点信息的组网控制和信息汇集，或完成向末梢节点下发信息的转发。接入层主要由基站节点或汇聚节点（Sink）和接入网关（Access Gateway）等组成，功能主要由传感网（指由大量各类传感器节点组成的自治网络）来承担。末梢节点主要由各类型的采集和控制模块，如温度、声音、振动、压力等感应器，RFID 读写器和二维码识读器等组成。

3. 网络层

物联网网络层的核心是能够把从感知层感知到的数据无障碍、高可靠、高安全地利用现有数据传输网络进行传输，其承担着物联网接入层与应用层之间的数据通信任务。目前，物联网传输数据主要利用的网络系统包括：2G、3G/B3G、4G 移动通信网等现行的通信网络以及互联网、Wi-Fi、WiMAX、无线城域网、企业专用网等。

4. 应用层

应用层由各种应用服务器（包括数据库服务器）组成，解决的是信息处理和人机界面问题，完成为用户提供物联网应用 UI 接口（包括用户设备，如 PC、手机、客户端浏览器等）。其主要功能包括汇聚、转换、分析所采集到的数据；应用服务器根据用户呈现的设备完成信息呈现的适配；根据用户的设置，触发相关的通告信息。当需要完成对末梢节点进行控制时，应用层还能完成控制指令的生成和指令下发控制。物联网管理中心、信息中心等利用互联网进行海量数据智能处理也属于应用层功能。

9.7 物联网关键技术

物联网的功能特性决定了物联网技术的复杂性和综合性，本节将对物联网的关键技术进行基本的介绍，从而使学习者能更深入地对物联网有所了解。

9.7.1 感知技术

物联网感知技术用于解决数据获取问题，即各类物理量、标识、声音、影像数据。感知技术在物联网中作用于最底层，是物联网应用和发展的基础。感知的关键技术包括检测技术、短距离无线通信技术，综合了传感器技术、嵌入式技术、智能组网技术、分布式信息处理技术等。

1. 传感器技术

传感器是一种用于检测的物理装置，能够感受到被测体的信息，是物联网实现物理世界感知不可缺少的核心部件。从生物学角度来看，传感器就是生物的感觉器官，其功能就是用于测量代表一定物理意义的信号和参数，或者化学成分，是人类感知现实物理世界、获取信息的重要工具。

传感器包括物理传感器、化学传感器和生物传感器等多种类型。物理传感器的主要作用是检测物理参量的变化，典型的物理量类型包括压力、力矩、速度、加速度、位移、密度、黏度、硬度、浊度、温度、光强、磁场强度、电流、电压、噪声等。化学传感器的主要作用是检测化学成分，典型的用途包括分析气体组分、检测离子浓度等。生物传感器的主要作用是检测生化量和生理量，典型生物量类型包括酶、血型、微生物、脉搏、心音、体电等。

传感器的工作原理是将感受到的机械信号（物理信息）按一定规则转换成电信号输出，以满足信号处理的要求。传感器是实现自动控制、自动检测的首要环节。

作为外感知、认知信息源头的传感器，决定了原始信息的真实性和准确性。物联网对传感器的抗干扰能力要求非常高，也就是对信号精度要求非常高，但在实际工作环境中会存在许多无法预料的干扰因素，如电磁干扰、恶劣的气候条件、噪声信号等，导致传感信号失真。因此，提高传感器的设计、制造质量水平很重要。

2. 微机电技术

基于微机电技术制作集微型传感器、微型执行器以及信号处理和控制电路，直至接口、通信和电源于一体的微型传感器节点是物联网及电子、信息、通信技术中的重要技术。物联网中，微电子元器件制造的微机电系统是不可或缺的重要系统。可以说，没有微机电技术，物联网就得不到发展。例如：物联网中的重要设备微型传感器，就是利用大规模集成电路制造工艺经过微米级加工的。

3. 射频识别技术

射频识别（RFID）是一种自动识别技术，是利用射频信号，通过无线信号传递，实现对特定目标物体识别的技术，是感知的关键技术。在物联网中射频识别主要用于控制、检测和跟踪物体。

一套完整的 RFID 系统，是由阅读器（Reade，又称读写器）、电子标签（TAG，即应答器，简称标签）、天线及应用软件系统 4 个部分组成。其基本工作过程：标签进入磁场后，接收解读器发出的射频信号，凭借感应电流所获得的能量发送出存储在芯片中的产品信息，或者由标签主动发送某一频率的信号，解读器读取信息并解码后，送至中央信息系统进行有关数据处理。其中，阅读器是按约定的格式将待识别体的标识信息写入标签的存储中，或在其可识别范围内以无接触方式将标签内保存的信息读出来；电子标签是一个具有存储能力的芯片，用于存储待识别体的信息；天线是用于发射和接收射频信号的设备。

RFID 是一项易于操控、简单实用且特别适合用于自动化控制的灵活性应用技术，它具有很多优势和特点。

1）读取方便快捷：数据的读取识别工作无须人工干预，无须光源，无须接触或瞄准。

2）具有可穿透性：它能穿透雪、雾、冰、涂料、尘垢、外包装和条形码，在无法使用的恶劣环境阅读标签。

3）识别距离大：采用自带电池的主动标签时，有效识别距离可达到 30 m 以上。

4）识别速度快：标签一进入磁场，解读器就可以即时读取其中的信息，而且能够同时处理多个标签，实现批量识别。

5）数据容量大：数据容量比二维条形码大数千倍。

6）环境适用性强，使用寿命长：标签可以嵌入或附着在各类形状和各类产品上，可自由工作在各种恶劣环境下。又由于其具有穿透性，其可以采用封闭包装方式在粉尘、油污等高污染环境和放射性环境中使用，使得寿命大大超过印刷的条形码。

7）标签数据可动态更改：利用编程器可以写入数据，从而赋予 RFID 标签交互式便携数据文件的功能。

8）更高的安全性：标签数据的读写可以设置保护密码，从而具有更高的安全性。

9）动态实时通信：标签与解读器进行通信的频率可达 50~100 次/s，所以只要解读器出现在 RFID 标签所附着物体的有效识别范围内，就可以对其位置进行动态追踪和监控。

目前，制约射频识别应用发展的因素主要是标准化问题。这是由于，射频识别系统主要由厂商提供，各行业及不同的应用采用不同厂商提供的产品，而这些产品在频率和协议标准等方面是不兼容的。所以，要推动射频识别技术的发展和应用，解决标准化问题非常重要。

4. GPS 技术

全球定位系统（Global Positioning System，GPS）是具有海、陆、空全方位实时三维导航与定位能力的卫星导航与定位系统。GPS 是由空间星座、地面控制和用户设备 3 部分构成的，其基本定位原理：卫星不间断地发送自身的星历参数和时间信息，用户接收到这些信息后经过计算求出接收机的三维位置、三维方向以及运动速度和时间信息。GPS 具有高精度、全天候、高效率、多功能、操作简便、应用广泛等特点。作为感知技术，GPS 是物联网采集室外移动信息的重要技术。

9.7.2 通信技术

通信技术是物联网的核心技术，它是物联网的“神经”系统。在物联网中，通信系统承担着将感知到的数据信息无障碍、高可靠、高度安全地进行传输。由于物联网的数据量更大，对服务质量要求更高，所以，物联网中的通信需要对现行网络进行融合和扩展，以实现更广泛、高效的互联和传输功能。

物联网中所利用的技术非常多，特别是无线通信技术，如 Wi-Fi 技术、ZigBee 技术、蓝牙技术、无线传感器网络技术、等距离连接技术、网络通信技术、IPv6 技术、光纤通信技术、局域网技术等，由于上述主要技术在前面的有关章节中已经介绍过，这里不再赘述。

9.7.3 支撑与应用技术

1. 信息识别技术

信息识别技术是一种高度自动化技术，以计算机、光、电、通信等多种技术为基础，是物联网中重要的支撑技术。信息识别技术是用来实现对大量的海量数据进行自动的采集，并将所采集得到的数据提供给后台来完成后续相关处理的技术。

物联网中，信息自动识别技术已经发展成为由条形码识别技术、智能卡识别技术、光字符识别技术、射频识别技术、生物识别技术等技术构成的综合技术。

2. 信息采集技术

信息采集技术是指利用计算机软件技术，针对定制的目标数据源，实时进行信息采集、抽取、挖掘、处理，将非结构化的信息转化，并保存到结构化的数据库中，从而为各种信息服务系统提供数据输入的整个过程。信息采集与信息发生同步是物联网重要特征与要求，能够在尽量短的时间内，将最新的信息从不同的站点上采集下来，进行分类和格式处理等工作，并能及时把信息发布出去是物联网对信息采集技术的基本要求。为了保证信息采集的质量标准，信息采集应遵循的原则包括可靠性原则、完整性原则、实时性原则、准确性原则、易用性原则、计划性原则、预见性原则等。

目前，物联网中所采用的信息采集技术主要有 Web 技术、卫星定位技术、视频技术等信息采集技术。

3. 云计算

云计算是物联网、智慧城市的重要支撑技术，对物联网技术的发展有着决定性的作用。

云计算是一种计算模式，是并行计算（Parallel Computing）、分布式计算（Distributed Computing）和网格计算（Grid Computing）的发展，是虚拟化（Virtualization）、效用计算（Utility Computing）、基础设施即服务（IaaS）、平台即服务（PaaS）、软件即服务（SaaS）等混合演进并跃升的结果。云计算是利用分布式计算和虚拟技术等技术，通过网络将分散的信息和通信技术（Information and Communication Technology，ITC）资源，如计算、存储、应用运行平台、软件等，集中成共享资源，并对这些资源进行统一组织和灵活调度，实现大规模计算的处理信息方式。云计算对资源的管理是由软件实现自动管理的，无须人为参与。云计算的基本原理：透过网络将庞大的计算处理程序自动分拆成无数个较小的子程序，再交由多部服务器所组成的庞大系统经搜寻、计算分析之后将处理结果回传给用户，从而实现了通过网络以按需、易扩展的方式获得所需的资源并为用户提供所需的服务，使网络服务提供者可以在数秒之内，达成处理数以千万计甚至亿计的信息，达到和“超级计算机”同样强大效能的网络服务。

在使用者看来，提供资源的网络中的资源是可以随时无限扩展的，并且是可以随时获取、按需使用的，所以将提供上述计算的服务模式比喻成“云”。云计算是将计算分布在大量的分布式计算机上实现的，而非本地计算机或远程服务器中；对资源的管理是由软件实现自动管理的，无须人为参与。为此，云计算呈现出有许多特点，这些特点主要包括动态的资源配置、随需自助服务、随时随地用任何网络设备访问、资源池共享、可被监控与量测的服务、用户终端处理负担减少，以及降低用户对 IT 专业知识的依赖等。

总之，物联网的发展需要云计算提供支持。云计算的集中数据处理和管理能力能有效地解决海量物联信息存储和处理问题，为物联网中的海量物联信息的处理和整合提供可能的平台条件。没有云计算平台的支持，没有统一数据管理的物联网系统将陷入困境。

4. 信息存储技术

对物联网中的海量数据来说，并行计算、分布式拥有更好的扩展性，可以保证用户就近访问和使用数据库资源，降低通信代价。所以，发展和完善分布式数据库系统对解决物联网海量信息存储问题非常重要。

对物联网来说，存储技术的重要作用还在于：物联网信息处理面临着提高从海量信息中查询、检索目标信息的效率问题，而解决这个问题的关键往往由信息的存储、访问方式决定。

5. 数据挖掘技术

物联网中，需要通过发现不同数据之间潜在的联系，在不同应用背景下进行高层次的复杂分析，以便有效地解决决策、预测等问题，为用户提供各种有意义、有价值的信息服务。数据挖掘（Data Mining）是利用数学的、统计的、人工智能和神经网络（包括记忆推理、聚类分析、关联分析、决策树、神经网络、基因算法等）等科学方法和技术，从大量数据中挖掘出隐含的、先前未知的、对决策有潜在价值的关系、模式和趋势等，并用以建立应用需求模型，完成信息处理的方法和过程。作为解决物联网中数据处理的工具，数据挖掘技术在物联网应用和发展中同其他技术一样起着重要的作用，是物联网的关键技术。

9.8 习题

1）移动互联网的发展分哪几个阶段？

2）简述移动互联网的特点。

3）简述无线分组通信网络的特点。

4）什么进无线移动传感器网络和无线 Mesh 网络？

5）简述 Wi-Fi 技术的概念和特点。

6）简述解决异构网络互联的基本方法。

7）简述物联网的概念和特点。

8）简述物联网的关键技术。